精品课程新形态教材
21世纪应用型人才培养系列教材
新时代创新型人才培养精品教材

U0876583

计算机组成原理

主编 / 陈　楠　张凯琳　饶　彦

JISUANJI
ZUCHENG YUANLI

东北大学出版社
Northeastern University Press

图书在版编目（CIP）数据

计算机组成原理/陈楠，张凯琳，饶彦主编. 沈阳：东北大学出版社，2025. 6. -- ISBN 978-7-5517-3805-7

Ⅰ. TP301

中国国家版本馆 CIP 数据核字第 2025BY2687 号

出 版 者：东北大学出版社

地址：沈阳市和平区文化路三号巷 11 号

邮编：110819

电话：024-83683655（总编室）

024-83687331（营销部）

网址：http://press.neu.edu.cn

印 刷 者：涿州汇美亿浓印刷有限公司

发 行 者：东北大学出版社

幅面尺寸：185mm×260mm

印 张：19.5

字 数：438 千字

出版时间：2025 年 6 月第 1 版

印刷时间：2025 年 6 月第 1 次印刷

责任编辑：袁 美

责任校对：曲 直

封面设计：尤岛设计

责任出版：初 茗

ISBN 978-7-5517-3805-7 定价：54.00 元

《计算机组成原理》编委会

主　编　陈　楠　张凯琳　饶　彦

副主编　张　科　钟敬堂　胡玉霞　邢梦颖

赵炳禹　欧阳艾嘉　雷　梁　杨廷通

前言

Preface

在信息科技迅猛发展的今天，计算机作为现代社会的核心驱动力，其应用已经渗透到生活的每一个角落，从个人日常生活到国家重大战略，无不彰显着计算机技术的强大力量。为了深入理解这一技术的本质，掌握其设计与应用的核心原理，计算机组成原理课程显得尤为重要，尤其是对于计算机科学与技术、大数据科学与技术和软件工程专业的学生而言，这门课程更是他们专业学习的基石。

在计算机组成原理课程的学习过程中，对于已经学习了数字逻辑电路前期课程的学生，本书将进一步深化他们对计算机硬件系统的理解，将数字逻辑知识应用于实际的计算机组成中，实现理论与实践的有机结合。而对于没有学习电路基础课程的学生，本书则通过通俗易懂的语言和生动的实例，逐步引导他们进入计算机组成的神秘世界，确保每个学生都能紧跟课程节奏，掌握关键知识点。

在本书的编写过程中，我们特别注重将党的二十大精神与计算机类课程的教学紧密结合。党的二十大报告明确提出，要加快建设教育强国、科技强国、人才强国，这为我们的教育工作指明了方向。对于计算机组成原理这样一门核心课程而言，我们不仅要传授专业知识，更要注重培养学生的创新思维、实践能力和社会责任感。通过启发式教学、案例教学等多样化的教学方法，鼓励学生勇于质疑、敢于创新，积极投身到计算机科技的研发与应用中，为实现科技自立自强、推动社会进步贡献自己的力量。

全书共分为 8 章，建议理论教学安排 48~64 学时，随课实验安排 16 学时。具体章节安排涵盖了计算机系统概述、数据表示、运算方法和运算器、指令系统、中央处理器、存储系统、总线系统及输入/输出系统等内容。每一章都力求做到条理清晰、逻辑严密、内容翔实，以满足不同层次学生的学习需求。

全书围绕计算机系统的基本构成、工作原理、层次结构及性能指标等内容展开，旨在帮助学生构建坚实的理论基础，为后续的专业学习和研究奠定坚实的基础。

我们衷心希望本书能够成为广大学生的良师益友，为专业学习和研究提供有力支持。由于编写时间仓促，编写经验、理论水平有限，本书中难免有疏漏、不足之处，敬请读者提出宝贵的意见和建议，以便我们不断改进和完善。让我们携手共进，为培养更多具有创新精神和实践能力的高素质人才而努力，共同推动我国计算机事业蓬勃发展！此外，编者还为广大一线教师提供了服务于本书的教学资源库，有需要者可致电 13811187534 或发邮件至 1176142336@ qq. com。

编　者

2025 年 3 月

目录

Contents

第1章 计算机系统概述

1.1 计算机发展历程 /2

1.1.1 电子数字计算机的发展 /2

1.1.2 计算机系统最新发展概述 /3

1.2 计算机系统的组成 /4

1.2.1 计算机的硬件系统 /5

1.2.2 计算机的软件系统 /9

1.3 计算机层次结构 /10

1.3.1 多级组成的计算机系统 /10

1.3.2 软件与硬件的逻辑等价性 /12

1.4 计算机系统的主要性能指标 /13

1.4.1 机器字长 /13

1.4.2 存储容量 /13

1.4.3 运算速度 /14

1.4.4 基准程序 /15

1.4.5 几个常见专业术语 /15

本章小结 /16

习题 /17

第2章 计算机中的数据表示

2.1 计算机中的数据表示和数制 /21

2.1.1 数字信号的概念及产生 /21

2.1.2 计算机中的数制 /22

2.1.3 数值型数据的表示 /26

2.1.4 十进制数据的编码表示及存储 /28

2.2 有符号数的编码 /29

2.2.1 原码表示法 /29

2.2.2 反码表示法 /30

2.2.3 补码表示法 /31

2.2.4 补码的性质 /33

2.2.5 原码、反码和补码的比较 /34

2.3 定点数和浮点数 /35

2.3.1 定点数表示 /35

2.3.2 浮点数表示 /36

2.4 非数值数据的编码 /41

2.4.1 逻辑数据 /41

2.4.2 字符与字符串的表示 /42

2.5 校验码 /44

2.5.1 奇偶校验码 /44

2.5.2 汉明校验码（Hamming code） /46

2.5.3 CRC循环冗余校验码（Cyclic Redundancy Check，CRC） /50

本章小结 /55
习题 /56

第3章 计算机的运算方法和运算器
3.1 定点数的加、减运算 /59
3.1.1 定点数原码的加、减运算 /59
3.1.2 定点数补码的加、减运算 /60
3.1.3 定点补码加减运算所需的硬件配置 /63
3.1.4 补码加减运算控制流程 /64
3.2 移位运算 /64
3.2.1 逻辑移位 /65
3.2.2 循环移位 /66
3.2.3 算术移位 /67
3.3 定点数的乘、除法运算 /69
3.3.1 原码一位乘法 /69
3.3.2 阵列乘法器 /70
3.3.3 原码一位除法 /72
3.3.4 阵列除法器 /72
3.4 定点运算器 /73
3.4.1 加法器 /73
3.4.2 串行进位与并行进位 /75
3.4.3 算术逻辑单元（ALU） /78
3.4.4 定点运算器 /80
3.5 浮点运算 /82
3.5.1 浮点加减法运算 /82
3.5.2 浮点乘除运算 /85
3.5.3 浮点运算器 /86
本章小结 /86
习题 /87

第4章 指令系统
4.1 指令系统概述 /92
4.1.1 指令系统的基本概念 /92
4.1.2 指令系统的发展 /92
4.1.3 指令系统的性能要求 /93
4.2 指令格式 /94
4.2.1 指令字长 /94
4.2.2 操作码 /95
4.2.3 地址码 /96
4.2.4 扩展操作码技术 /98
4.2.5 指令助记符 /100
4.3 指令的操作数类型和操作类型 /100
4.3.1 操作数类型 /100
4.3.2 操作数和数据类型的区别 /101
4.3.3 操作类型 /102
4.4 寻址方式 /104
4.4.1 指令寻址方式 /105
4.4.2 操作数的寻址方式 /105
4.5 指令执行 /112
4.5.1 指令执行的基本流程 /112
4.5.2 指令执行涉及的硬件 /113
4.6 CISC 和 RISC /113
本章小结 /114
习题 /115

第5章 中央处理器
5.1 中央处理器的结构与功能 /120
5.1.1 中央处理器的功能 /120
5.1.2 中央处理器的发展进程概述 /121
5.1.3 中央处理器的结构 /122
5.1.4 CPU 中的主要寄存器 /123
5.1.5 操作控制器与时序产生器 /125
5.2 指令周期 /126
5.2.1 指令周期、机器周期的基本概念 /126
5.2.2 非访问主存储器指令的

指令周期 /128
5.2.3 直接访问主存储器指令的指令周期 /130
5.2.4 间接访问主存储器指令的指令周期 /132
5.2.5 程序控制指令的指令周期 /134
5.2.6 方框图表示指令周期 /135
5.3 时序发生器 /136
5.3.1 时序信号的概念及作用 /137
5.3.2 时序信号的体制 /137
5.3.3 时序信号产生器 /138
5.3.4 控制单元的控制方式 /139
5.4 微程序控制器 /140
5.4.1 微程序控制的基本概念 /140
5.4.2 微指令的编码方式 /143
5.4.3 微程序控制器的结构 /144
5.4.4 微地址的形成 /146
5.4.5 微指令的格式 /147
5.4.6 微程序设计方法 /149
5.5 硬布线控制器 /150
5.5.1 硬布线控制器的组成 /150
5.5.2 指令执行流程 /151
5.5.3 微操作控制信号的产生 /151
5.5.4 微操作控制器的节拍设计 /151
5.6 现代 CPU 设计技术 /153
5.6.1 流水 CPU /153
5.6.2 多媒体 CPU /157
本章小结 /159
习题 /160

第 6 章 存储系统

6.1 存储器系统概述 /164
6.1.1 存储器的定义与分类 /164
6.1.2 存储器系统的层次结构 /166
6.1.3 存储器的性能指标 /168
6.2 主存储器 /169
6.2.1 主存储器结构及工作原理概述 /170
6.2.2 主存储器的发展情况 /174
6.2.3 随机存取存储器（RAM） /175
6.2.4 只读存储器（ROM） /187
6.3 主存储器与 CPU 的连接 /190
6.3.1 存储容量的扩展 /190
6.3.2 存储器芯片与 CPU 的连接 /194
6.4 并行存储系统 /198
6.4.1 模块交叉存储器 /198
6.4.2 相联存储器 /203
6.4.3 双端口存储器 /205
6.5 高性能存储芯片 /206
6.6 高速缓冲存储器 /208
6.6.1 Cache 的工作原理 /208
6.6.2 Cache 与主存之间的地址映射方式 /213
6.6.3 Cache 的替换策略 /218
6.6.4 Cache 的改进 /219
6.7 辅助存储器 /220
6.7.1 磁表面存储器 /221
6.7.2 光盘存储器 /225
本章小结 /227
习题 /228

第 7 章 总线系统

7.1 总线的概述 /233
7.1.1 总线的基本概念 /233
7.1.2 总线的分类 /234
7.2 总线特性及性能指标 /236
7.2.1 总线特性 /236
7.2.2 总线的性能指标 /237

7.2.3 总线标准 /238

7.3 总线的连接方式 /243

7.3.1 单总线结构 /243

7.3.2 多总线结构 /244

7.4 总线控制 /246

7.4.1 总线仲裁与判优控制 /246

7.4.2 总线通信控制 /249

本章小结 /254

习题 /255

第8章 输入/输出系统

8.1 输入/输出系统概述 /259

8.1.1 输入/输出系统的发展过程 /259

8.1.2 输入/输出系统的功能与组成 /260

8.1.3 输入/输出系统与主机的联系方式 /262

8.1.4 输入/输出设备与主机传递消息的控制方式 /265

8.1.5 输入/输出设备举例 /266

8.2 I/O接口 /272

8.2.1 接口及I/O接口的概述 /272

8.2.2 I/O接口的功能 /273

8.2.3 I/O接口的组成 /275

8.2.4 I/O接口的类型 /275

8.3 程序查询方式 /276

8.3.1 程序查询方式的工作流程与程序流程 /276

8.3.2 程序查询方式的接口电路 /278

8.4 程序中断方式 /280

8.4.1 中断的概念 /280

8.4.2 I/O中断的产生 /280

8.4.3 程序中断方式的接口电路 /281

8.4.4 I/O中断处理过程 /285

8.4.5 中断服务程序的流程 /286

8.5 DMA方式 /288

8.5.1 DMA方式的特点 /288

8.5.2 DMA接口的功能和组成 /291

8.5.3 DMA的工作过程 /292

8.5.4 DMA接口的类型 /295

本章小结 /296

习题 /297

参考文献 /301

第1章 计算机系统概述

【知识目标】

1. 理解计算机系统的概念和组成。
2. 了解计算机系统的分类和类型。
3. 掌握计算机系统的层次结构和组织方式。
4. 理解计算机系统的性能指标。

【素质目标】

通过本章内容的学习，让学生在探索技术的奥秘与硬件、软件协同工作原理的同时，深入理解计算机技术如何深刻影响并塑造我们的时代。这一学习过程，不仅是科技知识的积累，更是对科技伦理、社会责任及国家发展战略的深刻思考。希望培养学生跨学科的综合素养，将计算机技术与人文社科知识相结合，为解决复杂社会问题提供创新思路和方法。

计算机是一种能够自动执行程序，进行数据处理、存储和传输的电子设备。它可以处理各种类型的信息，包括数字、文字、图像、音频等，同时还可以进行逻辑运算和设备控制。现代计算机的核心部件是中央处理器(CPU)，它负责执行指令，完成相应的运算，并且与其他硬件设备和软件程序协同工作。

本章主要围绕计算机的发展历程、计算机系统的基本结构及各主要组成部分的功能、计算机系统的层次结构和计算机的主要性能指标展开描述。

1.1 计算机发展历程

在19世纪末和20世纪初，随着机械工业的发展，大规模机械化的生产需要高效的计算方法和设备。早期的计算设备如巴贝奇的差分机和分析机、霍普金斯的电报计算器等，虽然在一定程度上解决了计算问题，但是规模小、效率低、易出错。因此，人们开始探索更加高效、精确的计算方法和设备。

20世纪40年代，随着电子技术的飞速发展，电子计算机开始出现，电子计算机包括电子模拟计算机和电子数字计算机。前者由模拟电子器件(如模拟加法器、减法器、乘法器、除法器等)构成，现在我们讨论的计算机基本都是指电子数字计算机。电子数字计算机是指使用电子元件，如晶体管、集成电路等，进行数字信号处理和计算的计算机。与模拟计算机不同，电子数字计算机采用离散的二进制数码来表示数据和指令，并通过逻辑门电路完成基本运算功能，如加减乘除、逻辑判断等。

20世纪40年代被认为是现代计算机的开端。由此产生了一系列计算机技术的革新，包括指令系统、存储器层次结构、操作系统、高级编程语言等，极大地推动了科学技术、经济管理和社会文化的发展。现代计算机广泛应用于各个领域，执行着信息处理、科学研究、工程设计、娱乐媒体等任务。

1.1.1 电子数字计算机的发展

电子数字计算机(即计算机)的发展历程可以分为以下几个阶段：

1.1.1.1 电子管时代(20世纪40年代—20世纪50年代)

早期计算机主要采用机械和电子管技术，速度较慢且体积庞大。最早的计算机是美国宾夕法尼亚大学的ENIAC，它于1945年问世，重达30吨，占据一个篮球场大小的空间，只能进行简单的计算功能。此后，出现了UNIVAC、EDVAC等第一代计算机。

1.1.1.2 晶体管时代(20世纪50年代—20世纪60年代)

晶体管计算机是真正意义上的电子计算机，它采用晶体管替代了电子管，速度和可靠性都得到了大幅提高。1958 年，美国 IBM 公司推出了第一台商用晶体管计算机 IBM 7090，它的速度比上一代计算机快了几十倍，且可编程性更强，被广泛用于科学计算、军事和商业领域。

1.1.1.3　集成电路时代(20 世纪 60 年代—20 世纪 70 年代)

集成电路计算机是利用集成电路技术制造的计算机，它的体积更小、功耗更低、可靠性更高。1964 年，美国 IBM 公司推出了第一台商用集成电路计算机 System/360，它能够支持多种不同的软件和硬件，成为当时计算机领域的标志性产品。此后，集成电路技术逐渐成熟，计算机的速度和存储容量得到了极大的提升。

1.1.1.4　微处理器时代(20 世纪 70 年代—20 世纪 80 年代)

微处理器的出现使得计算机成本更低、体积更小、应用范围更广泛。这个时代的计算机有微型计算机、个人计算机等。1975 年，美国 Altair 公司推出了第一台个人计算机 Altair 8800，它的出现引发了个人计算机的热潮。随着技术的不断发展，个人计算机逐渐普及，成为人们日常工作和生活中必不可少的工具。

1.1.1.5　互联网时代(20 世纪 90 年代至今)

互联网时代是计算机发展的一个重要阶段，它的核心是互联网技术。20 世纪 90 年代初期，万维网(World Wide Web)的出现改变了人们的生活方式，信息获取变得更加方便和快捷。随着互联网技术的不断发展，人们可以通过电子邮件、社交媒体、移动应用等多种方式进行信息交流和互动。同时，云计算、大数据、人工智能等新技术的出现，也为计算机的未来发展带来了更多的可能性。

1.1.2　计算机系统最新发展概述

目前计算机系统的发展主要围绕人工智能、量子计算及大数据技术等几个方面不断进行研究，大致情况可概述为以下几点：

1.1.2.1　人工智能和机器学习

人工智能和机器学习技术的发展将计算机的智能水平提高到了一个新的高度。计算机可以更好地理解和处理语音、图像、视频等非结构化数据，并实现自动化决策和自主行动。

1.1.2.2　量子计算

量子计算机利用量子比特进行运算，具有在处理某些问题上比传统计算机更高效的优势。虽然目前量子计算机还处于实验室阶段，但其潜在的应用领域非常广泛，例如，化学模拟、密码破解、精准医疗等。目前，量子计算机技术已取得了突破性进展。

1.1.2.3　大数据和云计算

大数据技术和云计算技术不断发展，使得存储、处理和分析海量数据变得更加容易和高效。云计算平台已经成为企业和个人获取计算资源的重要方式，同时也带来了新的安全和隐私问题。

1.1.2.4 边缘计算

边缘计算是一种新型的计算模式，它将计算和存储资源放置在网络边缘，实现了更快的响应速度和更高的安全性，可以支持更多的实时应用。

1.1.2.5 超级计算机

随着科学技术的不断发展，超级计算机的性能和应用也在不断推进。超级计算机广泛应用于天气预报、气候模拟、地震预警、材料设计、药物研发、宇宙探索等领域。近年来还涌现出人工智能、深度学习、量子计算等新型应用，如利用超级计算机进行基因组学数据分析、图像识别、自然语言处理等。与此同时，超级计算机的设计也越来越注重节能和优化，包括采用更先进的芯片技术、更高效的散热系统、更合理的计算框架等。

中国的“神威太湖之光”是目前世界上最快的超级计算机之一，其理论峰值性能达到了1.25亿亿次每秒，是上一代超级计算机的10倍以上。此外，美国的“顶点”计算机、日本的“富岳”计算机等也取得了重大进展。

总的来说，目前计算机系统的最新发展情况表现为对计算能力、数据处理能力、感知与理解能力的不断追求和突破，同时也带来了新的技术挑战和社会影响。

1.2 计算机系统的组成

在学习计算机系统的组成之前，我们先明确“系统”的概念。

系统是由一组相互关联的部件或元素组成的整体，这些部件或元素相互作用，以完成一定的功能或实现一定目标。系统的概念可以应用于各种领域，如社会系统、生态系统、物流系统、管理系统、信息系统、工程系统等。任何一个系统我们都可以将其抽象为输入、处理和输出三个基本部分的框架，如图1.1所示。

输入是指系统接收的信息和物质，处理是指对输入进行处理和转换，输出是指系统对输入进行处理后产生的结果或信息。事实上，计算机系统从硬件上来看，就是执行输入、运算、输出三种操作的机器，这一点无关于计算机的种类和复杂程度。因此针对计算机系统而言，图1.1也可以细化为如图1.2所示。

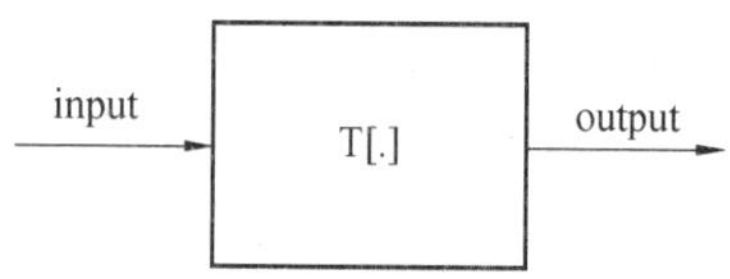

图1.1 系统方框图

图1.2 计算机系统抽象框图

本书讨论的计算机系统是指电子数字通用计算机系统：“电子”表明使用电子线路来实现计算机硬件的关键逻辑功能；“数字”表明使用的电子线路是数字电路，运算和处理的数据是二进制的离散数据(不同于连续的电压或电流量)；“通用”表明计算机本身的功能是多样的(不是专用于某种特殊应用的特定功能)，具有完成各种运算或实物处理的能力。

一个完整的计算机系统是由计算机硬件系统和软件系统组成的整体，两者缺一不可。计算机硬件系统是指计算机硬件的集合体，它是计算机的物理部分，包括计算机的所有硬件设备和部件。计算机软件系统是指计算机中用于控制、管理、协调、运行和支持各种硬件设备的程序集合体。1983 年，电气电子工程师学会(IEEE)对软件给出了一个较为全面的定义：软件是计算机程序、方法和规范及其相应的文档以及在计算机上运行时所必需的数据。由此可见软件是相对于硬件而言的。

1.2.1　计算机的硬件系统

设想一下，如果需要借助计算机解决 $y=ax+b$ 这样的方程式，那么这台计算机硬件需要具备哪些主要功能呢?

显而易见，要解决上述数学方程，该计算机硬件系统要有能力将该方程的程序和需用到的原始数据输入到计算机内部并存储起来，接下来应该有办法逐条执行这个程序中的相关指令并完成数据运算得到运算结果，最后为了方便查看和使用运算结果，该计算机硬件系统还需要具备相应的输出功能。除此以外，以上各环节的执行还需要有相应的控制单元来完成协调工作。为此，一套计算机的硬件系统至少需要由五个相互连接在一起的部件或设备组成，分别是运算器、控制器、存储器、输入设备和输出设备。该结构就是冯·诺伊曼结构的计算机，它也是现代计算机的基础和起源。冯·诺依曼计算机的结构如图 1.3 所示。

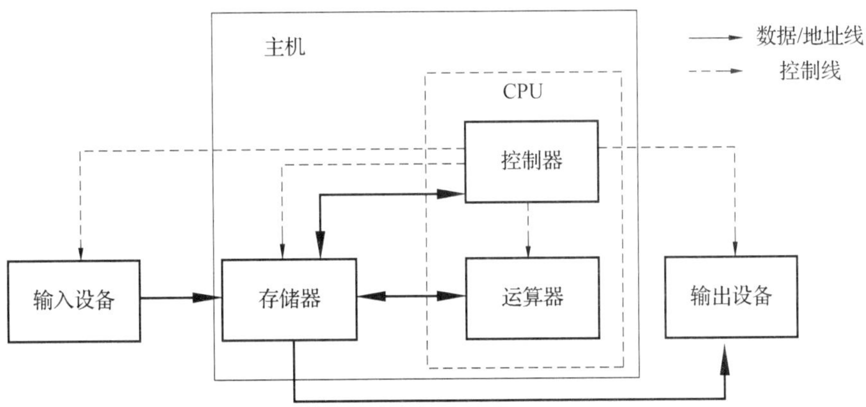

图 1.3　冯·诺依曼计算机基本结构

冯·诺依曼结构是一种将程序和数据存储在同一存储器中，并通过控制单元按顺序执行指令的计算机架构。该结构的计算机最早的具体体现是 EDVAC 计算机(Electronic Discrete Variable Automatic Computer)，这台计算机是由冯·诺依曼及其团队在普林斯顿高等研究所设计的。EDVAC 计算机的设计原则和结构成为了现代计算机设计的基石。

从图 1.3 中可知，在计算机的五大组成部分中，运算器和控制器是复杂信息处理的核心部件，合称为“中央处理器”(Central Processing Unit，CPU)。早期的中央处理器是体积庞大的机柜，随着电子元件技术的发展和计算机体积的减小，CPU 已经转变为集成在一个芯片上的微处理器。第一款商用微处理器是英特尔公司于 1971 年发布的 Intel 4004，它具备了集成的中央处理器功能，并且能够在单个芯片上完成基本的计算任务。另外，存储器、控制器和运算器是计算机硬件的主体部分，通常称为“主机”。而输入设备和输出设备被统称为“外部设备”，简称为外设或 I/O 设备。

1.2.1.1 运算器

计算机主要用于对输入的数据进行运算和处理，运算器则是计算机中负责完成算术运算和逻辑运算的核心部件。一台微型计算机的运算器通常由算术逻辑运算单元(Arithmetic and Logic Unit，ALU)、寄存器、一些状态标记及移位控制电路组成。ALU 可以执行基本的算术运算，如加法、减法、乘法和除法，以及逻辑运算，如与、或、非、异或等。寄存器用来暂存数据或者运算器产生的中间结果。不同计算机系统的运算器包括的寄存器数量和作用不完全相同，如有的计算机系统中专门设置一个累加寄存器(ACC)，该累加器中的数据作为 ALU 的一个输入，运算的结果通常也保存在累加器(ACC)中。一个包含累加器(ACC)和一个通用寄存器(X)以及一个乘商寄存器(MQ)的运算器的基本结构如图 1.4 所示。

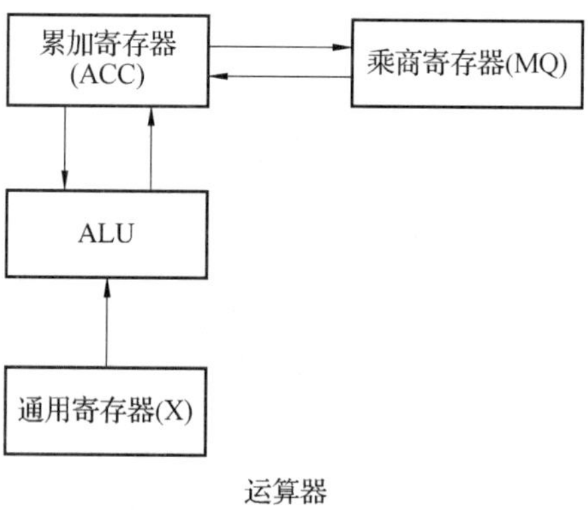

图 1.4 运算器的基本构成

1.2.1.2 控制器

与运算器同处于一块 CPU 芯片内的还有控制器单元电路，用于指导运算器的工作，其主要功能是管理和协调计算机系统中其他硬件和软件的运行，负责控制数据的传输、指令的执行和各个组件的操作。控制器一般由程序计数器(Program Counter，PC)、指令寄存器(Instruction Register, IR)和控制单元(Control Unit, CU)组成。控制器的基本结构如图 1.5 实线框中所示。

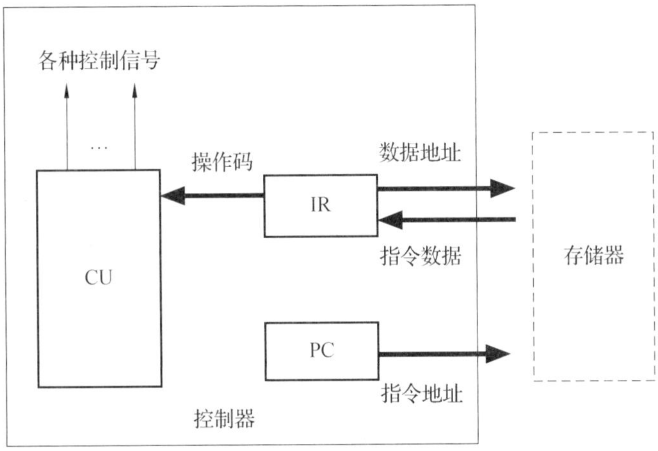

图 1.5　控制器的基本结构

其中，PC 寄存器存放将要执行的指令的地址，具有自动加 1 的功能，可自动形成下一条指令的地址，它保证了指令执行的顺序，是控制器中很重要的寄存器。IR 寄存器负责存放当前已经从存储器取出的指令，并在控制单元的控制下进一步将指令中的操作码送往控制单元进行解析，而指令中的操作数地址用以明确相关操作数或该操作数的存储地址。控制单元的作用是对当前指令进行解析，明确该指令所需完成的操作，并发出各种控制信号来控制和协调各个部件的工作，共同完成任务等。

1.2.1.3　存储器

任何一台计算机系统都离不开存储器，它是计算机系统的核心部件之一，用以存储计算机所需运行及处理的程序和数据。这些程序和数据均以二进制的形式存放在相应的存储单元中，并依靠地址查询的方式进行信息的查找和存取。

早期计算机中的存储器主要指的是主存储器，即通常所说的主存或内存，而现代计算机系统中的存储器是一个具有层次结构的存储器系统，主要包括高速缓冲存储器、主存储器和辅存(硬盘、闪存等)，这些新的存储器技术的出现丰富了计算机的存储器系统，并大大提升了存储器的访问速度和容量，更多关于存储器的内容将会在后续存储器章节中详细讨论。另外，本书中如无特别说明时，存储器一般指主存储器。

主存储器从硬件结构上来看主要包括存储体 M、存储器地址寄存器(Memory Address Register, MAR)、存储器数据寄存器(Memory Data Register, MDR)及各种逻辑部件和控制电路等。主存储器基本结构如图 1.6 所示。

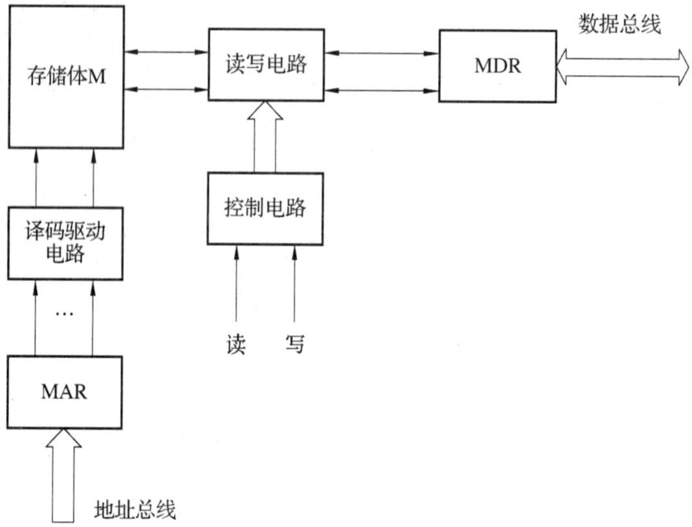

图 1.6　主存储器基本结构

图中存储体 M 用来临时保存正在执行的程序和数据，以供 CPU 进行读取和写入操作，是计算机中的主要存储设备。存储体通常由若干个存储单元(Memory Cell)组成。每个存储单元用于存储一个或多个二进制位，即一个二进制串，这个二进制串可能代表指令、地址或数据。二进制串的位数也称为存储字长，一般一个存储字长的长度为 8 的倍数。每个存储单元有一个唯一的地址用于访问该存储单元，从而可以从这个存储单元读取存储单元的内容或者向这个存储单元存入一个二进制串。

MAR 是存储器中重要的寄存器，它的作用是存储即将被访问的存储单元的地址。MAR 在 CPU 和主存储器之间起到了一个桥梁的作用。当 CPU 需要访问主存储器中的某个存储单元时，首先将该存储单元的地址暂存到 MAR 中，然后通过译码驱动电路对该地址信号进行译码和放大，最终生成打开(选通)该地址对应的存储单元的选通信号，完成对该存储单元的锁定。

MDR 是存储器中的另一个重要的寄存器，它的作用是暂存从存储器中读取的数据或将要写入存储器中的数据。在读写控制电路的控制下，对选通的存储单元进行数据的读取或写入，在读取过程中，数据通过读写电路从存储单元中取出送入到 MDR 中，然后 CPU 可以从 MDR 中获取这个数据；在写入过程中，CPU 将要写入的数据存储到 MDR 中，然后同样通过读写电路将数据写入到存储器的对应存储单元中。因此，MDR 的作用是作为 CPU 与存储器之间数据传输的中介，通过总线进行数据传输。

1.2.1.4　输入/输出(Input/Output，I/O)设备

计算机中的输入/输出设备是指用于计算机进行信息交互的硬件设备。它们分别负责将外部的信号转化为计算机可以理解的形式(输入设备)，或将计算机处理后的二进制信息

转化为外部可以认知的形式(输出设备)。在计算机硬件系统中，不论是输入设备还是输出设备都是通过对应的接口与主机进行连接的。

常见的输入/输出设备有：键盘、鼠标、扫描仪、显示器、扬声器和耳机等。这里需要特别说明的是硬盘，硬盘从功能上来说是存储信息的，但从计算机的结构上来讲，它属于外部设备。输入/输出设备和 I/O 接口电路及接口驱动程序等，组成了计算机系统的 I/O 系统，关于这方面的详细内容将在 I/O 系统章节专门讨论。

1.2.2 计算机的软件系统

在上一小节中简单说明了计算机的硬件系统主要由运算器、控制器、存储器和 I/O 系统五大部分组成，但是一台计算机系统如果只有可通电的硬件显然是不行的，因为计算机出现的根本目的就是处理一系列的程序和数据，而这些程序和数据相对于实实在在看得见摸得着的硬件而言是无形的，我们把它们称为软件或软设备。比如上文中将 $y=ax+b$ 的运算法则及解题步骤转换成计算机可以识别的语言的，就是软件。

因此，所谓计算机软件系统就是指运行在计算机上的软件程序集合，用于控制和管理计算机的各种功能和资源。

计算机软件一般分为两大类：系统软件和应用软件。

系统软件负责管理计算机的资源、提供基本的操作和服务，以及为应用软件提供运行环境。常见的系统软件有操作系统、设备驱动程序、系统工具(如文件管理器、磁盘清理工具等)、编程语言和开发环境(如 Java、C++、Python 和 Visual Studio 等)、安全软件(如防火墙、杀毒软件、反恶意软件程序等)。

应用软件是一类专门为满足特定任务和需求而设计的软件程序，它们为用户提供各种功能和服务。常见的应用软件有文字处理软件、电子表格软件、演示软件、数据库管理软件、图像处理软件、网络浏览器和邮件客户端等。

不论是系统软件还是应用软件，都是采用程序设计语言编写的。程序设计语言是一种用于编写计算机程序的形式化语言，提供了一组规则和语法，用于描述计算机程序的结构和行为，并指导计算机执行特定的操作。用程序设计语言编写的程序称为源程序，在计算机上运行的程序称为可执行程序。

程序设计语言可以分为低级语言和高级语言两种主要类型。

1.2.2.1 低级语言

低级语言是与计算机硬件紧密相关的语言，通常直接操作计算机的指令和存储器。我们所熟知的机器语言和汇编语言属于低级语言范畴。其中，机器语言是能被计算机硬件直接识别和执行的语言，用二进制表示，机器语言根据 CPU 的不同而不同，机器语言程序又称为目标程序；汇编语言采用文字符号来表示机器语言，是一种采用助记符表示的编程语言，相较于机器语言，汇编语言比较直观、易记忆、易检查，但计算机不能直接识别，需要翻译成机器语言后才能被计算机执行。

低级语言具有直接性和高度的控制能力，但对编程者要求较高，编写和维护难度较大。

1.2.2.2 高级语言

高级语言是相对低级语言开发的，与硬件无关且更易于人类理解和编写的语言。高级语言包括更多的抽象概念和功能，提供了更高级的数据结构和算法。使用高级语言编程时，程序员可以更加关注问题的逻辑解决而无须过多关注底层细节。一些常见的高级语言包括 C、C++、Java、Python 等。

综上所述，软件通过操作系统与硬件进行交互。操作系统提供了软件与硬件之间的接口，管理和调度硬件资源的使用。通过操作系统，软件可以直接访问和管理硬件，发送指令给硬件执行特定的操作。软件使用硬件的能力完成各种任务，如计算、存储、输入/输出等。

同时，硬件为软件提供了必要的资源。处理器可以执行软件中的计算指令，内存可以存储指令和数据，硬盘提供了长期存储空间，显示器和键盘则用于与用户进行交互。

总之，计算机软件和硬件是相互依赖的。硬件提供了计算机的物理基础和能力，而软件利用硬件的能力，实现计算机的特定功能和任务。只有软件和硬件良好协同工作才能使计算机正常运行并完成各种任务，两者缺一不可。

1.3 计算机层次结构

上一节我们简要介绍了计算机系统的硬件结构和软件的概念，并明确了软硬件之间的关系。在本节中，我们将进一步讨论计算机的层次结构，明确计算机是如何将“无形”的程序转化为机器能识别的信号的。

1.3.1 多级组成的计算机系统

一个由软硬件构成的完整的计算机系统，通常由五个以上层次级别组成。每一层都可以进行程序设计，如图 1.7 所示。

第 1 级是微程序设计级或逻辑电路级。这一级是实在的硬件级，计算机的指令在这一层级被翻译成一系列微指令序列。这些微指令序列控制着计算机系统中的各个功能模块，包括寄存器、算术逻辑单元、存储器和输入/输出设备等。它是计算机硬件工程师所见到的计算机。

第 2 级是一般机器级，也称为机器语言级。在这一级中计算机的指令集被解释为一组

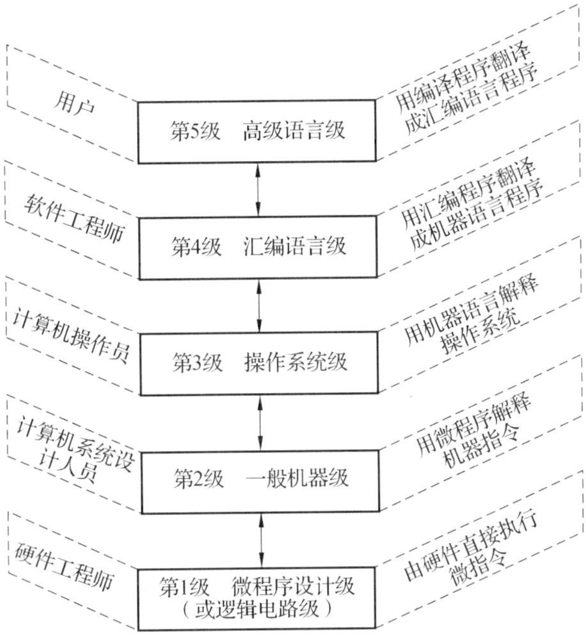

图 1.7　多级层次结构的计算机系统模型

组微程序，这也是一个硬件层，通常是计算机系统设计人员所见到的计算机。

第 3 级是操作系统级，由操作系统程序实现。它是处于计算机和应用软件之间的一个重要接口，提供了对硬件资源的抽象和管理，使得应用程序可以方便地访问和利用计算机的功能。

第 4 级是汇编语言级，它位于计算机体系结构和高级编程语言之间。汇编语言通过助记符来代替二进制指令码，以便程序员能够更容易地编写和理解底层的机器指令，进而直接操作底层的硬件资源。不同的计算机体系结构具有不同的指令集和汇编语言，例如，x86、ARM、MIPS 等。

第 5 级是高级语言级，它是面向用户的。它使用户可以独立于底层硬件，用更加抽象、更易于理解和编写的编程语言来编写应用程序。因此，高级语言级的编程具有较高的可移植性和代码开读性，同一个高级编程语言的程序可以在不同的硬件平台上运行，只需要进行编译或解释过程，大大提高了开发效率和代码的重用性。

从上述计算机的层次结构描述可以看出，即便对于同一台计算机系统，硬件设计师、软件工程师、以及计算机用户都可以从不同的角度，以不同的语言来对待该计算机系统。如图 1.8 所示，该图明确了从高级编程语言转化到底层可执行代码的大致过程。从图中可以直观看到一个高级语言程序被转换成计算机可运行的机器语言程序，首先要通过编译器编译为汇编语言程序，然后通过汇编器汇编为机器语言的目标模块，进而再通过链接器将多个模块与库程序组合在一起以解析所有的应用，最后由加载器将机器代码放入合适的内存位置以便处理器执行。

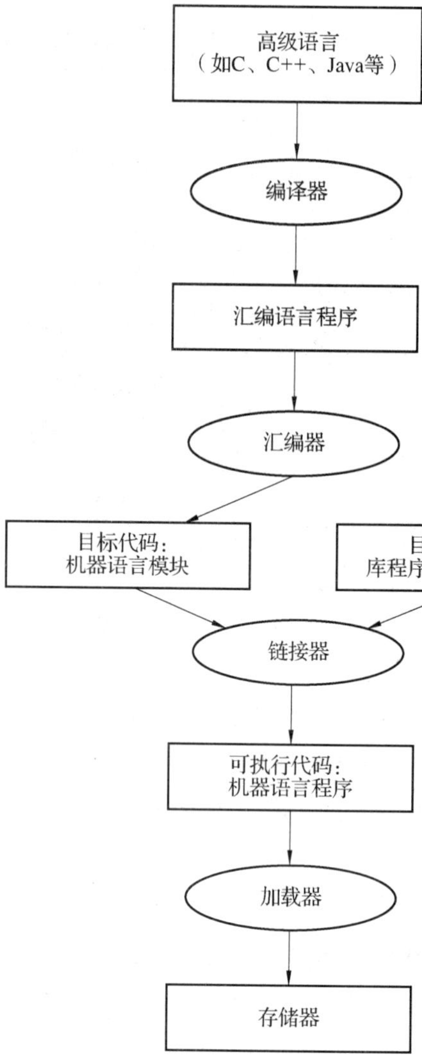

图 1.8　高级语言到机器语言的转换过程

1.3.2　软件与硬件的逻辑等价性

多层次结构的计算机系统模型描述，可以将第 1 级和第 2 级归结为以硬件研究为主要对象，而软件的研究对象主要是第 3 级操作系统以上的各级。但需要注意的是，随着大规模集成电路技术的发展和软件功能硬化的趋势，软硬件交界界面的划分并不是一成不变的，对于同一逻辑功能既可以通过软件，也可以通过硬件来实现，软件和硬件在逻辑功能上是等效的。这就是软件与硬件的逻辑等价性。

这种等价性主要体现在功能等价性、行为等价性、性能等价性和可移植性几个方面。

感兴趣的读者可以详细查阅相关资料。

1.4 计算机系统的主要性能指标

一台计算机系统的性能优劣可以通过一系列硬件和软件的性能指标来衡量，本节着重讨论主要的几个性能指标。

1.4.1 机器字长

机器字长是指计算机处理器一次可以处理的二进制数据位数，通常与 CPU 的寄存器位数、加法器有关。在其他指标相同的情况下，字长越长，计算机处理数据的速度就越快、运算精度越高。机器字长通常选定为字节(8 位)的整数倍，如 8 位、16 位、32 位、64 位等。

如通常所说的“某 16 位或 32 位机器”中，“16”，“32”就是指机器字长。同时请注意把机器字长和存储字长、指令字长进行区分：指令字长是指一个指令字中包含的二进制代码的位数，存储字长是指一个存储单元存储的二进制代码的长度。这三者长度不一定相等，但本书中为了简化讨论难度，在无特别说明的情况下，默认机器字长、指令字长和存储字长三者长度相等。

1.4.2 存储容量

计算机的存储容量指的是计算机系统可以存储的数据量大小。它通常以字节(byte)为单位来表示。

存储容量可以分为两类：主内存(主存)容量和辅助存储器(外存)容量。

主存容量是计算机中用于存储程序和数据的临时存储器，它直接连接到 CPU。该存储容量表示主存中存放二进制代码的总位数，即：

$$\text{存储容量} = \text{存储单元个数} \times \text{存储字长}$$

在 1.2 节中提到主存储器中的两个重要寄存器 MAR 和 MDR，其中 MAR 的位数反映了存储单元的个数，MDR 的位数反映了存储字长。例如，MAR 为 16 位，则表示该存储体内有 $2^{16}=65536$ 个存储单元(即 64K 个存储字，$1K=1024=2^{10}$)；而 MDR 为 16 位，则为该存储器一个存储字长，此存储容量为 $2^{16}\times16=2^{20}=1M$ 位。

计算机系统的主存储器容量决定了它可以同时存储和处理的程序和数据的数量和大小。较大的主存储器容量可以提供更多的内存资源，使得计算机能够同时执行更大规模的程序和处理更多的数据。较大的主存储器容量还可以减少对辅助存储器(如硬盘)的频繁读写操作，提高计算机的运行速度和效率。

辅助存储器是用于长期存储和保留数据的设备，如硬盘驱动器、固态硬盘等。辅助存储器的容量通常较大，现代计算机可以达到几 TB(Terabyte，太字节)、数十 TB 甚至更多，这使得计算机系统能够存储大量的文件、程序和其他数据。

1.4.3 运算速度

1.4.3.1 主频和 CPU 周期

计算机的主频，也称为时钟频率(Clock Frequency)，是指计算机中处理器的运行速度。它表示处理器每秒钟执行的时钟周期数量，其度量单位是 MHz(兆赫兹)、GHz(吉赫兹)。主频越高，处理器每秒可以执行的指令数量就越多，计算机的运算速度也就越快。例如，常用 CPU 的主频有 1.8 GHz、2.4 GHz、2.8 GHz 等。

主频的倒数就是 CPU 的时钟周期，它是 CPU 中最小的时间单位，执行指令的每个动作至少需要 1 个时钟周期。

1.4.3.2 吞吐量和响应时间

吞吐量指的是系统在单位时间内可以处理的数据量或执行的操作数量。它反映了系统的处理能力和效率。通常，吞吐量可以用不同的单位来表示，比如每秒处理的指令数、每秒传输的字节数等。例如，一个计算机系统每秒可以执行 1000 万条指令，那么它的指令吞吐量就是 1000 万 IPS(Instructions Per Second，指令数/秒)。

响应时间是指从用户发出一个请求或命令到系统完成对该请求或命令的处理并返回结果所经过的时间。计算机系统的响应时间受到多个因素影响，其中包括：处理器性能、存储设备的访问时间、网络速度及软件优化等。需要注意的是，响应时间是一个相对概念，不同的应用和场景可能对响应时间有不同的要求。例如，对于实时交互性强的系统(如游戏)，要求响应时间非常短；而批处理任务通常无须实时反馈，因此系统可容忍较长的响应时间。

总体来说，吞吐量关注的是计算机系统同时执行多个任务时的性能表现，而响应时间关注的是计算机系统执行单个任务时的性能表现。

1.4.3.3 CPI

CPI(Clock cycles Per Instruction，每条指令周期数)是指执行每条指令所需要的平均时钟周期数，它反映了指令执行的效率和速度。CPI 可以通过以下公式计算：

$$\text{CPI}=\frac{\text{执行一个程序所需的 CPU 时钟周期数}}{\text{程序包含的指令条数}}$$

1.4.3.4 CPU 执行时间

CPU 执行时间是指 CPU 运行一个程序所花费的时间。CPU 执行时间可以用以下公式计算：

$$\text{CPU 执行时间}=\frac{\text{一个程序的 CPU 时钟周期数}}{\text{主频}}=\frac{\text{指令条数}\times\text{CPI}}{\text{主频}}$$

上式表明，CPU 执行时间取决于三个要素：①主频；②每条指令执行所用的时钟周期数(CPI)；③指令条数。这三个要素是相互制约的。例如，更改指令集可以减少程序所含指令的条数，但同时可能引起 CPU 结构的调整，从而可能会降低主频。

1.4.3.5　MIPS(Million Instructions Per Second)

MIPS 表示每秒执行的百万条指令数。

$$\text{MIPS}=\frac{\text{指令条数}}{\text{程序执行时间(s)}\times10^6}$$

MIPS 可以用来衡量计算机处理器的运算速度和执行能力。但也需要注意，MIPS 仅仅是一种测量指标，它并不能完整地描述计算机系统的性能，因为不同的指令具有不同的复杂性和资源消耗。因此，一个高 MIPS 值并不一定表示一个计算机系统性能更好。

1.4.3.6　FLOPS(Floating-Point Operations Per Second)

FLOPS 是指每秒钟执行的浮点运算次数。

$$\text{FLOPS}=\frac{\text{浮点运算次数}}{\text{程序执行时间(s)}}$$

其中，浮点运算次数表示在一段时间内执行的浮点运算的总次数，执行时间为该段时间的实际执行时间。

FLOPS 常用于衡量计算机在处理科学计算、数值模拟、图形处理等大量浮点运算的应用程序时的性能。需注意的是，FLOPS 也仅仅是一种测量指标，同样不能完整描述计算机系统的性能。

1.4.4　基准程序

基准程序(Benchmarks)是专门用来进行性能评价的一组程序，能够可靠地反映机器在运行实际负载时的性能，可以通过在不同机器上运行相同的基准程序来比较在不同机器上的运行时间，从而测评其性能。

1.4.5　几个常见专业术语

1.4.5.1　系列机

系列机指的是具有相同或相似架构、指令集和操作系统的一系列计算机型号或产品。这些计算机型号属于同一家厂商或同一系列的产品线，它们在设计上有着许多共同点，并且可以共享软件和硬件资源。

1.4.5.2　兼容

兼容是指不同硬件和软件之间能够互相工作、交互和协作的能力。即运行在某个型号的计算机系统中的硬件/软件也能应用于另一个型号的计算机系统时，称这两台计算机在硬件或软件上存在兼容性。

1.4.5.3 软件可移植性

软件可移植性指把使用在某个系列计算机中的软件直接或进行很少的修改就能运行在另一个系列计算机中的可能性。

1.4.5.4 固件(Firmware)

固件指嵌入在硬件设备中的一种软件。它是介于硬件和操作系统之间的一层软件，具有控制、管理和初始化硬件设备的功能。

固件通常存储在硬件设备的非易失性存储器中，如闪存芯片、EPROM(可擦除式可编程只读存储器)等。

本章小结

本章对计算机系统进行了全面而深入的概述，涵盖了计算机系统的基本概念、发展历程、组成结构、层次结构及主要性能指标等多个方面。

首先，明确了计算机系统的定义和组成，强调了计算机作为一种能够自动执行程序、进行数据处理、存储和传输的电子设备的重要性。通过介绍计算机的发展历程，读者可以了解从早期的机械计算设备到现代电子计算机的演变过程，以及各个阶段的重要里程碑。

其次，在计算机系统的组成方面，详细讨论了计算机硬件系统和软件系统的各个组成部分及其功能。硬件系统包括运算器、控制器、存储器、输入设备和输出设备五大部件，它们共同协作完成计算机的各项任务。软件系统则包括系统软件和应用软件两大类，用于控制和管理计算机的各种功能和资源。

再次，介绍了计算机系统的层次结构，从微程序设计级到高级语言级，详细阐述了每一级的功能和特点。这种层次结构有助于读者理解计算机如何将高级编程语言编写的程序转化为机器能够识别的指令，并执行相应的操作。

最后，讨论了计算机系统的主要性能指标，包括机器字长、存储容量、运算速度等。这些指标是衡量计算机系统性能优劣的重要依据，对于用户选择和使用计算机具有重要的参考价值。

本章通过思政目标的阐述，强调了计算机技术对现代社会的影响及培养跨学科综合素养的重要性。希望读者在学习计算机技术的同时，能够深入思考科技伦理、社会责任及国家发展战略等问题，为解决复杂社会问题提供创新思路和方法。

通过本章的学习，读者可以对计算机系统有一个全面而深入的了解，为后续学习计算机系统的其他组成部分和原理打下坚实基础。

习　题

一、选择题

1. 冯·诺依曼机工作方式的基本特点是(　　)。

A. 多指令流单数据流　　B. 按地址访问并顺序执行指令

C. 堆栈操作　　D. 存储器按内容选择地址

2. 采用“二进制”代码表示数据和指令，同时具有“存储程序”特点的计算机是由(　　)提出的。

A. 艾兹格·迪科斯彻　　B. 阿兰·麦席森·图灵

C. 冯·诺依曼　　D. 李纳斯·托沃兹

3. 2013 年世界 500 强超级计算机排序中，中国研制的超级计算机位居世界第一，其型号名称是(　　)。

A. 神威·太湖之光　　B. 泰坦

C. 天河二号　　D. 红衫

4. 至今为止，计算机中的所有信息仍以二进制方式表示，其理由是(　　)。

A. 节约元件　　B. 运算速度快

C. 物理器件性能决定　　D. 信息处理方便

5. 计算机硬件能够直接执行的是(　　)。

A. 机器语言程序　　B. 汇编语言程序

C. 硬件语言程序　　D. C 语言程序

6. 对计算机的软、硬件资源进行管理，是(　　)的功能。

A. 操作系统　　B. 数据库管理系统

C. 语言处理程序　　D. 用户程序

7. CPU 的组成不包括(　　)。

A. 存储器　　B. 寄存器

C. 控制器　　D. 运算器

8. 下列说法错误的是(　　)。

A. 软件与硬件具有逻辑功能的等价性

B. 寄存器的数据位对微程序级用户透明

C. 固件功能类似软件，形态类似硬件

D. 计算机系统层次结构中，微程序属于硬件级

9. 关于机器字长的描述，正确的是(　　)。

A. 字长一般与运算器的数据位相同

B. 字长一般与存储器的数据位相同

C. 字长一般与存储器的地址位相同

D. 字长是指存储单元的个数

10. 在其他指标相同的情况下，字长越长，计算机处理数据的(　　)越高，速度就越快，数据处理也越灵活。

A. 运算速度　　B. 运算精度

C. 内存容量　　D. 存取速度

二、填空题

1. 计算机系统由________系统和________系统构成。

2. 冯·诺依曼结构的计算机硬件系统包括________、________、________、输入/输出设备。

3. 在计算机术语中，将运算器、控制器、高速缓冲存储器合在一起，称为________；而将________、存储器、输入/输出接口和系统总线合在一起，称为________。

三、简答题

1. 冯·诺依曼结构的计算机有什么特点？

2. 简要解释下列名词术语：

计算机系统、存储程序控制、系统软件、应用软件、硬件、中央处理器(CPU)、计算机主机、控制器、运算器、内存储器、外存储器、存储容量、单元地址、指令、程序。

3. 什么是计算机的软件系统？

4. 请描述一下计算机的主要性能指标有哪些。

5. 计算机硬件和计算机软件的关系是什么？什么是计算机程序设计语言？

四、计算分析题

1. 在图1.9中A、B、C、D、E五个位置处填入计算机硬件系统基本组成部件的名称，并说明该图中的计算机结构是以什么为中心工作的。

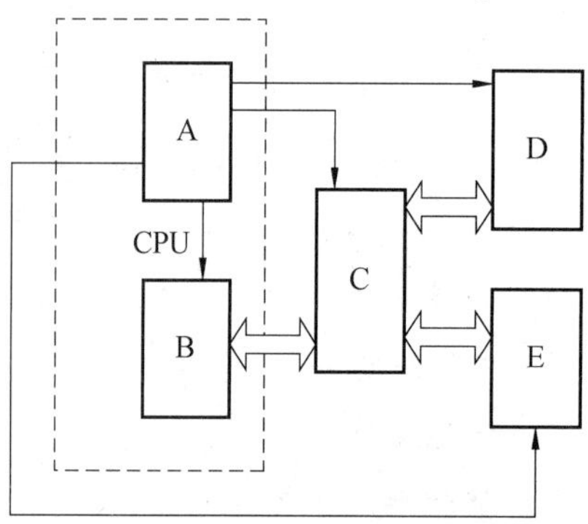

图1.9　第四大题题1图

2. 计算机 A 和 B 使用不同主频的 CPU 芯片，片内逻辑电路完全相同。

(1)若 A 机的 CPU 主频为 8 MHz，B 机为 12 MHz，则 A 机的 CPU 时钟周期为多少？

(2)若 A 机的平均指令执行速度为 0.4 MIPS，则 A 机的平均指令周期为多少？

(3)B 机的平均指令执行速度为多少？

第2章 计算机中的数据表示

【知识目标】

1. 掌握并巩固常用进制数之间的转换。

2. 掌握计算机中常用数值类型及表示方法。

3. 掌握数据的原码、反码、补码、移码的编码表示形式，以及在计算机中的实际应用和意义。

4. 掌握定点数与浮点数的数据表示形式、取值范围和运算方法。

5. 了解字符型数据和常见的非数值型数据的表示方法。

6. 理解奇偶校验、海明校验、CRC 校验的方法与特点。

【素质目标】

在计算机科学的世界里，数据是信息的载体，而数据的精准表示与高效处理则是推动科技进步、社会发展的重要力量。数据表示方式的不断创新，也推动了计算机技术的飞速发展。鼓励学生不拘泥于传统，勇于探索新的数据表示方法，如量子计算中的量子比特表示，或是针对特定应用场景的定制化数据编码方案。通过创新，解决实际问题，推动科技进步，服务社会发展。

通过第 1 章的描述，我们明确了计算机的作用本质是对数据进行运算和处理，其中数据包括指令数据和用户数据。由于计算机硬件系统本身是一个数字电路系统，因此计算机只能直接识别和处理数字信号，即所有的数据都只能以数字信号的形式存在于计算机系统中。

本章主要围绕计算机中数据的表示方法展开描述。

2.1 计算机中的数据表示和数制

数字计算机是一个复杂的数字系统，而数字系统中信息的表示、处理和传输使用的是离散的数字信号。数字计算机主要使用二进制编码来表示数据和指令，并通过数字电路来执行计算和逻辑操作。它采用数字信号进行信息的输入、输出和存储，通过控制电路来控制计算机的操作。因此我们有必要首先明确什么是数字信号。

2.1.1 数字信号的概念及产生

信号从时间的连续性方面可分为模拟信号和数字信号。如图 2.1 所示。

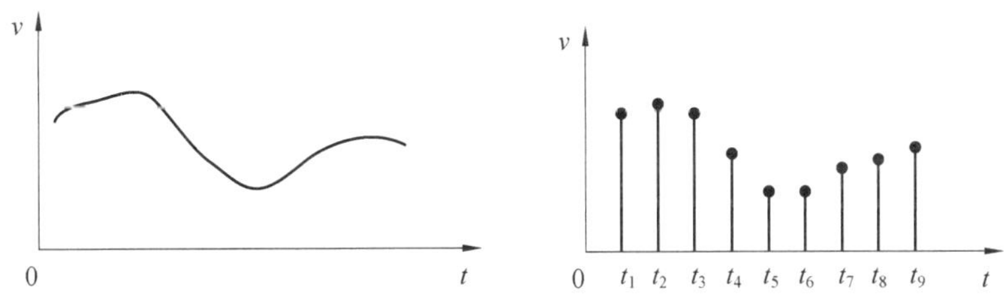

（a）模拟电压信号　　（b）数字电压信号

图 2.1　模拟信号与数字信号波形

自然界中的信号大部分是模拟信号，它是连续变化的信号，可以取无限数量的值。例如，声音、光线、电流等都属于模拟信号。人类感知周围的声音、图像和其他物理现象也是以模拟信号的形式传递的。但是模拟信号存在抗干扰能力弱、传输距离受限、存储成本高、与数字设备进行互联和共享时缺乏灵活性以及电路结构复杂难维护等问题，因此计算机不直接处理模拟信号，而是采用数字信号表示数据。

从图 2.1(b)可看出数字信号是一种离散的信号，其取值只能是一组预定的离散数值。在计算机系统中，数字信号通常以二进制形式表示，即只有两种取值，分别为 0 和 1。

数字信号可通过模拟信号经过采样、量化和编码三个步骤来实现。如图 2.2 所示。

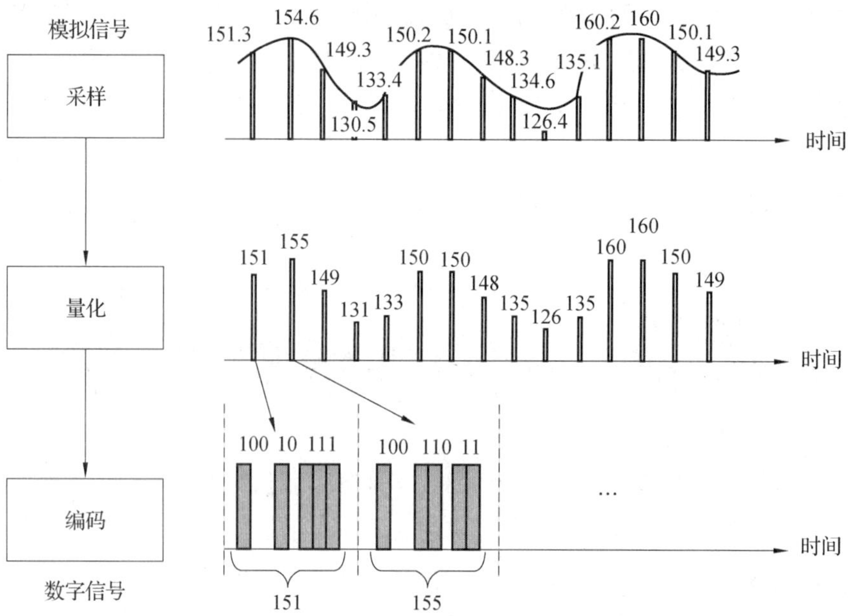

图 2.2　模拟信号→数字信号的转换过程

2.1.1.1　采样(Sampling)

采样是将连续的模拟信号离散化的过程。通过固定时间间隔内的采样点，对模拟信号的振幅进行采样，以获取离散时间域中的信号样本。这些采样点从模拟信号中提取，形成离散的模拟信号序列。

2.1.1.2　量化(Quantization)

量化是将采样得到的离散模拟信号转化为有限数量的离散级别的过程。在量化过程中，使用特定的量化器将每个采样点映射到最接近的离散级别，以降低信号的精度并减小其表示所需的位数，从而将模拟信号离散化为一系列离散值。

2.1.1.3　编码(Encoding)

编码是将量化后的离散信号转换为数字形式的过程。每个量化后的离散值被编码为二进制形式，以便在计算机系统中进行传输、处理和存储。编码通常使用各种编码方案[如脉冲编码调制(PCM)或压缩编码]将离散值映射为二进制数，并转换为数字信号。

2.1.2　计算机中的数制

计算机中的信息类型有很多，一般分为两大类：一类是计算机处理的对象，即数据信息，数据信息又可分为数值数据和非数值数据。数值数据有确定的值，并可以在数轴上有对应的点。数值型数据的表示主要涉及以下几个问题：选用哪种进位数制，机器中如何表示一个带有符号的数(即正负数如何表示)，如何表示小数点的位置，如何表示数值运算的基本实现原理等。非数值型数据信息没有确定的数值，如图片、视频、音频文件中存储的数据，都是以某种编码方式存储起来的。另一类是用于控制计算机工作的信息，即指令。无论是数据信息还是指令，在计算机内部都是用二进制数表示的。因此，有必要了解数制以及各数制与二进制数的相互转换。

2.1.2.1　进位计数制的基本概念

数制是规定了数字表示所用符号的系统，也称为进位计数制，是一种表示数字的方式。每种数制都有其基数和各数位的位权。任何一种进位数值表示的数都可以写成按权展开的多项式之和，即任意一个 r 进制数 N 都可表示为如式 2.1 所示：

$$N = \sum_{i=m-1}^{-k} D_i \times r^i \tag{2.1}$$

式中，r ——某种进位计数制的基数。

i ——位序号。

D_i ——第 i 位上的一个数码，为 $0 \sim (r-1)$ 中的任一个。

r^i ——第 i 位上的权。

$m-1$、$-k$ ——最高位和最低位的位序号。

数码：指数制中用来表示数制的各个符号或数字。例如，十进制的数码有 0、1、2、3、4、5、6、7、8、9，而二进制的数码只有 0 和 1。

基数：指数制所使用的数码个数，简称“基”。常见的十进制数制中，基数为 10。而二进制数制中，基数为 2。

位权：一个数码在不同的数位上时所表示的数值是不同的，例如，在十进制中，个位上的 1 代表 1×10^0，而百位上的 1 则表示 1×10^2。某数制各位所具有的值称为“位权”，简称“权”。该位数码所表示的数值就等于该数码本身的值乘以该位的权值。

例如：十进制数 8013. 12 可以表示为：

$8013.12=8\times10^3+0\times10^2+1\times10^1+3\times10^0+1\times10^{-1}+2\times10^{-2}$

2.1.2.2　常用的进位计数制

计算机科学中的计数制通常可以使用十进制、二进制、八进制和十六进制。

1) 十进制：基数为 10，即逢十进一。由 0~9 十个数码组成。十进制数后面常用字母“D”标记或缺省，例如，$(10)_D$ 表示的是一个十进制数。

十进制在计算和表示数值方面非常常见和直观。它易于理解和使用，与我们的日常生活和数学运算密切相关。在财务、商业、科学、工程和日常计算中，常使用十进制数进行计算和表达。

2) 二进制：基数为 2，即逢二进一。由 0、1 两个数码组成。其整数部分从右到左权重按照 2 的幂增加，分别为 1、2、4、8、16、32 等；小数部分从左到右权重分别为 2^{-1}、2^{-2}、2^{-3}等。二进制数后面常用字母“B”标记，例如，$(101)_B$ 表示的是一个二进制数。

二进制常被用于计算机科学和电子学中，计算机内部以二进制形式存储和处理数据。

相对于十进制，二进制的表示方式更为简洁且仅使用了两个数码。虽然二进制对于人类来说不太直观，但在计算机领域中被广泛应用。

3）八进制：基数为 8，即逢八进一。由 0~7 八个数码组成。八进制数的每一位上的权重是按照 8 的幂变化的。八进制数后面常用字母“O”标记，例如，$(107)_O$ 表示的是一个八进制数。

八进制也常被用于计算机和电子领域中，特别是在指令和存储器寻址中。在过去，八进制被广泛用于编程和处理二进制数据，每一位八进制数码可以表示二进制的 3 位。相对于十进制和二进制，八进制的表示方式相对简单，且较为直观。它适用于表示和计算较小的整数，但在日常生活和大多数计算中不常使用。

4）十六进制：基数为 16，即逢十六进一。由 0~9 和 A~F 十六个数码组成。十六进制数的每一位上的权重是按照 16 的幂变化的。十六进制数后面常用字母“H”标记，例如，$(B2E)_H$ 表示的是一个十六进制数。

十六进制在计算机科学和电子领域中同样被广泛应用。十六进制常用于表示和处理二进制数据，因为一个十六进制位对应四个二进制位，例如，一个十六进制位可以表示 0~F，对应二进制的 0000~1111。此外，在存储器地址和颜色编码中，十六进制也非常常用。相对于十进制和二进制，十六进制提供了一个简洁的表示方法，尤其是对于大型二进制数而言。

例如：将二进制数$(0001\ 1100\ 1010\ 1110)_B$用十六进制数表示，则可表示为$(1CAE)_H$。

2.1.2.3　进位计数制之间的转换

1）R 进制的数转换为十进制数。

R 进制数转换成十进制数采用“位权法”，即根据 $N=\sum_{i=m-1}^{-k} D_i \times r^i$，将各位数码与它的权相乘，其积相加，就可得到十进制数。

【例 2.1】

$(1110.01)_B=1\times2^3+1\times2^2+1\times2^1+0\times2^0+0\times2^{-1}+1\times2^{-2}=(16.25)_D$

$(16.8)_O=1\times8^1+6\times8^0+8\times8^{-1}=(15)_D$

$(B3F)_H=11\times16^2+3\times16^1+15\times16^0=(2879)_D$

2）十进制数转换成 R 进制数。

将一个十进制数转换成 R 进制数时，整数部分和小数部分的转换方法不同，整数部分的转换采用“除基取余法”，小数部分的转换采用“乘基取整法”，整数和小数部分分别转换后，再将两个转换结果结合起来就可以得到对应的 R 进制数。

①十进制整数转换成 R 进制整数。

所谓“除基取余法”，即将十进制整数连续除以 R 取其余数，直到商等于 0 为止。每次所得余数即为 R 进制的各位数码，并按从后往前的次序将各余数记为 $a_n a_{n-1} a_{n-2} \cdots a_0$，从而构成转换后对应的 R 进制数。第一次得到的余数为 R 进制数的最低位，最后一次得到的余数为 R 进制数的最高位。

【例 2.2】 将整数 23 转换成对应的二进制数。

解：

除数	被除数/商	余数	位
2	23		
2	11	……余1	（低位）↑
2	5	……余1	
2	2	……余1	
2	1	……余0	
	0	……余1	（高位）

则得：$(23)_D=(10111)_B$。

②十进制小数转换成 R 进制小数。

所谓"乘基取整法"，即将被转换的十进制数连续乘以 R，直到小数部分为 0 或达到要求的精度为止。且每乘一次取其整数并记录，按照从前往后的次序，将各整数部分记为 $a_{-1}a_{-2}\cdots a_{-m}$，从而构成转换后对应的 R 进制小数。

【例 2.3】 将 0.625 转换成二进制小数。

解：

	取整数部分	
0.625 × 2		
1.250	1	（高位）↓
0.250 × 2		
0.500	0	
0.500 × 2		
1.000	1	（低位）

则得：$(0.625)_D=(101)_B$。

【例 2.4】 将十进制数 128.625 转换成对应的二进制数。

解： 整数部分：

除数	被除数/商	余数	位
2	128		
2	64	……余0	（低位）↑
2	32	……余0	
2	16	……余0	
2	8	……余0	
2	4	……余0	
2	2	……余0	
2	1	……余0	
	0	……余1	（高位）

则整数部分对应的二进制数为：$(128)_D=(10000000)_B$

小数部分：

```
      0. 6 2 5        取整数部分
  ×          2
  -------------
      1. 2 5 0        1   │    （高位）
  ×          2            │
  -------------           │
      0. 5 0 0        0   │
  ×          2            │
  -------------           ↓
      1. 0 0 0        1        （低位）
```

则小数部分对应的二进制数为：$(0.625)_D=(101)_B$。

把整数部分与小数部分合起来：

$(128.625)_D=(10000000.101)_B$。

以上例题主要介绍了十进制和二进制之间的相互转换，而十进制和十六进制数及八进制数之间的转换，除了采用常规的权值转换方法外，还常常采用将十六进制数或八进制数转换为二进制后再转换为十进制数的方式。

计算机内部采用二进制数表示数据和各类控制信息，主要原因如下：

①简单和稳定：二进制只有两个可能的状态(0 和 1)，这使得电子电路的设计和控制更加简单和稳定。

②易于表示和存储：二进制数使用 0 和 1 表示信息，对应电路中的两种电压状态(如高电压和低电压)，这使得信息的表示和存储更加容易和可靠。

③容易进行逻辑运算：二进制数的逻辑运算相对简单，仅包含与(AND)、或(OR)、非(NOT)等基本逻辑操作。这使得计算机中的逻辑电路设计更加简洁和高效。

④易于扩展和传输：二进制数的位数可以随需要进行增加和减少，容易进行扩展和压缩。此外，二进制数在数字通信中传输错误率较低，容易进行误码检测和纠正。

⑤可靠性高且易于进行转换：用二进制表示数据具有抗干扰能力强、可靠性高等优点。因为每位数据只有高低两个状态，当受到一定程度的干扰时，仍能较容易分辨出它是高电平还是低电平。同时二进制与十进制、十六进制等易于互相转换。

2.1.3 数值型数据的表示

2.1.3.1 真值和机器数

在计算机科学中，真值是指数制或逻辑值的实际表达，它可以是各种形式的数制，包括整数、小数、逻辑值等。例如，在十进制系统中，真值可以是任何十进制数，如 1、100、-5、3.14 等。在逻辑系统中，真值通常是逻辑值，如真(True)或假(False)。真值往往是面向人的，可以用二进制数表示，也可以用其他进制数表示，但根据习惯，常用十进制数表示。

机器数是计算机中用二进制表示和存储数字的方式。计算机中的所有数据，包括整数、小数、字符等，都以机器数的形式存储和处理。

2.1.3.2　无符号数

无符号数即没有符号的数，即机器数的所有二进制位都用来表示数值，当用相同机器字长的寄存器存放无符号数时，寄存器中的每一位均可用来存放数值，而存放有符号数时，则需要留出位置存放符号。因此，在机器字长相同时，无符号数与有符号数所对应的数值范围是不同的。例如，机器字长为 8 位，无符号数的表示范围为 0～2^8(255)，而有符号数的表示范围为-128～+127。

无符号数在计算机中主要具有以下用途：

1) 表示非负数：无符号数可以表示大于或等于零的整数，适用于需要处理自然数或只需正数的情况。

2) 位运算：无符号数对位运算非常有效，例如，按位与、按位或、按位异或等操作，可以对数据进行位级别的处理。

3) 数组索引：在数组和缓冲区操作中，无符号数通常用于索引和跟踪内存位置。如计算机中的地址常用无符号数表示。

4) 二进制数据的存储和传输：无符号数被广泛用于存储和传输二进制数据，例如，图像、音频、视频等。

5) 位字段和位标志：无符号数在表达位字段和位标志方面很有用。例如，在编码和解码数据时，可以使用无符号数来表示特定位的开关或标志。

2.1.3.3　有符号数

有符号数是一种可以表示正负值的数。在计算机中表示正号“+”用 0，表示负号“-”用 1。通常这个符号放在二进制数的最高位，称为符号位。如图 2.3 所示。

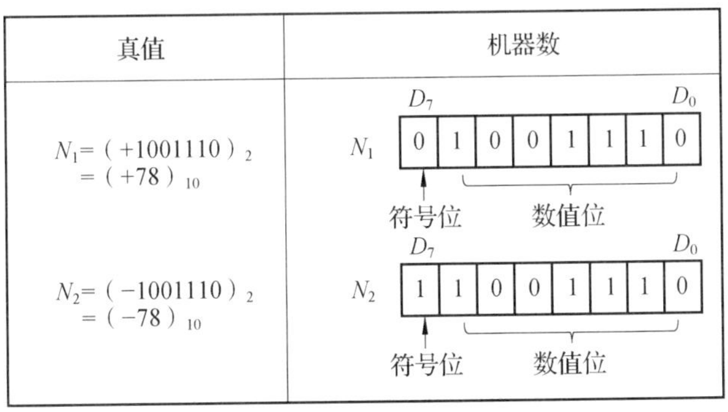

图 2.3　真值+78 和-78 对应的机器数

有符号数的数值范围与位数有关。例如，对于 8 位的有符号数，00000000 表示 0，最大值为 01111111，即+127，最小值为 10000000，即-128。这个范围是有限的，包括负数、零和正数，因此有符号数可以表示更广泛的数值范围。

有符号数在计算机中的应用非常广泛，例如，表示温度、速度、方向、货币等具有正负概念的数据。同时有符号数可以进行带正负的算术运算，以及比较和逻辑运算。在进行计算和数据处理时，有符号数提供了更灵活和广泛的数值表示和操作，但也需要注意溢出和符号位扩展等问题。

2.1.4 十进制数据的编码表示及存储

在 2.1.2 节介绍进制数之间的转换时，讲解了十进制数与二进制数之间相互转换的方法，除此以外还可以将十进制数用二进制编码来表示，称为二-十进制码(binary coded decimal)，即 BCD 码。编码形式用 4 位二进制数来表示和存储一个十进制的数码，进而使二进制和十进制之间的转换得以快捷地进行(注意需和二进制与十进制之间的数制转换区分开)。BCD 码的表示方法很多，如 2421 码、余 3 码等，其中最常用的是“8421 编码”。在这种方法中，4 位二进制数从左到右每一位对应的权分别是 2^3、2^2、2^1、2^0，即 8、4、2、1。例如，十进制数 33 的 8421BCD 码表示为 $(33)_{10}=(0011\ 0011)_{BCD}$；而该十进制数对应的二进制数则为 $(33)_{10}=(100001)_2$。8421BCD 码同十进制数、二进制数的关系如表 2.1 所示。

表 2.1 十进制数、二进制数和 8421BCD 码对照表

十进制	二进制	8421BCD 码	十进制	二进制	8421BCD 码
0	0000	0000	8	1000	1000
1	0001	0001	9	1001	1001
2	0010	0010	10	1010	0001 0000
3	0011	0011	11	1011	0001 0001
4	0100	0100	12	1100	0001 0010
5	0101	0101	13	1101	0001 0011
6	0110	0110	14	1110	0001 0100
7	0111	0111	15	1111	0001 0101

十进制数在计算机中以十进制的位组成的数串形式存储，通常有以下几种形式。

2.1.4.1 非压缩十进制数格式

非压缩十进制数格式也叫字符串形式，即用 1 个字节存放一个十进制的数位或符号位。在主存中，这样的一个十进制数占用连续的多字节，故为了指明这样一个数，需要给出该数在主存中的起始地址和位数(串的长度)。例如，+12 和-38 分别表示成：

+	1	2

(+12)

-	3	8

(-38)

这种方式表示的十进制字符串主要用在非数值计算的应用领域中。为了节省存储空间，便于十进制数的运算，常采用的是另一种压缩十进制数格式。

2.1.4.2　压缩的十进制数串形式

一个压缩的十进制数或符号位用 4 位二进制代码表示，即 1 字节存放两个十进制的数位。它比前一种形式节省存储空间，又便于直接完成十进制的算术运算，是被广泛采用的较为理想的方法。

用压缩的十进制数串表示一个数，也要连续占用主存的多字节。每个数位占用半字节（即 4 个二进制位），其值可用二-十编码（BCD 码）或数字符的 ASCII 码（0~9）的低 4 位表示。符号位也占半字节并放在最低数值位之后，其值选用 BCD 码中 6 种冗余状态的有关值，如用 10（A）表示正号，用 11（B）表示负号。在这种表示中，规定数位加符号位之和必须为偶数，当和不为偶数时，应在最高数值位之前补一个 0。例如，+126 和-11 分别表示成：

1	2	6	A

(+126)

0	1	1	B

(−11)

在上述表示中，一个实线框表示 1 字节，虚线表示把一个字节分为高低各半字节，每个小框内给出一个数值位或符号位的编码值（用十六进制形式给出）。符号位在数值位之后。

2.2　有符号数的编码

机器数中的有符号数除了明确其正负号的表示形式及位置以外，还需要考虑其数值部分的编码方法和运算方法，以便完成正确的数据计算。在计算机中，有符号数 X 的编码常用的有原码、反码、补码，分别记作 $[X]_{原}$、$[X]_{反}$、$[X]_{补}$。

2.2.1　原码表示法

原码表示法是一种最简单的有符号数的表示方法。在该编码方式中，最高位为符号位，0 表示正数，1 表示负数，数值部分与真值的绝对值相同。

2.2.1.1　整数原码

整数原码的定义为式（2.2）：

$$[X]_{原} = \begin{cases} X & 0 \leqslant X \leqslant 2^{n-1} \\ 2^{n-1} - X = 2^{n-1} + |X| & -2^{n-1} < X \leqslant 0 \end{cases} \tag{2.2}$$

式中，X 为真值对应的机器码，n 为整数机器字长（包括符号位在内）。

从定义式中可看出，一个数由原码表示时，数值部分不变，符号“+”和“-”分别用数据最高位的 0 和 1 表示。

【例 2.5】 求 $X_1=+1011$ 和 $X_2=-1011$ 的原码表示。

解： 根据整数原码表示法，可得

当 $X_1=+1011$ 时，$[X_1]_原=01011$

当 $X_2=-1011$ 时，$[X_2]_原=2^{5-1}-(-1011)=2^4+1011=10000+1011=11011$

2.2.1.2　小数原码

小数原码的定义为式(2.3)：

$$[X]_原=\begin{cases}X & 0\leqslant X<1\\ 1-X=1+|X| & -1<X\leqslant 0\end{cases} \tag{2.3}$$

从定义式中可看出，正的纯小数的原码就是其本身，而负的纯小数的原码则是将小数点前的符号位设置 1 即可，即：

对于正小数，有

$$[X]_原=0.X_1X_2\cdots X_{n-1}$$

对于负小数，有

$$[X]_原=1.X_1X_2\cdots X_{n-1}$$

注：在计算机中，小数点是隐含的，即不用表示。上述表示式中的小数点是为了强调小数点的位置。

【例 2.6】 求纯小数 $X_1=+0.01101$ 和 $X_2=-0.01101$ 的原码表示。

解： 根据纯小数原码表示法，可得

当 $X_1=+0.01101$ 时，$[X_1]_原=0.01101$

当 $X_2=-0.01101$ 时，$[X_2]_原=1-(-0.01101)=1+0.01101=1.01101$

值得注意的是原码 0 有两种表示形式，以 8 位原码表示的 0 为例：

$$[+0]_原=0.0000000 \text{ 或 } [+0]_原=00000000$$

$$[-0]_原=1.0000000 \text{ 或 } [-0]_原=10000000$$

可见，$[+0]_原$不等于$[-0]_原$。

由上述可知，原码表示法简单直观，但在使用原码进行运算时，符号位参与运算会影响运算结果，尤其是在加减操作时要分别处理正数和负数，增加了计算机运算处理的复杂性。因此在实际计算机系统中，较少使用原码表示法，而更常用的是补码。这种表示法使用符号位和特定的编码规则来解决原码所带来的问题，并提供更方便的运算和表示特性。

2.2.2　反码表示法

反码也是一种有符号数的表示方法，与原码和补码一起构成了计算机中常用的有符号数表示方法。在实际使用中，反码通常用来作为由原码求补码或者由补码求原码的中间过

渡，因此在具体学习补码之前，我们先掌握反码的编码规则。

2.2.2.1　整数反码

整数反码的定义为式(2.4)：

$$[X]_{反} = \begin{cases} X & 0 \leqslant X \leqslant 2^{n-1} - 1 \\ 2^n - 1 + X & -2^{n-1} < X \leqslant 0 \end{cases} \tag{2.4}$$

式中，X 为该整数对应的机器码，n 为机器字长。

从式(2.4)可以看出，正整数的反码就是其本身。负整数的反码可利用式(2.4)计算；也可以将与该负整数绝对值相同的正数原码各位(包括符号位)取反获得；或保持其原码符号位不变，其余各数值位取反来获得。

【例 2.7】求 $X_1 = +1101$ 和 $X_2 = -1101$ 的反码表示。

解：根据整数反码表示法，可得

当 $X_1 = +1101$ 时，$[X_1]_{反} = 01101$

当 $X_2 = -1101$ 时，$[X_2]_{反} = 2^5 - 1 + (-1101) = 100000 - 1 - 1101 = 10010$

2.2.2.2　小数反码

小数反码的定义为式(2.5)：

$$[X]_{反} = \begin{cases} X & 0 \leqslant X < 1 \\ [2 - 2^{-(n-1)}] + X & -1 < X \leqslant 0 \end{cases} \tag{2.5}$$

【例 2.8】求 $X_1 = +0.0110$ 和 $X_2 = -0.0110$ 的反码表示。

解：根据小数反码表示法，可得

当 $X_1 = +0.0110$ 时，$[X_1]_{反} = 0.0110$

当 $X_2 = -0.0110$ 时，$[X_2]_{反} = (2 - 2^{-4}) + (-0.0110) = 1.1111 - 0.0110 = 1.1001$

当 $X = 0$ 时，

$$[+0.0000]_{反} = 0.0000$$

$$[-0.0000]_{反} = (10.0000 - 0.0001) - 0.0000 = 1.1111$$

可见$[+0]_{反}$不等于$[-0]_{反}$，即反码中的“零”也有两种表示形式。

反码的表示法和原码一样简单易懂，但也和原码存在同样的问题，比如减法运算的不便和溢出问题。因此，在实际计算机系统中常用的是补码表示法，它通过让符号位参与运算等方式，解决了减法运算的问题，更适合进行加减运算。

2.2.3　补码表示法

从上述对原码和反码的特点描述中可以看到，它们在进行加减运算时均需要先对操作数的符号进行判断，增加了运算的复杂度。为了克服上述缺点，提出了补码表示法。补码引入的思想是让符号位也参与运算，从而简化加减法的运算过程；同时补码还可以用加法实现减法运算，这样将加减法运算统一起来后，就不必像原码那样考虑符号的异同和数值的绝对值大小问题了，由此简化了计算机的运算器。

补码是根据“补数”的概念引出的一种机器数表示方法。

2.2.3.1 补数的概念

补数的概念可以用时钟来说明。例如，时钟的时针当前在 5 点的位置上，欲使它指示到 1 点，既可以顺时针方向将分针转 8 圈，也可逆时针方向将分针转 4 圈，结果是一致的。这里假设顺时针方向为正，逆时针方向为负，则有 5+8=13，5-4=1。由于时钟的时针转一圈能指示 12 个小时，而这个“12”在时钟里是不被显示而自动丢失的，即 13-12=1，故 13 点和 1 点均显示为 1 点。即+8 可以映照为-4。在数学上称该 12 为模，记作 mod 12，而称+8 是-4 以 12 为模的补数。因此，在该模数运算时就可以将减法运算中的负数用一个互为补数的正数来替代。

如将模的概念应用到计算机中，就出现了补码的表现形式。对于计算机来说，模就是计算机的机器字长。例如，某计算机是 64 位的机器字长，当计算结果超过这个字长，就会产生进位，但由于寄存器宽度不够，所产生的进位就会丢失。例如，一个 8 位的计算机，如果将最大表示数 11111111 再加上一个“1”，则理论上相加结果等于 100000000，但由于此时寄存器宽度只有 8 位，无法表示第九位数，因此最高位 1 丢失，结果为 00000000。所以该 8 位计算机的模为 2^8。

2.2.3.2 补码的定义

1）整数补码的定义。

整数补码的定义为式(2.6)：

$$[X]_{补} = \begin{cases} X & 0 \leqslant X < 2^n \\ 2^{n+1} + X = 2^{n+1} - |X| & -2^n < X < 0 \end{cases} (\mathrm{mod}\ 2^{n+1}) \tag{2.6}$$

在式(2.6)中，X 为真值，$|X|$为真值的绝对值。其中模为 2^{n+1}。可见正整数的补码就是其原码本身。

【例 2.9】 分别求出 $X_1=+1101$ 和 $X_2=-1101$ 的补码。

解： 根据整数补码表示法，可得

$X_1=+1101 \qquad [X_1]_{补}=01101$

$X_2=-1101 \qquad [X_2]_{补}=2^5+(-1101)=2^5-1101=100000-1101=10011$

2）小数补码的定义。

小数补码的定义为式(2.7)：

$$[X]_{补} = \begin{cases} X & 0 \leqslant X < 1 \\ 2 + X = 2 - |X| & -1 < X < 0 \end{cases} (\mathrm{mod}\ 2) \tag{2.7}$$

在式(2.7)中，X 为真值，$|X|$ 为真值的绝对值。其中的 2 就相当于 10.000…。从上式中可看出正小数的补码也同样是其原码本身。

【例 2.10】 求 $X_1=+0.1101$ 和 $X_2=-0.1101$ 的补码。

解：根据小数补码表示法，可得

$X_1=+0.1101$　　$[X_1]_{补}=0.1101$

$X_2=-0.1101$　　$[X_2]_{补}=2+(-0.1101)=2-0.1101=10.0000-0.1101=1.0011$

由上述补码的定义及例题可看出，正数的补码与其原码相同，而负数的补码实际就是其原码除符号位以外的各数值位“取反加 1”。

【例 2.11】 求负整数 $X=-1010$ 的补码。

解：(1) $[X]_{原}=11010$

(2)取反得：$[X]_{反}=10101$

(3)在(2)所得反码的基础上，数值位加 1 得：$[X]_{补}=10110$

负数原码转换为负数补码的另一种方法为：符号位保持不变，数值位由低位起向高位，第一个 1 与之前的各位 0 保持不变，以后除符号位外的各个高位取反。

【例 2.12】 求负整数 $X=-1110$ 的补码。

解：$X=-1110$

$[X]_{原}=$	1	11	10
$[X]_{补}=$	1	00	10
	↑ 不变	↑ 取反	↑ 不变

当已知负数补码需要求真值的时候，同样采用上述两种办法进行运算即可还原出原码与真值。即 $[X]_{补}\rightarrow[X]_{原}$的方法仍然是“符号位不变，数值位取反加 1”。

2.2.4　补码的性质

2.2.4.1　0 的补码形式是唯一的

在原码和反码表示法中，“0”均有两种表示形式，这使得计算机中“0”的编码不唯一。对于计算机来说，会产生很多问题，因为任何数字都只能有一个编码。“0”的补码有如下情况：

$$[+0]_{补}=0.0000000$$

$[-0]_{补}=2+(-0.0000000)=10.0000000-0.0000000=0.0000000$(由于字长限制溢出部分被抛弃)

显然，$[+0]_{补}=[-0]_{补}=0.0000000$，即补码中的“零”只有一种表示形式。

2.2.4.2　变形码

当模为 4 时，可形成双符号位的补码，如 $X=-0.1010$，对($\text{mod } 2^2$)而言，有

$$[X]_{补}=4+X=100.0000000-0.1010000=11.0110000$$

这种双符号位的补码又称为变形补码，在阶码运算和溢出判断中有特殊作用。

2.2.4.3　求补运算

在计算机中进行减法运算时，可将减法转换成加法运算，例如，式子 2-1=2+[1 的相

反数(即减去 1 等于加上 1 的相反数)]。此时可利用处理器中设置的求补指令对该操作数求补码。具体运算就是将该操作数包括符号位在内，各位取反，再在最低位上加上 1。由此可见，对一个数进行求补运算所得的是该数相反数的补码。

2.2.4.4 简化加减法

利用补码实现两数相加是很方便的，补码加法的运算法则为式(2.8)：

$$[X+Y]_{补}=[X]_{补}+[Y]_{补} \tag{2.8}$$

由式(2.8)可看出，两数和的补码就等于两数补码之和。

对于减法，根据以上的求补运算规则，补码减法的运算法则为式(2.9)：

$$[X-Y]_{补}=[X]_{补}+[-Y]_{补}=[X]_{补}+[[Y]_{补}]_{求补} \tag{2.9}$$

因此，常见的处理器中一般只设置加法器而不设置减法器，这样可以简化处理器的结构。

2.2.4.5 算术或逻辑左移

对于用补码表示的数据，只要没有超出所规定的数值范围，每进行一次算术或逻辑左移，各位顺序向左移一位，最高位移出，最低位补进一个 0，相当于该数据乘以 2。

2.2.4.6 算术右移

算术右移规定保持最高位(即符号位)不变，并将包括最高位的数据顺序右移一位，最低位移出。对于用补码表示的数据，每算术右移一次相当于该数据除以 2。

2.2.5 原码、反码和补码的比较

1)三种编码的最高位均为符号位，符号位和数值部分之间，小数用“.”，整数用“,”加以区分(逗号常省略)。

2)当真值为正时，原码、反码和补码的表示方法均相同，符号位用 0 表示，数值部分与真值相同；当真值为负时，三种编码的表示方法各不相同，但其符号位都用 1 表示。负数的原码的数值部分就是真值的数值部分，反码的数值部分是原码的“每位求反”，而补码的数值部分是原码的“取反加 1”。

3)小数编码时，小数点的位置设置在数的符号位与最高数值之间(模为 2)，编码的取模值与用多少位二进制表示一个数无关。整数编码时，小数点的位置设置在最低数值位的右边，机器数的最高位仍被用作数的符号位。编码的取模值与表示一个数所用的二进制位数有关。当计算机字长为 $n+1$ 位时，补码的取模值为 2^{n+1}。

4)补码和反码的符号位是作为数值的一部分看待的，在之后将要介绍的算法中，它们可以和数值位一起参加运算。原码表示正负数时，其符号位不允许和数值位同等看待，必须分开处理。

5)原码和反码各有两种零的表示方法：+0 和-0。而补码表示中，0 有唯一的编码。

2.3 定点数和浮点数

一个数根据数值大小和精度要求，往往既有整数部分又有小数部分。因此，为了满足不同的数值需求并克服计算机处理能力的限制，计算机中采用定点数和浮点数来表示。

2.3.1 定点数表示

所谓定点数，就是小数点的位置固定不变的数。通常计算机中把定点数又分为定点整数(纯整数)和定点小数(纯小数)。

2.3.1.1 定点整数

定点整数约定机器数的小数点在最低的有效数值位之后，所以这个小数点在数码中实际是不存在的。另外，根据该定点整数是否有符号位，又分为：带符号定点整数和无符号定点整数。其中，带符号定点整数的最高位为符号位；而无符号定点整数不需要设置符号位，所有位都是数值位，用于表示非负整数。

由于有符号定点整数具有符号位，可以表示负数，因此它们可以表示比无符号定点整数更广泛的数值类型范围。然而，由于要用一个位来表示符号，有符号定点整数的绝对值表示范围比无符号定点整数小。例如，一个字长为 8 位的无符号定点整数可以表示 0 到 255 之间的整数；而同样为 8 位的有符号数，最高位用于表示符号，只有剩下的 7 位用于表示整数部分，因此可以表示-128 到 127 范围的整数。

设机器字长为 n 位，则不同表示方式的取值范围也不同：

原码表示的有符号定点整数的取值范围为：$-(2^{n-1}-1) \sim 2^{n-1}-1$；

补码表示的有符号定点整数的取值范围为：$-2^{n-1} \sim 2^{n-1}-1$；

无符号定点整数的取值范围为：$0 \sim 2^{n}-1$。

【例 2.13】设某计算机机器字长为 16 位，则有符号定点整数的取值范围是多少？无符号定点整数的取值范围是多少？

解：对于有符号定点整数，如果采用原码表示，则取值范围为：

$$-(2^{15}-1) \sim 2^{15}-1,\ 即 -32767 \sim +32767$$

如果采用补码表示，则取值范围为：

$$-2^{15} \sim 2^{15}-1,\ 即 -32768 \sim +32767$$

无符号定点整数的取值范围为：

$$0 \sim 2^{16}-1,\ 即 0 \sim 65535$$

有符号定点整数和无符号定点整数在计算机中的存储格式如图 2.4 所示。

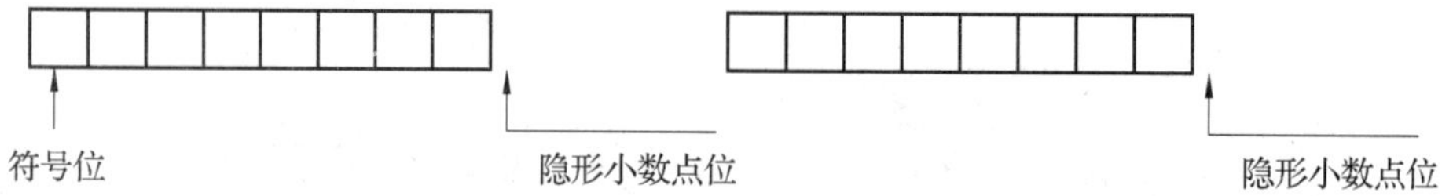

（a）8位有符号定点整数存储格式　　（b）8位无符号定点整数存储格式

图 2.4　定点整数存储格式

在计算机中，对于有符号定点整数的运算，需要特别处理符号位和进位、借位等问题。因此，为了减法运算方便，降低 CPU 复杂程度，在计算机中有符号定点整数常用补码表示。而无符号定点整数的运算则按照普通的定点数运算规则进行即可。

2.3.1.2　定点小数

定点小数约定机器数的小数点位于符号位之后，即机器数的最高位之后，第 2 位之前。其存储格式如图 2.5 所示。

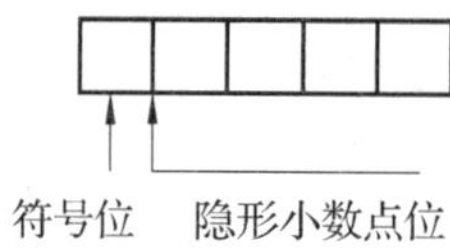

图 2.5　定点小数存储格式

对于定点小数，计算机中通常讨论带符号的定点小数，而它就是一个纯小数，同样既可以用原码表示也可以用补码表示。但在现代计算机中定点数通常指的是定点整数，定点小数很少使用，而用浮点数来表示。

2.3.2　浮点数表示

2.3.2.1　概述

从上述定点数的描述中可看出定点数要么是纯整数，要么是纯小数，且数值范围是固定的，取决于使用的定点位数。这意味着定点数不能表示过大或过小的数值，也不能表示数值范围相差很大的数据（如电子的质量 9×10^{-28} g，太阳的质量 2×10^{33} g，两者的差距为 10^{61}以上，若用定点数据表示，则需要满足 $2^x>10^{61}$，即要求计算机的机器字长达到 203 位以上，这显然是超出当前个人计算机的性能要求的）。因此此类数据需要用浮点数来表示。

浮点数即小数点的位置可以浮动的数，是计算机用来表示小数的一种数据类型，其表示方法采用科学计数法，如

$$158.456=1.58456\times10^2=15845.6\times10^{-2}=0.158456\times10^3$$

显然，上述表示中小数点的位置是动态变化的，但只要相应地改变 10 的指数就可以保证整个数的数值大小不变。

任意进制浮点数的一般表示形式如式（2.10）：

$$N = M \times R^{E} \tag{2.10}$$

式中，M 为尾数(可正可负)；E 为阶码(可正可负)；R 为尾数的基值。基值 R 在计算机中可以为 2、8 或者 16。

2.3.2.2　浮点数在计算机中的表示

通常浮点数在机器中的表示形式有两种，如图 2.6 所示。

阶符	阶码	数符	尾数

(a)

数符	阶符	阶码	尾数

(b)

图 2.6　浮点数的两种表示形式

可以看出，浮点数的两种表示形式在本质上是一样的，仅仅是阶码和尾数的符号位规定的位置不同。但这种不同的机器浮点数表示方法在早期的计算机系统中互不兼容，给数据的交换和比较带来很大麻烦。因此从 20 世纪 70 年代后期，IEEE 着手制定浮点数标准。1985 年完成浮点数标准 IEEE754 的制定，并沿用至今。

IEEE754 标准规定了计算机中浮点数的表示格式、运算规则等。规则规定了单精度(32 位短浮点数)和双精度(64 位长浮点数)的标准格式，如图 2.7 所示。

	31	30　　23	22　　0
32位浮点数	S	E	M

(a) IEEE754标准32位浮点数格式

	63	62　　52	51　　0
64位浮点数	S	E	M

(b) IEEE754标准64位浮点数格式

图 2.7　IEEE754 标准浮点数表示格式

图中 S 表示该浮点数的符号位，占 1 位二进制位，安排在最高位，$S=0$ 表示正数，$S=1$ 表示负数。E 是阶码，现在计算机中 E 多用移码表示，这样可以避免 E 采用补码表示时需要设置符号位表示阶码符号的问题。M 是尾数，放在低位部分，小数点位置放在尾数域最左(最高)有效位的右边。

在采用浮点数进行表示时，还需注意，若不对浮点数的表示做出明确规定，则同一个浮点数的表示就不是唯一的。例如，$(1.25)_{10}$ 可以表示为 1.01×2^{0}、0.101×2^{1}、0.0101×2^{2} 等多种形式。因此，为了能提高数据的表示精度，规定当尾数 M 的值不为 0 时，尾数域的最高有效位应为 1，这称为浮点数的规格化表示。对于非规格化浮点数，一般可以通过修改阶码，同时左/右移尾数小数点位置的方法，使其变成规格化数的形式。

另外在上述 IEEE754 阶码表示的描述中提到，浮点数的阶码通常用移码来表示。故这里对移码做一个简单介绍。

移码是一种编码方式，也称为替换码。通常是专门用来表示浮点数阶码的码制。若阶码(包括符号位)共 $n+1$ 位，则移码的定义为式(2.11)：

$$X_{移} = 2^n + X \qquad -2^n \leqslant X \leqslant 2^n \tag{2.11}$$

式中，X 为阶码的真值。由此可以看出移码相当于将真值沿数轴正方向平移 2^n，所以称为移码。移码具有和补码之间尾数相同、符号位相反的特点，因此在已知补码的情况下也可以快速算出其对应移码。

【例 2.14】已知某数为+1011，求出该数的补码和移码。

解：根据补码表示法可得：

$$[+1011]_{补} = 0,\ 0101$$

则

$$[+1011]_{移} = 1,\ 0101$$

移码表示法对两个指数大小的比较和对阶操作都比较方便，因为阶码域值大者其指数值也大。

1) IEEE754 标准中 32 位浮点数的规格化表示。

如图 2.7(a)所示，在一个标准的 32 位浮点数表示格式中，包括 1 位的数符 S，8 位的阶码(用移码表示)，以及 23 位的尾数 M。

在 IEEE754 中，一个 32 位单精度浮点数规格化表示为式(2.12)：

$$x = (-1)^S \times (1.M) \times 2^{E-127}, \qquad e = E - 127 \tag{2.12}$$

式中，x 为该 32 位浮点数的真值，e 为指数真值，尾数域所表示的值是 $1.M$。由此可看出，采用移码表示正负指数时，将浮点数的指数真值 e 变成阶码 E 时，应将指数 e 加上一个固定的偏置常数 127，即 $E=e+127$。另外，由于规格化的浮点数的尾数域最左位(最高有效位)总是 1，所以这一位无须存储，而认为隐藏在小数点的左边，这种方式称为“隐含前导 1”，于是用 23 位字段可以存储 24 位有效数。

【例 2.15】将十进制数 228 转换成 IEEE754 标准下的二进制单精度浮点数进行存储。

解：首先将十进制数转换为二进制数：

$$228_{10} = 11100100_2$$

根据规格化要求，将上述二进制数进一步调整为：1.1100100×2^7，由此可知，数符 S 为“0”，阶码 $E=e+127=7+127=134$，即 $(134)_{10}=(10000110)_2$，而 M 部分采用“隐含前导 1”的方法，实际存入 23 位尾数部分为 0.1100100。于是可得到以下基于 IEEE754 标准的 32 位浮点数的存储形式为

1位	8位	23位	
0	10000110	11001000000000000000000	32位浮点(IEEE754标准)
符号	阶码	尾数	

2) IEEE754 标准中 64 位浮点数的规格化表示。

如图 2.7(b) 所示，在一个标准的 64 位浮点数表示格式中，包括 1 位符号位，11 位的阶码（仍然是移码表示），此时指数偏移量是 1023，以及 52 位的尾数 M。则规格化的 64 位浮点数表示为式(2.13)：

$$x = (-1)^S \times (1.M) \times 2^{E-1023},\ e = E - 1023 \tag{2.13}$$

2.3.2.3　浮点数的规格化

从以上 32 位和 64 位浮点数的表示中可以看出，浮点数尾数的有效位数字段位数越多，数据的精度就越高。但因为一个浮点数可以有多种表达形式，所以在计算机处理浮点数时需对其进行规格化处理。经过规格化处理的浮点数，也可以更加充分利用其尾数的二进制编码表示更多的有效数字。

当尾数基数为 2 时，规格化要求尾数的绝对值应在 1/2~1 之间，即 $1 > |M| \geq \frac{1}{2}$。以下是尾数 M 分别用原码和补码表示时其规格化尾数的表示形式要求。

1) 若尾数 M 用原码表示，当 $M \geq 0$ 时，规格化尾数的形式必须为式(2.14)：

$$M = 0.1XXXX\cdots X \tag{2.14}$$

式中，X 为任意二进制数值，即 0 或 1。

当 $M < 0$ 时，规格化尾数的形式必须为式(2.15)：

$$M = 1.1XXXX\cdots X \tag{2.15}$$

即当尾数与符号位采用原码编码时，尾数数值最高位应为 1。

2) 若尾数 M 用补码表示，当 $M \geq 0$ 时，规格化尾数的形式则必须为式(2.16)：

$$M = 0.1XXXX\cdots X \tag{2.16}$$

当 $M < 0$ 时，规格化尾数的形式为式(2.17)：

$$M = 1.0XXXX\cdots X \tag{2.17}$$

即当尾数采用补码编码时，规定尾数的最高位与符号位需相反。当不符合规格化的数据出现时，可通过修改阶码并同时移动尾数小数点的位置使其满足规格化要求。

将非规格化尾数调整为规格化的尾数通常的操作为左规。如某浮点数尾数用补码表示，若前三位为 0.01 或者 1.10，则此浮点数尾数为非规格化的，此时需采用左规操作（这里的左规指符号和数值位整体向左移动，并非指小数点向左移动）。左规在执行时是尾数每左移一位，末尾补 0，同时阶码需减 1。

2.3.2.4　浮点数的表示范围

仍以通式 $F = M \times R^E$ 为例，设浮点数的基数 $R = 2$；阶码 E 的数值位取 k 位，阶符 1 位且采用补码表示；尾数的数值位取 n 位，尾符 1 位，同样采用补码表示。则：

1) 非规格化浮点数的表示范围。

阶码的最小值为 $-(2^k)$，阶码的最大值为 (2^k-1)。

尾数的最小负值为-1，尾数的最大负值为-2^{-n}。

尾数的最小正值为$+2^{-n}$，尾数的最大正值为$+(1-2^{-n})$。

所以，此非规格化浮点数在数轴上的表示范围如图 2.8 所示。

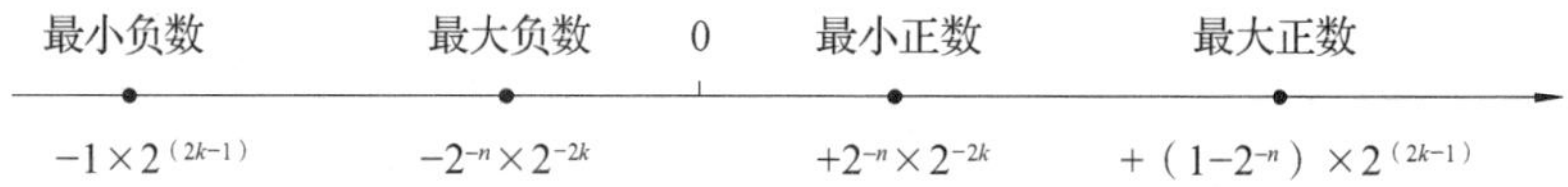

图 2.8　非规格化浮点数的数值范围

2)规格化浮点数的表示范围。

根据对规格化浮点数的定义，可以得到规格化尾数的数值范围为：

尾数的最小负值为-1，尾数的最大负值为$-\left(\frac{1}{2}+2^{-n}\right)$。

尾数的最小正值为$+\frac{1}{2}$，尾数的最大正值为$+(1-2^{-n})$。

对于规格化浮点数来说，其阶码所表示的数值范围与非规格化浮点数是一样的。因此，规格化浮点数的表示范围如图 2.9 所示。

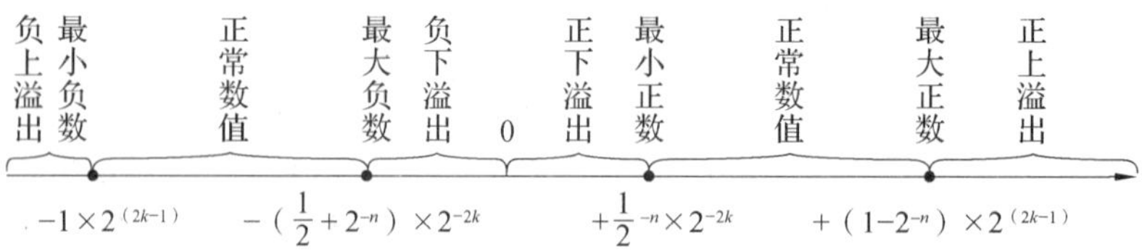

图 2.9　规格化浮点数的数值范围

图 2.9 给出了浮点数所能表示的数值范围及溢出的情况。从图中可以看出阶码的大小决定了一个浮点数的数值表示范围，当浮点数阶码大于最大阶码时，称为"上溢"，此时计算机产生一个中断溢出处理；当浮点数阶码小于最小阶码时，称为"下溢"，此时溢出的数绝对值很小，计算机通常将尾数各位强置为零，按"机器零"处理，此时机器可以继续运行。

2.3.2.5　定点数和浮点数的比较

1)表示方式：定点数使用固定的小数点表示数值，通常用固定位数的整数部分和小数部分表示。而浮点数使用科学计数法表示，由有效数字和指数部分组成，在计算机内部均使用二进制来表示。

2)精度和表示范围：定点数的精度和表示范围由固定的位数决定，因此其精确度和可表示的范围有限。而浮点数可以表示更大范围的数值，并具有可变的精度，可以更加精确地表示大或小的数值。

3)存储和表达方式：定点数通常直接以二进制的形式存储，因此可以直接进行移位和算术运算。而浮点数则采用一种标准的浮点数表示格式，在内存中以特定的存储结构存储，并需要通过专门的浮点数运算单元进行运算。

4）运算速度：由于定点数的表示和运算方式较为简单，因此定点数的运算速度通常较快。而浮点数的运算涉及复杂的转换和算法，可能需要更多的处理时间。

5）误差：定点数的表达方式相对较为精确，可以精确地表示一些特定的数值。而浮点数在进行运算时可能会引入一定的舍入误差，特别是在进行大范围数值计算时更为显著。

因此，根据具体的应用需求，选择适当的数值表示方式非常重要。如在实时嵌入式系统中，对数据的处理和控制要求高准确度和精确度。定点数的固定小数位数可以确保对传感器数据、机器控制和信号处理等的精确表示和计算。在一些机器学习和深度学习算法中，定点数的表示和计算可以通过使用固定位数的小数位数来节省存储空间、降低计算复杂度，并实现快速的神经网络推理。而在需要处理包括极大或极小数值、复杂函数和模型等的运算方面多采用浮点数。当需要做浮点运算时可通过软件来实现，也可外加浮点扩展硬件（如协处理器）来实现。

2.4 非数值数据的编码

2.1 节提到了计算机中处理的数据信息除了进行算术运算所使用的数值型数据外，还有非数值型数据。例如，大量的逻辑数据、图像、字符文字、声音、视频等。而这些非数值型数据在利用计算机进行处理时，同样必须表示成二进制格式的代码。

2.4.1 逻辑数据

逻辑数据是一种非数值型数据，用于表示逻辑判断的结果。在计算机中，逻辑数据通常使用布尔值来表示，即只有两个取值：真（True）和假（False）。

逻辑数据常用于判断条件、逻辑运算和控制流程中。例如，在程序中使用逻辑数据来判断某个条件是否满足，如果满足则执行某个操作，如果不满足则执行其他操作。

逻辑数据只能参加逻辑运算。例如，“逻辑加”“逻辑乘”“逻辑非”等，以及各种逻辑组合运算。其特点是参加运算的逻辑数据是在对应的两个二进制位之间进行的，与相邻的高位和低位的值均无关，不存在算术运算的进位和借位等问题。

2.4.2 字符与字符串的表示

2.4.2.1 ASCII 码

ASCII 码是一种字符编码标准，用于在计算机和其他电子设备中表示文本字符。该标准最初由美国国家标准学会(ANSI)于 1963 年制定，后来经过多次修订和扩展。

ASCII 码使用 7 位二进制数表示字符，共有 128 个编码(0~127)，其中前 32 个是控制字符，用于控制打印机和终端设备的行为，如换行、退格和清除屏幕等。而其他 96 个编码则是可打印字符，包括英文字母(大写和小写)、数字、标点符号等。例如，大写字母 A 的 ASCII 码是 41H；小写字母 a 的 ASCII 码是 61H；数字 0 的 ASCII 码是 30H 等。小于 20H 的是不可显示字符，通常是命令代码，如 0AH 是换行命令。

在存储器中通常使用一个字节的单元放置一个 ASCII 编码，在这个 8 位的字节中，最高位可设置为 0 或用作错误检测的奇偶校验位，余下的 7 位是 128 个字符的 ASCII 码的值，即有效位。

ASCII 码的引入对于计算机的发展起到了重要的推动作用。它不仅解决了字符编码的兼容性问题，使得不同系统之间的数据交换更加方便，同时也简化了计算机系统的设计和实现，提高了计算机的效率。

然而，由于 ASCII 码只包含 128 个字符的编码空间，无法满足其他语言(如汉字等)的字符需求。因此，随着全球化和多语言支持的需求增加，后续出现了 Unicode 和 UTF-8 等更加复杂和全面的字符编码标准。

2.4.2.2 Unicode

Unicode 是一种字符编码标准，用于表示全球范围内所有字符的字符集。它的目标是统一字符编码，旨在解决不同语言和字符集之间的兼容性和互操作性问题。Unicode 字符集包含了来自世界各个语言、符号、表情等的所有字符，目前已经涵盖了超过 136,000 个字符。

Unicode 字符使用 4 个字节来表示，即 32 位二进制数，可表示的字符数量上升到了近 42 亿个。这允许 Unicode 包含较多语言的字符，并确保每个字符拥有唯一的标识。例如，字符“A”的 Unicode 编码是 U+0041，字符“汉”的 Unicode 编码是 U+6C49。

Unicode 字符可以通过不同的编码方式进行存储和传输，其中最常用的是 UTF-8 和 UTF-16。UTF-8 是一种变长编码方式，根据字符需要使用 1 至 4 个字节，兼容 ASCII 码，并且可以表示 Unicode 字符集中的所有字符。UTF-16 是一种固定两个字节(16 位)编码方式，用于表示 Unicode 字符。

Unicode 已经成为现代计算机、互联网和移动设备中最常用的字符编码标准之一。

2.4.2.3 汉字编码

为了实现计算机能够识别和处理汉字，同样需要将汉字表示为某种数字编码。而由于汉字本身数量庞大，结构复杂，需要一种能够表示所有汉字的编码方案。

20 世纪 60 年代至 20 世纪 70 年代初，我国开始研发自己的汉字编码体系。在 1964 年，提出了 GB 2312 标准，该标准为最早的针对中文字符编码的国家标准，能够包含 6763 个常用汉字和 6953 个非汉字字符。然而，由于汉字数量巨大且不断更新，GB 2312 标准无法满足现代社会对各种汉字和字符的需求。为了解决这一问题，我国于 2000 年推出了 GB 18030 标准，GB 18030 是国际上首个涵盖了所有中国汉字的编码标准，同时兼容 GB 2312 和 GBK 标准。GB 18030 标准的出现填补了汉字编码的空白，使得计算机能够准确地存储和处理各种汉字。

用计算机进行汉字信息处理涉及多种编码：首先将汉字转换成计算机能接收的 0、1 组成的编码，称为汉字输入码，输入码进入计算机后必须转换成汉字内码才能进行信息处理。为了最终显示、打印汉字，再由内码转换成汉字字形码。此外，为了使不同的汉字处理系统之间能够交换信息，还设有汉字交换码。

1）汉字输入码。

目前汉字输入的编码方法主要有以下三类：

①数字编码：常用的是国标区位码（国家标准 GB 2313-80 规定的汉字交换码），用 4 位数字来编码一个汉字，这 4 位数字包括区位码和位号码。区位码是将 GB 2312 中的 6763 个两级汉字分为 94 个区，每个区分 94 位，实际上把汉字表示成二维数组，每个汉字在数组中的下标就是区位码。区码和位码各两位十进制数字，因此输入一个汉字需按键四次。例如，“中”字位于第 54 区 48 位，区位码为 5448；“国”字的区位码为 2590。数字编码输入的优点是无重码，且输入码与内部编码的转换比较方便，缺点是代码难以记忆。

②拼音码：是一种基于汉语拼音的编码方式，对于有汉语拼音基础的用户来说很容易掌握和记忆。但汉字同音字太多，输入重码率很高，因此按拼音输入后还必须进行同音字选择，影响了输入速度。

③字形编码：是以汉字的字形特征为基础给出的编码方式。字形编码主要通过对汉字的笔画、结构和组合方式进行分析和描述来实现。例如，五笔字型编码是最有影响的一种字形编码方法。

还有诸如语音输入这种方式，在计算机上配备用于语音输入的麦克风，以及专门的语音识别软件，使用者只要对着麦克风将汉字文件念一遍，即可方便地实现汉字的输入。

2）汉字内码。

汉字内码是汉字在计算机系统内部最基本的表达形式。是汉字在计算机内用于存储、检索、交换的信息代码，一般采用 2 字节表示。英文字符的机内代码是七位的 ASCII 码，当用 1 字节表示时，最高位为“0”。为了与英文字符能相互区别，汉字机内代码中 2 字节的最高位均为“1”。汉字内码大多数采用两字节长的代码，也有三字节、四字节长的汉字内码。

3)汉字输出。

当汉字需要在屏幕上显示或在打印机上打印时，需要将汉字机内码转换成汉字字形码。它是表示汉字字形的字模数据，通常用点阵、矢量函数等方式表示。

①点阵字模：也称为字模库或字库。在点阵字模中，每个字符被编码成一个由多个点组成的矩阵。点阵字模一般以二维数组或位图的形式表示，每个点用一个二进制位或多个二进制位表示。这些二进制位的取值通常为 0 或 1，分别表示点是黑色还是白色。黑色表示字符的具体像素部分，白色表示字符的背景。点阵字模可以通过扫描或遍历矩阵中的每个元素来绘制或显示字符。

常见的字号包括 12×12 点阵、16×16 点阵、24×24 点阵等，表示了字符在点阵矩阵中的宽度和高度。

点阵字模的优点是易于存储和处理，能够精确地描述字符的细节，并且可通过像素级别的矩阵操作来实现字符的缩放和旋转等效果。然而，由于点阵字模需要占用较多的内存空间，因此在某些场景下需要进行压缩和优化处理以减少存储空间和提高处理效率。

②矢量字模：使用直线段、曲线段和其他集合元素来描述汉字的轮廓和形态。汉字的矢量字模通常根据字符的笔画顺序和结构进行定义。每个汉字字符可以由多个笔画组成，每个笔画由一条或多条线段组成，线段之间通过连接点或控制点来定义曲线的曲率和方向。通过连接这些线段和曲线段，可以绘制出完整的汉字字符。需注意的是，汉字的矢量字模的复杂性和精确性会影响计算和渲染的性能。因此，在一些资源有限的嵌入式设备或古老的显示设备上可能需要合理控制使用的字号和字体，以保证性能和显示效果的平衡。

2.5 校验码

在计算机系统中为了尽可能保证数据的完整性和准确性，常常会在数据传输、存储和处理等环节中加入相应的校验码，以确保数据在传递过程中没有受到损坏或篡改。

目前的数据校验法大多采用“冗余校验”的思想，即除原数据信息外，还增加若干位新编码，这些编码称为校验码。此外根据不同的校验原理和特性，校验码又可分为检错码，即数据编码能自动发现数据是否出现错误；以及纠错码，即数据编码不但可以发现数据是否出错，还能自动纠正有限位数的错误。

常用的数据校验码有奇偶校验码、海明校验码和循环冗余码等。

2.5.1 奇偶校验码

奇偶校验码是一种简单且常用的数据校验码，可以检测出奇数位数据出错，但不能确定出错的位置，也不能检测出偶数位数据出错，所以奇偶校验码属于检错码。

奇偶校验通过在信息位的前面或后面，再加上一位二进制位作为校验位，来组成一个奇偶校验码。然后在接收这组奇偶校验码的一方对这一组二进制代码的数位中“1”的个数是奇数或是偶数进行校验。奇偶校验根据“1”的个数保持奇数还是偶数分为奇校验码和偶校验码两种。

2.5.1.1　奇偶校验码的编码过程

根据上述奇偶校验码的定义，一个奇偶校验码包括数据+1 位校验位，则编码过程如下：

假设 1 位校验位为 P，数据为 7 位表示为 $D_6D_5D_4D_3D_2D_1D_0$

1）偶校验时：$P=D_6\oplus D_5\oplus D_4\oplus D_3\oplus D_2\oplus D_1\oplus D_0$，当 7 位数据位中“1”的个数为偶数时，异或的结果必定为 0，则 P 就取“0”，从而保证了该 8 位校验码中“1”的个数为偶数；反之当 7 位数据位中“1”的个数为奇数时，异或的结果必定为 1，则 P 就取“1”，从而保证该 8 位校验码中“1”的个数仍然是偶数。

【例 2.16】若待传输的两组数据分别为 1011000 和 1011010，请分别写出在偶校验规则下的校验码。

解：由偶校验编码规则可得：

$$\begin{aligned}P_1&=D_6\oplus D_5\oplus D_4\oplus D_3\oplus D_2\oplus D_1\oplus D_0\\&=1\oplus 0\oplus 1\oplus 1\oplus 0\oplus 0\oplus 0=1\end{aligned}$$

则数据 1011000 对应的偶校验码为 1011000 1；

$$\begin{aligned}P_2&=D_6\oplus D_5\oplus D_4\oplus D_3\oplus D_2\oplus D_1\oplus D_0\\&=1\oplus 0\oplus 1\oplus 1\oplus 0\oplus 1\oplus 0=0\end{aligned}$$

则数据 1011010 对应的偶校验码为 1011010 0。

2）奇校验时：$P=\overline{D_6\oplus D_5\oplus D_4\oplus D_3\oplus D_2\oplus D_1\oplus D_0}$，即奇校验的校验位确定的运算是偶校验的取反运算。

【例 2.17】将例 2.16 中的两组数据用奇校验规则进行编码，请分别写出两组对应的校验码。

解：由奇校验编码规则可得：

$$\begin{aligned}P_1&=\overline{D_6\oplus D_5\oplus D_4\oplus D_3\oplus D_2\oplus D_1\oplus D_0}\\&=\overline{1\oplus 0\oplus 1\oplus 1\oplus 0\oplus 0\oplus 0}=0\end{aligned}$$

则数据 1011000 对应的奇校验码为 1011000 0；

$$\begin{aligned}P_2&=\overline{D_6\oplus D_5\oplus D_4\oplus D_3\oplus D_2\oplus D_1\oplus D_0}\\&=\overline{1\oplus 0\oplus 1\oplus 1\oplus 0\oplus 1\oplus 0}=1\end{aligned}$$

则数据 1011010 对应的奇校验码为 1011010 1。

2.5.1.2 奇偶校验码的检错过程

在利用奇偶校验码进行检错的时候，我们同样可以利用异或运算完成，此时需要假设一个新的校验位为 P'，则

1）偶校验法：$P' = D_6 \oplus D_5 \oplus D_4 \oplus D_3 \oplus D_2 \oplus D_1 \oplus D_0 \oplus P$，由此可以看出在进行偶校验码检错时，是将数据位和发送方的校验位一起做异或运算，若结果为“1”则表明该组校验码发生了奇数个位错误。反之若异或结果为“0”则表明该组校验码正确或有偶数个错。

2）奇校验法：$P' = \overline{D_6 \oplus D_5 \oplus D_4 \oplus D_3 \oplus D_2 \oplus D_1 \oplus D_0 \oplus P}$，由此可以看出在进行奇校验码检错时，是将数据位和发送方的校验码一起做异或运算并取反，若结果为“1”则表明该组校验码发生了奇数个位错误；反之若异或结果为“0”则表明该组校验码正确或有偶数个错。

【例 2.18】在计算机中采用偶校验法，数据从发送方到接收方，校验位在新编码的最后一位。若接收方得到的编码分别为 011010100 和 011010110，判断这 2 个数据是否发生了错误。

解：（1）收到的编码为 011010100 时，

由偶校验规则可知

$$\begin{aligned} P' &= D_7 \oplus D_6 \oplus D_5 \oplus D_4 \oplus D_3 \oplus D_2 \oplus D_1 \oplus D_0 \oplus P \\ &= 0 \oplus 1 \oplus 1 \oplus 0 \oplus 1 \oplus 0 \oplus 1 \oplus 0 \oplus 0 = 0 \end{aligned}$$

所以该编码无错或有偶数个错。

（2）收到的编码为 011010110 时，

由偶校验规则可知

$$\begin{aligned} P' &= D_7 \oplus D_6 \oplus D_5 \oplus D_4 \oplus D_3 \oplus D_2 \oplus D_1 \oplus D_0 \oplus P \\ &= 0 \oplus 1 \oplus 1 \oplus 0 \oplus 1 \oplus 0 \oplus 1 \oplus 1 \oplus 0 = 1 \end{aligned}$$

所以该编码有奇数位编码错误。

从上述对奇偶校验码编码和解码的描述中可以看出，奇偶校验码的编解码规则都较简单，仅需添加一位的校验位即可，但同时该校验码只能检错不能纠错，并且当编码中同时发生偶数位错误时，奇偶校验码可能发生误判。那么为什么奇偶校验码在实际中的应用还是很广泛呢？主要是在实际数据传输中，发生一位数据出错的概率比同时多位出错的概率要高，故而即便奇偶校验码的检错能力低，但还是常常被使用。这种校验码常用于存储器的读写检查、ASCII 字符传输过程检查等。

2.5.2 汉明校验码(Hamming code)

汉明码也是一种常见的错误检测码，常用于计算机中检测和纠正数据传输或存储中的错误位。相较于奇偶检验码只能检错不能纠错的特点，汉明码具有更强的错误检测和纠正多比特错误的能力，其纠错能力依赖冗余位的数量，可以根据需要进行调整以平衡检测和

纠正能力。

2.5.2.1　汉明码的组成

汉明码由 n 位的数据码和 k 位的检测位构成。采用的是一种非划分的分组方式，即将信息位分成若干组，而每一位信息位可同时属于几个校验组，每个校验组包含一位检测位，且采用奇偶校验的方式进行单独校验，最终通过判断几组校验组中共同发生错误的信息位来完成对数据的检错及纠错。因此汉明码是一种纠错码，当某一位出错的时候，不仅能检错，还能锁定出错位的位置，并进行纠正。

由编码纠错理论可知，任何一种编码是否具有检错能力和纠错能力，都与编码的最小距离有关；所谓编码最小距离，是指在一种编码系统中，任意两个合法代码之间的最少二进制位数的差异。例如，某合法代码集合 $N=\{0000,\ 1111\}$，则该合法代码之间的最小距离就是 4。

根据纠错理论得式(2.18)：

$$L-1=D+C\ (D \geqslant C) \tag{2.18}$$

式中，L 为编码最小距离；D 为检错位数；C 为纠错位数。若 L 越大，D 越大，C 也越大，且纠错能力一定小于或等于检错能力。例如，当编码最小距离 $L=3$ 时，这种编码可视为最多能检错 2 位，或能检错 1 位，纠错 1 位。可见，若在对信息位的编码中增加若干位检测位，增大 L，显然能提高检错和纠错能力。汉明码就是根据这一理论提出的具有一位纠错能力的编码。

设待检测的信息位为 n 位，需增添 k 位检测位，组成 $n+k$ 位的汉明编码，则检测位数 k 应满足式(2.19)的要求：

$$2^k \geqslant n+k+1 \tag{2.19}$$

例如，当信息位数 $n=4$ 时，检测位数 k 应取 3 位，则该汉明码长度为 7 位。

由此关系可求得不同代码长度 n 所需检测位的位数 k，部分码长度与检测位位数的关系如表 2.2 所示

表 2.2　码长度与检测位位数的关系

n	最小
1	2
2~4	3
5~11	4
12~26	5
27~57	6
58~120	7

检测位数 k 确定后，需进一步明确各检测位在编码中的位置。

首先以 7 位的汉明编码为例，设这 7 位编码的位置自左向右分为第 1，2，3，4，5，

6，7 位，其中 3 位检测位分别记为 C_1，C_2，C_4，分别安插在 7 位代码编号的第 1，2，4 位上。即位置安排如下：

编码序号	1 2 3 4 5 6 7
名称	C_1 C_2 D_3 C_4 D_5 D_6 D_7

因此汉明编码的各检测位必须安插在 2^i(i=0，1，2，3，4…)，即 2 的整数次幂的位置上。这些检测位的位置设置是为了保证它们能分别承担 $n+k$ 位信息中不同数位所组成的“小组”的奇偶检测任务，使检测位和它所负责检测的小组中“1”的个数为奇数或偶数，具体分配如下：

C_1 检测的 g_1 小组包含 1，3，5，7，9，11，…位。

C_2 检测的 g_2 小组包含 2，3，6，7，10，14，15，…位。

C_4 检测的 g_3 小组包含 4，5，6，7，12，13，14，15，…位。

C_8 检测的 g_4 小组包含 8，9，10，11，12，13，14，15，24，…位。

……

其余检测位的小组所包含的位也可类推。这种小组的划分有如下特点：

每个小组 g_i 有且仅有一位为它所独占，这一位是其他小组所没有的，即 g_i 小组独占第 2^{i-1} 位(i=1，2，3，…)，结合上述检测位位置的安排规则可知，这一位独占位即为每组中的检测位。

每两个小组 g_i 和 g_j 共同占有一位是其他小组没有的，即每两小组 g_i 和 g_j 共同占有第 $2^{i-1}+2^{j-1}$ 位(i，j=1，2，3，…)。

每 3 个小组 g_i、g_j 和 g_l 共同占有第 $2^{i-1}+2^{j-1}+2^{l-1}$ 位，是其他小组没有的。

以此类推，便可确定每组所包含的各位。

明确了汉明编码中各检测位的位置以后，我们要进一步来确定每一个检测位的取值，这里仍然以 7 位汉明编码为例。

汉明编码中每一个校验组内都按奇偶校验规则进行编码。如果按照配偶原则来配置汉明码，则 C_1 应使 1、3、5、7 位中的“1”的个数为偶数；C_2 应使 2、3、6、7 位中的“1”的个数为偶数；C_4 应使 4、5、6、7 位中的“1”的个数为偶数。

故 C_1，C_2，C_4 分别可由三组中的数据位通过异或运算确定，即式(2.20)：

$$\begin{aligned} C_1 &= D_3 \oplus D_5 \oplus D_7; \\ C_2 &= D_3 \oplus D_6 \oplus D_7; \\ C_4 &= D_5 \oplus D_6 \oplus D_7。\end{aligned} \tag{2.20}$$

例如，待传输的 4 位数据位为 $D_3D_5D_6D_7$ = 0101， 则

$C_1 = D_3 \oplus D_5 \oplus D_7 = 0 \oplus 1 \oplus 1 = 0$

$C_2 = D_3 \oplus D_6 \oplus D_7 = 0 \oplus 0 \oplus 1 = 1$

$C_4 = D_5 \oplus D_6 \oplus D_7 = 1 \oplus 0 \oplus 1 = 0$

故 0101 的汉明码应为 $C_1C_2D_3C_4D_5D_6D_7$，即 0100101。

2.5.2.2　汉明码的纠错过程

汉明码的纠错过程实际上是对传送后的汉明码形成新的检测位 P_i($i=1$，2，4，8，…)，根据 P_i 的状态，便可直接指出错误的位置。P_i 的状态是由原检测位 C 及其所在小组内“1”的个数确定的。倘若按配偶原则配置的汉明码，其传送后形成新的检测位 P_i，应为 0，否则说明传送有错，并且还可直接指出出错的位置。由于 P_i 与 C_i 有对应关系(C_i 有几位则 P_i 就有几位，且位置对应)，故 P_i 可由式(2.21)确定：

$$
\begin{aligned}
P_1 &= C_1 \oplus D_3 \oplus D_5 \oplus D_7 \\
P_2 &= C_2 \oplus D_3 \oplus D_6 \oplus D_7 \\
P_4 &= C_4 \oplus D_5 \oplus D_6 \oplus D_7 \\
&\cdots\cdots
\end{aligned}
\tag{2.21}
$$

规定，在式(2.21)中若采用“配偶原则”配置的汉明码，当检测位 $P_i=0$，则可判断对应的小组中代码无错，反之则为有错；若采用“配奇原则”配置的汉明码，则其判断准则和“配偶原则”下的结果相反。

设已知传送的正确汉明码(按配偶原则配置)为 0100101，若传送后接收到的汉明码为 0100111，其出错位可按下述步骤确定。

首先，根据收到的汉明码可计算出新的检测位为：

$P_4 = 4 \oplus 5 \oplus 6 \oplus 7$，则 $P_4 = 0 \oplus 1 \oplus 1 \oplus 1 = 1$

$P_2 = 2 \oplus 3 \oplus 6 \oplus 7$，则 $P_2 = 1 \oplus 0 \oplus 1 \oplus 1 = 1$

$P_1 = 1 \oplus 3 \oplus 5 \oplus 7$，则 $P_1 = 0 \oplus 0 \oplus 1 \oplus 1 = 0$

由此可见，传送结果 P_4 和 P_2 均不为 0，说明对应小组中的“1”的个数均不为偶数，显然代码出错了。那么，具体错在哪一位呢？综合分析发现，只有第 6 位出错才会同时使 P_4 和 P_2 的结果为 1。同时，P_4、P_2、P_1 所构成的二进制恰恰是出错的位置，即 $P_4P_2P_1=110$，表示第 6 位出错。锁定错误位后，计算机便自动将错误的第 6 位“1”纠正为“0”。

又如，若收到按偶配置的汉明码为 1100101，则经检测得

$P_4 = 4 \oplus 5 \oplus 6 \oplus 7$，则 $P_4 = 0 \oplus 1 \oplus 0 \oplus 1 = 0$

$P_2 = 2 \oplus 3 \oplus 6 \oplus 7$，则 $P_2 = 1 \oplus 0 \oplus 0 \oplus 1 = 0$

$P_1 = 1 \oplus 3 \oplus 5 \oplus 7$，则 $P_1 = 1 \oplus 0 \oplus 1 \oplus 1 = 1$

即 $P_4P_2P_1=001$，表示第 1 位出错。由于第 1 位不是欲传送的信息位，而是检测位，而检测位不参与运算，故在一般情况下可以不予纠正。

以上均以 $n=4$ 为例，其实对任意不同 n 位的信息，均可按上述步骤配置汉明码，即先求出需要增加的检测位位数 k，再确定 C_i 的位置，然后，按奇或偶原则配置 C_i 的值即可。值得注意的是：按奇配置与按偶配置所求得的 C_i 值正好相反，而新的检测位 P_i 的取

值与奇偶配置原则是相对应的，读者可自行分析。

【例 2.19】假设待传输的数据为 010011，请根据配奇原则配置其汉明码。若接收方收到一个配奇原则下的汉明码为 1011001010，试判断该信息是否出错。

解：①由题意可知，待传输数据为 010011，则 $n=6$，根据 $2^k \geqslant n+k+1$ 可得，$k=4$，所以该汉明码一共 10 位，各个位的位置安排如下：

二进制序号	1 2 3 4 5 6 7 8 9 10
汉明码	C_1 C_2 0 C_4 1 0 0 C_8 1 1

按配奇原则配置，则

$$C_1 = \overline{3 \oplus 5 \oplus 7 \oplus 9} = 1$$

$$C_2 = \overline{3 \oplus 6 \oplus 7 \oplus 10} = 0$$

$$C_4 = \overline{5 \oplus 6 \oplus 7} = 0$$

$$C_8 = \overline{9 \oplus 10} = 1$$

所以该汉明码为：1000100111

②若收到的汉明码为 1011001010，则在配奇原则下得新的检测位为：

$$P_1 = \overline{1 \oplus 3 \oplus 5 \oplus 7 \oplus 9} = 1$$

$$P_2 = \overline{2 \oplus 3 \oplus 6 \oplus 7 \oplus 10} = 1$$

$$P_4 = \overline{4 \oplus 5 \oplus 6 \oplus 7} = 1$$

$$P_8 = \overline{8 \oplus 9 \oplus 10} = 0$$

即 $P_8P_4P_2P_1 = 0111$，可判断第 7 位出错，并将其纠正为“0”，则传输的正确信息为 100010。

2.5.3 CRC 循环冗余校验码(Cyclic Redundancy Check，CRC)

在计算机网络中，同步通信以及磁表面存储器中最为广泛使用的是循环冗余校验码。对于通信领域的人来说，循环冗余校验码(CRC)是十分熟悉的。CRC 也是通过给原始数据加上几位校验码，增加整个编码系统的码距，从而使其拥有差错和纠错能力。

2.5.3.1 循环冗余(CRC)校验的基本原理

CRC 的基本原理是：在 k 位原始数据信息后再拼接 r 位的校验码，使得整个编码长度为 $n=k+r$ 位，因此，这种编码又叫$(n,\ k)$码。如图 2.10 所示。

原始数据(k位)	校验位(r位)

图 2.10　$(n,\ k)$ 码

对于一个给定的 $(n,\ k)$ 码，可以证明存在一个最高次幂为 r 的多项式 $G(x)$。$G(x)$ 叫作这个 CRC 码的生成多项式。

CRC 的工作原理就是基于该多项式除法运算和异或运算。通过使用生成多项式 $G(x)$ 进行除法运算，可以得到校验码。在发送端，将要传送的 k 位二进制原始数据信息码左移 r 位，将它与生成多项式 $G(x)$ 做模 2 除法，生成一个 r 位校验码，将校验码附加到发送的数据帧上，构成一个新的二进制码(CRC 码)，共 $k+r$ 位；接收端进行相同的模 2 除法运算，通过比较接收到的校验码与计算得到的校验码，就可以确定数据是否完整无误地传输。

2.5.3.2　模 2 除运算

鉴于 CRC 的生成和校验都要使用到模 2 除运算，因此这里简要介绍一下模 2 运算的基础知识。

模 2 运算是一种二进制算法，与四则运算相同，模 2 运算也包括模 2 加、模 2 减、模 2 乘和模 2 除四种二进制运算。而且，模 2 运算也使用与四则运算相同的运算符，即“+”表示模 2 加，“-”表示模 2 减，“×”或“·”表示模 2 乘，“÷”或“/”表示模 2 除。与四则运算不同的是，模 2 运算不考虑进位和借位。因此，其实两个二进制数的“模 2 加”和“模 2 减”的结果是一样的，也就是我们说的“异或”。即，1-1=0-0=0；1-0=0-1=1。

模 2 除运算：多位二进制数模 2 除运算类似于普通意义上的多位二进制除法，但在如何确定商的问题上两者采用不同的规则。后者按带借位的二进制减法，根据余数减除数够减与否确定商 1 还是商 0，若够减则商 1，否则商 0。多位模 2 除法采用模 2 减法，不带借位的二进制减法，因此考虑余数够减除数与否是没有意义的。模 2 除法的运算步骤如下：

1)设除数为 r 位，用除数对被除数最高 r 位做模 2 减，商为 1，没有借位。

2)除数右移一位，若余数最高位为 1，商为 1，并对余数做模 2 减。若余数最高位为 0，商为 0，除数继续右移一位。

3)重复执行步骤②，一直做到余数的位数小于除数时，该余数就是最终余数。

【例 2.20】计算模 2 运算 1100100÷1011 的结果。

解：根据模 2 除规则，计算如下：

```
          1 1 1 0
       ______________
1 0 1 1 ) 1 1 0 0 1 0 0
          1 0 1 1
         ---------
            1 1 1 1
            1 0 1 1
           ---------
              1 0 0 0
              1 0 1 1
             ---------
                1 1 0
```

结果为：商 1110，余数为 110。

2.5.3.3 多项式与生成多项式 $G(x)$

在 CRC 中，多项式的表现形式为一个关于 x 不同幂次相加的多项式，例如：

$x^4 + x^3 + x^2 + 1$

$x^8 + x^7 + x^6 + x^4 + 1$

$x^{10} + x^9 + x^8 + x^6 + x^5 + x^3 + 1$

以上多项式实际上都各自对应一个二进制数：x 的最高幂次对应二进制数的最高位，以下各位对应多项式的各幂次，有此幂次项对应 1，无此幂次项对应 0。可以看出，如果 x 的最高幂次为 r，那么转换成对应的二进制数有 $r+1$ 位。因此有：

$x^4 + x^3 + x^2 + 1$ 即 11101

$x^8 + x^7 + x^6 + x^4 + 1$ 即 111010001

$x^{10} + x^9 + x^8 + x^6 + x^5 + x^3 + 1$ 即 11101101001

反之，由二进制数也可以很方便地求出其多项式表示形式：

1011 即 $x^3 + x + 1$

10111 即 $x^4 + x^2 + x + 1$

1010000110101 即 $x^{12} + x^{10} + x^5 + x^4 + x^2 + 1$

【**例 2.21**】设二进制数为 G = 1100101，求该二进制数的多项式 $G(x)$。

解：由多项式的定义可知，二进制数 G 共有 7 位，所以多项式的最高幂次应该为 6，得：

$$
\begin{aligned}
G(x) &= 1x^6 + 1x^5 + 0x^4 + 0x^3 + 1x^2 + 0x^1 + 1x^0 \\
&= x^6 + x^5 + x^2 + 1
\end{aligned}
$$

CRC 中的生成多项式，是由接收方和发送方约定好的，也就是一个二进制数，在整个传输过程中，这个数始终保持不变。

一个生成多项式 $G(x)$ 的选取并不是随意的，也不是任何一个多项式都可以作为 CRC 的生成多项式来使用。一个真正的生成多项式必须满足下面要求：

1）最高位和最低位为 1：生成多项式的最高位和最低位必须为 1，例如，多项式 $x^3 + x + 1$ 对应的二进制数为 1011，最高位和最低位均为 1，满足要求；再如，$x^4 + x^3 + x^2$ 对应的二进制数为 11100，以 0 结尾，不满足要求，所以不能作为生成多项式使用。这样在进行模除运算时能够确保每一位都参与到模除计算中，从而能够检测出所有错误。

2）不能被低阶多项式整除：生成多项式不能被低阶多项式整除，这样可以保证 CRC 码具有较高的错误检测能力。如果生成多项式能够被低阶多项式整除，那么错误可能会被错误地检测为正确。

3）具有良好的差错检测性能：生成多项式必须具有良好的差错检测性能，能够检测到常见的错误类型，如单位错误、比特错误、插入错误和删除错误。

4）具有良好的随机性：生成多项式的系数分布应具有较好的随机性，在接收端进行校验时，能够最大限度地减小不同错误情况下校验和相等的概率。

5) 具有适当的位数：生成多项式的位数应该适当，不宜过长，否则会导致计算复杂度增加，同时也应适当增加位数，以提高错误检测能力。

需要注意的是，具体应用中的 CRC 生成多项式可以有多个选择，不同的生成多项式可能会在错误检测性能和计算复杂度上有所差异，需要根据具体应用场景进行选择。

2.5.3.4　循环冗余 (CRC) 校验的编码方法

在确定了原始数据和校验码的位数，以及生成多项式 $G(x)$ 后，CRC 码的生成步骤如下：

①将 x 的最高幂次为 r 的生成多项式 $G(x)$ 转换成对应的 $r+1$ 位二进制数。

②将信息码左移 r 位，相当于对应的信息多项式 $C(x) \times 2^r$。

③用生成多项式对左移后的信息码做模 2 除，得到 r 位的余数，如果余数不足 r 位，高位补 0。这 r 位的余数就是要求的校验码。

④将 r 位余数拼到信息码左移后空出的 r 位位置中，得到完整的 CRC 码。

例如，假设 4 位的原始数据为 1010，使用的生成多项式是 $G(x)=x^3+x+1$，那么生成完整 CRC 码的过程如下：

①将生成多项式 $G(x)=x^3+x+1$ 转换成对应的二进制除数为 1011；

②约定的生成多项式 $G(x)$ 共有 $r+1=4$ 位，所以，要把原始数据 $C(x)$ 左移 $r=3$ 位，得：$C(x) \times 2^3 = 1010000$；

③用生成多项式对应的二进制数对左移 3 位后的原始数据进行模 2 除：

```
              1 0 0 1
        ┌──────────────
1 0 1 1 │ 1 0 1 0 0 0 0
          1 0 1 1
        ───────────────
                1 0 0 0
                1 0 1 1
              ─────────
                    1 1
```

得：商为 1001，余数为 11。由于余数不足 3 位，高位补 0 得：011。

④将 $r=3$ 位余数拼到信息码左移后空出的 $r=3$ 位位置中，得到完整的 CRC 码：1010011。

2.5.3.5　CRC 码的译码和纠错

将收到的循环校验码用约定的生成多项式 $G(x)$ 去除，如果无错，则余数应为 0，如果某一位出错，则余数不为 0。不同的出错位其余数也不同，如表 2.3 中对应 $G(x)=1011$，原始数据 $C(x)=1100$ 的出错模式。

表 2.3　$G(x)=1011$，$C(x)=1100$ 的出错模式

	收到的 CRC 码							余数	出错位
码位	1	2	3	4	5	6	7		
正确	1	1	0	0	0	1	0	000	无
	1	1	0	0	0	1	1	001	7
	1	1	0	0	0	0	0	010	6
	1	1	0	0	1	1	0	100	5
错误	1	1	0	1	0	1	0	011	4
	1	1	1	0	0	1	0	110	3
	1	0	0	0	0	1	0	111	2
	0	1	0	0	0	1	0	101	1

在上表中如果更换不同的待测码字，余数和出错位的对应关系不变，只与码制和生成多项式有关。表中给出的关系只对应 $G(x)=1011$ 的(7，4)码制，对于其他码制或选用其他生成多项式，出错模式将发生变化。

如果循环码有一位出错，用 $G(x)$ 模 2 除将得到一个不为 0 的余数。如果对余数补 0 继续除下去，将发现一个有趣的结果：各次余数将按表 2.3 顺序循环。例如，第 7 位出错，余数将为 001，补 0 后再除，得到第二次余数为 010。以后继续补 0 做模 2 除，依次得到余数为 100，011…，反复循环，这就是“循环码”名称的由来。如果我们在求出余数不为 0 后，一边对余数补 0 继续做模 2 除，同时让被检测的校验码字循环左移。表 2.3 说明，当出现余数(101)时，出错位也移到第 1 位。可通过异或门将它纠正后在下一次移位时送回第 7 位。这样我们就不必像海明校验那样用译码电路对每一位提供纠正条件。当位数增多时，循环码校验能有效降低硬件代价，这也是 CRC 码得以广泛应用的主要原因。

【例 2.22】 设 $G(x)=x^3+x+1$，原始数据为 4 位，接收端接收到的 CRC 码为 1010111。请对该数据进行校验并纠错。

解： 生成多项式转换为二进制数为 $G(x)=1011$，模 2 除完整 CRC 码，得

```
              1 0 0 1
        ______________
1 0 1 1 ) 1 0 1 0 1 1 1
          1 0 1 1
          ------------
                1 1 1 1
                1 0 1 1
                -------
                  1 0 0
```

此时余数为 100，说明数据有错，与出错模式表 2.3 对比可知是 CRC 码中第 5 位出错。将此余数继续补 0 用 $G(x)=1011$ 做模 2 除，同时让校验码字循环左移，得

```
              1 0 0 1 1 0 1 1
      ________________________
1 0 1 1 ) 1 0 1 0 1 1 1
          1 0 1 1
          ---------------
              1 1 1 1
              1 0 1 1
           ------------
                1 0 0 0
                1 0 1 1
              ----------
                  1 1 0 0
                  1 0 1 1
                ----------
                    1 1 0 0
                    1 0 1 1
                  ----------
                      1 1 1 0
                      1 0 1 1
                    ----------
                        1 0 1
```

连续 4 次模 2 除以后，得到余数为 101，这时 CRC 码 1010111 也循环左移了 4 位，变成 1111010。此时说明出错位已移动到最高位第 1 位，将最高位 1 取反后变成 0111010，再将它循环左移 3 位，补足 7 次，得正确的 CRC 码为 1010011。

在数据通信与网络中，通常原始数据位数 k 相当大，由一千甚至数千数据位构成一帧，而后采用 CRC 码产生 r 位的校验位，r 一般为 16 或 32 位。一般情况下，接收端收到 CRC 码后，只负责根据约定的生成多项式 $G(x)$ 检测出错误，而不纠正错误。一旦验证结果为出错，会通知发送端重新发送。

本章小结

本章详细讨论了计算机中数据的表示方法，涵盖了数据表示的基本概念、数制转换、数值型数据的编码表示、非数值型数据的表示方法及数据校验码等多个方面。

首先，本章介绍了数字信号的概念及其在计算机中的应用，强调了计算机内部使用二进制数表示和处理数据的原因。随后，详细阐述了计算机中常用的数制(十进制、二进制、八进制、十六进制)及其相互转换方法，为后续学习奠定了基础。

其次，在数值型数据表示方面，本章重点讨论了真值与机器数、无符号数与有符号数的概念，以及有符号数的编码表示方法(原码、反码、补码)。特别是补码表示法，因其能够简化计算机的加减法运算，成为计算机中广泛采用的编码方式。此外，还介绍了定点数与浮点数的表示方法及其在计算机中的应用场景，浮点数表示法因其能够表示更大范围的数值和更高的精度，在科学计算和工程应用中具有重要地位。

再次，对于非数值型数据，本章介绍了逻辑数据、字符与字符串的表示方法，包括ASCII码、Unicode编码和汉字编码等。这些编码标准使得计算机能够处理和显示各种文字和符号，为计算机在信息处理领域的应用提供了广泛支持。

最后，本章还讨论了数据校验码的概念和作用，介绍了奇偶校验码、汉明校验码和CRC循环冗余校验码等常用的数据校验方法。这些方法在数据传输和存储过程中起到了重要的错误检测和纠正作用，保证了数据的完整性和准确性。

通过本章的学习，读者可以全面掌握计算机中数据的表示方法及其应用场景，为后续学习计算机系统的其他组成部分和原理打下坚实基础。

习　题

一、选择题

1. 在计算机中，数据通常使用二进制表示，其中一个字节(Byte)包含(　　)位(bit)。

A. 4　　B. 8　　C. 16　　D. 32

2. 在计算机中，数据的最小存储单位是(　　)。

A. 字节(Byte)　　B. 位(bit)　　C. 字(Word)　　D. 字符(Char)

3. 在计算机中，整数通常以(　　)方式存储以区分正负。

A. 符号位　　B. 尾数　　C. 阶码　　D. 校验位

4. 在计算机中，有符号整数最常用的编码方式是(　　)。

A. 原码　　B. 反码　　C. 补码　　D. 移码

5. 在8位补码表示法中，能表示的最大正整数是(　　)(十进制)。

A. 127　　B. 128　　C. 255　　D. 256

6. 在计算机中，定点数通常应用场景不包括(　　)。

A. 整数运算　　B. 小数运算，当小数部分位置固定时

C. 需要极高精度的浮点运算　　D. 嵌入式系统中对资源要求严格的场合

7. 在IEEE 754标准中，单精度浮点数(float)通常占用(　　)位。

A. 16　　B. 32　　C. 64　　D. 128

8. 在计算机中，字符编码最常用的标准之一是(　　)。

A. ASCII码　　B. IEEE 754　　C. Unicode　　D. BCD码

9. Unicode编码系统的主要目的是(　　)。

A. 统一全球各种语言的字符编码　　B. 提高字符编码的存储效率

C. 简化字符编码的转换过程　　D. 加快字符的显示速度

10. 在(7，4)汉明码中，假设第 1、2、4 位是校验位，原始数据位为 D_3、D_5、D_6、D_7，若收到的码字为 1011010，且仅有一位错误，则错误的位是(　　)。

A. 第 1 位　　B. 第 2 位　　C. 第 4 位　　D. 第 7 位

二、填空题

1. 计算机内部采用________进制来表示数据，因为它能够方便地通过电子元件的高低电平来表示。

2. 十进制数 100 转换为二进制数是________。

3. 在 8 位二进制补码表示中，正数能表示的最大值是________，负数能表示的最小值是________。

4. 在计算机中，数值数据可以分为两大类：________和浮点数。其中，________表示的数其小数点位置是固定的。

5. 浮点数表示法通过________、________和尾数(或有效数字)三部分来表示一个数，其中________用于表示小数点的位置。

三、简答题

1. 什么是真值与机器数？

2. 最少用几位二进制数即可表示任一 5 位长的十进制正整数？

3. 什么是机器零？若要求全 0 表示机器零，浮点数的阶码和尾数应采用什么机器数形式？

4. 简述有符号数的二进制编码方式中，原码、反码和补码的区别及其使用场景。

四、计算题及分析题

1. 已知$[x]_{补}$，求$[x]_{原}$和 x。

$[x]_{补}=1.1100$；$[x]_{补}=1.1001$；$[x]_{补}=0.1110$；$[x]_{补}=1.0000$；

$[x]_{补}=1\ 0101$；$[x]_{补}=1\ 1100$；$[x]_{补}=1\ 0000$；$[x]_{补}=0\ 0111$。

2. 当十六进制数 9BH 和 FFH 分别表示为原码、补码、反码、移码和无符号数时，所对应的十进制数各为多少(设机器数采用 1 位符号位)？

3. 设计一个能够纠正单个位错误的(7，4)汉明码。首先，你需要确定校验位的数量和位置，然后给出信息位到校验位的映射关系(即哪些信息位影响哪些校验位)，最后展示如何根据接收到的 7 位码字来检测和纠正单个位错误。

第 3 章

计算机的运算方法和运算器

【知识目标】

1. 理解并掌握定点数的加、减运算法则。
2. 理解结果溢出的含义，并掌握溢出检测的方法。
3. 掌握算术移位、循环移位及逻辑移位的运算规则。
4. 掌握定点数的乘、除法运算。
5. 掌握定点运算器的结构及设计方法。
6. 掌握浮点数加、减运算及溢出判断。
7. 了解浮点数乘、除运算。

【素质目标】

在计算机的 CPU 芯片研究中，中国 CPU 的研究与发展尤为引人注目，它不仅是中国科技实力的象征，更是无数科研人员不懈努力的结晶。“龙芯”“飞腾”“兆芯”等国产 CPU 的研制成功都标志着我国在 CPU 研发上的一次又一次突破。通过本章内容的学习，希望学生能够深刻认识到科技创新的重要性，树立坚定的理想信念和爱国情怀，为实现中华民族伟大复兴的中国梦贡献自己的青春和智慧。

在第 2 章我们详细介绍了计算机系统能够识别和处理的数据形式和表示方法，明确了数据在计算机中的存在形式。在本章中，我们将介绍计算机系统对数据的运算方法和相关的核心支撑硬件，即运算器。运算器的实现思想是将各种复杂的运算分解为最基本的算术运算和逻辑运算。

算术运算主要是加、减、乘、除四则运算。由于计算机中的数有定点数和浮点数两种表示方法，所以运算方法也分为定点数的四则运算和浮点数的四则运算，简称定点运算和浮点运算。例如，在算术运算中，可以通过补码运算将减法化为加法，利用加减运算与移位功能的配合实现乘除运算，通过阶码与尾数的运算组合实现浮点运算。

逻辑运算包括逻辑加、逻辑乘、按位加等。

本章主要讨论定点数的加减运算方法、运算结果的溢出检测，定点数乘、除法运算及实现，定点运算器的组成与结构，以及浮点数的四则运算及实现。

3.1　定点数的加、减运算

定点数的加、减运算是算术运算的基础，参与运算的操作数既可以采用原码也可以采用补码。原码的加、减运算比较复杂，而补码的加、减运算要相对简单。因此，在计算机系统中，普遍采用补码形式进行数据存储、传输和运算操作。

3.1.1　定点数原码的加、减运算

原码加法是定点数加法的一种基本运算方法，其中定点数用原码表示。原码是一种简单的表示方式，即直接按照数值大小的符号位和绝对值进行表示。在原码表示方法中，数值的最高位表示符号位，0 表示正数，1 表示负数。

通常原码加法的步骤如下：

1）将两个原码数的符号位对齐。如果两个原码数的符号位相同，说明它们都是正数或都是负数，可以直接按照绝对值相加；如果两个原码数的符号位不同，说明它们一个是正数，一个是负数，需要进行减法运算。

2）对于符号位相同的情况，按照绝对值相加的规则进行运算。逐位对齐两个原码数（包括整数部分和小数部分），从低位到高位按位相加。如果相加结果超过了位数的表示范围，就会发生溢出，需要进行溢出处理。

3）对于符号位不同的情况，需要进行减法运算。将绝对值较大的原码数减去绝对值较小的原码数。首先，将绝对值较大的原码数作为被减数，绝对值较小的原码数作为减数。然后，对两个原码数按照绝对值相加的方法进行运算。最后，将运算结果的符号位保持

原样。

4）对于溢出的情况，可以根据具体应用需求进行不同的处理，例如，截断溢出部分、向上取整或向下取整等。

由以上运算步骤可以看出，原码的表示虽然简单，但是其加、减运算比较复杂，具体执行何种操作不仅由操作符决定，还取决于参与运算的两个符号位及运算数的幅值。此外，运算结果符号位形成的逻辑也比较复杂。

因此，在计算机系统中，通常会采用补码进行定点数加、减运算，这样可以有效解决原码中的问题，并且由于补码可以将减法运算根据规则转换成加法运算，计算机可以使用相同的硬件电路进行加、减法运算，简化了运算器的结构。

3.1.2 定点数补码的加、减运算

在计算机中，当有两个定点数需要做减法运算时，如 $X-Y$，可以直接基于原码运算，也可以将操作数转换为相应的补码再进行运算，则有 $[X-Y]_{补}=[X]_{补}+[-Y]_{补}$。由此可看出，在补码表示中，减法可以通过加法来实现，减去一个数等于加上这个数的负数。这样可以使用相同的加法电路来实现加法和减法运算；另外补码中“0”的表示是唯一的，这些均可简化计算机的算法和硬件设计。

3.1.2.1 补码加减运算的基本公式

补码加法的基本公式如式(3.1)所示：

定点整数：$[X]_{补}+[Y]_{补}=[X+Y]_{补}(\bmod 2^{n+1})$

定点小数：$[X]_{补}+[Y]_{补}=[X+Y]_{补}(\bmod 2)$ (3.1)

即补码表示的两个数在进行加法运算时，可以把符号位与数值位同等处理，只要结果不超出机器能表示的数值范围，运算后的结果按 2^{n+1} 取模（对于整数）或按 2 取模（对于小数），就能得到本次加法的运算结果。

对于减法，因 $X-Y=X+(-Y)$，则 $[X-Y]_{补}=[X+(-Y)]_{补}$，由补码加法基本公式可得：

定点整数：$[X-Y]_{补}=[X]_{补}+[-Y]_{补}(\bmod 2^{n+1})$

定点小数：$[X-Y]_{补}=[X]_{补}+[-Y]_{补}(\bmod 2)$

因此，若机器采用补码，当求 $X-Y$ 时，只需先求 $[-Y]_{补}$（称 $[-Y]_{补}$ 为“求补”后的减数），就可按补码加法规则进行运算。而 $[-Y]_{补}$ 由 $[Y]_{补}$ 连同符号位在内，每位取反，末位加 1 而得。

【例 3.1】 已知 $A=0.1011$，$B=-0.0101$，求 $[A+B]_{补}$。

解： 因为 $A=0.1011$，$B=-0.0101$

所以 $[A]_{补}=0.1011$，$[B]_{补}=1.1011$

$$
\begin{array}{r@{}l}
[A]_{补}+[B]_{补}= & 0.1011 \\
+ & 1.1011 \\
\hline
\boxed{1} & 0.0110 = [A+B]_{补}
\end{array}
$$

丢掉

按模 2 的意义，最左边的“1”丢掉，故 $[A+B]_{补}=0.0110$，结果正确。

【例 3.2】已知 $A=-1001$，$B=-0101$，求$[A+B]_{补}$。

解：根据补码加法基本公式：$[A+B]_{补}=[A]_{补}+[B]_{补}$

所以 $[A]_{补}=1\ 0111$，$[B]_{补}=1\ 1011$

$$
\begin{array}{r@{}l}
[A]_{补}+[B]_{补}= & 1\ 0111 \\
+ & 1\ 1011 \\
\hline
\boxed{1} & 1\ 0010 = [A+B]_{补}
\end{array}
$$

丢掉

按模 2^{4+1}的意义，运算结果最左边的“1”丢掉。

【例 3.3】设机器数字长为 8 位(含 1 位符号位)，若 $A=+15$，$B=+24$，求$[A-B]_{补}$并还原成真值。

解：因为 $A=+15=+0001111$，$B=+24=+0011000$

所以 $[A]_{补}=0\ 0001111$，$[B]_{补}=0\ 0011000$，$[-B]_{补}=1\ 1101000$

$$
\begin{array}{r@{}l}
[A-B]_{补}=[A]_{补}+[B]_{补}= & 0\ 0001111 \\
+ & 1\ 1101000 \\
\hline
 & 1\ 1110111
\end{array}
$$

则按模 2^{7+1}的处理，$[A-B]_{补}=1\ 1110111$。

【例 3.4】设机器数字长为 8 位，其中 1 位为符号位，令 $A=-93$，$B=+45$，求$[A-B]_{补}$。

解：由 $A=-93=-1011101$，得$[A]_{补}=1\ 0100011$

由 $B=+45=+0101101$，得$[B]_{补}=0\ 0101101$，$[-B]_{补}=1\ 1010011$

$$
\begin{array}{r@{}l}
[A]_{补}= & 1\ 0100011 \\
+[-B]_{补}= & 1\ 1010011 \\
\hline
[A]_{补}+[-B]_{补}= \boxed{1} & 0\ 11101110=[A-B]_{补}
\end{array}
$$

按模 2^{n+1} 的意义，最左边的“1” 自然丢掉，故$[A-B]_{补}=0\ 1110110$，即 $A-B=118$，显然结果是错误的，这是因为 $A-B=-138$ 超出了机器字长所能表示的范围。在计算机中，这种超出机器字长的现象叫溢出。为此，在补码定点加减运算过程中，必须对结果是否溢出做出明确的判断。

3.1.2.2 溢出判断

在计算机中，存储数据和进行操作的方式都是基于二进制数的。不同的数据类型(如整数、浮点数)有不同的表示方式和取值范围。当进行数值运算时，计算机会根据操作数的数据类型和指令来进行运算。然而，由于计算机存储空间的限制，有时计算结果会超出所能表达的范围，这种现象就称为溢出。

通常两个符号不同的数相加时，不会产生溢出。两个符号位相同的数相加时才可能产生溢出。当两个正数相加，结果大于机器所能表示的最大正数时，称为上溢；而两个负数相加，结果小于机器所能表示的最小负数时，称为下溢。

在补码定点加减运算中，判断溢出有两种方法：单符号位判断溢出和双符号位判断溢出。

1)单符号位判断溢出。

对于补码加减的溢出问题，运算器采用符号位(最高位)的进位与最高数值位(次高位)的进位做异或运算，如果结果为“1”，表明发生了溢出，如果结果为“0”，则表明未发生溢出。

【例 3.5】设有符号数字长为 8 位(含 1 位符号位)，$X=+1110110$，$Y=+1110100$，用补码加法计算 $Z=X+Y$。

解：

$$
\begin{array}{rc|c|c|c|l}
 & [X]_{补} = & 0 & & 1 & 1\ 0\ 1\ 1\ 0 \\
+ & [Y]_{补} = & 0 & & 1 & 1\ 0\ 1\ 0\ 0 \\
\hline
 & [X+Y]_{补} = & 1 & & 1 & 0\ 1\ 0\ 1\ 0
\end{array}
$$

由上述运算可以看到，最高数值位产生了进位，而符号位没有产生进位。若用“1”表示有进位，用“0”表示无进位，则：$1\oplus 0=1$，溢出。

【例 3.6】条件同例 3.5，用补码加法计算 $Z=X-Y$。

解：

$$
\begin{array}{rc|c|c|c|l}
 & [X]_{补} = & 0 & & 1 & 1\ 0\ 1\ 1\ 0 \\
+ & [-Y]_{补} = & 1 & & 0 & 0\ 1\ 1\ 0\ 0 \\
\hline
 & [X-Y]_{补} = & 0 & & 0 & 0\ 0\ 0\ 1\ 0
\end{array}
$$

由上述运算可以看到，最高数值位产生了进位，而符号位也产生了进位。则：$1\oplus 1=0$，无溢出，所以 $X-Y=+000010$。

所以，当最高有效位产生进位而符号位无进位时，产生上溢；当最高有效位无进位而符号位有进位时，产生下溢。故溢出逻辑表达式为 $V=C_f\oplus C_o$，其中 C_f 为符号位产生的进位，C_o 为最高有效位产生的进位。此逻辑表达式也可用异或门实现。

2) 双符号位判断溢出。

双符号位法又称为“变形补码”或“模 4 补码”。为了得到两数变形补码之和等于两数之和的变形补码，必须：

①将两个符号位都看作数码参加运算。

②两数进行以 4 为模的加法，即最高符号位上产生的进位要丢掉。

采用变形补码后，如果两个数相加后，其结果的符号位出现“01”或“10”两种组合，表示发生溢出。不论溢出与否，高符号位永远表示正确结果的符号，所以若两个符号位为“01”，表示正溢出；若两个符号位为“10”，表示负溢出。

【例 3.7】 设有符号数字长为 8 位(含 2 位符号位)，$X=+110110$，$Y=+110100$，用补码加法计算 $Z=X+Y$。

解： $[X+Y]_{补}=[X]_{补}+[Y]_{补}=00\ 110110+00\ 110100=01\ 101010$

由此可以看到，此时的双符号位不同且为“01”，所以该结果有溢出，且为正溢出。

上述结论对于定点小数同样适用。在浮点数中，当阶码用两位符号位表示时，判断原则与小数完全相同。

在定点机中，当运算结果发生溢出时，机器通过逻辑电路自动检查出溢出，并进行中断处理。

3.1.3 定点补码加减运算所需的硬件配置

实现定点补码加减法的基本硬件配置框图如图 3.1 所示。

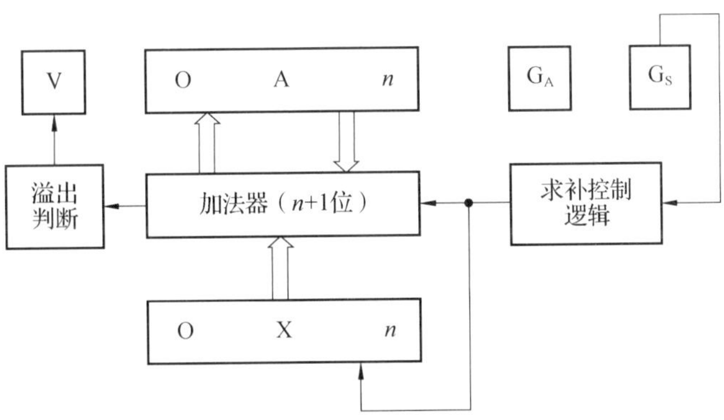

图 3.1 定点补码加减法硬件配置

图中 A、X 为寄存器，其位数和加法器的位数相等，其中 A 存放被加数(或被减数)的补码，X 存放加数(或减数)的补码。当做减法时，由“求补控制逻辑”将 $\overline{X}$ 送至加法器，并使加法器的最末位外来进位为 1，以达到对减数求补的目的。运算结果溢出时，通过溢出判断电路置“1”溢出标记 V。G_A 为加法标记，G_S 为减法标记。

3.1.4 补码加减运算控制流程

补码加减运算控制流程图如图 3.2 所示。由图可见，加(减)法运算前，被加(减)数的补码在寄存器 A 中，加(减)数的补码在寄存器 X 中。若是执行加法，直接完成(A)+(X)→A(mod 2 或 mod 2^{n+1})的运算；若是执行减法，则需对减数求补，再和 A 寄存器的内容相加，结果送 A 寄存器。最后完成溢出判断。

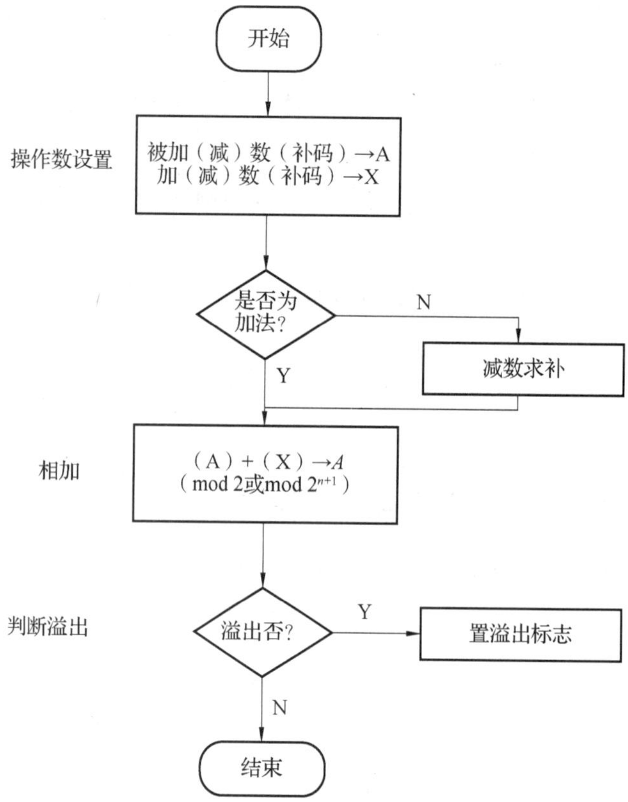

图 3.2 补码加减运算控制流程

3.2 移位运算

鉴于在运算器完成乘除运算时往往会涉及相关数据的移位操作，因此在具体介绍定点数的乘除法之前，本节先介绍一下移位运算的规则。

在计算机中，移位运算也称为移位操作，是指对二进制数进行移位操作的运算，它是计算机进行算术运算、逻辑运算等的基本操作，不可缺少。

常见的移位运算有逻辑移位、循环移位和算术移位。

3.2.1 逻辑移位

无符号数的移位称为逻辑移位，是指将二进制数的所有位按照指定的位数向左或向右进行移动，并在空出的位置上填充 0。因此，逻辑移位只有数码位置的变化而无数量的变化，左移低位补 0，右移高位补 0。逻辑左移和逻辑右移分别用 shl 和 shr 表示。

3.2.1.1 逻辑左移

逻辑左移是将二进制数的所有位向左移动指定的位数，并在右侧空出的位置上填充 0。逻辑左移相当于将操作数乘以 2 的指定次幂。

例如，将二进制数 1101 逻辑左移 2 位，得到二进制数 110100。又如，某 8 位寄存器 A 的初值为 10011010，则逻辑左移 1 位后寄存器中的数为 00110100，此时原值中最高位丢失，如图 3.3 所示。

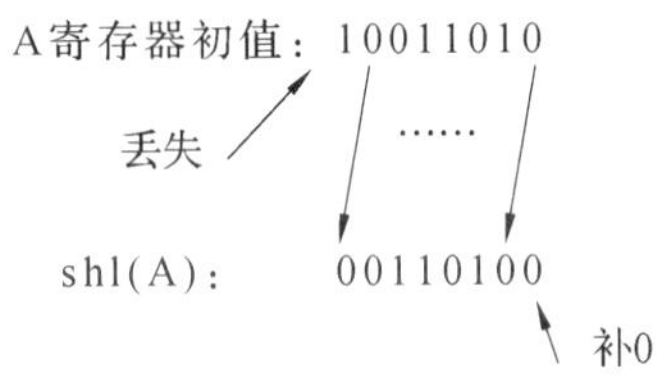

图 3.3 A 寄存器逻辑左移

3.2.1.2 逻辑右移

逻辑右移是将二进制数的所有位向右移动指定的位数，并在左侧空出的位置上填充 0。逻辑右移相当于将操作数除以 2 的负次数幂。

例如，将二进制数 1101 逻辑右移 2 位，得到二进制数 001101。又如，某 8 位寄存器 A 的初值为 10011010，则逻辑右移 1 位后寄存器中的数为 01001101，此时原值中最低位丢失，如图 3.4 所示。

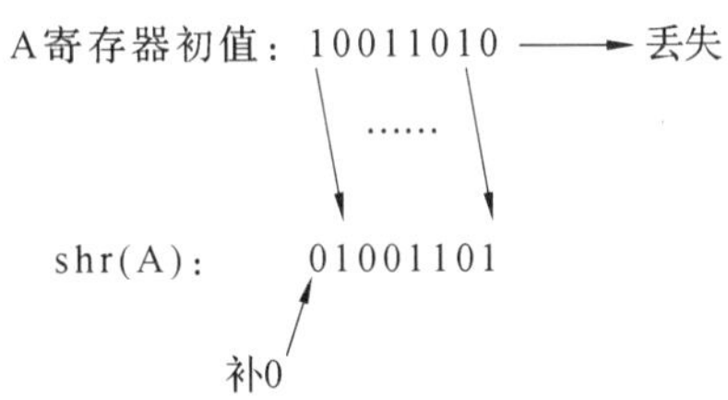

图 3.4 A 寄存器逻辑右移

逻辑移位主要用于数据处理中字的装配、拼组与拆散等操作，也用于程序控制结构中的状态位及特殊信息调用。

3.2.2 循环移位

循环移位指被移位数据的最高位和最低位之间有移位通路形成闭合环路。

循环移位有两类四种，分别是带进位位(符号位)的循环左移、不带进位位的循环左移、带进位位的循环右移和不带进位位的循环右移。

3.2.2.1 循环左移

循环左移时最高位移到最低位，其余各位依次左移。

循环左移有带进位位(符号位)和不带进位位(符号位)循环左移两种。

1)带进位位的循环左移(大循环)。

指令助记符：RCL。

这种循环左移就是数据位连同进位标志位一起左移，数据的最高位移入进位标志位CF，而进位位则依次移入数据的最低位，如图3.5所示。

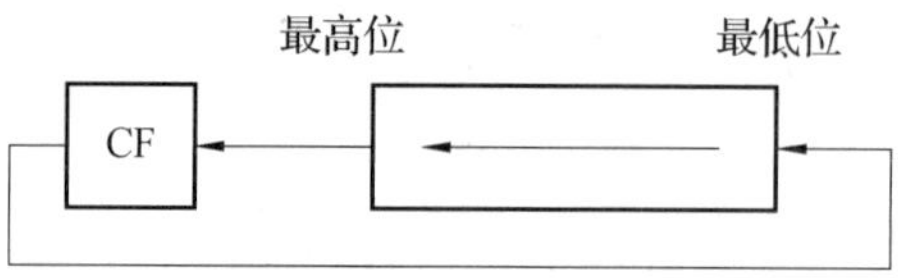

图3.5 带进位位的循环左移

例如，假设当前，AL=01010011B，CF=1，则

执行指令RCL AL，1后

AL=10100111B，CF=0，此时的CF=0是原AL移出的最高位0。

2)不带进位位的循环左移(小循环)。

指令助记符：ROL。

这种循环左移就是操作数循环左移位，空出的低位部分由移出的高位部分来填充。同时，CF中只保存最后一次移出的那一位的内容，如图3.6所示。

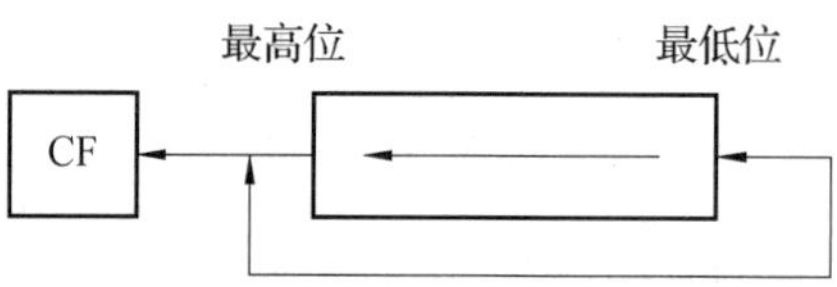

图3.6 不带进位位的循环左移

例如，假设当前，AL=01010011B，CF=1，则

执行指令ROL AL，1后

AL=10100110B，CF=0，可以看出此时CF的值更新为原AL移出的最高位。

3.2.2.2　循环右移

循环右移时最低位移到最高位，其余各位依次右移。

循环右移有带进位位和不带进位位两种。

1）带进位位的循环右移（大循环）。

指令助记符：RCR。

这种循环右移就是操作数连同 CF 位循环右移，用原 CF 的值填补空出的位，移出的位再进入 CF，如图 3.7 所示。

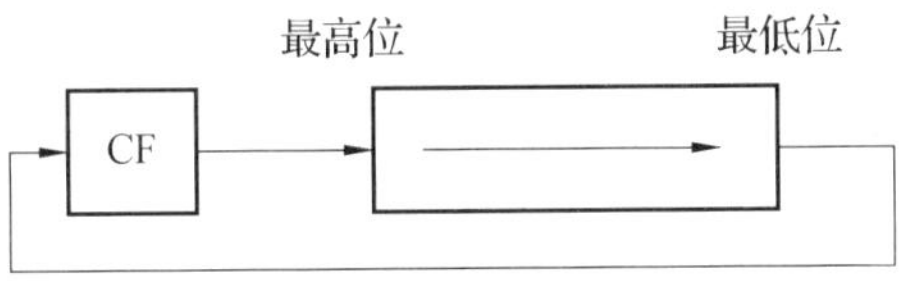

图 3.7　带进位位的循环右移

例如，假设当前，AL=01010011B，CF=1，则

执行指令 RCR AL，1 后

AL=10101001B，CF=1，此时的 CF=1 是原 AL 移出的最低位 1。

2）不带进位位的循环右移（小循环）。

指令助记符：ROR。

这种循环右移就是操作数循环右移，空出的高位部分由移出的低位部分来填充。同时 CF 中只保存最后一次移出的那一位内容，如图 3.8 所示。

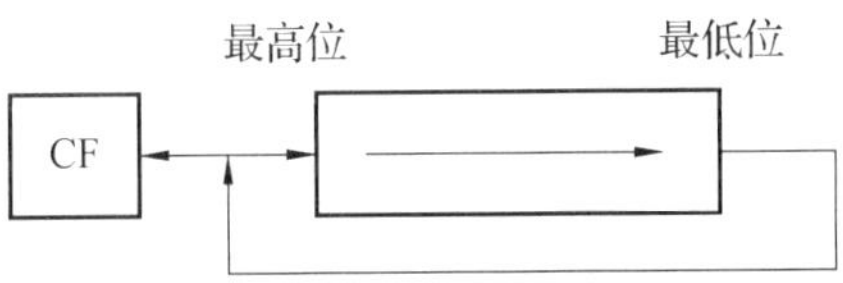

图 3.8　不带进位位的循环右移

例如，假设当前，AL=01010011B，CF=0，则

执行指令 ROR AL，1 后

AL=10101001B，CF=1，可以看出此时 CF 的值更新为原 AL 移出的最低位。

3.2.3　算术移位

算术移位是有符号数的移位。移位后，数的符号不变，仅数值变化。算术左移一位相当于真值乘以 2（在不产生溢出的情况下），算术右移一位相当于真值除以 2（如果不考虑舍入的情况）。由于算术左移有可能会产生溢出，故有的处理器不提供左移指令，比如 PowerPC 和 Itanium。

算术移位根据符号数的原码、反码和补码情况共有 6 种移位情况。

3.2.3.1 算术原码左移

算术原码左移是指符号位 CF 不变，数值位左移，最高有效位移出，末位补 0；若最高数值位为 1，则左移后将发生溢出。

例如，某寄存器初值为 01111111（+127），由此可以看出该数最高有效位为 1，说明数值一定大于 64，则再向左移动一位时，数值范围必定会超出当前数值可表示的范围，所以发生溢出。负数原码左移溢出也是同样的道理。

3.2.3.2 算术原码右移

算术原码右移是指符号位 CF 不变，数值位右移，最高有效位补 0，末位移出。当末位丢 1 时，会影响数值精度。

如图 3.9(a)(b)是算术原码左、右移的移位操作过程示意图。

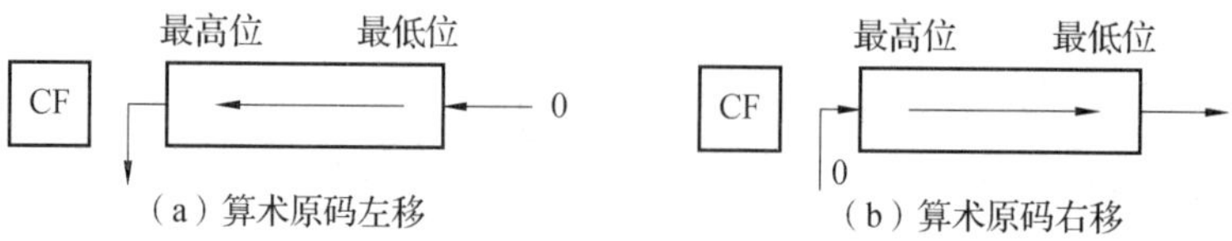

图 3.9　算术原码左、右移位操作过程示意图

因此，对于机器数的原码，在对其进行算术移位时，不论是左移还是右移，移位后的空位都是补 0，且移位时均需保持符号位不变。另外为了使左移后不产生溢出，原码的最高数值位应为 0。

3.2.3.3 算术反码左移

算术反码左移涉及数值所有位向左移动，最高位被移至进位标志位 CF，而最低位补 0。若移位后未产生溢出，正数的最高有效位(非符号位)将保持为 0，负数的最高有效位则保持为 1，以确保符号位的正确性。若发生溢出，即符号位被破坏，需进行相应的溢出处理以维持数值的完整性。

3.2.3.4 算术反码右移

算术反码右移是指在进行数值的右移操作时，符号位保持不变，其余各位向右移动，最低位则被移出。对于正数，由于其符号位为 0，该 0 位向右移动至最高有效位时，相当于在数值的高位补充了 0；而对于负数，其符号位为 1，该“符号位”向右移动至最高有效位时，相当于在数值的高位补充了 1。这种操作确保了数值在右移过程中的符号一致性。

如图 3.10(a)(b)是算术反码左、右移位操作过程示意图。

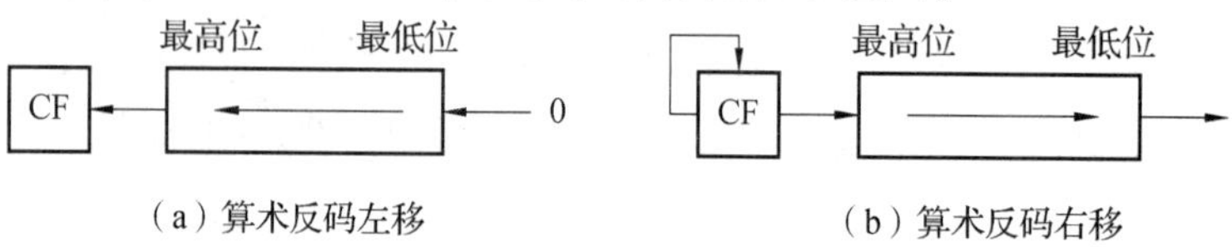

图 3.10　算术反码左、右移位操作过程示意图

在实际的计算机系统中，通常不直接对反码进行算术运算，而多数采用补码。

3.2.3.5　算术补码左移

算术补码左移操作涉及将数值的每一位向左移动，其中最高位移动至符号位 CF，并在最低位填充 0。若此操作未导致溢出，则正数的最高有效位(即非符号位)将保持为 0，而负数的最高有效位将保持为 1，确保符号位得以维持。

然而，一旦左移操作导致溢出，符号位的正确性将受损，因此需要进行相应的溢出处理。

3.2.3.6　算术补码右移

算术补码右移是：符号位不变，且保持在最高有效位，其余各位右移，最低位移出；对于正数，符号位 0 右移至最高位，相当于对它补 0；对于负数，符号位 1 右移至最高位，相当于对它补 1。

如图 3.11(a)(b)是算术补码左、右移的移位操作过程示意图。

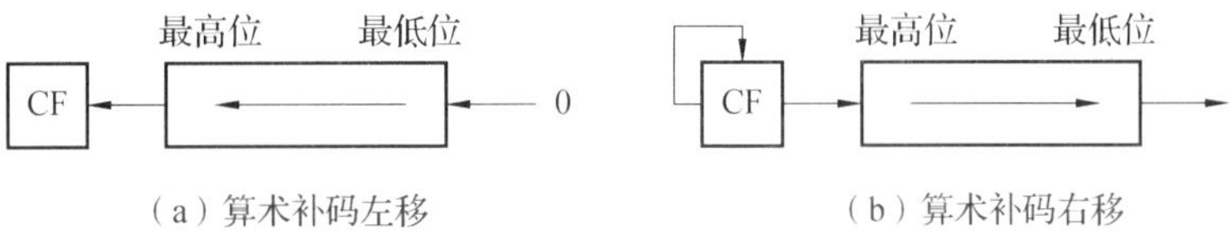

图 3.11　算术补码左、右移位操作过程示意图

3.3　定点数的乘、除法运算

计算机中实现乘除法的基本原理是通过多次相加和移位来实现乘除运算。在早期，乘、除法运算是用软件方法来实现的，即使用原有的加、减法运算器运行一段实现乘、除法运算的子程序。但这种方法往往速度太慢，因此现在的计算机普遍采用硬件方法实现乘、除法运算。例如，设置专用的并行乘、除法器，以获得较快的运算速度。

3.3.1　原码一位乘法

在进行两个数的乘法运算时，若采用原码表示，乘积的符号位可通过对两个乘数的符号位进行异或操作得出；而乘积的数值部分，则可通过将两个乘数的绝对值进行相乘来获取。即：

被乘数：$[X]_{原} = X_s \cdot X_1X_2\cdots X_n$

乘数：$[Y]_{原} = Y_s \cdot Y_1Y_2\cdots Y_n$

乘积：$[Z]_{原} = (X_s \oplus Y_s) \cdot (0.X_1X_2\cdots X_n) \times (0.Y_1Y_2\cdots Y_n)$

【例 3.8】设 $x=0.1011$，$y=-0.1010$，求 $x\times y$。

解：先判断符号位是同号还是异号，此例为异号，所以乘积的符号位为“1”。

乘积的数值为两数的绝对值逐位乘法运算的结果。

$$
\begin{array}{r}
0.1011 \\
\times \quad 0.1010 \\
\hline
0000 \\
1011 \\
0000 \\
1011 \\
\hline
0.1101110
\end{array}
$$

所以 $(+0.1011)\times(-0.1010)=-0.1101110$。由此可看出，运算过程与十进制乘法类似，均是从最低位开始，用乘数的每一位代码单独去乘被乘数，若该位为 1，则得被乘数；若该位为 0，则得 0。因为每位乘数的权不同，因此每乘一位，所得结果要左移一位，最后一并求和，即得乘积的绝对值。然后再根据同号相乘结果为正，异号相乘结果为负的规则求出乘积符号。

然而，当将这种运算逻辑付诸计算机实践时，我们遇到了几个挑战。首先，计算机硬件的位长限制。机器通常只有 n 位长，当两个数相乘时，即便采用被乘数左移的方式，产生的乘积也可能超出该位长，这就需要一个更长的加法器来处理；其次，只有两个操作数相加的加法器，难以胜任将 n 个数一次相加起来的运算。

为了简化早期计算机的硬件结构，工程师们采用了串行的一位乘法方案，通过反复执行“加法/移位”操作来模拟乘法运算。虽然这种方法在硬件需求上相对节省，但其运算效率却显得尤为低下，执行一次乘法的时间至少是执行一次加法时间的数倍。并且乘法运算相当频繁，约占全部算术运算的 1/3。因此采用高速的专用乘法部件是必要的，如阵列乘法器。

3.3.2 阵列乘法器

阵列乘法器的基本原理是将乘法运算分解为多个小的乘法运算，并通过并行计算的方式来加速整个乘法过程。这意味着多个乘法器和加法器可以同时工作，从而显著提高计算速度。阵列乘法器通常由多个乘法器和加法器组成，这些乘法器和加法器被排列成一个二维的矩阵。每个乘法器都与相邻的乘法器和加法器相连，使得数据可以在这些组件之间高效地传递和处理。如图 3.12 所示为一个无符号的 5 位阵列乘法器框图结构。

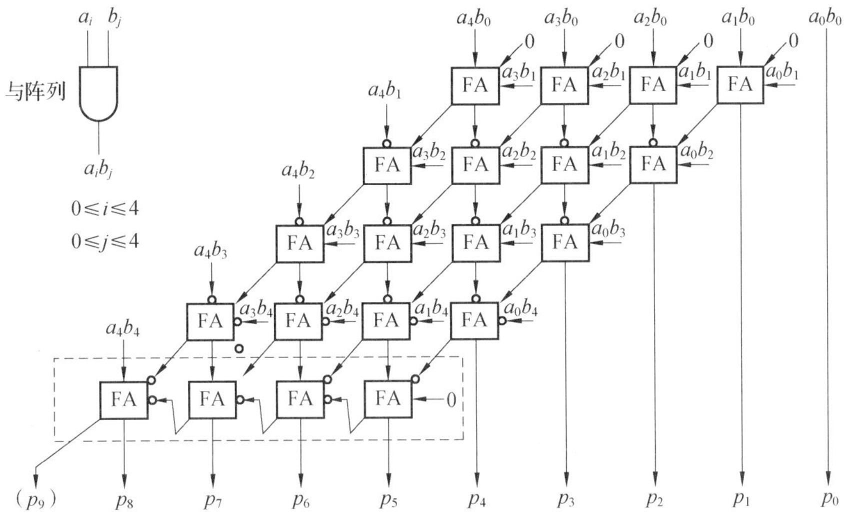

图 3.12 5 位阵列乘法器框图

输入为两个乘数 $a_4a_3a_2a_1a_0$ 和 $b_4b_3b_2b_1b_0$，输出为乘积 $p_9p_8p_7p_6p_5p_4p_3p_2p_1p_0$，计算过程如下：

$$
\begin{array}{cccccccccc}
 & & & & & a_4 & a_3 & a_2 & a_1 & a_0 \\
 & & & & & b_4 & b_3 & b_2 & b_1 & b_0 \\
\hline
 & & & & & a_4b_0 & a_3b_0 & a_2b_0 & a_1b_0 & a_0b_0 \\
 & & & & a_4b_1 & a_3b_1 & a_2b_1 & a_1b_1 & a_0b_1 & \\
 & & & a_4b_2 & a_3b_2 & a_2b_2 & a_1b_2 & a_0b_2 & & \\
 & & a_4b_3 & a_3b_3 & a_2b_3 & a_1b_3 & a_0b_3 & & & \\
 & a_4b_4 & a_3b_4 & a_2b_4 & a_1b_4 & a_0b_4 & & & & \\
\hline
p_9 & p_8 & p_7 & p_6 & p_5 & p_4 & p_3 & p_2 & p_1 & p_0
\end{array}
$$

这里的 $a_ib_j(0 \leqslant i \leqslant 4, 0 \leqslant j \leqslant 4)$ 被称为部分积，是一个被加数，共有 $5\times5=25$ 个被加数，可以用 25 个“与”门并行地产生，被加数求和部件是一个并行乘法器。其中，FA 是一位全加器，斜线方向为进位输出，竖线方向为和输出，它们都有可能作为下面一级 FA 的输入。

这种乘法器要实现 n 位 $\times$ n 位时，需要 $n(n-1)$ 个全加器和 n^2 个“与”门。所以该乘法器的总的乘法时间可以进行如下计算。

令“与”门的传输延迟时间为 T_a，全加器(FA)的进位传输延迟时间为 T_f，假定用 2 级“与非”逻辑或者“与或非”接线逻辑来实现 FA 的进位链功能，那么，$T_a = T_f = 2T$。从图中可见，最坏情况下的延迟途径，即沿着矩阵最右边的对角线和最下面的一行。因而得到 n 位 $\times$ n 位不带符号的阵列乘法器的总的乘法时间为：

$$
\begin{aligned}
t_m &= T_a + (n-1) \times 6T + (n-1) \times T_f \\
&= T + (n-1) \times 6T + (n-1) \times 2T = (8n-7)T
\end{aligned}
$$

3.3.3 原码一位除法

和两个原码表示的数相乘类似，两个原码表示的数相除时，商的符号位是两数的符号位的异或，商的数值部分则是两数的绝对值相除。

【例 3.9】设被除数 $x = 0.1001$，除数 $y = 0.1011$，求 $x \div y$。

解：商的符号位是 0，商的数值部分的计算过程如下：

结果为商 $q = 0.1101$，余数 $r = 0.00000001$。

1）判断 $x < y$，现在 $x < y$，则商的整数位上为“0”，除法可继续进行下去；否则退出，作溢出处理。x 的低位补 0，得余数 r_0。

2）比较 r_0 和 $2^{-1}y$ 的大小，现在 $r_0 > 2^{-1}y$，表示够减，小数点后第 1 位商是“1”，做 $r_0 - 2^{-1}y$，得余数 r_1。

3）比较 r_1 和 $2^{-2}y$ 的大小，现在 $r_1 > 2^{-2}y$，表示够减，小数点后第 2 位商是“1”，做 $r_1 - 2^{-2}y$，得余数 r_2。

4）比较 r_2 和 $2^{-3}y$ 的大小，现在 $r_2 < 2^{-3}y$，表示不够减，小数点后第 3 位商是“0”，不做减法，得余数 r_3（与 r_2 相等）。

5）比较 r_3 和 $2^{-4}y$ 的大小，现在 $r_3 > 2^{-4}y$，表示够减，小数点后第 4 位商是“1”，做 $r_3 - 2^{-4}y$，得余数 r_4。至此共求出 4 位商。

尽管机器运算与人工计算在本质上存在差异，人的心算能力使得我们能直观地判断减法是否可行，而机器则必须执行减法操作后，通过余数的正负来判断。当余数呈现正值时，表明减法操作是足够的；若余数为负，则表明减法操作不足。在面临减法不足的情况下，机器需要执行一个特定的过程，即恢复余数法，该方法要求将余数恢复到初始状态，然后继续进行运算。这一恢复过程是通过将当前余数加上除数来实现的。然而，由于需要恢复余数，除法运算的步骤数变得不固定，导致控制机制相对复杂。为简化控制并固定运算步数，实践中常采用一种更高效的方法，即不恢复余数法，也被称作加/减交替法。该方法的核心在于，当运算过程中出现减法不足时，无须恢复余数，而是根据余数的符号继续运算。这种方法确保了运算步骤的恒定，并显著简化了控制过程。

3.3.4 阵列除法器

在计算机系统中，阵列除法器是一种高效的硬件实现方式，用于执行除法运算。与传统的串行除法器相比，阵列除法器通过并行处理的方式显著提高了除法运算的速度。

阵列除法器的核心思想是将除法运算分解为多个并行可执行的子任务，并使用一个二维的硬件阵列来同时处理这些子任务。这个阵列通常由多个相同的处理单元组成，每个单元负责处理输入数据的一部分，并产生部分商和余数的结果。

在阵列除法器中，输入数据(被除数和除数)首先被分解为固定大小的子块(如每块包含若干位二进制数)。然后，这些子块被送入阵列的不同处理单元中进行并行处理。每个处理单元都执行类似的除法子任务，包括比较、移位和减法操作，以产生部分商和余数的值。

阵列除法器的关键优势在于其并行性。由于多个处理单元同时工作，阵列除法器能够在单个时钟周期内完成多个除法子任务，从而大大减少了整个除法运算的执行时间。此外，阵列除法器还可以通过增加处理单元的数量来进一步提高并行度，从而适应更高性能要求的应用场景。

然而，阵列除法器的设计也面临一些挑战。首先，由于需要同时处理多个子任务，阵列除法器的硬件复杂度较高，需要更多的资源来实现。其次，阵列除法器的性能受限于处理单元的时钟速度和数据传输带宽，因此需要仔细考虑硬件架构和算法优化来提高整体性能。

在实际应用中，阵列除法器被广泛应用于需要高性能除法运算的场合，如科学计算、图像处理、数字信号处理等。通过并行处理，阵列除法器能够显著加速这些应用中的除法运算，提高整体性能和效率。随着计算机技术的不断发展，阵列除法器的设计和实现也将不断优化，以满足更高性能、更复杂应用场景的需求。

3.4　定点运算器

定点运算器是计算机中用于处理定点数运算的部件，可以实现各种算术和逻辑运算，如加法、减法、乘法、除法、逻辑与、逻辑或等。由于采用二进制表示法，定点运算器具有抗干扰能力强、精度高等优点。

3.4.1　加法器

定点运算器中的各种运算都是分解成加法运算进行的，因此加法器是定点运算器的基本部件。加法器分为半加器和全加器两种。

3.4.1.1　半加器

完成对两个一位二进制数相加，不考虑低位进位的电路，称为半加器。表 3.1 是两个二进制数 A_i 和 B_i 相加的真值表，S_i 为半加和，C_i 为向高位的进位。

表 3.1　半加运算的真值表

A_i	B_i	S_i	C_i	A_i	B_i	S_i	C_i
0	0	0	0	1	0	1	0
0	1	1	0	1	1	0	1

根据真值表，S_i 和 C_i 的逻辑表达式如式 3.2 所示：

$$\begin{aligned} S_i &= \overline{A_i}B_i + A_i\overline{B_i} = A_i \oplus B_i \\ C_i &= A_iB_i \end{aligned} \tag{3.2}$$

半加器的逻辑图和符号如图 3.13 所示。

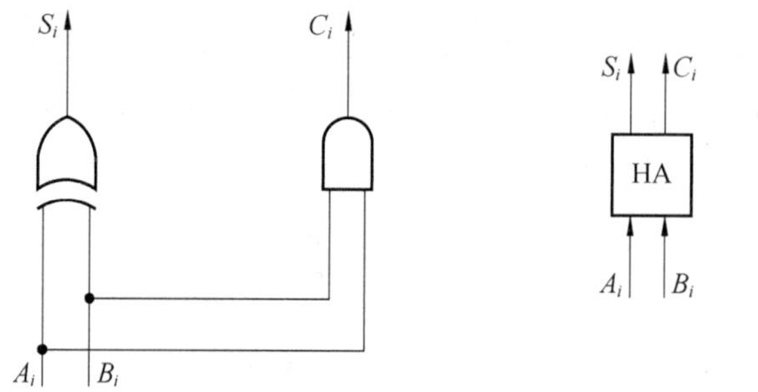

（a）半加器逻辑图　　（b）半加器符号

图 3.13　半加器逻辑图和符号

3.4.1.2　全加器

相较于半加器，考虑低位进位的加法电路称为全加器。表 3.2 是全加运算的真值表，其中 A_i、B_i 表示第 i 位的加数，C_{i-1} 表示第 i 位的进位输入，S_i 是第 i 位的全加和，C_i 是第 i 位的进位输出。

表 3.2　全加运算的真值表

A_i	B_i	C_{i-1}	S_i	C_i	A_i	B_i	C_{i-1}	S_i	C_i
0	0	0	0	0	0	0	1	1	0
0	1	0	1	0	0	1	1	0	1
1	0	0	1	0	1	0	1	0	1
1	1	0	0	1	1	1	1	1	1

根据真值表，S_i 和 C_i 的逻辑表达式如式 3.3 所示：

$$\begin{aligned} S_i &= \overline{A_i}B_i\overline{C_{i-1}} + A_i\overline{B_i}\,\overline{C_{i-1}} + \overline{A_i}\,\overline{B_i}C_{i-1} + A_iB_iC_{i-1} = A_i \oplus B_i \oplus C_{i-1} \\ C_i &= A_iB_i\overline{C_{i-1}} + \overline{A_i}B_iC_{i-1} + A_iB_iC_{i-1} + A_iB_iC_{i-1} = (A_i \oplus B)C_{i-1} + A_iB_i \end{aligned} \tag{3.3}$$

图 3.14 为根据式 3.3 得到的全加器逻辑图和全加器符号。

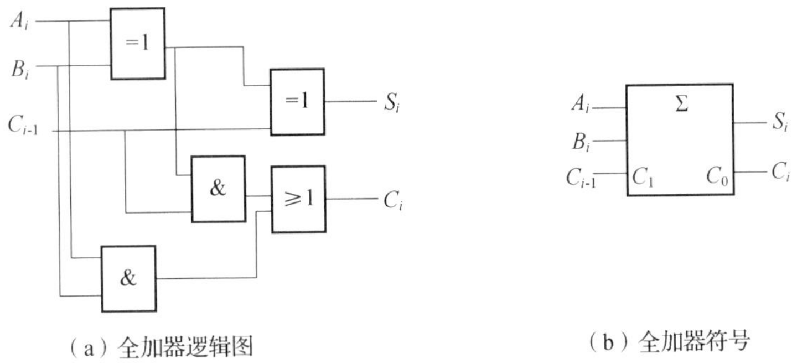

图 3.14 全加器逻辑图和符号

3.4.2 串行进位与并行进位

在实现多位二进制加法运算时，可以运用多个一位的二进制半加器和全加器来构建 n 位加法器。而根据所采取的运算方法，加法器可以被区分为串行加法器和并行加法器两类。

3.4.2.1 串行加法器

如果 n 位字长的加法器仅有一位全加器，使用移位寄存器从低位到高位串行地提供操作数，每经过 n 步完成一次加法运算，这种加法器叫作串行加法器。在串行加法器中，每当生成一位的和时，这一结果会被串行地传送到结果寄存器中。同时，进位信号也会被一位触发器保存，以便参与下一位的加法运算。然而，由于串行加法器的运算速度相对较慢，现代计算机普遍选择采用并行加法器来提高计算效率。

3.4.2.2 并行加法器

在并行加法器的设计中，全加器的数量与操作数的位数保持一致，这使得它能够同时处理所有位数的加法运算。基于进位结构的不同，并行加法器可以细分为串行进位和并行进位两种基本结构。接下来，我们首先分析并行加法器的进位机制，并给出相应的进位公式。然后，我们将详细阐述串行进位和先行进位加法器这两种常见的基本结构及其工作原理。

1)进位公式分析。

根据上文分析得：$C_{i+1} = (A_i \oplus B_i)C_i + A_iB_i$

为后续讨论方便，定义两个辅助函数，如式(3.4)所示：

$$\begin{aligned} G_i &= A_iB_i \\ P_i &= A_i \oplus B_i \end{aligned} \tag{3.4}$$

其中，G_i 称为全加器第 i 位的进位产生函数。其逻辑含义是：若本位两个输入均为 1，必向高位产生进位，与低位进位无关，G_i 又称为本位进位。P_i 称为全加器第 i 位的进位传递函数。其逻辑含义是：当 $P_i = 1$ 时，若低位有进位，本位将产生进位。换句话说，当 $P_i = 1$ 时，低位传送过来的进位能越过本位向更高位传送。P_i 又称为进位传送条件，P_iC_i

称为传送进位。则

$$C_{i+1} = G_i + PC_i$$

2)串行进位的并行加法器。

将 n 个全加器的进位按照串联方法，从低位到高位逐位依次连接起来就可以得到 n 位串行进位加法器。如图 3.15 所示是根据这种方法连接组成的四位串行加法器的逻辑框图。

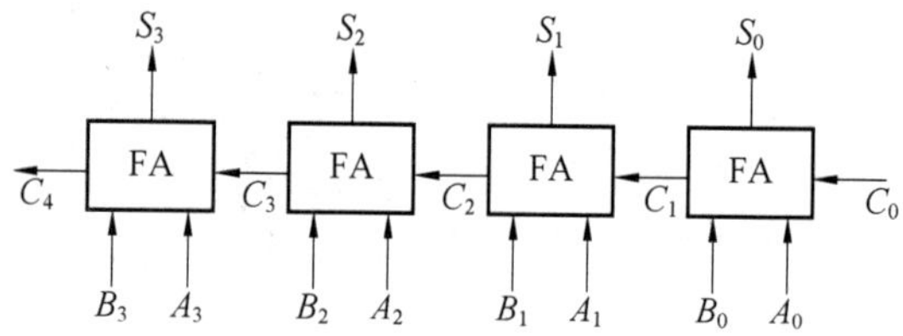

图 3.15　四位串行进位加法器框图

用这种方法组成的加法器，从最低位来的进位信号是逐位串行向高位传播，也称为行波进位加法器。在行波进位加法器中，进位信号的逻辑表达式为：

$$C_1 = G_0 + P_0C_0$$

$$C_2 = G_1 + P_1C_1$$

$$C_3 = G_2 + P_2C_2$$

……

$$C_n = G_{n-1} + P_{n-1}C_{n-1}$$

每一级的进位直接依赖前一级的进位，进位是逐级形成的。且这种行波进位加法器的进位延迟时间和加法位数 n 成正比，导致其加法速度比较低。通常 CPU 工作的基本周期是以 ALU 的工作时间为依据的，加法器的延迟时间越长，CPU 的工作速度就越低。为此设法提高加法器的速度有着重要意义。

3)先行进位的并行加法器。

提高加法器运算速度的关键是消除行波进位中进位逐位串行传播，让各位进位独立同时形成。

仍以四位加法器为例，将进位信号 C_i 用 G_iP_i 表示成以下各式：

$$C_1 = G_0 + P_0C_0$$

$$C_2 = G_1 + P_1C_1 = G_1 + P_1(G_0 + P_0C_0)$$

$$C_3 = G_2 + P_2C_2 = G_2 + P_2[G_1 + P_1(G_0 + P_0C_0)]$$

$$C_4 = G_3 + P_3C_3 = G_3 + P_3\{G_2 + P_2[G_1 + P_1(G_0 + P_0C_0)]\}$$

展开并整理得到式(3.5)：

$$\begin{aligned} C_1 &= G_0 + P_0C_0 \\ C_2 &= G_1 + P_1G_0 + P_1P_0C_0 \\ C_3 &= G_2 + P_2G_1 + P_2P_1G_0 + P_2P_1P_0C_0 \\ C_4 &= G_3 + P_3G_2 + P_3P_2G_1 + P_3P_2P_1G_0 + P_3P_2P_1P_0C_0 \end{aligned} \tag{3.5}$$

由式(3.5)可知，四个进位输出信号仅由进位产生函数 G_i、进位传递函数 P_i 以及最低进位 C_0 决定，与其他各位低位进位无关。如图 3.16 所示是四位并行进位线路图。

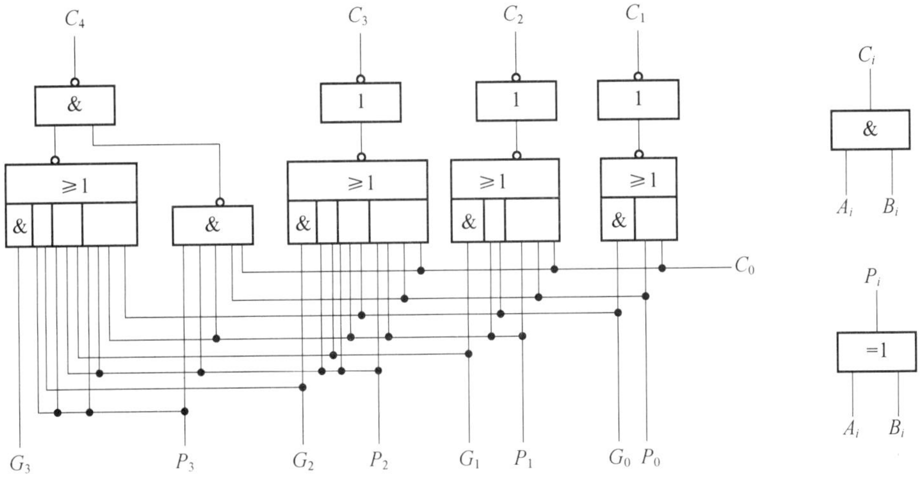

图 3.16　四位并行进位线路图

在图 3.16 中输入信号是同时提供的，所以所有进位的延迟时间基本相同。因为进位信号同时产生，所以称为并行进位(同时进位)。

图 3.17 为具有并行进位的四位加法器的逻辑图。因为进位信号先由逻辑线路产生，再送去求和，所以常称为先行进位 CLA 加法器。

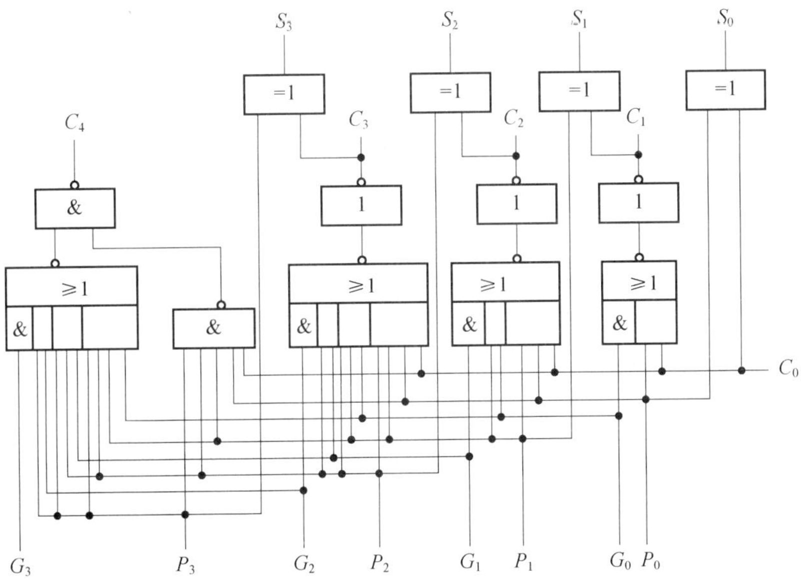

图 3.17　四位先行进位加法器

显然，相较于串行进位加法器，先行进位加法器能显著减少进位延迟时间，且随着加法器位数的增加，其速度提升效果愈发显著。理论上，这种加法器可扩展到任意位字长。然而，随着位数增多，进位函数的复杂性也增加，导致硬件电路复杂度上升。因此，针对长字长的快速进位需求，通常采用折中方案，旨在平衡进位速度与电路复杂性。具体实施时，将四位先行进位加法器作为一组，组间则灵活采用串行或并行进位方式。(更多细节，请参阅相关资料)

3.4.3 算术逻辑单元(ALU)

算术逻辑单元(Arithmetic Logic Unit，ALU)是运算器的核心组件，它主要负责执行数据的算术和逻辑运算。ALU 通常用一个具有两个输入接口、一个输出接口和多个功能控制信号端的逻辑符号来表示。如图 3.18 所示。两个输入接口分别用来接收两个需要进行运算的操作数，而运算的结果则通过输出接口传输。功能控制信号起着决定 ALU 执行何种运算功能的作用。

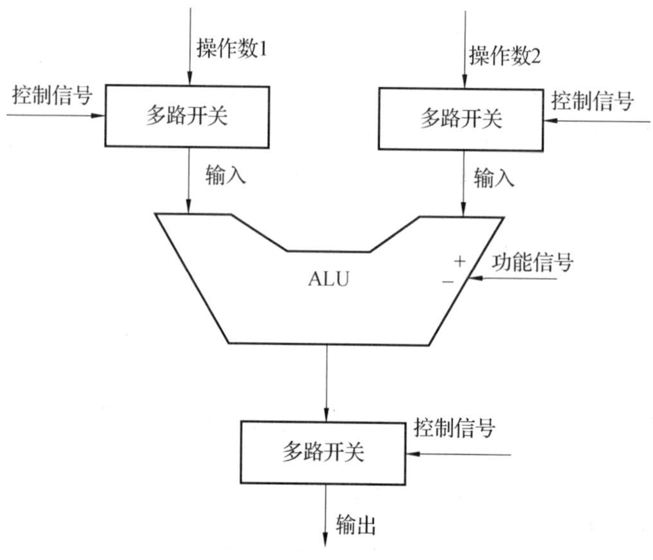

图 3.18 算术逻辑单元 ALU 逻辑符号

在过去，ALU(算术逻辑单元)芯片的主流设计是 4 位的，它们内部集成了进行算术和逻辑运算所需的全部逻辑电路及先行进位电路，这使得它们能够与专门的先行进位扩展器协同工作，从而构建出模块化的多片级先行进位加法器。随着集成电路技术的持续革新和进步，当前市场上最新的 ALU 芯片已经能够支持高达 64 位的运算。为了更具体地了解 ALU 的功能，下面以经典的 4 位 ALU 芯片 73181 为例进行介绍。

74181 芯片能对两个 4 位二进制进行 16 种算术运算和 16 种逻辑运算。它的基本逻辑结构是先行进位加法器。如图 3.19 所示为 4 位 ALU 中规模集成电路 SN74181 的逻辑符号。

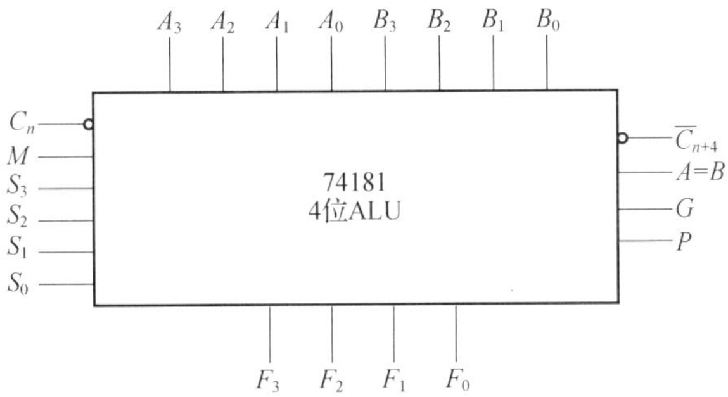

图 3.19　SN74181 逻辑符号

SN74181 各引脚的功能如下：

1) $A_0 \sim A_3$ 和 $B_0 \sim B_3$ 分别是两个 4 位二进制数的输入。

2) $F_0 \sim F_3$ 是运算的结果。

3) C_n 为低位进上来的进位。

4) C_{n+4} 是向高位的进位。

5) M 为低电平时，74181 执行算术运算。M 为高电平时，74181 执行逻辑运算。

6) $S_0 \sim S_3$ 为功能控制引脚，一共 16 种组合代表 16 种算术运算或 16 种逻辑运算。

7) $A=B$ 是数据 A 和数据 B 的比较结果。

8) P 和 G 是先行进位链路产生的输出。G 是进位产生输出，P 是进位传递输出。

SN74181 功能表如表 3.3 所示。

表 3.3　SN74181 正逻辑下的功能表

S_0	S_1	S_2	S_3	正逻辑		
				$M=H$ 逻辑运算	$M=L$ 算术运算	
					$C_n=1$	$C_n=0$
L	L	L	L	$\overline{A}$	A	A 加 1
L	L	L	H	$\overline{A+B}$	$A+B$	$(A+B)$ 加 1
L	L	H	L	$\overline{A}\cdot B$	$A+\overline{B}$	$(A+\overline{B})$ 加 1
L	L	H	H	全 0	减 1	全 0
L	H	L	L	$\overline{A\cdot B}$	A 加 $(A\cdot\overline{B})$	A 加 $(A\cdot\overline{B})$ 加 1
L	H	L	H	$\overline{B}$	$(A\cdot\overline{B})$ 加 $(A+B)$	$(A\cdot\overline{B})$ 加 $(A+B)$ 加 1
L	H	H	L	$A\oplus B$	A 减 B 减 1	A 减 B
L	H	H	H	$A\cdot\overline{B}$	$(A\cdot\overline{B})$ 减 1	$(A\cdot\overline{B})$
H	L	L	L	$\overline{A}+B$	A 加 $(A\cdot B)$	A 加 $(A\cdot B)$ 加 1
H	L	L	H	$\overline{A\oplus B}$	A 加 B	A 加 B 加 1
H	L	H	L	B	$(A\cdot B)$ 加 $(A+\overline{B})$	$(A\cdot B)$ 加 $(A+\overline{B})$ 加 1

表3.3(续)

S_0	S_1	S_2	S_3	正逻辑		
				$M=H$ 逻辑运算	$M=L$ 算术运算	
					$C_n=1$	$C_n=0$
H	L	H	H	$A\cdot B$	$(A\cdot B)$减 1	$(A\cdot B)$
H	H	L	L	全 1	A 加 A	A 加 A 加 1
H	H	L	H	$A+\overline{B}$	A 加$(A+B)$	A 加$(A+B)$加 1
H	H	H	L	$A+B$	A 加$(A+\overline{B})$	A 加$(A+\overline{B})$加 1
H	H	H	H	A	A 减 1	A

在表 3.3 中，“加”表示算术加，“+”表示逻辑加，即或运算。

3.4.4 定点运算器

定点运算器的核心组件包含算术逻辑单元(ALU)、阵列乘除器、寄存器、多路选择器、三态缓冲器以及数据总线等逻辑组件。运算器的设计焦点在于如何实现 ALU 和寄存器与数据总线之间操作数和运算结果的高效传输。在规划设计方案时，需要权衡数据传送的便捷性和操作执行的速率，特别是在微型机和单片机中，还需考虑在硅片上制造总线的技术要求。关于总线的具体概念和细节，将在后续章节中作进一步的探讨和介绍。

计算机的定点运算器大体有如下三种结构形式。

3.4.4.1 单总线结构的运算器

单总线结构的运算器如图 3.20 所示。由于所有部件都接到同一总线上，所以数据可以在任何两个寄存器之间，或者在任意一个寄存器和 ALU 之间传送。如果具有阵列乘法器或除法器，那么它们所处的位置应与 ALU 相当。

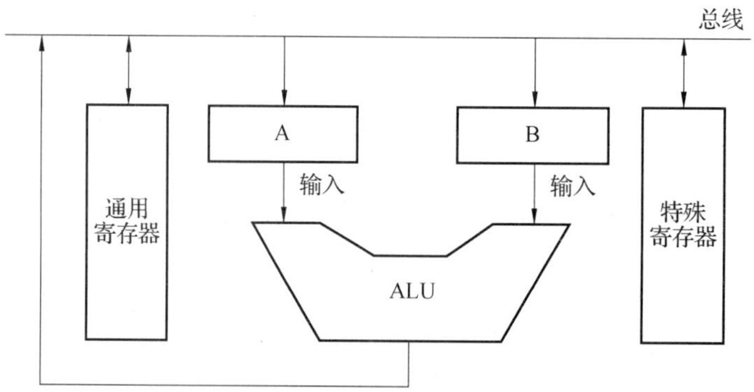

图 3.20 单总线结构的运算器

对于此类结构的运算器，单总线在同一时刻仅能容纳一个操作数。执行双操作数运算时，需分两步将两个操作数依次输入至 ALU，此过程依赖两个暂存器 A 和 B。因此，完成运算需三个操作控制步骤，即三个时钟周期。由于所有操作均须经由总线传输数据，这导致了显著的总线竞争，进而使得单总线结构运算器的运算速度相对较慢。

单总线运算器结构简单，易于实现，但运算速度慢且功能有限，主要适用于简单运算，如加减。它适合运算需求不高、功能简单的场景，例如，某些嵌入式系统或控制系统。

3.4.4.2　双总线结构的运算器

双总线结构运算器采用两根并行数据总线，即总线 1 与总线 2(或数据总线 A 与 B)。此设计允许数据读取与写入并行进行，显著提升了数据传输速度。如图 3.21 所示，两总线分别将数据输送至 ALU 输入端。特殊寄存器被分为两组，每组与一条总线进行数据交换。因此，通用寄存器中的数据能灵活转移至任意一组特殊寄存器，增强了数据传送的灵活性。

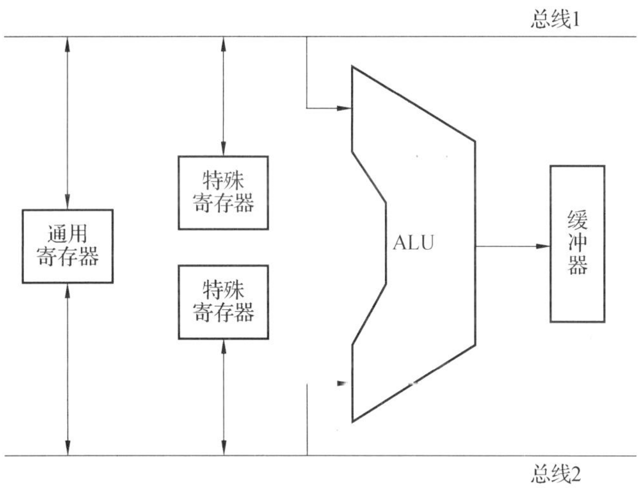

图 3.21　双总线结构的运算器

由于两条总线在操作结果输出时都已被输入数据占据，因此必须在 ALU 的输出端设置一个缓冲寄存器。运算结果首先被送入这个缓冲寄存器，然后通过适当的控制逻辑将结果发送到目的寄存器或输出端口。为此，操作控制要分两步完成：

1)在 ALU 的两个输入端输入操作数，形成结果并送入缓冲寄存器；

2)把结果送入目的寄存器。

3.4.4.3　三总线结构的运算器

三总线结构由三根并行的数据总线组成，通常分别用于读取、写入和直接输出运算结果。其结构如图 3.22 所示。

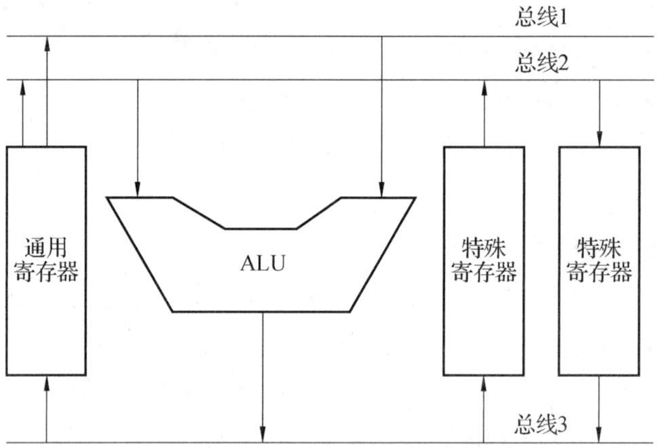

图 3.22　三总线结构的运算器

三总线结构的运算器是在计算机系统中用于执行算术和逻辑运算的关键组件。由于有三条总线同时工作，三总线结构的运算器能够同时传输三个数据，从而大大加快了运算速度。另外这种运算器结构还具备直接传送功能，且支持复杂运算。当然，相对于单总线和双总线结构，三总线结构的运算器在硬件设计和实现上更为复杂。

3.5 浮点运算

在 3.2 节中已详细指出，相较于定点数，浮点数具备更广泛的数值表示范围和更高的有效精度，这使得浮点数在科学计算中表现出更显著的优越性。然而，浮点数的复杂格式相对于定点数而言，增加了实现上的复杂性，这种复杂性不仅反映在硬件电路的设计上，也直接关联到制造成本的上升。对于一些微处理器而言，尽管它们本身并不直接支持浮点运算，但通常会配备专门的协处理器，这些协处理器被设计用于执行浮点数的四则运算，以满足特定计算需求。

3.5.1　浮点加减法运算

设浮点数 X 和 Y 分别为：

$$X = 2^{E_x} \cdot M_x,\ Y = 2^{E_y} \cdot M_y$$

其中 E_x 和 E_y 分别为数 X 和 Y 的阶码，M_x 和 M_y 为数 X 和 Y 的尾数。

两个浮点数进行加减法的运算规则如式(3.6)所示：

$$X \pm Y = [M_x \pm M_y \times 2^{(E_y - E_x)}] \times 2^{E_x} (E_x \geqslant E_y)$$

或

$$X \pm Y = [M_x \times 2^{(E_x - E_y)} \pm M_y] \times 2^{E_y} (E_x < E_y) \tag{3.6}$$

完成浮点加减法运算的操作大体需要以下六步：

3.5.1.1　0 操作数检查

如果判知两个操作数 X 或 Y 中有一个数为 0，即可得知运算结果，从而避免了后续一系列不必要的计算步骤，此举旨在提高运算效率。为实现这一目的，引入了一个特定的环节，即“0 操作数检查步骤”。

3.5.1.2　对阶

在浮点数的表示中，阶码的大小直接决定了数的小数点位置。如果两个浮点数的阶码不同，那么它们的小数点位置就会不同。由于这种差异，我们不能直接对这两个浮点数的尾数进行加减运算。为了进行这样的运算，我们需要通过调整阶码（即移动小数点位置），使两个浮点数的小数点对齐，即它们的阶码相等。这个过程称为“对阶”。

对阶的第一步是求阶差，如式（3.7）所示：

$$\Delta E = E_x - E_y \tag{3.7}$$

若 $\Delta E = 0$，则两数的阶码相等，不需要对阶。若 $\Delta E \neq 0$，就需要对阶，此时有两种情况，即 $\Delta E < 0$ 时，说明 $E_x < E_y$，则 E_x 为小阶，E_y 为大阶；当 $\Delta E > 0$ 时，说明 $E_x > E_y$，均需按阶差值 $|\Delta E|$ 的大小来调整阶码。

原则上，对阶时可以小阶向大阶看齐，也可以大阶向小阶看齐。但由于浮点数采用规格化形式。若大阶向小阶看齐，则必须要求对应大阶的尾数向左移位，尾数左移会引起最高有效位的丢失，造成很大的误差。因此，在计算机的浮点运算中，对阶的规则是小阶向大阶看齐，即使阶码小的尾数向右移位，每右移一位阶码加 1，直至两数的阶码相等（$\Delta E = 0$）为止。右移的位数等于阶差 $|\Delta E|$。当然尾数右移也会发生数码的丢失，但这时丢失的仅仅是尾数的低位部分，误差较小，而且可以通过舍入方法来控制误差。

【例 3.10】 两浮点数 $x = 0.1101 \times 2^{01}$，$y = (-0.1010) \times 2^{11}$，求 $x + y$。

解： $[x]_{补} = 00\ 01;\ 00.1101$　$[y]_{补} = 00\ 11;\ 11.0110$

对阶：

（1）求阶差 $[\Delta E]_{补} = [E_x]_{补} - [E_y]_{补} = 11,10$，即阶差为-2

所以 $M_x \rightarrow 2$ 位，$E_x + 2$

（2）对阶：$[X]_{补'} = 00\ 11;\ 00.0011$

3.5.1.3　尾数求运算

将对阶后的两尾数按定点补码加减运算规则进行操作，尾数的加减运算一般使用变形补码的加减运算方式来实现。

接上例：$[X]_{补'} + [Y]_{补} = 00.0011 + 11.0110 = 11.1001$

所以 $[x + y]_{补} = 00\ 11;\ 11.1001$

3.5.1.4 规格化

尾数求和/差之后得到的数可能不是规格化了的数，为了增加有效数字的位数，提高运算精度，必须将求和/差的结果规格化。规格化分为左规和右规两种。

1)左规。

假设尾数的数值部分有 n 位，则规格化数的范围为：

$$0.5 \leqslant |[M]_{原}| \leqslant 1-2^{-n}, \quad 0.5 \leqslant |[M]_{补}| \leqslant 1-2^{-n}$$

即规格化以后的尾数：

原码形式为 0.1 ××… 或 1.1 ××…

补码形式为 0.1 ××… 或 1.0 ××…

当进行补码浮点数的加减运算时，只需要对运算结果的符号位和小数点后的第一位进行比较。如果它们不等，即 $[M]_{补}$ = 00.1 ××…× 或 $[M]_{补}$ = 11.0 ××…×，就是规格化的数；如果它们相等，即 $[M]_{补}$ = 00.0 ××…× 或 $[M]_{补}$ = 11.1 ××…×，就不是规格化的数，在这种情况下，需要尾数向左移位以实现规格化，称为左规。

2)右规。

当尾数出现 01.××…×或 10.××…×时，表示尾数的变形补码加减运算结果溢出。这在定点加减运算中是不允许的，但在浮点运算中这仅仅表示尾数之和的绝对值大于 1，不一定是溢出。可以调整阶码，将尾数右移一位，阶码加 1，称为右规。

在例 3.8 中，从尾数求和结果看出，其不符合规格化的数，需要进行左规调整。则调整后的结果为：$[x+y]_{补}$ = 00 10；11.0010，$x+y=(-0.1110)\times 2^{10}$。

3.5.1.5 舍入

在浮点加减运算的对阶和右规过程中，尾数要右移，这样，尾数的低位可能因超出机器的允许位数而被丢掉，从而造成一定的误差，降低精度。为了减小误差，需进行舍入处理。

对舍入处理的要求有两个：舍入以后的值应尽量和原值接近；连续使用不会造成累积误差。十进制的四舍五入是满足上述要求的。

在浮点运算的舍入处理中常用的有两种：0 舍 1 入法和恒置 1 法。

1)0 舍 1 入法。

如果右移时被丢掉数位的最高位为 0，则舍去；如果被丢掉数位的最高位为 1，则将尾数的末位加 1。例如，对 01.0100×2^{10} 进行右规，则得到 00.1010×2^{11}；对 01.1011×2^{1} 进行右规，则得到 00.1110×2^{10}。

0 舍 1 入法舍入误差比较小，既适用于原码也适用于补码。但当补码被丢掉的数位的最高位为 1，其他各位均为 0 时，应该舍去。例如，对补码表示的数 1.01101000 进行舍入处理，保留小数点后四位有效数字，结果应为 1.0110。(该执行结果与将 1.01101000 变为原码后进行舍入得到的是相同的真值)

0 舍 1 入法，要完成一次加法，这次加法又有可能造成尾数溢出。此时，需再进行右规。

2) 恒置 1 法。

这种舍入处理方案不考虑右移操作导致被丢掉的数据，而是直接将右移操作后的末位恒置 1。从统计学角度看，恒置 1 法的平均误差为 0，与 0 舍 1 入法相比，有更高的可能性使结果更加准确。

3.5.1.6　浮点数的溢出判断

在进行上述规格化和舍入处理时，阶码也要相应地调整，因而可能出现阶码溢出的情况。设阶码有 m 位(包括一位符号位)，采用补码或移码表示，则表数范围为 $-2^{m-1} \leqslant E \leqslant 2^{m-1}-1$。阶码溢出有两种情况：

1) 阶码上溢：当阶码超出 $2^{m-1}-1$ 时，称为阶码上溢，它表示正负浮点数的绝对值已超出表数范围。通常阶码上溢要置溢出标志，计算机作相应处理。

2) 阶码下溢：当阶码小于 -2^{m-1} 时，称为阶码下溢，它表示此浮点数的绝对值已在规格化浮点数分辨率之下。阶码下溢时当作机器零处理。

3.5.2　浮点乘除运算

按照数学运算公式，我们知道，两个浮点数相乘，乘积的阶码等于两个乘数的阶码之和，乘积的尾数等于两个乘数的尾数相乘；两个浮点数相除，商的阶码等于被除数的阶码减去除数的阶码，商的尾数等于被除数的尾数除以除数的尾数。设浮点数 X 和 Y 分别为：

$$X = 2^{E_x} \times F_x$$

$$Y = 2^{E_y} \times F_y$$

则两个浮点数的乘法运算和除法运算公式如式(3.8)所示：

$$\begin{aligned} X \times Y &= 2^{(E_x+E_y)} \times (F_x \times F_y) \\ X \div Y &= 2^{(E_x-E_y)} \times (F_x \div F_y) \end{aligned} \tag{3.8}$$

一般在进行乘除法运算之前，首先会检测能否简化操作。比如，检测乘法(除法)是否有乘数(被除数)为 0，如果有乘数(被除数)为 0，乘积(商)必为 0。

从数学运算的本质来看，浮点数的乘法和除法包含两个关键的定点运算环节。首先是定点整数的阶码部分进行加减运算，其次是定点小数的尾数部分进行乘除运算。特别是，在除法运算中，尾数的除法操作需要特别留意，即被除数尾数的绝对值是否小于除数尾数的绝对值。若不满足此条件，我们需要通过调整阶码(即将被除数尾数右移一位并相应增加阶码的值)来确保商的尾数为小数形式。

此外，在整个乘除运算过程中，我们还需要谨慎处理规格化、舍入以及潜在的溢出问题。特别是阶码的加减运算，由于其数值范围和运算特性，更容易导致溢出情况的发生。

3.5.3 浮点运算器

浮点运算器是计算机中专门用于处理浮点数的硬件单元。浮点运算器的主要任务是执行浮点数的算术运算，如加法、减法、乘法和除法，以及比较和转换等操作。

浮点运算器通过一系列复杂的电路和逻辑单元来实现浮点数的算术运算。在执行加法或减法运算时，浮点运算器首先需要对齐两个浮点数的尾数，然后根据符号位确定运算的结果是正数还是负数。在执行乘法或除法运算时，浮点运算器需要计算两个浮点数的指数和尾数的乘积或商，并相应地调整结果的指数。

为了提高浮点运算的性能，现代处理器通常采用流水线技术、并行计算和硬件加速等方法。流水线技术通过将浮点运算分解成多个子阶段，并允许不同阶段同时处理不同的数据，从而提高了处理器的吞吐量。并行计算通过同时执行多个浮点运算任务来加快整体运算速度。硬件加速则通过专门的浮点运算单元(如 GPU)来执行浮点运算，以充分利用这些单元的计算能力。

浮点运算在科学计算、图形处理、人工智能等领域具有广泛的应用。在科学计算中，浮点运算器用于处理复杂的数学运算和物理模拟。在图形处理中，浮点运算器用于渲染高质量的图像和动画。在人工智能领域，浮点运算器则用于执行深度学习等复杂算法的训练和推理过程。

本章小结

本章详细讨论了计算机的运算方法和运算器的设计与实现，内容涵盖定点数的加减运算、移位运算、乘除运算、定点运算器的结构及浮点数的运算等多个方面。

首先，本章介绍了定点数的加减运算方法，包括原码和补码的加减运算规则。补码运算因其能够简化加减法运算，成为计算机中普遍采用的运算方式。同时，本章还详细讨论了定点数运算中的溢出问题，并介绍了溢出检测的方法。

其次，本章介绍了移位运算，包括逻辑移位、循环移位和算术移位三种类型。移位运算是计算机中进行算术运算和逻辑运算的基本操作之一，对于理解乘除法运算的实现原理具有重要意义。

在乘除法运算方面，本章详细介绍了原码一位乘法和原码一位除法的基本原理和实现步骤，并讨论了阵列乘除器的工作原理和优势。阵列乘除器通过并行计算的方式显著提高了乘除法运算的速度，是现代计算机中常用的硬件实现方式。

定点运算器作为计算机中处理定点数运算的核心部件，本章详细介绍了其组成结构和设计方法。定点运算器主要由加法器、ALU(算术逻辑单元)、寄存器以及多路选择器等部件组成，能够实现各种算术和逻辑运算。本章还讨论了定点运算器的不同结构形式(单总线、双总线、三总线)及其特点和应用场景。

最后，本章介绍了浮点数的运算方法，包括浮点数的加减运算、乘除运算以及浮点运算器的设计原理。浮点数因其能够表示更大范围的数值和更高的精度，在科学计算和工程应用中具有重要地位。浮点运算器的设计需要考虑精度、速度和成本等多个因素，现代处理器通常采用硬件加速和流水线技术来提高浮点运算的性能。

通过本章的学习，读者可以全面掌握计算机的运算方法和运算器的设计与实现原理，为后续学习计算机系统的其他组成部分和原理打下坚实基础。

习　题

一、选择题

1. 在定点数运算中，若两个数采用相同的定点表示法(如均为补码表示)进行加法运算时发生溢出，则下列哪个描述是正确的？(　　)

A. 结果的绝对值一定比加数中的任何一个大

B. 结果的最高位(符号位)一定改变

C. 结果的符号位与加数中的最高位(符号位)不同，则一定发生了溢出

D. 以上都不对

2. 在补码表示法中，两个正数相加，如果发生溢出，则结果的符号位会是(　　)。

A. 0(正数)

B. 1(负数)

C. 不确定，取决于具体数值

D. 这种情况不会发生，因为正数相加不会溢出

3. 在一个 8 位二进制补码系统中，进行减法运算-64-1 时，等价于进行什么操作？(　　)

A. 直接对 64 和 1 进行二进制减法

B. 对 64 的补码和 1 的补码进行二进制加法

C. 对 64 的补码取反加 1 后(即-64 的补码)，再与 1 的补码进行二进制减法

D. 对 64 的补码与 1 的补码的二进制表示进行异或运算

4. 假设一个定点数系统采用 8 位二进制补码表示，其中 1 位符号位，7 位数值位。则两个数进行加法运算时，最大可表示的正数和最大可表示的负数之和是(　　)。

A. 0　　B. 1　　C. -1　　D. 溢出

5. 在一个 8 位二进制定点数系统中(包括 1 位符号位)，若采用补码表示，则数值范围从-128 到+127。若执行加法运算+120+(+7)，则结果应为(　　)。

A. +127(无溢出)　　B. +127(溢出)

C. -121(溢出)　　D. +7(错误)

6. 在二进制数的移位运算中，若将一个无符号的 8 位二进制数 00101011 左移 2 位，则结果(以二进制形式表示)是(　　)。

A. 01010110　　B. 01011000　　C. 10101100　　D. 10000000

7. 定点运算器在处理带符号整数时，常采用(　　)数值编码表示法来避免直接处理减法运算，从而提高运算效率。

A. 原码　　B. 反码　　C. 补码　　D. 移码

8. 在浮点数的加减运算中，为什么首先需要对两个操作数进行对阶(也称对齐指数)？(　　)

A. 为了确保运算结果的符号位正确

B. 为了避免运算过程中发生溢出

C. 为了使两个浮点数的尾数部分能够进行有效的加减运算

D. 为了减少运算所需的步骤和时间

9. 在进行浮点数的加减运算时，如果发生阶码下溢(即阶码的值小于能表示的最小值)，通常如何处理？(　　)

A. 将结果置为 0

B. 系统报异常，表示运算无法完成

C. 使用特殊的浮点数值(如 NaN，非数值)来表示结果

D. 自动调整阶码，以避免下溢

10. 浮点运算器中的舍入单元主要负责什么任务(　　)。

A. 调整阶码以反映运算结果的指数

B. 将尾数乘法运算的结果转换为整数

C. 根据指定的舍入模式，对尾数运算的结果进行四舍五入或截断

D. 检查运算过程中是否发生了溢出或下溢

二、填空题

1. 在计算机中，整数与浮点数的加减运算主要区别在于，整数运算通常直接对________进行操作，而浮点数运算则需要先进行________(也称为对齐指数)，再对尾数部分进行加减。

2. 在科学计算和工程模拟中，如天气预报模型的运行，需要执行大量的________运算，包括矩阵乘法、求解线性方程组等，这些任务通常由计算机中的________单元高效完成。

3. 在一个32位浮点数的IEEE 754标准表示中，如果阶码部分(8位)的值为130(十进制)，则对应的二进制偏移后的阶码值为________(二进制)，表示指数为________(十进制)。

4. 在一个整数加法运算中，若两个8位二进制补码数相加，结果产生了进位，则这个进位会被________(丢弃/保留在更高位/作为溢出标志)。

5. 在执行浮点数加法时，若两个数的阶码分别为10(二进制)和101(二进制)，则较小的数需要对阶________次，才能与较大的数进行尾数相加。

三、简答题

1. 如何判断一个浮点数是不是规格化数?

2. 简述算术移位和逻辑移位的区别。

3. 浮点数在什么情况下发生上溢出? 什么情况下发生下溢出?

4. 现代计算机中是否要考虑原码加减运算?

5. 若浮点数 x 的IEEE754标准的32位二进制数存储内容为C254 0000H，求其对应的浮点数十进制值。

6. 将十进制数20.59375转换成IEEE754标准的32位二进制存储内容。

四、计算分析题

1. 设有两个8位二进制补码定点数，分别表示−35和47(假设为带符号的整数，最高位为符号位，其余7位表示数值)。请计算这两个数的和，并判断是否有溢出。

2. 设有两个8位二进制补码定点数，分别表示3/4和5/8(假设为无符号小数，最高位不用作符号位，全部8位表示数值，小数点位于二进制数最低位之前)。请计算这两个数的乘积，并判断结果是否溢出。

3. 利用浮点数运算的规则计算 0.1+0.2 的结果，并解释为什么这个结果可能不等于 0.3。

4. 设阶码 3 位，尾数 6 位，用浮点运算方法，完成下列取值的$[x+y]$，$[x-y]$运算：

(1)$x=2^{-011}\times 0.100101$，　$y=2^{-010}\times(-0.011110)$

(2)$x=2^{-101}\times(-0.010110)$，　$y=2^{-100}\times(0.010110)$

5. 设计一个 ALU(4 位)，并完成加、减、取反、取补、逻辑乘、逻辑加、传送、加 1 等 8 种运算功能。

第 4 章

指令系统

【知识目标】

1. 了解指令系统的概念和发展过程
2. 掌握指令的基本格式和各部分操作功能及各部分格式。
3. 掌握指令和数据的寻址方式。
4. 理解不同数据寻址方式的特点。
5. 理解指令执行的基本流程。
6. 理解 CISC 和 RISC 的概念及特点。

【素质目标】

通过深入学习计算机指令系统的基础理论与应用实践，增强学生的民族自豪感和文化自信，激发学生探索科技前沿、服务国家发展的热情与使命感。引导学生认识到我国在计算机指令系统研发方面所取得的显著成就，如“龙芯”系列处理器等自主指令系统的成功研制与应用，不仅突破了国外技术封锁，还推动了我国信息技术产业的自主可控发展。在此基础上，鼓励学生树立远大理想，勇攀科技高峰，为我国计算机指令系统乃至整个信息技术领域的持续进步贡献智慧和力量，共同推动国家科技实力的整体跃升。

在前面的章节中，我们深入探讨了计算机中的数据表示方法以及这些数据是如何在计算机内部进行运算的。第 2 章“计算机中的数据表示”为我们揭示了信息在计算机中的存储形式，包括数值、字符、图像等数据类型的二进制表示方法，以及它们如何在计算机内部被识别和处理，使我们理解了计算机内部数据的本质。紧接着，第 3 章“计算机的运算方法和运算器”进一步展示了这些数据是如何通过运算器进行算术运算和逻辑运算的，从而构成了计算机处理信息的核心机制。

然而，要使这些数据与运算器之间发生交互，实现信息的存储、提取和加工，就需要一个“指挥官”来协调这些操作，这个“指挥官”就是计算机的指令系统。指令系统是计算机硬件与软件之间的桥梁，它定义了计算机能够执行的所有操作，并规定了操作的数据来源和去向。在本章中，我们主要介绍计算机指令系统所涉及的基本概念，如指令格式、寻址方式、指令类型等，并说明确定计算机指令系统的基本原则，最后简要介绍典型的计算机指令系统。

4.1 指令系统概述

4.1.1 指令系统的基本概念

指令描述了计算机应该如何执行某一特定操作。根据抽象层次和执行机制的不同，计算机系统中的指令分为微指令、机器指令和宏指令三类。微指令是处在最底层的命令，它属于微程序级，直接关联计算机的硬件执行机制。而宏指令是由软件定义的高层指令抽象，通常通过多条机器指令组合实现，属于高级编程和应用的范畴。位于这两者之间的是机器指令，它通常被简称为指令，是计算机能够直接识别和执行的基本单位。每一条机器指令都能独立完成一个算术运算或逻辑运算操作，从而构成计算机执行复杂任务的基础。

指令系统则是这些机器指令的集合，它定义了计算机可以执行的所有操作类型，是计算机硬件与软件之间的关键接口。

4.1.2 指令系统的发展

指令系统的发展经历了从简单到复杂、从单一到多元的演变过程，其演变与计算机技术的整体进步紧密相关。以下是指令系统发展的主要阶段和特点。

4.1.2.1 早期阶段(20 世纪 50 年代—20 世纪 60 年代)

这个阶段，计算机主要采用分立元件的晶体管或电子管组成，体积庞大，价格昂贵。且计算机硬件结构相对简单，所支持的指令系统仅包含十几至几十条最基本的指令，寻址方式也较为简单。这个阶段的指令主要用于执行基本的算术运算、逻辑运算和数据传送等任务。

4.1.2.2 中期阶段(20世纪60年代中期—20世纪70年代)

随着集成电路的出现，计算机的功耗、体积、价格等不断下降，硬件功能得到显著增强。指令系统逐渐丰富，增加了乘除运算、浮点运算、十进制运算、字符串处理等复杂指令。指令数目多达一二百条，寻址方式也趋多样化，出现了系列计算机。高级语言成为大、中、小型机的主要程序设计语言，计算机应用日益普及。

4.1.2.3 复杂指令系统计算机(CISC)阶段

为了增强计算机的功能和提高机器速度，采用了复杂的指令系统(CISC)。

CISC 指令系统的特点包括：指令系统复杂庞大，指令数目多；指令格式多，字长不固定，多种寻址方式；可访存指令不受限制；各种指令的执行时间相差很大；大都采用微程序控制器。

4.1.2.4 精简指令系统计算机(RISC)阶段

RISC 从简化指令系统和优化硬件设计的角度来提高系统的性能与速度。

RISC 指令系统的主要特点包括：选取使用频率高的简单指令；指令长度固定，指令格式少，寻址方式种类少；采用流水线技术；使用较多的通用寄存器，减少访存；控制器以组合逻辑控制为主；采用优化编译技术。

4.1.2.5 现代指令系统的发展

随着计算机技术的不断进步，现代指令系统在设计上更加注重提高执行效率、降低功耗和增强可靠性。并行处理、多核技术、虚拟化技术等新技术的应用，满足了日益增长的计算需求。指令系统逐渐与高级语言语义更加接近，以减少软件开发的复杂性。

4.1.3 指令系统的性能要求

在计算机系统的设计过程中，指令系统的设计是非常关键的，它不仅与计算机的硬件结构紧密相关，而且直接关系到用户的使用需要。一个完善的指令系统应满足以下四方面的要求。

4.1.3.1 完备性

指令系统的完备性是指指令集能够覆盖计算机所需执行的各种基本和复杂操作，从而确保程序员能够使用这些指令来编写出满足各种应用需求的程序。一个完备的指令系统应包含足够数量和种类的指令，以支持数据的各种处理、算术运算、逻辑运算、数据传输、控制流操作等。

4.1.3.2 有效性

指令系统的有效性是指利用该指令系统所编写的程序能够高效率地运行。高效率主要表现在程序占据存储空间小、执行速度快。一个有效的指令系统不仅需要包含完备的指令集，还需要确保这些指令能够正确地执行，并且能够在不同的应用场景下提供高性能和可靠性。

4.1.3.3 规整性

指令系统的规整性体现在其设计的对称性、匀齐性以及指令格式与数据格式的一致性上。对称性体现在指令系统中对寄存器和存储器单元的无差别处理，任何寄存器和存储器单元都可以通过各种寻址方式被指令平等地访问和操作。匀齐性则表现为指令系统对数据类型的广泛支持，如算术运算指令能够处理从字节、字到双字整数，甚至包括十进制数和单、双精度浮点数的运算。此外，指令格式和数据格式的一致性确保了指令长度与数据长度之间的协调关系，通常指令长度和数据长度都是字节长度的整数倍，这大大简化了处理器的设计和数据的存取过程。这些特性共同构成了指令系统规整性的基石，有助于简化编码和解码过程，提高系统的效率和可靠性。

4.1.3.4 兼容性

指令系统的兼容性是确保软件在不同环境下能够无缝运行的关键因素。它要求指令集的设计必须考虑到跨平台的一致性，使得相同的指令在不同处理器上能够产生相同的结果。兼容性不仅涉及指令集的直接执行，还包括与其他软件组件、系统服务和外部设备的交互。软件兼容性不仅在同一厂家的系列机中存在，而且也出现在不同厂家所生产的具有相同系统结构的计算机系统中，这些计算机系统一般称为“兼容机”。如 IBM PC 机就是一个典型的例子。要做到所有软件都完全兼容是不可能的，一般只能做到“向上兼容”，即低档机上运行的软件可以在高档机上运行。

4.2 指令格式

在计算机中，指令与数据一样都采用二进制代码表示，表示一条指令的一串二进制代码称为指令字，通常简称指令。指令格式，则是指令字用二进制代码表示的结构形式，通常由操作码字段和地址码字段组成。操作码字段用于指示指令的操作类型和功能，地址码字段则用于指定操作数的存储位置。因此，一条指令的结构可用如下形式来表示：

操作码字段 OP	地址码字段 A

4.2.1 指令字长

指令字长是计算机指令设计中的一个关键概念，它指的是一条指令中二进制代码的位数，也称为指令长度或指令宽度。指令字长的大小直接决定了指令能够携带的信息量以及计算机处理指令的效率和能力，对计算机的性能和指令集设计有重要影响。较短的指令字长可以节省存储空间，但可能会限制指令能够表示的操作种类和操作数的范围。相反，较长的指令字长可以提供更丰富的指令集和更大的操作数范围，但可能增加存储和传输的开销。

通常，指令字长与机器字长有一定的关联。机器字长决定了计算机一次能够处理的数据量，而指令字长则反映了指令中携带的信息量。在某些计算机系统中，指令字长可能与机器字长相等(单字长指令)，或者为机器字长的一半(半字长指令)，甚至是机器字长的两倍(双字长指令)。

随着计算机技术的发展，指令字长也在不断变化。早期的计算机通常采用较短的指令字长，以节省存储空间和降低制造成本。然而，随着计算机性能的提升和应用场景的扩展，更长的指令字长逐渐成为主流。现代计算机系统中的指令字长通常为 32 位或 64 位，甚至更长。这种变化反映了计算机技术对指令集丰富性和处理能力的不断追求。

4.2.2　操作码

在机器指令中，操作码是定义指令操作或功能的一部分。它告诉计算机硬件(特别是中央处理器，CPU)应该执行什么类型的操作。指令系统中的每一条指令都要有一个操作码。操作码通常是一个二进制数，其长度和编码方式取决于具体的指令集架构(ISA，如 x86、ARM、MIPS 等)。指令操作码的长度可以是固定的，也可以是变化的。

4.2.2.1　定长操作码

定长操作码是指在指令集中，所有指令的操作码都具有相同长度的编码方式。这种设计简化了指令的解码过程，因为解码器不需要根据操作码的长度来确定指令的边界。此时，操作码的位数可以反映指令系统的规模，较大的指令系统需要更多的位数来表示每条特定的指令。例如，一个指令系统只有 8 条指令，则有 3 位操作码就够了($2^3=8$)。又如，如果操作码长度为 8 位(1 字节)，那么所有指令的操作码都将占用 1 个字节的空间。

在具有定长操作码的指令集中，指令的编码将包括固定长度的操作码部分和可能的其他部分(如操作数、寻址模式等)。这些其他部分的大小和格式可能因指令而异，但操作码部分的长度是固定的。

虽然定长操作码设计简化了指令解码过程，但它也可能限制了指令集的可扩展性。由于操作码长度是固定的，因此当需要添加新指令类型时，可能没有足够的操作码值可供使用。在这种情况下，可能需要采取其他措施(如使用扩展操作码、指令前缀等)来支持新的指令类型。

4.2.2.2　变长操作码

变长操作码是指在指令集中，不同指令的操作码长度可能不同。这种设计允许在有限的编码空间内表示更多的指令类型，但也会增加指令解码的复杂性。

通常，较常用的指令会被分配较短的操作码，以节省编码空间；而较不常用的指令可能会使用更长的操作码。这种设计可以提高编码空间的利用率，并支持更多的指令类型。

与定长操作码相比，变长操作码的解码过程更加复杂。解码器需要逐个位地检查操作码，直到可以确定指令的类型为止。这可能需要多个步骤，并且需要解码器具有处理不同长度操作码的能力。然而，一旦确定了指令类型，解码器就可以继续解析指令的其他部分（如操作数、寻址模式等）。

例如，有一个简单的指令集，其中操作码可以是1位、2位或3位长。以下是可能的指令和操作码分配：

"0"（1位）：停止（Halt）指令；

"10"（2位）：加载（Load）指令；

"110"（3位）：存储（Store）指令；

"111"（3位及后续位）：其他指令（如加法、减法等）。

在这个示例中，停止指令使用最短的操作码（1位），而加载和存储指令使用稍长的操作码（2位和3位）。如果需要添加更多的指令类型，可以使用更长的操作码（如111后跟额外的位）来表示它们。

4.2.3 地址码

地址码是指令格式中用于指定操作数地址或跳转目标地址以及运算结果的存储地址等信息的重要部分。

根据一条指令中操作数或地址码的个数，指令被称为几操作数或几地址指令，通常有以下5种。

4.2.3.1 零地址指令

零地址指令只有操作码部分，而无地址码部分，因为指令执行时不需要操作数。例如，停机指令、空操作指令、关中断指令等。

4.2.3.2 一地址指令

一地址指令只有一个地址码，它指定一个操作数，另一个操作数地址是隐含的。例如，以运算器中累加寄存器AC中的数据为隐含的被操作数，指令字的地址码字段所指明的数为操作数，操作结果又放回累加寄存器AC中，而累加寄存器中原来的数即被覆盖掉了，其数学含义为：

$$AC \leftarrow (AC)\,OP\,(A)$$

上式中，OP表示操作性质，如加、减、乘、除等；（AC）表示累加寄存器AC中的数；（A）表示内存中地址为A的存储单元中的数，或者运算器中地址为A的通用寄存器中的数；←表示把操作（运算）结果传送到指定的地方。

4.2.3.3 二地址指令

二地址指令，也常被称为双操作数指令，具备两个地址码字段A_1和A_2。这两个字段分别标识了参与运算的两个数在内存中的位置，或者在运算器中通用寄存器的地址。值得注意的是，其中一个地址字段往往还兼任着存放操作结果的功能，即操作完成后，结果会被存储在这个指定的地址中。其数学含义为：

$$A_1 \leftarrow (A_1) OP (A_2)$$

二地址指令通常用于执行以下类型的操作：

算术运算：如加法、减法、乘法、除法等。

逻辑运算：如与、或、非、异或等。

数据传输：如从一个位置(寄存器或内存)将数据复制到另一个位置。

位操作：如位与、位或、位移等。

例如：二地址指令为：ADD R_1，R_2。这条指令表示将寄存器 R_2 中的值加到寄存器 R_1 中的值上，并将结果存回 R_1。

4.2.3.4 三地址指令

指令中有 3 个地址码字段，分别指出两个操作数以及运算结果在内存或运算器中的地址。其中两个地址码分别给出目的操作数和源操作数的地址，第三个地址码用于指出保存本次运算结果的去处。

4.2.3.5 多地址指令

在一些高性能的大、中型计算机甚至 PC 机中，会有一些功能强大的指令，这些指令中有多个地址码，用于完成对一批数据的处理过程，如字符串处理指令，向量、矩阵运算指令等。

在二地址指令格式中，从操作数的物理位置来说，又可归结为以下三种类型：

1)寄存器-寄存器型(RR 型)。

这种类型的二地址指令中的两个操作数都来自寄存器，并且运算结果也存储回寄存器。寄存器通常是 CPU 内部的高速存储单元，用于存储正在处理的数据和指令的地址。RR 型指令的执行速度非常快，因为寄存器到寄存器之间的数据传输速度远高于内存到寄存器或寄存器到内存的数据传输速度。

2)寄存器-存储器型(RM 型)。

在这种类型的二地址指令中，一个操作数来自寄存器，另一个操作数来自内存。运算结果可能存回寄存器，也可能存回内存中的某个位置。RM 型指令允许 CPU 快速地从寄存器中读取一个操作数，同时从内存中读取另一个操作数，从而实现快速的数据处理。这种类型的指令在访问内存数据并对其进行操作时非常有用。

3)存储器-存储器型(MM 型)。

MM 型指令的两个操作数都来自内存，并且运算结果也存储回内存。这种类型的指令在执行时可能需要多个内存访问周期，因为 CPU 需要从内存中读取两个操作数，并且可能还需要将结果写回内存。尽管 MM 型指令的执行速度可能较慢，但在某些情况下，如处理大量存储在内存中的数据时，它们仍然是非常有用的。此外，MM 型指令还允许 CPU 在不改变寄存器内容的情况下对数据进行操作，这在某些算法和数据处理任务中可能很有用。

在 CISC(复杂指令集计算机)的设计中，指令系统并非采用统一长度的指令字或单一的地址结构。相反，它经常混合使用多种格式，这样的设计旨在丰富和增强指令系统的功能性和灵活性。

4.2.4 扩展操作码技术

在变长操作码中，可以利用某些类型指令中地址段位数的减少来扩展操作码位数，这样地址数不同的指令可以具有不同长度的操作码，从而可达到充分利用指令字的各个字段，在不增加指令长度的情况下扩展操作码的长度，使有限字长的指令可以表示更多操作类型的目的。在使用扩展操作码技术的指令系统中，指令字长可以定长，也可以变长。下面是一个指令字长定长的、较为简单的扩展操作码示例。

假设某机器的指令长度为 16 位，其中操作码为 4 位，3 个地址字段每个地址字段长为 4 位。其指令格式如图 4.1 所示。

15　　　12	11　　　8	7　　　4	3　　　0
OP	A_1	A_2	A_3

图 4.1　指令格式

在本例中，如果按照定长编码的方法，4 位操作码全部用于该三地址指令，则只能表示 16 条三地址指令。如果系统中除了地址指令外，还希望具有二地址、单地址和零地址指令，且要求为 15 条三地址指令、15 条二地址指令、15 条单地址指令和 16 条零地址指令，显然采用定长编码的方法是不可能满足要求的，此时可采用如下扩展方法，编码过程如图 4.2 所示。

1)三地址指令仅用 15 条，由 4 位基本操作码的 0000—1110 组合给出，而编码 1111 作为扩展码，为了译码方便，设计二地址指令时高四位只能用剩余的扩展码，把操作码扩展到 A_1，此时操作码从 4 位扩展到 8 位。

2)二地址指令可以设计 15 条，由操作码 11110000—11111110 给出，剩下一个组合 11111111 用于把操作码扩展到 A_2，则设计一地址指令时高 8 位只能用剩余的扩展码，即操作码从 8 位扩展到 12 位。

3)一地址指令可以设计 15 条，由操作码 111111110000—111111111110 给出，剩下一个组合 111111111111 用于把操作码扩展到 A_3，则设计零地址指令时高 12 位只能用剩余的扩展码，即操作码从 12 位扩展到 16 位。

4位操作码，15条三地址指令

OP	A_1	A_2	A_3
0000	A_1	A_2	A_3
0001	A_1	A_2	A_3
⋮	⋮	⋮	⋮
1110	A_1	A_2	A_3

8位操作码，15条二地址指令

1111	0000	A_2	A_3
1111	0001	A_2	A_3
⋮	⋮	⋮	⋮
1111	1110	A_2	A_3

12位操作码，15条一地址指令

1111	1111	0000	A_3
1111	1111	0001	A_3
⋮	⋮	⋮	⋮
1111	1111	1110	A_3

16位操作码，16条一地址指令

1111	1111	1111	0000
1111	1111	1111	0001
⋮	⋮	⋮	⋮
1111	1111	1111	1110

图 4.2 扩展操作码实例演示

4）零地址指令可以设计 16 条，由操作码 1111111111110000—1111111111111111 给出。

采用扩展操作码技术方法后，三地址指令、二地址指令、一地址指令和零地址指令共计 61 条。除了这种方法以外，还有其他多种扩展方法，如可以形成 15 条三地址指令、14 条两地址指令、31 条单地址指令和 16 条零地址指令，共 76 条指令。可见操作码扩展技术是一种指令优化技术，它可以缩短指令的平均长度，增加指令字所能表示的操作信息，减少程序的总位数，但是扩展操作码控制器设计难度大，且需要更多的硬件支持。

【例 4.1】设机器指令字长为 16 位，指令中地址字段的长度为 4 位。如果指令系统中已有 11 条三地址指令、72 条二地址指令和 64 条零地址指令，请问最多还能规定多少条单地址指令？

解：三地址指令的地址字段共需 12 位，指令中还可以有 4 位用于操作码，可以规定 16 条三地址指令。因为现有 11 条三地址指令，所以剩下 16－11＝5 个编码用于二地址指令。

二地址指令的地址字段共需 8 位，可有 8 位操作码，去掉三地址指令用掉的操作码，可规定 5×16＝80 条二地址指令。现有 72 条二地址指令，所以还有 80－72＝8 个编码用于单地址指令。

单地址指令的地址字段共需 4 位，有 12 位操作码，去掉二地址、三地址指令用掉的操作码，可规定 8×16＝128 条单地址指令。

由于要求有 64 条零地址指令，而 4 位操作码只能提供 16 条指令，所以需要由单地址指令提供 64/16＝4 个操作码编码，构成 4×16＝64 条零地址指令。因此还能规定 128－4＝124 条单地址指令。

4.2.5 指令助记符

指令助记符是一种代表机器语言指令的符号或缩写，通常与汇编语言相关联，是机器语言的一种符号化表示。计算机中所有指令的助记符的集合以及使用规则构成了汇编语言。用汇编语言编写的程序可以比较简单地转换成机器指令代码，这种转换由汇编程序完成。

指令助记符的设计原则之一是要尽可能地直观和易于记忆。例如，常见的指令助记符"MOV"代表"移动"(Move)，用于将一个数据项从一个位置复制到另一个位置。另一个例子是"ADD"，代表"加法"(Addition)，用于执行两个数相加的操作。使用指令助记符可以显著提高编程的效率和可读性。与二进制或十六进制表示的机器语言相比，指令助记符使得代码更易于编写、理解和维护。此外，指令助记符通过人类可读的符号形式封装底层硬件操作，使得程序员无需了解具体电路实现细节，从而能够更专注于算法和程序逻辑的设计。

4.3 指令的操作数类型和操作类型

4.3.1 操作数类型

在计算机指令执行过程中，机器指令能够处理多种类型的操作数。这些操作数大致可以分为三类：地址、数值数据以及非数值数据。

4.3.1.1 地址

地址类型的操作数通常用于指示数据或指令在内存中的位置。在指令中，地址操作数可能直接指向一个存储单元，或者通过某种寻址方式(如间接寻址、变址寻址或基址寻址)来计算出目标数据的地址。地址操作数在内存访问、数据传输和程序跳转等操作中起着关键作用。

4.3.1.2 数值数据

数值数据类型的操作数是机器指令中最常见的操作数之一。它们可以是整数、浮点数或其他形式的数值表示。这些数值数据可以直接参与算术运算(如加、减、乘、除)、逻辑运算(如与、或、非、异或)和位操作(如位移、取反等)。根据数值的大小和表示方式，数值数据类型可能包括不同的位宽和符号表示(如有符号数和无符号数)。

4.3.1.3 非数值数据

非数值数据类型的操作数通常用于表示除数值以外的其他信息。这些操作数可能包括字符、字符串、布尔值、枚举类型、结构体、指针等。非数值数据在程序设计中扮演着重要角色，用于描述程序的状态、控制流程、处理文本和图形等。虽然非数值数据本身不直接参与数值计算，但它们可以通过特定的指令和算法进行处理和操作。

4.3.2 操作数和数据类型的区别

操作数和数据类型在计算机科学中是两个密切相关但有所区别的概念。

1)操作数是运算符作用的实体，它是指令执行的参与者，即各种操作的对象。它指出指令执行的操作所需要数据的来源。

根据操作数的数量，可以分为单操作数、双操作数等。

根据操作数的形式，可以分为立即操作数(指令中直接给出的常量)、寄存器操作数(数据存放在 CPU 寄存器中)、内存操作数(数据存放在内存单元中)。

因此，操作数是汇编语言指令的一个字段，可以是数据本身、数据地址或数据地址的计算方法。

2)数据类型是值的集合及定义在这个值集上的一组操作的总称。它定义了数据的种类和存储方式，按内存需求划分数据，以便于程序的运行。

数据类型通常分为：

原始类型(如整数、浮点数、字符等)。

复杂类型(如多元组、记录单元、代数数据类型、抽象数据类型等)。

其他类型(如日期型、时间型、字符串型、逻辑型等)。

数据类型通常与编程语言或数据库系统相关，不同的系统和语言可能支持不同的数据类型。

总而言之，操作数关注的是指令执行中所需的数据本身，包括数据的来源、形式和数量。它更多地与汇编语言和底层编程相关。数据类型关注的是数据的种类和存储方式，它定义了数据在计算机中的表示和处理方式。它更多地与编程语言、数据库和高级编程相关。

虽然操作数和数据类型在某些方面有所区别，但它们在计算机编程和数据处理中都扮演着重要的角色。理解这两个概念有助于更好地编写和优化程序，提高程序的性能和效率。

4.3.3 操作类型

在计算机指令中，操作类型指的是指令所执行的具体操作或动作的类别。操作类型定义了指令如何对操作数进行处理和运算。

4.3.3.1 数据传送指令

数据传送是计算机中最基本、最常用的操作，主要涉及将数据从一个位置复制到另一个位置。常见的数据传输操作类型包括：

LOAD(加载)：从内存或其他存储位置读取数据到寄存器。

STORE(存储)：将寄存器中的数据写入内存或其他存储位置。

MOVE(移动)：将一个寄存器或内存位置的数据复制到另一个寄存器或内存位置。

4.3.3.2 算术操作

算术操作涉及对数值数据进行加、减、乘、除等基本数学运算。常见的算术操作类型包括：

ADD(加法)：将两个操作数相加。

SUB(减法)：从一个操作数中减去另一个操作数。

MUL(乘法)：将两个操作数相乘。

DIV(除法)：将一个操作数除以另一个操作数。

INC(递增)：将操作数的值增加一。

DEC(递减)：将操作数的值减少一。

4.3.3.3 逻辑操作

逻辑操作主要包括各类布尔量的与、或、非、异或、测试等。逻辑操作还用于对数据字中的某些位(一位或多位)进行操作，如按位测(测试指定位的值)、按位清(清除指定位的值)、按位置、按位取反等，也可以用于数据的相符判断和数据修改。

常见的逻辑操作类型包括：

AND(与)：对两个操作数的对应位进行逻辑与运算。

OR(或)：对两个操作数的对应位进行逻辑或运算。

NOT(非)：对一个操作数的位进行逻辑非运算(取反)。

XOR(异或)：对两个操作数的对应位进行逻辑异或运算。

4.3.3.4 移位操作

移位操作分为算术移位、逻辑移位和循环移位三种，可以实现对操作数左移或右移一位或几位。

算术移位和逻辑移位为分别用于控制实现带符号数和无符号数的移位，常用于对操作数乘以 2^n 或除以 2^n 的运算。算术移位时，必须保持操作数的符号不变，左移时，空出的最低位补 0；右移时，空出的最高位补符号位。逻辑移位时，无论左移还是右移，空出位都补 0。由于移位指令的执行时间远比乘除操作的执行时间短，因此，采用移位指令来实现简单的乘除运算可以获得较高速度。在无乘除运算指令的计算机中，移位操作的这个性质对于快速实现乘除运算特别重要。

8086 中常见的移位操作有：

SHL(左移)：将操作数的所有位向左移动指定的位数。

SHR(右移)：将操作数的所有位向右移动指定的位数。

ROL(循环左移)：将操作数的所有位向左移动指定的位数，并将移出的位循环回到最低位。

ROR(循环右移)：将操作数的所有位向右移动指定的位数，并将移出的位循环回到最高位。

4.3.3.5　堆栈操作

堆栈操作涉及两个基本操作：压栈和弹栈。压栈是将指定的操作数推送到栈的顶部，而弹栈则是从栈顶取出数据，并将其发送至指令指定的目标位置。

这些堆栈操作主要用于在中断、子程序调用时保存和恢复现场数据，记录和恢复断点指令地址，并在子程序调用时协助参数传递。

在 8086 中，堆栈操作通过指令如 PUSH 和 POP 等来实现。

4.3.3.6　转移操作

当计算机在执行程序时，大部分时间里都是一条一条地按顺序来执行指令。但有时候，计算机可能不想这么按顺序来，它可能想跳过去执行后面的某条指令，而不是紧接着执行下一条。这种“跳过去”的操作，我们就叫它“转移操作”。简单来说，转移操作就是帮助计算机在执行程序时，能够不按顺序地跳到其他地方继续执行。

转移操作是计算机在执行程序时用于改变指令执行顺序的一种机制。根据转移的特征，可以将其分为以下几类：

1)无条件转移：这是最简单的转移类型，程序在执行完当前指令后，不论任何条件，都会无条件地跳转到指定的地址继续执行。

2)条件转移：与无条件转移不同，条件转移会根据某种条件(如某个变量的值或某种状态)来决定是否进行跳转。只有当条件满足时，程序才会跳转到指定的地址。

3)跳转：跳转操作允许程序直接跳转到程序中的任意位置继续执行，通常用于实现循环、分支等结构。

4)过程调用及返回：在程序设计中，我们经常需要将某些功能封装成独立的模块或函数。当需要执行这些功能时，程序会调用这些模块或函数，并在执行完毕后返回到原来的位置继续执行。这种过程调用及返回的机制，也可以看作是一种特殊的转移操作。

5)陷阱(trap)：陷阱通常用于处理异常情况或中断。当程序遇到某种特定的条件或事件(如硬件中断、软件异常等)时，会触发陷阱，使程序跳转到特定的陷阱处理程序进行处理。陷阱处理程序执行完毕后，程序通常会返回到触发陷阱的指令的下一条指令继续执行。

例如，在 x86 架构中，JMP 指令用于无条件跳转。

JMP 0x1234 会使程序跳转到地址 0x1234 处继续执行。

又例如，CALL 指令用于调用子程序或函数。CALL function_name 会跳转到 function_name 指定的地址执行，同时将返回地址压入堆栈中。

RET 指令用于从子程序或函数中返回。它会从堆栈中弹出返回地址，并跳转到该地址继续执行。

4.3.3.7 输入/输出

输入/输出指令，通常简称为 I/O 指令，扮演着主机与外部设备之间信息交流的桥梁角色。这些指令主要用于以下几个方面：首先，它们负责在主机与外部设备之间进行数据的传输，无论是输入还是输出；其次，主机通过 I/O 指令向外部设备发送控制命令，以指导外部设备执行特定的操作；最后，I/O 指令还允许主机读取并测试外部设备的各种工作状态，以确保其正常运行。

在 8086 处理器中，执行输入/输出操作通常涉及 IN 和 OUT 等特定的指令。这些指令为处理器与外部设备之间的交互提供了标准化的方式。

4.3.3.8 其他指令

除了上述提到的操作类型，还存在一系列具有控制功能的指令，这些指令在系统中同样扮演着至关重要的角色。例如，停机指令用于安全地关闭系统；等待指令则使处理器暂停执行，等待特定事件或条件的发生。空操作指令(NOP)在程序执行中不产生任何效果，但在某些场景下却扮演着关键角色，如时间延迟或指令对齐。此外，开中断和关中断指令用于控制中断系统的开关状态，而置条件码指令则用于设置处理器的状态标志，以影响后续指令的执行。

在多用户多任务的计算机系统中，特权指令是不可或缺的。这些指令并非面向普通用户，而是由操作系统或其他系统软件专享，用于对系统资源进行高效的分配与管理。特别是在多处理器系统中，为了协调各个处理器的工作，还配备了专门的多处理机指令，以确保系统的高效运行和资源的合理分配。

4.4 寻址方式

在计算机系统中，寻址方式是确定数据或指令在内存中存储位置的关键机制。它涉及如何根据特定的规则或方法，从复杂的内存结构中准确地找到所需的信息。寻址方式不仅决定了处理器如何访问和操作数据，还直接影响到计算机系统的性能和效率。随着计算机技术的不断发展，寻址方式也日趋多样化和复杂化，以适应日益增长的数据处理需求。因此，理解和掌握寻址方式是学习计算机科学和计算机技术的重要基础之一。

寻址方式实际上可以分为指令地址的寻址方式和操作数地址的寻址方式两部分。

4.4.1　指令寻址方式

在计算机系统中，程序的执行通常是遵循指令序列的顺序进行的，这使得指令地址的寻址过程相对直观和简单。为了跟踪程序的执行并指示下一条待执行指令的地址，现代计算机广泛采用了程序计数器(PC)这一机制。当程序启动时，系统程序会直接将程序的起始地址加载到 PC 中，作为程序执行的起点。而在程序执行过程中，为了找到下一条要执行的指令，可以通过以下两种方式改变 PC 的值。

4.4.1.1　顺序方式

顺序执行是计算机程序执行的一种基本方式，它依赖于程序计数器(PC)的增量机制来定位下一条待执行的指令地址。由于程序中的指令在内存中通常是按照顺序存储的，当程序按照顺序执行时，CPU 会根据当前的 PC 值，按照特定的规则增加一定的量(即增量)，从而得到下一条指令的地址。这个增量的值取决于每条指令在内存中占用的存储单元数。

在顺序执行模式下，CPU 会连续不断地根据 PC 的内容从内存中读取指令并执行。每当一条指令执行完毕后，PC 的值就会自动更新为下一条指令的地址，这样就能够确保程序能够连续不断地按照预定的顺序执行下去。这种方式简单直接，是计算机程序执行的基础。

4.4.1.2　跳跃方式

跳跃方式是一种程序执行中用于改变指令执行顺序的机制。当程序需要进行转移时，例如，通过跳转指令或调用指令，CPU 会根据这些指令所指定的转移目标地址来修改程序计数器(PC)的内容。具体来说，当遇到转移类指令时，CPU 会执行该指令并计算出转移的目标地址，然后将这个地址直接写入 PC，从而实现程序的转移。

转移目标地址的形成方法多种多样，通常与操作数的寻址方式类似，可以通过立即数指定，也可以通过寄存器间接指定，还可以通过内存地址计算得出。这些方法允许程序在运行时根据需要灵活地改变执行流程，实现复杂的逻辑控制和数据处理任务。

4.4.2　操作数的寻址方式

操作数的存储位置具有高度的灵活性，它们可能被存储在寄存器、主存中，甚至直接嵌入在指令之中。此外，这些数据具有不同的性质和用途，有的是程序的初始数据，有的是计算过程的中间结果，还有的是多个操作共享的公用数据。因此，在寻找和定位这些操作数时，过程往往较为复杂。同时，随着程序设计技术的进步和创新，为了满足更高质量的程序设计需求，我们也需要提供多种灵活多变的寻址方式。这些寻址方式的多样化有助于提升程序的执行效率，增强程序设计的灵活性和可维护性。

所谓操作数寻址方式，就是形成操作数的有效地址的方法。

寻址方式通常在地址码部分给出。例如，一种单地址指令结构如图 4.3 所示，其中，M 为寻址特征位，给出寻址方式，具体位数及编码由指令系统决定，D 为形式地址，是指令字结构中给定的地址量。

操作码	寻址特征位	形式地址
OP	M	D

图 4.3　一种单地址指令结构

由于不同的指令可能采用不同的寻址方式获得操作数，因此指令的地址码字段是由形式地址和寻址方式特征位组成，一般来说，指令中所给出的地址码，并不一定是操作数的有效地址(EA)。寻址的过程就是把操作数的形式地址，变换为操作数的有效地址的过程，即

$$\text{指令中的形式地址}\xrightarrow{\text{寻址方式}}\text{有效地址}$$

下面介绍一些比较典型又常用的操作数寻址方式。

4.4.2.1　立即寻址方式

立即寻址也叫立即数寻址，指令的某地址字段指出的不是操作数的地址，而是操作数本身，这种寻址方式称为立即寻址。立即寻址方式的特点是指令执行时间很短，因为它不需要访问内存取数，从而节省了访问内存的时间。图 4.4 给出了立即数寻址方式的示意图。

OP	立即数寻址	D

图 4.4　立即数寻址方式

这里，指令中的寻址特征位具体为立即数寻址，形式地址 D 直接给出操作数本身。立即寻址指令在执行时直接包含了所需的操作数，因此无需额外访问内存来获取操作数，这使得指令执行速度较快。然而，由于 D 位宽的局限性，操作数的表示范围会受到限制。鉴于这种特性，该寻址方式通常被应用于变量的初始值设定场景。

4.4.2.2　直接寻址

指令中的地址码 D 是操作数的有效地址，即 EA＝D。用这个有效地址访问一次存储器便获得操作数，这种寻址称为直接寻址。图 4.5 给出了直接寻址方式的示意图。

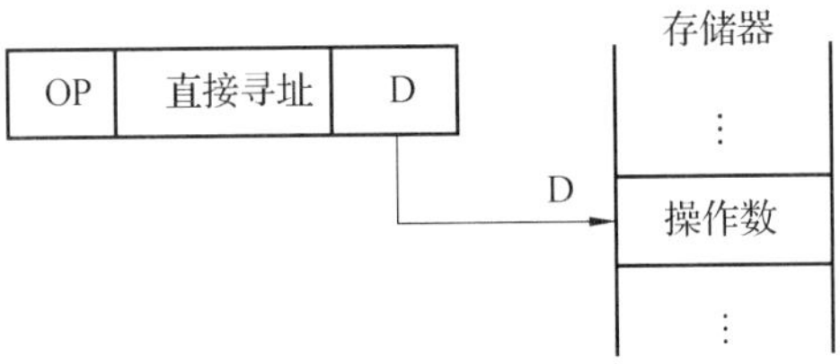

图 4.5　直接寻址方式

从图 4.5 中可看出，直接寻址方式的操作数地址在指令中直接给出，而不需要经过某种变换或运算，在这种寻址方式下，地址比较直观，不需要通过计算就可以得到操作数的有效地址，但地址位数有限，限定了寻址范围，且不够灵活。

4.4.2.3　间接寻址

间接寻址是相对于直接寻址而言的，在间接寻址中，指令地址字段中的形式地址 D 不是操作数的真实地址，而是操作数地址的地址。这时有效地址 EA=(D)。如图 4.6 为一次间接寻址方式的示意图。

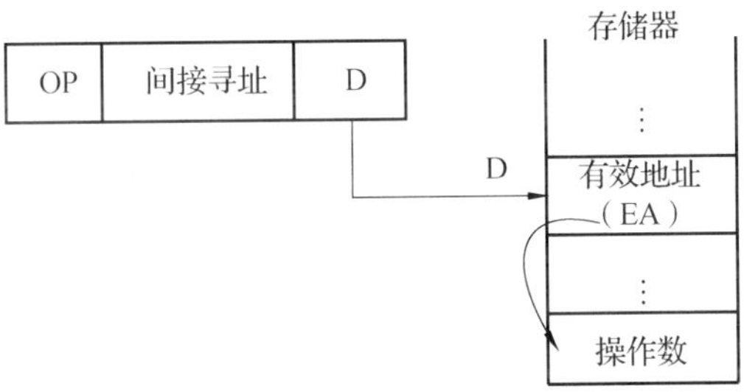

图 4.6　一次间接寻址方式

间接寻址又分为一次间址和二级及二级以上的多级间址。例如，二级间址需两次访问内存：首先从地址 D 读取中间地址 A=(D)，再从地址 A 读取最终操作数 EA=(A)，则二级间址中的有效地址可表示为 EA=((D))。多级间址的有效地址以此类推。

通常在指令格式中，间接寻址用标识符@ 指出。CPU 先从存储器中取出含有间接地址的指令，然后访问间接地址单元，从中取出有效地址。CPU 需要多执行一次访问存储器操作，所以间接寻址比直接寻址执行速度要慢，但它访问内存单元的范围不受限制。例如，指令包括的间址只有 8 位，只能寻址 2^8 个单元，每个存储器单元为 16 位。通过间址操作后，从存储器取出 16 位的有效地址就能访问整个 64KB 的空间。

【例 4.2】某计算机的一级间接寻址指令为：

MOV AX，@3000H ；@为间接寻址标志

设主存 3000H 单元的内容为 4000H，主存 4000H 单元的内容为 5000H，则指令源操作数的有效地址是 3000H 单元的内容，即：

EA=(D)=(3000H)=4000H。

该指令所需的实际源操作数是主存 4000H 单元的内容，即 Data＝5000H。

二级及之后的间接地址用间址的第一位作为多级间接寻址标志。当它为 1 时，需要继续间址，直到它为 0 时才找到有效地址。多级间址的缺点是要多次访问存储器，获得有效地址 EA 的路线复杂，降低了指令执行的速度。因此，并不是所有的计算机都采用多级间接寻址方式。

4.4.2.4 寄存器寻址

寄存器寻址是指在指令地址码中给出的是某一通用寄存器的编号(也称寄存器地址)，该寄存器的内容即为指令所需的操作数。采用寄存器寻址方式时，有效地址 EA 就是寄存器的编号，即 $EA=R_i$，如图 4.7 所示为寄存器寻址示意图。

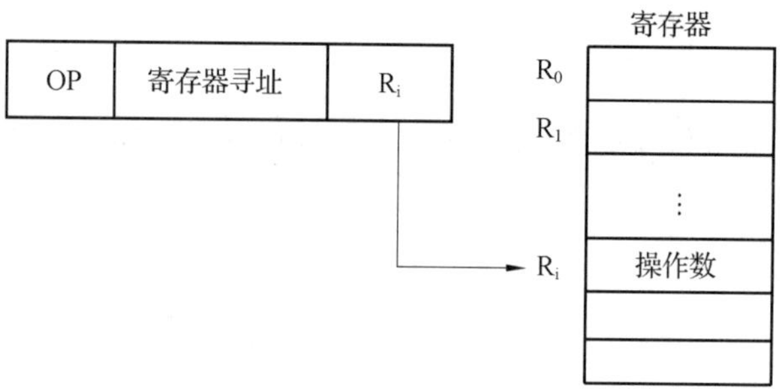

图 4.7　寄存器寻址方式

例如，在“ADD 2000，R_2”指令中所需操作数由 R_2 寄存器提供，即操作数在 R_2 中。

当使用寄存器寻址方式时，操作数直接存储在寄存器中，这意味着当指令需要读取或写入这些操作数时，CPU 可以直接访问寄存器，无需访问内存。这种直接访问方式显著减少了指令的执行时间，提高了效率。此外，由于 CPU 中寄存器的数量通常有限，从数个到数十个不等，因此，指令中只需少量的二进制位(几位)即可明确指定任何寄存器的编号。这种设计不仅缩短了指令的长度，节省了存储空间，还因减少了指令解码的时间而进一步加速了指令的执行。因此，寄存器寻址方式在计算机体系结构中得到了广泛的采用。然而，值得注意的是，由于寄存器数量的限制，它们不能为操作数提供大量的存储空间。

4.4.2.5 寄存器间接寻址

寄存器间接寻址方式是指指令中地址码部分即 D 所指定的寄存器中的内容是操作数的有效地址 EA。即 $EA=(R_i)$。如图 4.8 所示为寄存器间接寻址方式示意图。

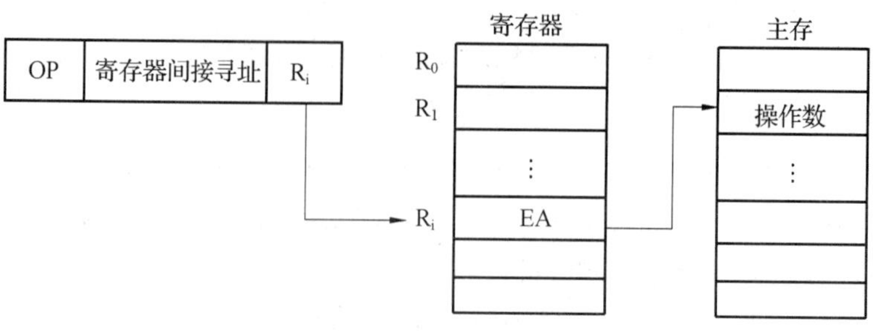

图 4.8　寄存器间接寻址方式

例如，指令“ADD (R_1)，(R_2)”表示源操作数地址在 R_1 中，目的操作数地址在 R_2 中，两个操作数分别从 R_1 和 R_2 指定的内存单元中读出，相加后，结果再存回 R_2 指定的内存单元中。

由于采用寄存器间接寻址方式时，有效地址存放在寄存器中，因此，指令在访问操作数时，只需访问一次存储器，比间接寻址少一次访存，而且由于寄存器可以给出全字长的地址(一般为机器字长)，足以访问整个内存空间，这样既有效压缩了指令长度，又解决了寻址空间太小的问题。

4.4.2.6　基址寄存器寻址

基址寄存器寻址方式简称基址寻址方式，凡在采用该寻址方式的指令中被引用的寄存器称为基址寄存器(BR)。该基址寄存器既可为 CPU 中专门设置的，也可由指令指定某个通用寄存器担任。使用基址寻址时，先将指令地址码给出的地址 D 和基址寄存器 BR 的内容通过加法器相加，所得的和作为有效地址 EA，即 EA = BR+D，再从存储器中读出所需的操作数。地址码 D 在这种方式下通常被称为位移量。基址寄存器的寻址过程示意图如图 4.9 所示。

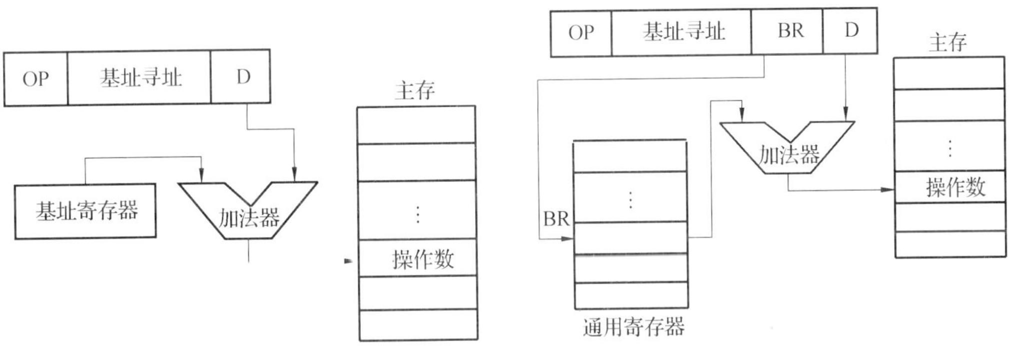

(a) 专用基址寄存器　　(b) 通用寄存器作为基址寄存器

图 4.9　基址寄存器寻址方式

基址寻址是面向系统的，主要用于将用户程序的逻辑地址转换成主存的物理地址，以便实现程序的重定位。例如，在多道程序运行时，需要由系统的管理程序将多道程序装入主存。由于用户在编写程序时，不知道自己的程序应该放在主存的哪个物理地址中，只能按相对位置使用逻辑地址编写程序。当用户程序装入主存时，为了实现用户程序的重定位，系统程序给每个用户程序分配一个基准地址。程序运行时，该基准地址装入基址寄存器，通过基址寻址，可以实现逻辑地址到物理地址的转换。由于系统程序需通过设置基址寄存器为程序或数据分配存储空间，所以基址寄存器的内容通常由操作系统或管理程序通过特权指令设置，此项操作对用户是透明的。用户可以通过改变指令字中的形式地址 D 来实现指令或操作数的寻址。另外基址寄存器的内容一般不进行自动增量或减量。

另外，当存储器的容量较大，由指令的地址码部分直接给出的地址不能直接访问到存储器的所有单元时，通常把整个存储空间分成若干段，段的首地址存放于基址寄存器，段内位移量由指令给出。存储器的实际地址就等于基址寄存器的内容(即段首地址)与段内位移量之和，这样通过修改基址寄存器的内容就可以访问存储器的任一单元。

4.4.2.7　变址寻址

变址寻址方式是指操作数的有效地址是由变址寄存器的内容与指令字中的形式地址相加形成的。变址寄存器的寻址过程如图 4.10 所示，其中变址寄存器 IX 可以是专用寄存器，也可以是通用寄存器中的某一个。所以 EA=(IX)+D。

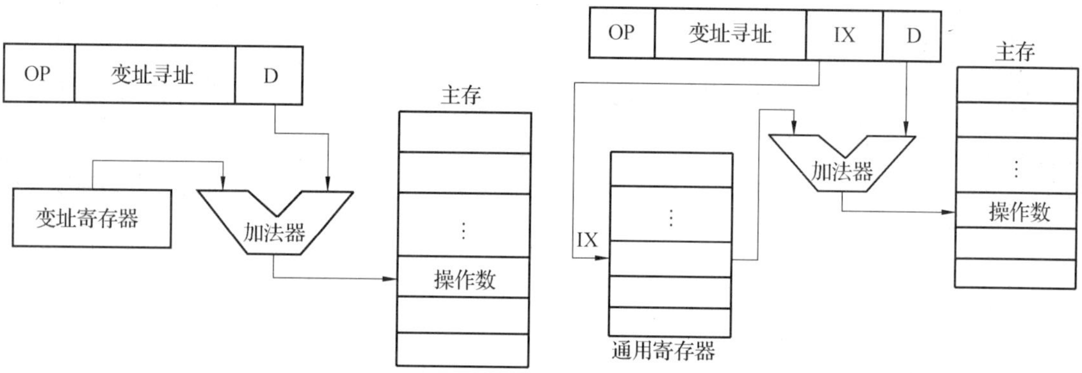

(a) 专用变址寄存器　　(b) 通用寄存器作为变址寄存器

图 4.10　变址寄存器寻址方式

在 8086 中，通常用 SI 和 DI 作为变址寄存器。SI 常作为源变址寄存器，DI 常作为目标变址寄存器。

变址寻址是一种广泛采用的寻址方式，其并非旨在扩大寻址空间，而是为了实现程序块的规律变化。通常指令中的形式地址作为基准地址，而 IX 的内容作为修改量。在遇到需要频繁修改地址时，无须修改指令，只要修改变址寄存器中的值就可以。这种寻址方式特别适合处理数组型数据。有些计算机的变址寄存器内容还具备自动增量和减量的操作功能，在读写完一个数据后，使变址寻址得到的地址自动指向下一个数据。

【例 4.3】Intel 8086 的变址寻址指令为：

MOV　AL，[SI+4]

设变址寄存器的内容为 SI=2000H，主存 2004H 单元的内容为(2004H)=82H。

由于形式地址 D 的内容为 4，所以有效地址 EA=(SI)+4=2004，指令执行的结果是将操作数 82H 传送到寄存器 AL 中。

基址寻址和变址寻址两种寻址方式的组合称为基址变址寻址。

如指令：

MOV　AX，[BX+SI+3BH]

4.4.2.8　相对寻址

相对寻址是基址寻址方式的一种变通。将指令字中给出的一个数值(称为相对寻址偏移量)与程序计数器 PC 的内容相加，得到操作数的地址 EA=(PC)+D。相对寻址与变址寻址的区别是，计算实际地址所用的寄存器为 PC，不需要在指令中指定；而变址寻址中可用的变址寄存器往往有多个，通常要在指令中指定本次要使用哪一个。相对寻址得名于计算得出的操作数地址与当前指令地址的相对距离是固定的，即相对寻址偏移量，这一相对寻址偏移量可以为正值或负值，通常用补码表示。操作数的地址随着 PC 值的变化而变化，当指令地址改变时，相对寻址偏移量不变，操作数与指令在可用的主存内一起移动，所以程序仍可以正确执行。用这种寻址方式的程序可在主存任意空间内浮动，不管程序放在什么地方，执行效果是相同的。相对寻址方式的寻址过程如图 4.11 所示。

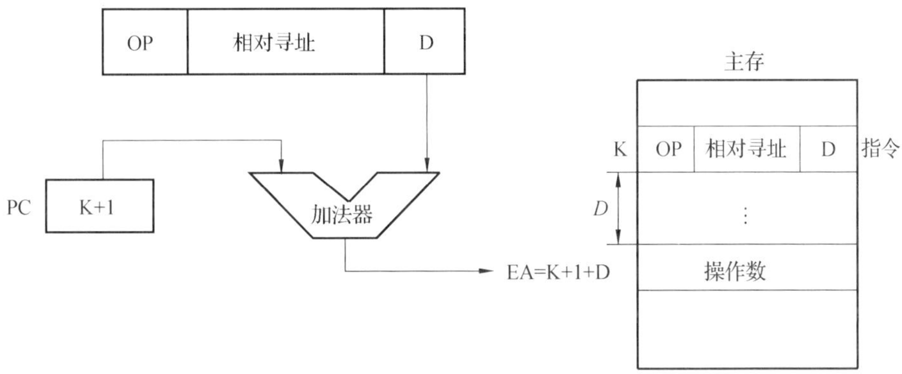

图 4.11　相对寻址方式

4.4.2.9　堆栈寻址

堆栈是一种特殊的线性数据结构，其特点在于数据的存取遵循后进先出(LIFO)的原则。在计算机中，堆栈通常用于存储临时数据，如函数调用时的局部变量、参数及返回地址等。堆栈由栈顶和栈底两部分组成，栈顶指向当前存储的数据，而栈底则是固定不动的位置。

按结构不同，堆栈分为寄存器堆栈和存储器堆栈。目前，存储器堆栈应用更为广泛。

1)寄存器堆栈。在计算机体系结构中，寄存器堆栈是一种特殊设计的寄存器组，它按照堆栈的原则进行操作，即数据的存取遵循后进先出(LIFO)的原则。寄存器堆栈常用于需要快速访问和管理的数据场景，如函数调用中的返回地址和局部变量。

由于寄存器是 CPU 内部的高速存储单元，因此寄存器堆栈中的数据可以非常快速地被 CPU 访问和处理。与主存储器相比，寄存器堆栈的容量相对较小。然而，由于寄存器的高速访问特性，它们通常用于存储最关键和最常用的数据。

2）存储器堆栈。存储器堆栈是一种利用主存储器（如RAM）空间实现的堆栈数据结构。与寄存器堆栈相比，存储器堆栈具有更大的容量，能够存储更多的数据，并且其操作方式也遵循后进先出（LIFO）的原则。

堆栈寻址是通过栈指针（Stack Pointer，简称SP）来实现的。栈指针是一个特殊的寄存器，用于指示当前堆栈的栈顶位置。在大多数计算机体系结构中，栈指针的增加方向是向下的，即随着数据的入栈，栈顶地址逐渐减小；而数据的出栈则会使栈顶地址逐渐增加。

4.4.2.10 隐含寻址方式

为缩短指令字长度，有些指令采用隐含地址码方式，即在指令中不明显给出操作数地址或变址寄存器和基址寄存器编号，而是由操作码隐含指出。例如，单地址指令中只给出一个操作数地址，另一个操作数隐含规定为累加器内容；此外，还有堆栈操作指令，其操作数隐含为栈顶元素，指令中无须明确指出操作数地址。

4.5 指令执行

在计算机系统中，指令的执行是CPU（中央处理器）的核心功能之一，它负责根据程序中的指令序列逐条执行操作。

4.5.1 指令执行的基本流程

指令执行的基本流程可以概括为以下几个步骤：

取指→译码→执行→访问内存→写回。

1）取指：CPU从内存中取出下一条要执行的指令。这通过程序计数器PC来实现，PC中存储了当前指令的内存地址。CPU将PC的值发送到内存地址总线，并从数据总线读取指令到指令寄存器IR中，CPU随后更新PC的值，以指向下一条指令的地址。

2）译码：CPU的指令译码器从IR中读取指令，并解析出操作码和操作数。

3）执行：CPU根据操作码调用相应的功能单元（如算术逻辑单元ALU、浮点运算单元FPU等）来执行操作。如果指令涉及数据访问，CPU可能需要从内存中读取数据到寄存器，或将数据从寄存器写回内存。

4）访问内存：如果指令需要访问内存，CPU会发送请求到内存管理单元MMU。MMU将虚拟地址转换为物理地址，并控制数据在CPU和内存之间的传输。

5）写回：执行结果（如果有）会被写回到CPU的寄存器或内存中。CPU会更新相关的状态信息，如寄存器的内容、标志位等。

4.5.2　指令执行涉及的硬件

指令执行过程涉及的主要硬件包括：

1) 程序计数器(PC)：PC 是一个特殊的寄存器，用于存储下一条要执行指令的内存地址。在指令执行过程中，PC 的值会自动更新，以指向下一条指令的地址。

2) 指令寄存器(IR)：IR 用于暂存从内存中读取的指令。在指令被译码和执行之前，IR 会保存指令的完整内容。

3) 指令译码器：指令译码器负责解析 IR 中的指令，并生成相应的控制信号。这些控制信号用于控制 CPU 内部其他硬件组件(如 ALU、MMU 等)的操作。

4) 算术逻辑单元(ALU)：ALU 是 CPU 中用于执行算术和逻辑运算的组件。它根据指令译码器生成的控制信号执行相应的操作。

5) 寄存器：寄存器是 CPU 中的高速存储单元，用于存储临时数据、中间结果和状态信息等。在指令执行过程中，寄存器经常作为操作数的来源或结果的存储位置。

6) 内存管理单元(MMU)：MMU 负责虚拟地址到物理地址的转换，并管理内存访问的权限和缓存等。当指令需要访问内存时，MMU 确保 CPU 能够正确地访问所需的数据。

4.6　CISC 和 RISC

在计算机体系结构中，按照指令设计和实现的风格，将计算机分成复杂指令系统计算机 CISC 和精简指令系统计算机 RISC，这是两种截然不同的指令集架构(ISA)。它们在指令集设计、处理器性能、编程复杂性和硬件成本等多个方面存在显著的差异。

1. CISC 的特点

1) 庞大的指令系统：CISC 架构通常拥有 100 至 250 条指令，这些指令的长度和格式可变，以适应不同的操作需求。这种设计使得 CISC 能够直接支持高级语言的复杂操作，如循环和条件分支，从而减少了编译器的复杂度。

2) 可变长度的指令格式：CISC 的指令长度不是固定的，它根据操作数和寻址模式的不同而有所变化。这种灵活性增加了硬件实现的复杂性，但也使得 CISC 指令能够执行更为复杂的操作。

3) 多种寻址方式：CISC 支持多种寻址方式，包括立即数寻址、直接寻址、间接寻址、寄存器寻址和相对寻址等。这些寻址方式的应用简化了高级语言的编译过程，但也增加了硬件实现的难度和成本。

4) 微程序控制：CISC 指令的执行依赖于微程序，这是一种存储在只读存储器(ROM)

中的低级程序，用于解释和执行复杂的 CISC 指令。这种设计增加了硬件的复杂度，但也提高了指令的灵活性。

2. RISC 的特点

1)精简的指令集：RISC 架构的指令集相对简单，通常只包含几十条最常用的指令。这些指令的长度固定，格式统一，且每个指令只执行一项基本操作。这种设计简化了处理器的设计和实现，提高了指令的执行效率。

2)固定长度的指令格式：RISC 指令的长度是固定的，通常为 32 位或 64 位。这种设计使得 RISC 处理器能够更快地解析和执行指令，提高了处理器的时钟速度和性能。

3)简单的寻址方式：RISC 只支持少数几种简单的寻址方式，如寄存器寻址和立即数寻址。这种设计简化了处理器的设计和实现，但也可能需要更多的指令来完成某些复杂的操作。

4)组合逻辑控制：RISC 处理器采用组合逻辑控制结构，不使用微程序来执行指令。这种设计减少了硬件的复杂度，提高了处理器的性能和可靠性。

5)优化的编译程序：由于 RISC 指令集相对简单，编译器可以更容易地优化代码，生成更高效的机器语言程序。这有助于提高程序的执行效率和性能。

3. CISC 与 RISC 的比较

1)性能：RISC 架构由于其精简的指令集和固定的指令长度，通常能够实现更高的时钟速度和性能。而 CISC 架构则可能因为复杂的指令和硬件设计而限制了处理器的性能。

2)编程复杂性：CISC 架构由于其庞大的指令集和多种寻址方式，使得编程相对简单，能够直接支持高级语言的复杂操作。而 RISC 架构则需要更多的指令来完成相同的操作，增加了编程的复杂性。

3)硬件成本：CISC 架构的复杂性和对微程序的依赖使得其硬件实现成本较高。而 RISC 架构则由于其简单的指令集和硬件设计而具有较低的硬件成本。

4)应用领域：CISC 架构在个人计算机和服务器市场占据主导地位，特别是 Intel 的 x86 架构和 AMD 的处理器。而 RISC 架构则在嵌入式系统、移动设备和一些高性能计算领域具有广泛应用，如 ARM 架构、MIPS 和 Apple 的 M1 芯片等。

本章小结

本章详细阐述了计算机指令系统的基本概念、发展过程、指令格式、操作数类型与操作类型、寻址方式及指令执行的基本流程。通过本章的学习，读者可以全面了解计算机指令系统的构成和工作原理。

首先，本章介绍了指令系统的基本概念和发展过程。指令系统是计算机硬件与软件之间的桥梁，定义了计算机能够执行的所有操作。随着计算机技术的不断发展，指令系统也经历了从简单到复杂、从单一到多元的演变过程。

其次，本章详细讨论了指令的格式，包括指令字长、操作码、地址码等组成部分。指令字长决定了指令能够携带的信息量，操作码则指定了指令的操作类型，地址码则提供了操作数的地址信息。此外，本章还介绍了扩展操作码技术，这种技术可以在不增加指令长度的情况下扩展操作码的长度，从而增加指令系统的灵活性。

在操作数类型与操作类型方面，本章介绍了地址、数值数据和非数值数据三种类型的操作数，以及数据传送、算术操作、逻辑操作、移位操作、堆栈操作、转移操作、输入/输出等多种操作类型。这些操作类型共同构成了计算机指令系统的核心功能。

寻址方式是本章的另一个重点内容。寻址方式决定了如何找到指令和操作数在内存中的存储位置。本章介绍了指令寻址方式和操作数寻址方式两大类，其中操作数寻址方式又包括立即寻址、直接寻址、间接寻址、寄存器寻址、寄存器间接寻址、基址寻址、变址寻址、相对寻址、堆栈寻址和隐含寻址等多种方式。不同的寻址方式适用于不同的应用场景，为程序员提供了灵活的编程手段。

最后，本章介绍了指令执行的基本流程和涉及的硬件。指令执行的基本流程包括取指、译码、执行、访问内存和写回等步骤。涉及的硬件包括程序计数器、指令寄存器、指令译码器、算术逻辑单元、寄存器和内存管理单元等。这些硬件共同协作完成指令的执行过程。

通过本章的学习，读者可以深入了解计算机指令系统的构成和工作原理，为后续学习计算机体系结构、操作系统等课程打下坚实的基础。同时，本章还强调了指令系统对计算机性能的重要影响，引导读者关注指令系统的设计和优化问题。

习　题

一、选择题

1. 计算机指令系统的主要作用是(　　)。

A. 控制计算机硬件进行各种运算和操作

B. 仅用于数学计算

C. 管理计算机内存

D. 负责软件安装

2. 下列哪一项不是计算机指令的基本组成部分？(　　)

A. 操作码　　　　B. 地址码

C. 注释　　　　D. 操作数(或间接寻址方式中的地址)

3. 在计算机指令系统中，指令的长度通常是(　　)。

A. 固定的　　B. 可变的，根据操作复杂度决定

C. 总是 32 位　　D. 由操作系统决定

4. 关于 RISC(精简指令集计算机)和 CISC(复杂指令集计算机)，下列说法正确的是(　　)。

A. RISC 的指令数量多且复杂

B. CISC 强调通过减少指令数量来简化处理器设计

C. RISC 倾向于使用较少的、简单而高效的指令

D. CISC 更适合执行复杂数学运算，而 RISC 则不适合

5. 下列关于指令格式的说法中，正确的是(　　)。

A. 所有指令的长度都是相同的

B. 操作码唯一确定了指令的功能

C. 地址码只能用于指定内存单元的地址

D. 指令格式的设计与计算机硬件架构无关

6. 关于地址码，下列说法不正确的是(　　)。

A. 地址码可以是一或多个

B. 地址码用于指定操作数的位置

C. 在某些指令中，地址码可能隐含在操作码中

D. 地址码总是直接对应于物理内存地址

7. 下列哪种指令格式允许指令具有不同的长度?(　　)

A. 定长指令格式　　B. 可变长指令格式

C. RISC 指令格式　　D. CISC 指令格式

8. 下列哪种寻址方式中，操作数的有效地址直接包含在指令中?(　　)

A. 立即寻址　　B. 直接寻址　　C. 间接寻址　　D. 寄存器寻址

9. 在寄存器间接寻址方式中，操作数的有效地址是通过(　　)部件获得的。

A. 指令中的地址码　　B. 寄存器中的内容

C. 程序计数器　　D. 累加器

10. 在堆栈寻址方式中，数据的存取是按照什么原则进行的?(　　)

A. 先进先出(FIFO)　　B. 后进先出(LIFO)

C. 随机存取　　D. 顺序存取

二、填空题

1. 指令中的________部分指明了要进行何种操作，而________部分则指定了操作的对象或结果存放的位置。

2. 机器语言是计算机________能够直接识别和执行的________代码。

3. 在设计计算机指令系统时，通常需要考虑的因素包括指令的________、________以及指令的执行效率。

4. 在某些指令集架构中，指令的长度可能是________的，这意味着不同指令可能占用不同数量的字节。

5. 直接寻址方式是通过指令中的________直接找到操作数在内存中的存储单元。

6. 在间接寻址方式中，指令中的地址码给出的是存放操作数有效地址的________的地址。

7. 变址寻址方式通常用于处理数组或字符串等数据结构，其中________用于存放基地址，而变址寄存器用于存放相对于基地址的偏移量。

三、简答题

1. 试分析变址寻址和基址寻址的异同点。

2. 简述指令与指令系统的区别。

3. 一个操作数在内存可能占多个单元，怎样在指令中给出操作数的地址？

4. 指令字中有哪些字段？各有何作用？如何确定这些字段的位数？

四、计算分析题

1. 某计算机的机器字长为 16 位，主存按字编址，指令格式如下：

15　　　　10	9　　　　8	7　　　　　0
操作码	X	D

其中：D 为位移量，X 为寻址特征位。

X=00：直接寻址；

X=01：用变址寄存器 X1 进行变址；

X=10：用变址寄存器 X2 进行变址；

X=11；相对寻址。

设(PC)= 1234H，(X1)= 0037H，(X2)= 1122H，试确定下列指令的有效地址：

(1)4420H　　(2)2244H　　(3)1322H　　(4)3521H

2. 假设某计算机采用定长指令字格式，每条指令长度为 32 位。其中，操作码占 8 位，用于指定不同的操作；地址码分为两部分，各占 12 位，分别用于指定源操作数和目的操作数的地址(均为直接寻址方式)。若内存按字节编址，请计算：

(1)该计算机指令系统最多能有多少种不同的操作？

(2)该指令能直接访问的最大内存空间是多少字节？

(3)若某条指令的地址码部分分别为 000000001100(源操作数地址)和 000000010010(目的操作数地址)，请给出这两个地址对应的十进制物理地址。

3. 某处理器有五种类型的指令：加法(ADD)、减法(SUB)、乘法(MUL)、除法(DIV)和跳转(JMP)。各指令的执行周期数分别为 1、1、4、8、1 个时钟周期。假设一个程序由这五种指令构成，且出现频率分别为 30%、25%、15%、10%、20%。请计算：

(1)该程序的平均指令执行周期数(CPI)。

(2)如果处理器时钟频率为 2GHz，执行该程序时的吞吐量(每秒执行的指令数，IPS)是多少？

4. 某计算机系统支持基址变址寻址方式，其中基址寄存器 BX 的内容为 1000H，变址寄存器 SI 的内容为 0200H，位移量 DISP 为 0040H(均为十六进制表示)。若当前执行的指令为 MOV AX，[BX+SI+DISP]，要求：

(1)计算有效地址(EA)。

(2)假设该有效地址对应的内存单元中存储的数据为 3412H，指令执行后，寄存器 AX 的内容将是什么？

第 5 章

中央处理器

【知识目标】

1. 理解中央处理器的功能，了解中央处理器的发展。
2. 掌握中央处理器的基本结构。
3. 掌握指令周期的概念。
4. 掌握时序发生器的结构、功能与工作原理。
5. 掌握微程序控制的组成、设计方法及工作原理。

【素质目标】

通过本章的学习，引导学生更加深入地去了解我国在计算机中央处理器(CPU)研发方面的历程与成就，如龙芯中科公司自主研发的龙架构 CPU、海思半导体在高端移动芯片领域的崛起等，激发学生的爱国情怀和创新精神。引导学生认识到自主创新的重要性，增强社会责任感和使命感，鼓励他们关注国家科技发展和信息安全。同时，通过探讨 CPU 技术对国家经济、社会进步以及全球科技竞争格局的影响，培养学生的国际视野和竞争意识，激发他们为实现中华民族伟大复兴的中国梦贡献力量。

在计算机系统中，中央处理器(Central Processing Unit，简称 CPU)无疑是整个系统的核心和大脑。它负责执行存储在计算机内存中的指令，执行算术和逻辑运算，管理数据的输入/输出，并控制着系统中各个部件的协同工作。CPU 的性能直接决定了计算机的整体性能，无论是处理速度、响应能力还是多任务处理能力，都与 CPU 的设计和性能息息相关。

在前述章节中，我们先分别叙述和讨论了计算机可识别和处理的数据类型及格式、简述了运算器的基本结构和硬件工作原理，以及详细介绍了指令系统和指令执行的基本原理，而这其中涉及到的运算器和控制器单元都是 CPU 的主要组成部分。因此，在本章节中，我们将详细讨论关于 CPU 的整体结构及工作原理等内容。

5.1 中央处理器的结构与功能

中央处理器，作为计算机系统的核心，主要由运算器和控制器两大关键部分构成。控制器在其中发挥着至关重要的作用，它不仅负责从内存中读取指令，还对这些指令进行解码，进而生成一系列的操作控制信号。这些信号是确保计算机各个部件能够协同工作的关键。与此同时，运算器则根据控制器的指令，执行各种算术和逻辑运算。可以说，控制器如同整个系统的指挥中心，在它的精确调度下，运算器、存储器及输入/输出设备等各个部件得以构成一个高效、有序的整体，共同执行复杂的计算任务。

5.1.1 中央处理器的功能

随着集成电路技术的迅猛发展，尤其是大规模和超大规模集成技术的成熟，计算机系统中的运算器、控制器、寄存器和总线等得以集成到单个芯片内。20 世纪 40 年代，冯·诺伊曼提出的存储程序、程序控制和二进制数的计算机工作原理，奠定了现代计算机硬件系统的基础，即运算器、控制器、存储器、输入/输出设备构成的冯·诺伊曼型体系结构。尽管计算机历经四代变革，硬件结构和系统规模均显著变化，但其工作原理始终保持不变。其核心在于，通过编写程序解决问题，程序由指令序列组成，指导计算机执行操作。程序需预先加载至主存储器，并在其控制下工作。实质上，计算机工作就是运行程序，由中央处理器自动读取、译码和执行指令的过程。

CPU 主要功能是控制计算机的各个部件协调地进行工作，执行程序、完成数据的加工处理，即指令控制、操作控制、时间控制和数据处理等。

5.1.1.1 指令控制

程序由一个指令序列构成，这些指令必须按照程序规定的顺序执行。CPU 必须对指令执行进行控制，保证指令序列的执行结果的正确性。

5.1.1.2　操作控制

一条指令的功能一般需要几个操作步骤完成，每个步骤产生若干个控制信号送往相应的部件。控制器必须控制这些操作步骤的实施。

5.1.1.3　时间控制

就是对各种操作实施时间上的定时。计算机中各条指令的操作信号和每条指令的整个执行过程都有严格的时间规定，只有这样计算机才能有条不紊地自动工作。

5.1.1.4　数据处理

根据指令功能对数据进行算术运算或逻辑运算等操作。这个功能由运算器完成。

5.1.1.5　中断和异常处理

对 CPU 内部出现的意外情况等进行处理，如运算中的溢出，以及外部设备中断请求处理等。

5.1.1.6　总线响应与其他功能

CPU 能够响应像 DMAC 等主设备的总线请求，把总线控制权交由其他主设备掌控，这些主设备能够产生总线控制信号，完成数据的交换和处理。操作控制结束后“通知”CPU，CPU 收回总线控制权。除此之外，CPU 还有响应复位信号及接收外部时钟信号等功能。

5.1.2　中央处理器的发展进程概述

CPU 的发展经历了从早期探索到现代技术飞跃的显著演变。在 20 世纪 60—80 年代的早期发展阶段，英特尔公司引领了 CPU 技术的革新，从 1965 年的首款商业化 CPU 4004，到 1971 年用于首台个人电脑 Altair 8800 的 8008，再到 1974 年风靡一时的 8080，直至 1978 年成为 IBM PC 标准的 8086，乃至 1985 年性能飞跃的 80386，每一步都见证了 CPU 性能与存储能力的巨大提升。进入 20 世纪 90 年代至今，英特尔的奔腾系列 CPU 开启了个人电脑的新篇章，从 Pentium 到 Pentium 4，再到 Core 2 Duo 引领的多核时代，直至 Sandy Bridge、Skylake 及 2020 年的 Tiger Lake，不仅晶体管数量激增，运行速度与存储容量也实现了质的飞跃，满足了日益增长的计算需求。

我国的 CPU 芯片发展历程历经曲折，从 20 世纪 50—90 年代的早期探索阶段，中国以 103 机的诞生为起点，逐步在晶体管计算机及小规模集成电路计算机领域进行自主研发。然而，随着英特尔等国外公司在商业化 CPU 领域的成功，中国与国际先进水平的差距逐渐显现。进入 21 世纪，国家通过泰山计划、863 计划及核高基专项等政策支持，为国产 CPU 的发展注入了强劲动力。这一时期，鲲鹏、飞腾、龙芯、兆芯、海光、申威等优质企业迅速崛起，它们在自主指令集(如龙芯的 MIPS、申威的 Alpha)、ARM 指令集授权(如飞腾、华为鲲鹏)及 x86 授权(如海光、兆芯)等不同技术路线上积极探索，推动了国产 CPU

的多元化发展。目前，国产 CPU 不仅在性能上逼近甚至超越国际同类产品，还在电信、金融、互联网、党政信创、工业控制等多个领域被广泛应用，生态建设也日趋完善，如华为围绕鲲鹏处理器构建的 openEuler 开源社区，便是一个生动的例证。

5.1.3 中央处理器的结构

围绕 CPU 的主要功能可以明确一个 CPU 的基本结构，如图 5.1 所示。

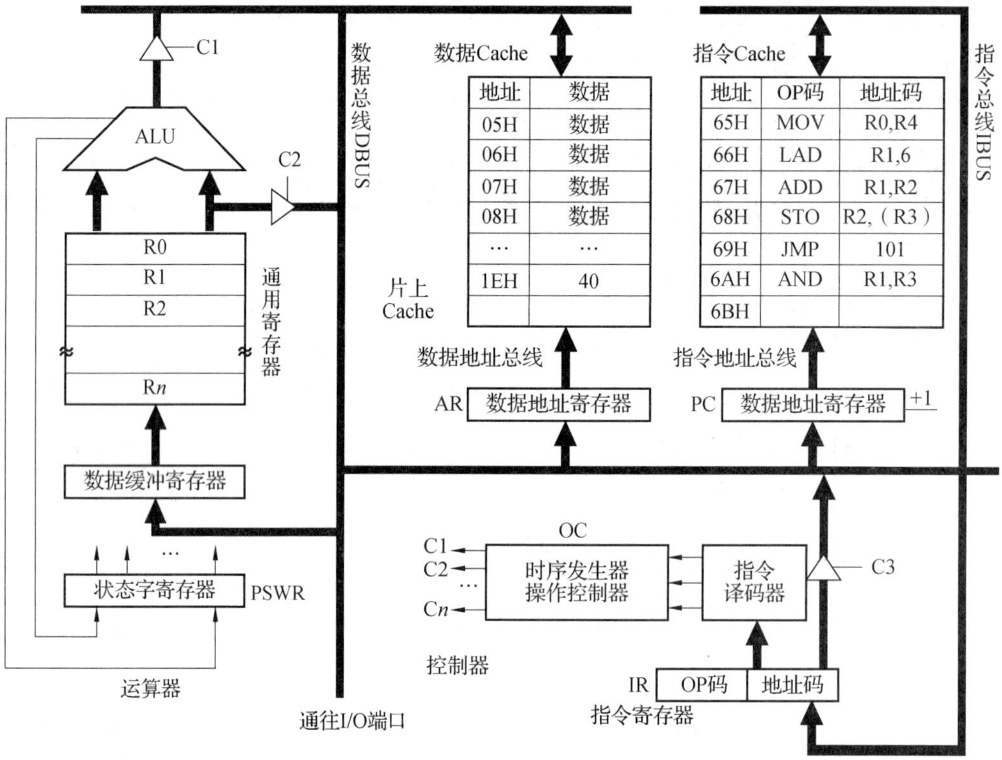

图 5.1　CPU 的基本结构框架

CPU 的两大核心部件是运算器和控制器，随着大规模集成电路技术的发展，现代 CPU 往往将浮点运算器、cache(高速缓冲存储器)等一些原本是 CPU 芯片外部的逻辑功能部件也集成到 CPU 芯片内部，再通过 CPU 内部的总线将这些部件连接起来，以实现它们之间的信息交换。

5.1.3.1 运算器

在第 3 章中已经介绍了运算器是计算机系统中主要负责完成数据处理的硬件中心，它主要由 ALU、通用寄存器组和状态寄存器 PSWR(也称程序状态字寄存器)组成。其中，ALU 执行所有的算术运算和逻辑运算；通用寄存器组则扮演了数据传递与存储的重要角色，它不仅向 ALU 提供必要的运算数据，还负责接收 ALU 处理后的结果。此外，这些寄存器还具有灵活性，可用于寄存器间接寻址，以及作为变址或基址寄存器，支持复杂的数据访问与操作。PSWR(程序状态字寄存器)作为一个特殊寄存器，专门用于存储运算过程中产生的各种特殊状态标志，这些标志反映了运算的特定结果或条件，如溢出、进位、零结果等。程序能够读取这些状态标志，并根据它们来决定后续应当执行的操作，从而实现了对程序流程的自动控制。值得注意的是，PSW 中还常包含一些特定的控制位，用于设置或调整 CPU 的操作模式，进一步增强了 CPU 的灵活性和适应性。

5.1.3.2　控制器

在 4.5 节中介绍了指令执行的基本流程，在这个过程中的绝大部分工作都是由控制器产生所需控制信号，进而协调和指挥整个计算机系统完成。因此控制器的主要功能是从内存中或者 cache 中取指令，并计算下一条指令在内存中的地址；同时对不同的指令代码进行译码，以及根据不同的状态条件(如 CPU 内部的程序状态字、外部设备的状态)，在不同的时间(如周期、节拍、脉冲等时序信号)产生不同的控制信号，以便控制计算机的各部件协调地进行工作。通常控制器由核心部件操作控制器、指令译码器、程序计数器(PC)、地址缓冲寄存器(AR)、数据缓冲寄存器(DR)、指令寄存器(IR)、时序产生器组成。控制器的基本组成如图 5.2 所示。

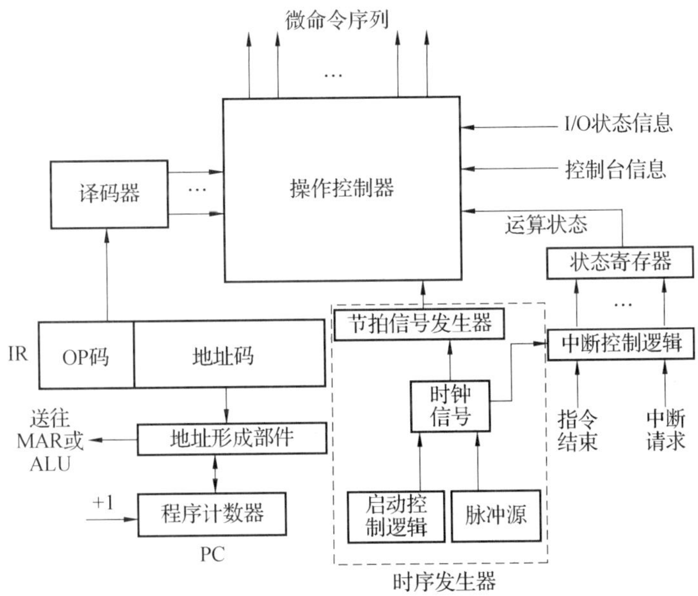

图 5.2　控制器的基本组成

鉴于第 3 章已详细讨论过运算器，本章重点放在控制器上。

5.1.4　CPU 中的主要寄存器

CPU 中至少要有六类寄存器，分别是：数据缓冲寄存器(DR)、指令寄存器(IR)、程序计数器(PC)、数据地址寄存器(AR)、通用寄存器、程序状态字寄存器(PSWR)。

5.1.4.1 数据缓冲寄存器(DR)，也即 MDR

用来暂时存放由主存中读出的指令或数据或者写入主存的指令或数据，即 CPU 要写入主存单元的数据先送入 DR 中，然后再从 DR 送入主存响应的单元中。同样，从主存单元中读出数据时，先送入 DR 中，然后再送入 CPU 指定的寄存器。所以 DR 可作为 CPU 和内存、外部设备之间信息传送的中转站，补偿 CPU 和内存、外围设备之间在操作速度上的差别。在单累加器结构的运算器中，数据缓冲寄存器还可兼作操作数寄存器，用来暂时存放 ALU 的运算结果。

5.1.4.2 指令寄存器(IR)

指令寄存器用来保存当前正在执行的一条指令。当执行一条指令时，先把它从指令存储器读出，然后再传送至指令寄存器。在该指令执行完之前，IR 中的内容不会发生改变，若 IR 的内容改变则意味着一条新指令的开始。指令由操作码和地址码字段构成，为了执行给定指令，要通过指令译码器对操作码进行译码，以便识别所要求的操作，向操作控制器发出具体操作的特定信号。指令寄存器中操作码字段的输出即为指令译码器的输入。

5.1.4.3 程序计数器(PC)

PC 又称为指令指针(IP)，用来指出下一条指令在主存储器中的地址。在程序执行之前，首先必须将程序的首地址，即程序第一条指令所在主存单元的地址送入 PC，因此 PC 的内容即是从主存提取的第一条指令的地址；当执行指令时，CPU 能自动递增 PC 的内容，使其始终保存将要执行的下一条指令的主存地址，为取下一条指令做好准备。由于大多数指令都是按顺序来执行的，所以修改的过程通常是简单地对 PC 加“1”.

但是，当遇到转移指令如 JMP 指令时，后继指令的地址(即 PC 的内容)必须从指令的地址段取得。在这种情况下，下一条从内存取出的指令将由转移指令来规定，而不是像通常一样按顺序来取得。因此程序计数器应当是具有寄存信息和计数两种功能的结构。

5.1.4.4 数据地址寄存器(AR)

数据地址寄存器用来保存当前 CPU 所访问的数据存储器单元的地址。由于要对存储器阵列进行地址译码，所以必须使用地址寄存器来保持地址信息，直到一次读/写操作完成。

5.1.4.5 通用寄存器

通用寄存器可由程序设计者指定许多功能，可用于存放操作数，也可作为满足某种寻址方式所需的寄存器。基址寻址所需的基址寄存器、变址寻址所需的变址寄存器和堆栈寻址所需的栈指针，都可用通用寄存器代替。寄存器间接寻址时，通用寄存器也可用于存储指向有效地址的指针。如 Intel 8086 中有 8 个 16 位的通用寄存器，其中有 4 个数据寄存器 AX(AH，AL)，BX(BH，BL)，CX(CH，CL)，DX(DH，DL)，4 个地址指针寄存器 SP，BP，SI，DI。4 个数据寄存器中的每一个寄存器既可以作为 16 位寄存器，也可以作为两个独立的 8 位寄存器。目前 CPU 中的通用寄存器，可多达 64 个，甚至更多。

5.1.4.6　程序状态字寄存器(PSWR)

程序状态字寄存器又称为状态条件寄存器，保存由算术运算指令和逻辑运算指令运算或测试结果建立的各种条件代码。PSW 的内容主要有以下两部分：

1)特征位，也称标志位、条件码，用来反映当前程序的执行状态。一条指令执行后，CPU 根据执行结果设置相应特征位，作为决定程序流向的判断依据。例如，当特征位的状态与转移条件符合时，程序就进行转移；如果不符合，则顺序执行。常见的特征位有：

①进位标志位 C：运算结果如果产生进位，将 C 置为 1；否则将 C 清零。

②溢出标志位 V：运算结果如果产生溢出，将 V 置为 1；否则将 V 清零。

③零标志位 Z：运算结果如果为零，将 Z 置为 1；否则将 Z 清零。

④负标志位 N：运算结果如果为负数，将 N 置为 1；否则将 N 清零。

⑤奇偶位 P：代码中 1 的个数为奇数，将 P 置为 1；否则将 P 清零。

2)编程设定位，PSW 中的某些位或某些字段可由 CPU 编程设定，以决定程序的调试方式、对中端的响应方式和程序工作方式等。

①跟踪位 T：这是编程设定的断点标志，以便对程序进行调试。如果在编程时将 T 设置为 1，且在程序断点处安排一条测试指令，则当执行到该条指令时，检测 T 的状态，便可由当前程序转入调试程序。

②允许中断位 I：当 I 被置为 1 时，表明当外部请求事件发出中断请求信号时，允许 CPU 响应此外部中断请求；当 I 被置为 0 时，则表明此时现行程序执行过程中系统不能响应外部请求。

③工作方式字段：工作方式用来指明程序的特权级。例如，有些计算机将 CPU 状态分为用户态与核心态(读者可在操作系统中详细了解)。在用户态下，CPU 运行用户程序，程序中不能使用某些特权指令；在核心态下，CPU 运行操作系统等系统管理软件，允许使用某些特权指令。

5.1.5　操作控制器与时序产生器

CPU 中的这 6 类寄存器，每一个寄存器都负责完成一种特定的功能。那么信息如何在各寄存器之间传送呢？又由何种部件控制信息数据的传送呢？

寄存器之间传送信息的通路，称为数据通路。信源来自于哪里，中间经过哪个寄存器或多路开关，最后传送到哪个寄存器，都要加以控制。在各个寄存器之间建立数据通路的任务，是由操作控制器来完成的。所谓操作控制器，就是根据指令操作码和时序信号的要求，发出微命令，产生各种操作控制信号，以便正确建立数据通路，从而完成取指令和执行指令的控制的部件。

根据设计方法的不同，操作控制器可分为：硬布线控制器(组合逻辑型)、微程序控制器(存储逻辑型)、可编程控制器等。硬布线控制器是采用组合逻辑技术来实现控制的操作控制器。微程序控制器是采用存储逻辑技术来实现的操作控制器。可编程逻辑控制器是吸收前两种设计思想，采用编程逻辑技术来实现的操作控制器。本书重点介绍微程序控制器。

CPU 中除了操作控制器外，还必须有时序产生器。时序产生器是产生周期节拍、脉冲等时序信号的部件。它循环产生一组时间顺序信号，送到操作控制器，对操作控制器产生的控制信号进行定时控制，以实现对各种操作实施时间上的严格控制。它可由触发器构成环形移位寄存器或计数型节拍发生器来实现。

CPU 中除了上述组成部分外，还有中断系统、总线接口等其他功能部件。

5.2 指令周期

计算机的主要工作是执行指令并处理数据，而这个过程可以简单归纳为从内存取指令，然后执行指令，接着再取指令，执行指令……，如此周而复始，构成一个封闭的循环，除非遇到停机指令，否则这个循环将一直继续下去。在一次取指令—执行指令过程中，计算机需要的时间长短即每个操作所需的时间是本节讨论的重点。

5.2.1 指令周期、机器周期的基本概念

1)指令周期是 CPU 从内存取出一条指令并执行完这条指令所需时间的总和。由于各种指令的功能复杂程度不同，因此，各类指令的指令周期是不相同的。

2)机器周期，由于 CPU 内部的操作速度较快，而 CPU 访问一次主存储器所花的时间比较长，故通常将 CPU 完成一次存储器或 I/O 接口访问操作所需要的时间，称为机器周期或 CPU 周期。

3)时钟周期又称为节拍脉冲或 T 周期，是处理操作的最基本时间单位。(这部分内容在第 1 章已给出明确定义。)

一个指令周期常常由若干个机器周期组成，一个机器周期常常由若干个时钟周期(节拍)组成，如图 5.3 给出了三者的关系。如果采用定长的 CPU 周期，则取出和执行任何一条指令所需的最短时间为两个 CPU 周期，而复杂的指令周期就需要更多的 CPU 周期。也有一些指令采用不定长的 CPU 周期完成取值和执行。例如，零地址指令在执行阶段不需要访问内存，操作时间较短，所以为了提高时间利用率，在许多机器中可以采用不定长的 CPU 周期。

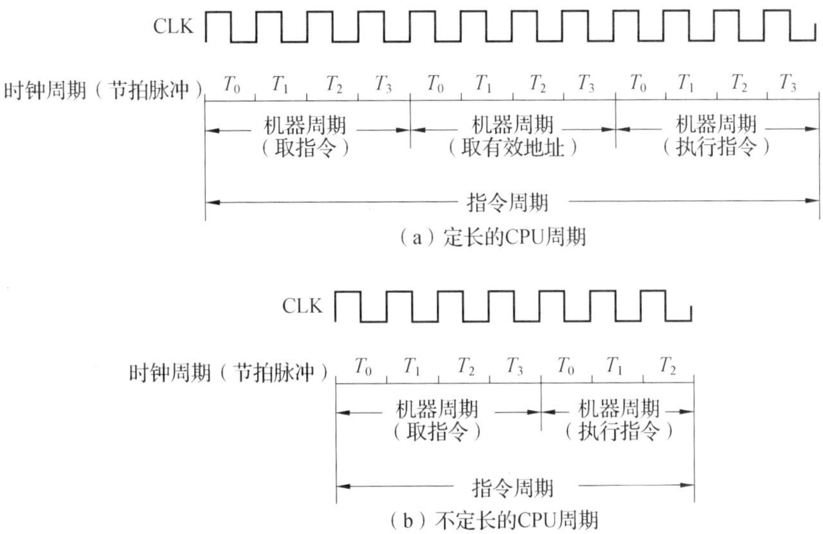

图 5.3　时钟周期、CPU 周期及指令周期三者关系

一个指令周期会被划分为取值周期和执行周期，各类指令的取值周期固定为一个机器周期，而执行周期根据指令类型不同及计算机是否采用中断方式与 I/O 进行信息交换而出现不同的阶段划分。

例如，立即寻址和寄存器寻址类指令执行周期由一个机器周期组成；存储器寻址类指令执行周期由操作数地址形成周期和执行指令周期两个机器周期组成；而包含有 I/O 中断的情况则还需要在该指令执行周期中加入中断周期。

总体来说，指令周期类型有非访内指令的指令周期、访内指令的指令周期以及空操作指令和转移指令的指令周期。接下来围绕一段由 5 条典型的汇编指令组成的简单程序，并按 CPU 执行这一程序的流程，对每一条指令取值阶段与执行阶段进行分解，以具体认识每一条指令的指令周期。

表 5.1 中列出了该 5 条指令组成的一个简单程序，在表中，CLA(清零指令)是非访问内存指令；ADD(加法指令)是一条直接访问内存指令；STA(存储指令)是一条间接访问内存指令；JMP 是转移控制指令；NOP 为空操作指令。

表 5.1　5 条典型指令组成的程序

十六进制地址	十六进制内容	指令助记符
10H	15000H	CLA
11H	3018H	ADD 18
12H	2219H	STA 19
13H	0000H	NOP
14H	C011H	JMP 11
…	…	

表5.1(续)

十六进制地址	十六进制内容	指令助记符
18H	06H	
19H	20H	
20H	存和数	
…	…	

5.2.2 非访问主存储器指令的指令周期

CLA 指令是一条不访问主存的清零指令，该指令需要两个 CPU 周期，其中取指令阶段需要一个 CPU 周期，执行指令阶段需要一个 CPU 周期。其指令周期如图 5.4 所示。

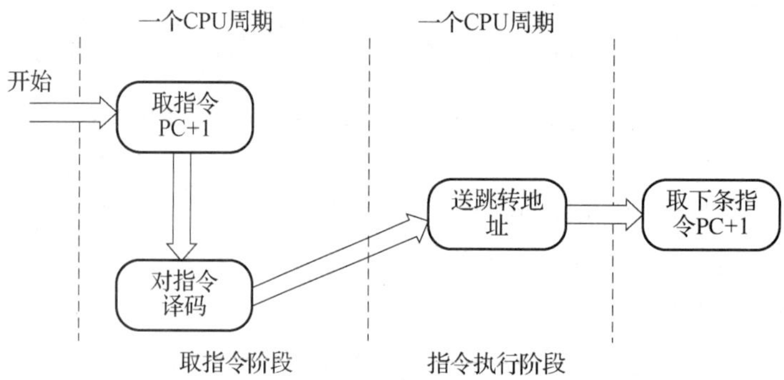

图 5.4 非访内指令的指令周期

从图 5.4 中可以看到在第一个 CPU 周期，即取指令阶段，CPU 完成了三项主要工作，分别是：从内存取出指令；程序计数器 PC 加 1，准备取下一条指令；对指令操作码 OP 进行译码分析，识别并确定该指令要求执行何种操作。

在第二个 CPU 周期，即执行指令阶段，CPU 根据对指令操作码的译码分析结果，进行指令所要求的操作。对非访问内存指令来说，执行阶段通常只涉及 CPU 内累加器的内容，如累加器内容清零等操作，因此在执行阶段一般仅需要一个 CPU 周期。以下以表 5.1 中的 CLA 指令的执行为例说明。

5.2.2.1 取指阶段

第一条指令 CLA 的取指令过程如图 5.5 所示，假设表 5.1 所示的程序已装入内存中，那么在此阶段内，CPU 要完成如下动作。

1)程序计数器 PC 的内容 10H(十六进制)被装入地址寄存器 AR 中，即(PC→AR)。

2)程序计数器内容加 1，变成 11H，为取下一条指令做好准备，即(PC+1)。

3)地址寄存器的内容被放到地址总线上，即(AR→ABUS)。

4)所选存储器单元 10H 的内容经过数据总线，传送到数据缓冲寄存器 DR，即($[10H]_M$→DBUS→DR)。

5) 缓冲寄存器的内容传送到指令寄存器 IR，即(DR→IR)。

6) 指令寄存器中的操作码被译码或测试。

7) CPU 识别出一个零地址格式的指令 CLA。取值周期结束。

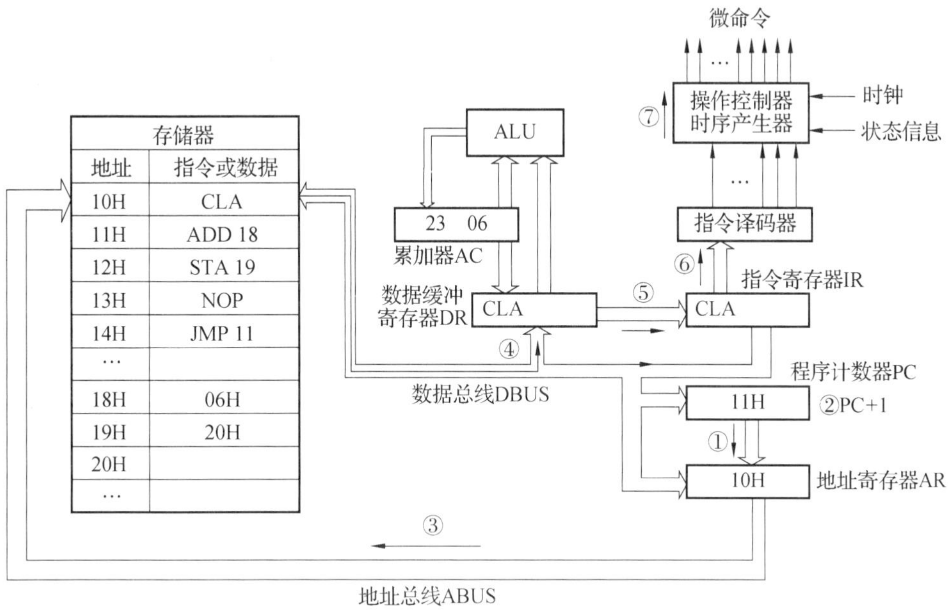

图 5.5　取出 CLA 指令

5.2.2.2　执行指令阶段

第一条指令(CLA)的执行过程如图 5.6 所示，在此阶段内，CPU 将完成如下动作：

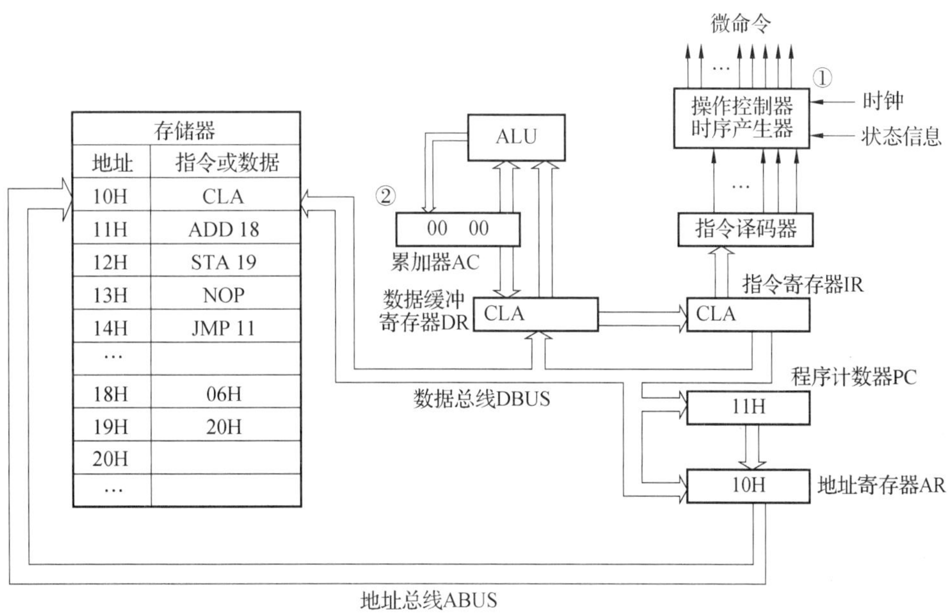

图 5.6　CLA 指令的执行阶段

1)操作控制器送对应该指令产生的控制信号给算术逻辑运算单元 ALU。

2)ALU 响应该控制信号，将累加器 AC 的内容全部清零，从而执行了 CLA 指令，即(0→AC)。该指令的执行周期结束。

5.2.3 直接访问主存储器指令的指令周期

表 5.1 所示的程序的第二条指令是 ADD 指令，这是一条直接访问内存的指令。ADD 指令的指令周期由三个 CPU 周期组成，如图 5.7 所示。第一个 CPU 周期为取指令阶段，其过程与 CLA 指令完全相同。执行指令阶段由两个 CPU 周期组成，在第二个 CPU 周期中将操作数的地址送往地址寄存器并完成地址译码，而在第三个 CPU 周期中从内存取出操作数并执行相加的操作。

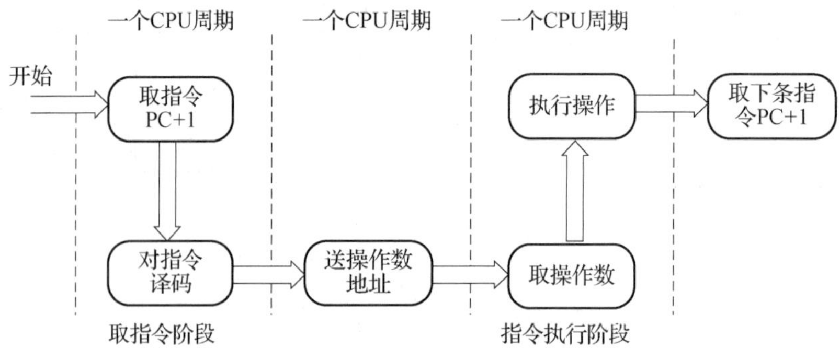

图 5.7 直接访问内存指令的指令周期

取出第一条指令 CLA 时，程序计数器的内容已经加 1 变成 11H，这正好是存放“ADD 18”指令的内存单元。当从内存取第二条指令时，取指令阶段与第一条指令相同。假定第一个 CPU 周期结束后，指令寄存器 IR 中已经存有 ADD 指令并进入译码分析阶段，同时程序计数器 PC 内容又加 1 后变为 12H，为取第三条指令做好了准备。

5.2.3.1 送操作数地址

第二个 CPU 周期主要完成送操作数地址的操作，其数据通路如图 5.8 所示。在此阶段，CPU 的动作只有一个，就是把指令寄存器中的地址码部分装入地址寄存器(IR→AR)，地址码 18H 是内存中存放操作数的地址。

5.2.3.2 两操作数相加

第三个 CPU 周期主要完成取操作数并执行加法的操作，其数据通路如图 5.9 所示。在此阶段，CPU 完成如下操作：

1)把地址寄存器中的操作数的地址 18H 发送到地址总线上，即(AR→ABUS)。

2)由存储器单元 18H 读出操作数 6H，并经过数据总线传送到缓冲寄存器，即($[18H]_M$→DBUS→DR)。

3)执行加法操作，将由数据缓冲寄存器来的操作数 06H 送往 ALU 的一个输入端，而

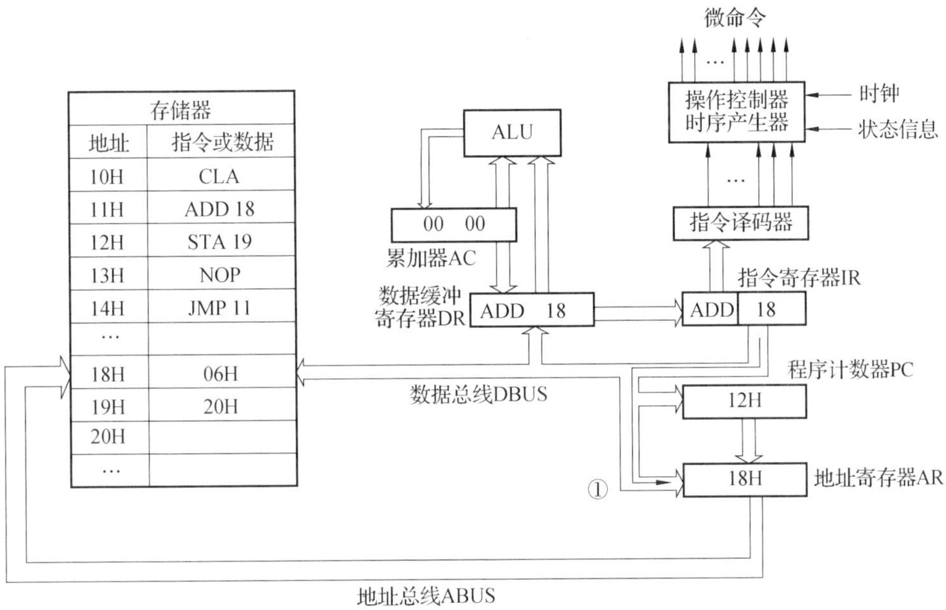

图 5.8　送操作数地址

将已等候在累加器内的另一个操作数(因为上一条 CLA 指令执行结果使累加器内容为零)送往 ALU 的另一个输入端，于是 ALU 将两数相加，产生结果是 00H+06H=06H，这个结果送回累加器，替换了累加器中原先的数 00H，即(AC+DR→AC)。

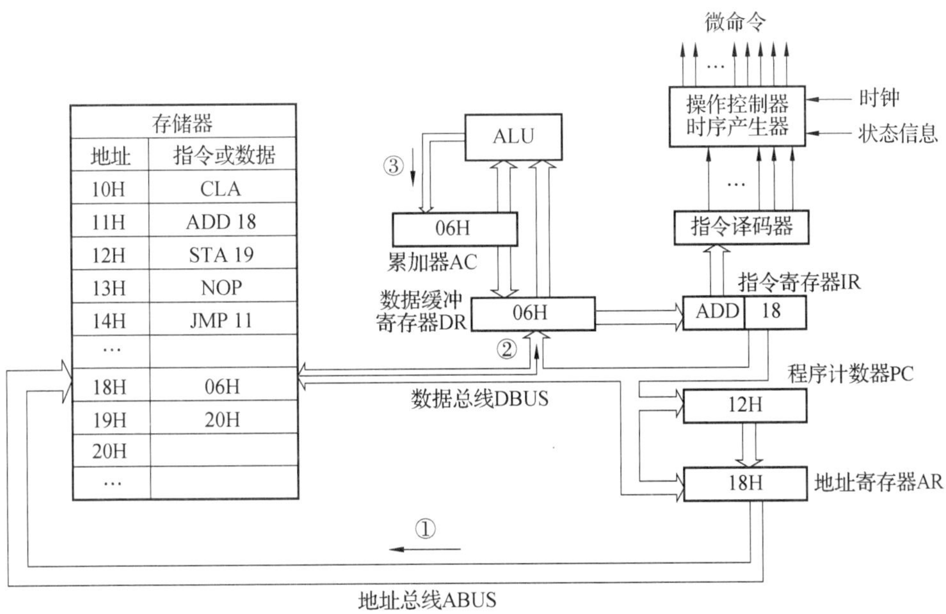

图 5.9　取操作数并执行加法操作

5.2.4 间接访问主存储器指令的指令周期

表5.1所示的程序的第三条指令是"STA 19"指令，这是一条间接访问内存的指令。

STA I指令的指令周期由4个CPU周期组成，如图5.10所示。其中，第一个CPU周期仍然是取指令阶段，其过程和CLA指令、ADD指令相同，只是此阶段中程序计数器PC加1后变为13H，为取第四条指令做好了准备。第一个CPU周期结束后，"STA 19"指令已放入指令寄存器并完成译码分析。

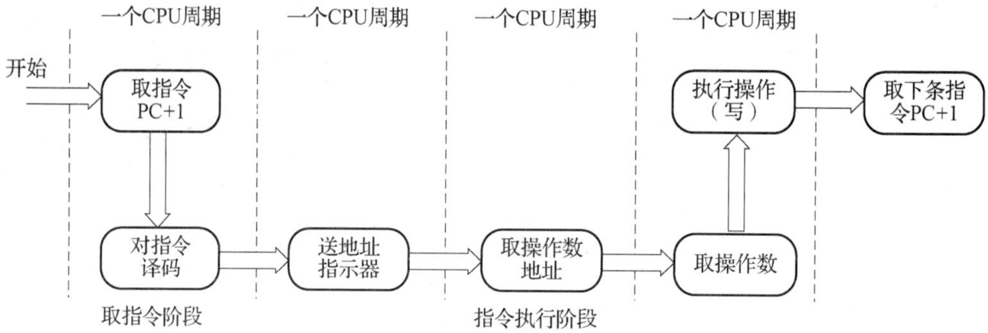

图5.10 间接访问内存指令的指令周期

5.2.4.1 送地址指示器

在执行阶段的第一个CPU周期中，CPU完成的动作是将指令寄存器中的地址码部分的形式地址19H装入到地址寄存器AR中。这里数字19不是操作数的有效地址，而是存放操作数地址的地址，或者说是操作数地址的指示器。其数据通路与图5.8所示相同。

5.2.4.2 取操作数地址

在执行阶段的第二个CPU周期中，CPU完成从内存取出操作数地址，其数据通路如图5.11所示。CPU完成如下动作：

1）将地址寄存器的内容19H发送到地址总线上，即（AR→ABUS）。

2）将存储单元19H的内容20H读出到数据总线上，即（$[19]_M$→DBUS）。

3）将数据总线上的数据20H装入地址寄存器，替代了原先的内容19H，即（DBUS→AR）。至此，操作数地址20H已取出，并存入地址寄存器中。

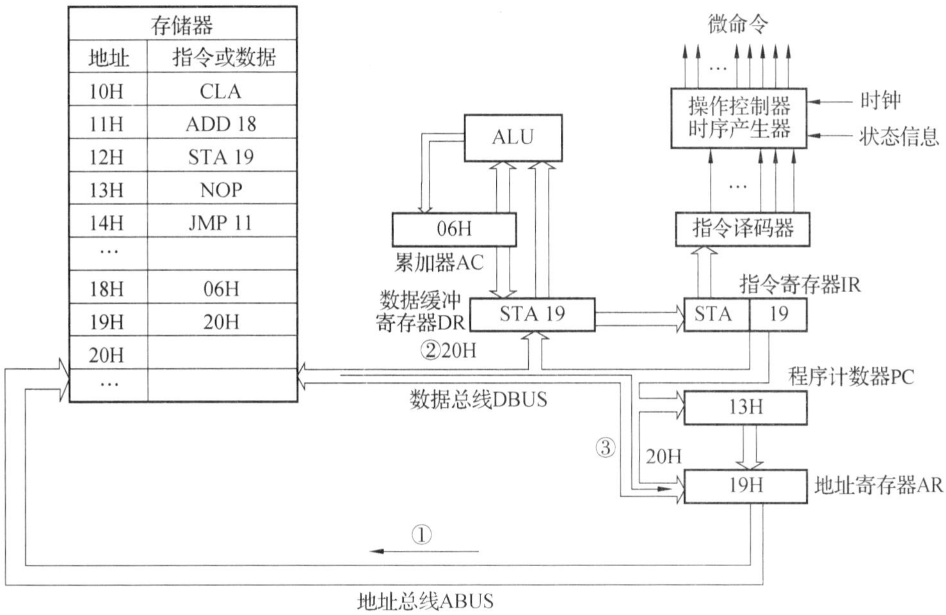

图 5.11　取操作数地址

5.2.4.3　存储和数

执行阶段的第三个 CPU 周期中，累加器的内容传送到缓冲寄存器，然后再存入所选定的存储单元 20H 中，其数据通路如图 5.12 所示。CPU 完成如下动作：

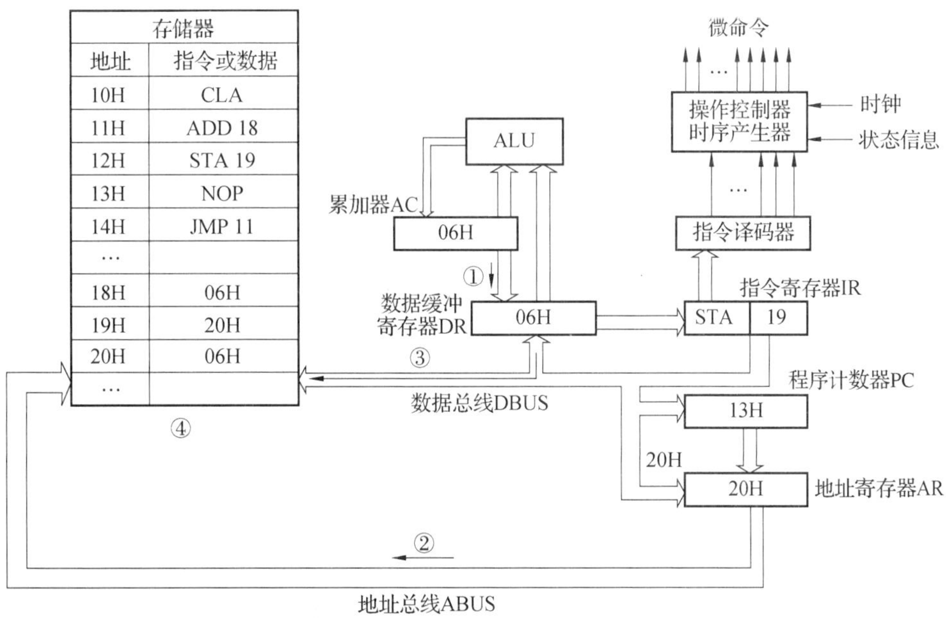

图 5.12　存储和数

1)将累加器的内容 06H 传送到数据缓冲寄存器 DR 中，即(AC→DR)。

2)将地址寄存器的内容 20H 发送到地址总线上，20H 就是要存入的数据 06H 的内存单元地址号，即(AR→ABUS)。

3)将缓冲寄存器的内容 06H 发送到数据总线上，即(DR→DBUS)。

4)将数据总线上的数据写入所选的存储器单元中，即将数据 06H 写入内存的 20H 号地址单元中，即(DBUS→$(M)_{20}$)。

这个操作完成后，累加器中仍然保留和数 06H，而 20H 号主存储器单元中原来的内容被冲掉。

5.2.5 程序控制指令的指令周期

表 5.1 中第四条指令是“NOP”指令，这是一条空操作指令。第一个 CPU 周期仍是取指令阶段。CPU 将 13H 号内存地址单元中的“NOP”指令取出放入指令寄存器 IR 中。同时程序计数器 PC 内容加 1 后变为 14H，为取下一条指令(JMP 11)做好准备。第二个 CPU 周期为执行阶段，因为是“NOP”指令，此 CPU 周期中不会发出任何控制信号。“NOP”指令主要用于调试机器。

第五条指令是“JMP 11”指令，这是一条程序转移控制指令。其含义是改变程序原先的顺序，无条件地跳转到 11H 号内存地址继续执行。JMP 指令既可采用直接寻址方式，也可采用间接寻址方式。这里以直接寻址方式为例，采用直接寻址方式的 JMP 指令周期由两个 CPU 周期组成，如图 5.13 所示。

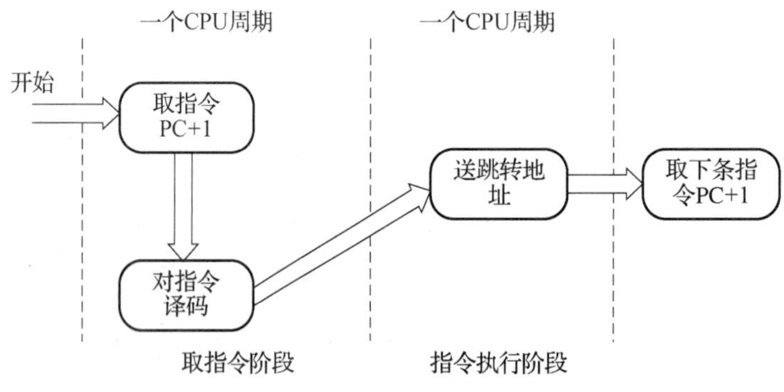

图 5.13 转移控制指令的指令周期

第一个 CPU 周期仍是取指令阶段。CPU 将 14H 号内存地址单元中的“JMP 11”指令放入指令寄存器 IR。同时程序计数器 PC 内容加 1 为 15H，为取下一条指令做好准备。

第二个 CPU 周期为执行阶段。在这个阶段中，CPU 把指令寄存器中的地址码部分 11H 送到程序计数器中，从而用新内容 11H 代替程序计数器原先的内容 15H。因此，下一条指令将不是从内存 15H 单元读出，而是从内存 11H 单元开始读出并执行，从而改变了程序原先的执行顺序。图 5.14 所示的是 JMP 指令执行阶段的数据通路图。

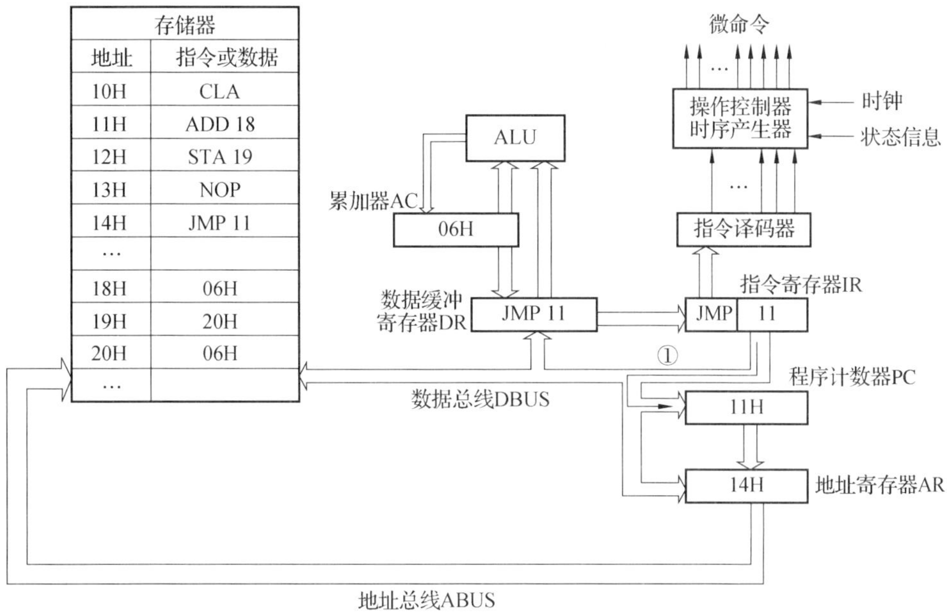

图 5.14　JMP 指令执行阶段的数据通路图

5.2.6　方框图表示指令周期

从以上 5 条指令的指令周期描述过程可以看出，每条指令用指令周期示意图和数据通路图可以比较完整清晰地表示某条指令的指令周期，但这种方法又显得过于繁琐。因此实际中一般采用方框图或指令周期流程图来表示指令周期。图中一个矩形方框代表一个 CPU 周期，矩形方框中的内容表示在该 CPU 周期中涉及的控制操作或数据通路。除矩形方框外，还有菱形框，通常用来表示某种判断或调试，不过在时间上它依附于紧接它的前面一个方框的 CPU 周期，而不单独占用一个 CPU 周期。还有一个“~”符号，称为公操作符号，该符号表示一条指令已经执行完毕，转入公操作。所谓公操作，就是一条指令执行完毕后 CPU 要进行的公共操作，这些操作主要是 CPU 对外设请求的管理，如中断管理、通道管理等，公操作与具体指令无关。如果外围设备没有向 CPU 请求交换数据，则 CPU 将转向内存取下一条指令。另外，由于所有指令的取指令阶段是完全一样的，所以取指令也可看作是公操作。

图 5.15 所示的是用方框图描述的表 5.1 中的 5 条典型指令的指令周期。从图中看到，所有指令的取指令阶段是完全相同的，而且均占一个 CPU 周期。但是，在指令的执行阶段，由于各条指令的功能不同，所用的 CPU 周期是各不相同的，其中 CLA 指令执行阶段占一个 CPU 周期，JMP 指令周期可以是一个 CPU 周期(直接访问)，也可以是两个 CPU 周

期(间接访问)，ADD 和 STA 指令在直接访问情况下是两个 CPU 周期，在间接访问下是三个 CPU 周期。方框图中 DBUS 代表数据总线，ABUS 代表地址总线，RD 代表内存读命令，WE 代表内存写命令，I 表示直接/间接寻址标志(I = 0 表示直接寻址，I = 1 表示间接寻址)。

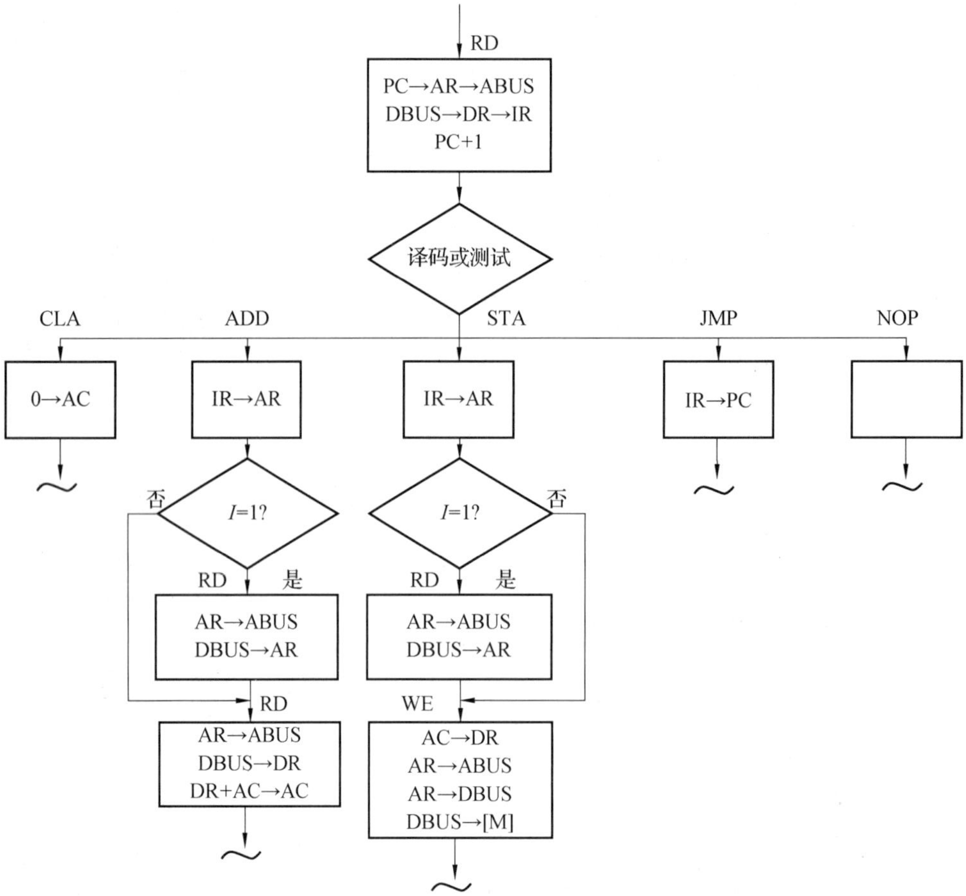

图 5.15　用方框图语言表示的机器指令周期

5.3 时序发生器

在计算机系统中，时序信号扮演着至关重要的角色，它们是确保各个部件能够协调、有序工作，实现数据高效传输、处理和存储的关键因素。计算机控制器中的时序发生器是产生并控制时序信号的核心部件。

5.3.1　时序信号的概念及作用

5.3.1.1　时序信号的概念

想象一下，在一个学校里，每天都有一个严格的作息时间表。这个时间表规定了学生们何时上课、何时下课、何时午休、何时放学等。

例如：早晨 8：00 开始上课，这标志着学生们需要进入教室准备学习。每节课持续 45 分钟，之后有 10 分钟的休息时间，让学生们放松和准备下一节课。中午 12：00 到 13：30 是午休时间，学生们可以吃饭和休息。下午继续上课，直到放学时间。

这个作息时间表就是一个典型的时序信号，它规定了每个时间段内应该进行的活动。如果没有这个时间表，学校可能会陷入混乱，学生们可能会在任何时候开始或结束他们的活动，导致学习效率低下。

在计算机中，时序信号也起着类似的作用。这些时序信号如同精密的指挥棒，指导并协调着计算机内部各个组件(如 CPU、内存、输入/输出设备等)在精确的时间点上执行各自的任务。每个时序信号都遵循着既定的频率和相位，确保了计算机操作的有序性和同步性。

5.3.1.2　时序信号的作用

1)同步操作：时序信号的主要作用之一是同步不同部件之间的操作。通过时钟信号的引导，各个部件能够在特定的时刻进行数据传输、处理和存储，从而确保数据的一致性和准确性。这种同步性对于维持系统的稳定运行至关重要。

2)控制逻辑：时序信号还用于控制逻辑电路的执行过程。通过使能信号、复位信号等时序信号的控制，可以对某些操作进行开启、关闭或重置，实现灵活的控制功能。这种控制机制使得计算机能够按照预定的程序执行复杂的任务。

3)提供时序参考：时序信号为其他信号提供准确的时间参考。通过与时钟信号同步，其他信号可以根据时序信号的变化进行采样、检测和触发操作。这种参考作用有助于确保信号处理的准确性和可靠性。

4)处理时序逻辑：时序信号还用于处理复杂的时序逻辑。通过组合和控制不同的时序信号，可以实现复杂的时序逻辑功能，如状态机、计数器等。这些功能对于实现计算机的高级功能和优化系统性能具有重要意义。

5.3.2　时序信号的体制

计算机中的时序信号体制是确保计算机各部件能够按照预定顺序和时间执行操作的关键机制。这种体制通常基于电位-脉冲制，通过精细的时间划分和控制，实现计算机内部的高效协调和同步。这种体制通常包括时钟源、时序信号产生器及相关的控制逻辑，它们共同构成了计算机的时序控制系统。

电位和脉冲是时序信号的基本元素。电位的高低用于表示数字信号的状态，通常高电位表示逻辑“1”，低电位表示逻辑“0”。在时序信号中，电位的变化是信号传输和处理的基础。脉冲信号是一种周期性的短暂信号，其上升沿或下降沿用于触发电路中的操作。在时序信号中，脉冲信号用于控制各部件的同步操作，确保它们在正确的时间点执行相应的任务。

在一些复杂的计算机系统中，时序信号产生电路可能采用主状态周期-节拍电位-节拍脉冲三级体制。这种体制将时序信号划分为不同的层次，以便更精确地控制各个部件的操作。主状态周期是最大的时间单位，包含若干个节拍电位；节拍电位又包含若干个节拍脉冲，表示更小的时间单位。通过这种层次化的控制方式，可以实现更复杂的时序逻辑功能。

在微程序控制器等相对简单的系统中，时序信号可能采用节拍电位-节拍脉冲二级体制。这种体制简化了时序信号的产生和控制过程，但仍能满足基本的时序控制需求。

5.3.3 时序信号产生器

时序信号产生器是计算机中的一个关键部件，它负责产生并分发时序信号。时序信号产生器通常由时钟源、环形脉冲发生器、节拍脉冲和读写时序译码逻辑、启停控制逻辑等部分组成，如图 5.16 所示。

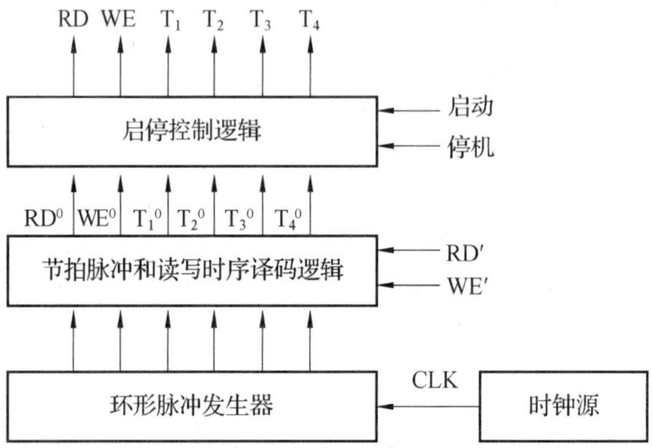

图 5.16　时序信号发生器

时钟源通常由石英晶体振荡器和与非正反馈振荡电路组成，作为环形脉冲发生器的输入信号。环形脉冲发生器是把来源于时钟源的时钟脉冲串按一定的规律产生一组有序的间隔相等或不等的脉冲序列，这些脉冲序列通过时序译码电路产生最后的节拍脉冲及有关的控制信号。启停控制逻辑用于控制时序译码器的输出信号 RD^0、WE^0、T_1^0、T_2^0、T_3^0 和 T_4^0 等信号，但这些控制信号是否能够送达对应的控制部件，还要受启停控制逻辑部件的控制。只有当受启停控制逻辑部件的运行触发器为“1”时，这些控制信号才能通过门电路送出去。

5.3.4　控制单元的控制方式

不同机器指令的执行周期由不同数量的 CPU 周期构成，这些周期的多少直接映射了指令执行过程的复杂程度，具体表现为所需操作控制信号的数目与精细度。针对单独的 CPU 周期而言，同样涉及操作控制信号的多样性与时序安排。将这两层因素综合考量，可以明确每条指令及其对应的操作控制信号所需的时间均不相同，体现了个性化的时间需求。而针对控制不同操作序列时序信号的方法，我们称之为控制器的控制方式，包括同步控制、异步控制及联合控制三种主要形式，这些控制方式的核心在于对时序信号定时方式的灵活应用与调整。

5.3.4.1　同步控制方式

同步控制方式是指任何一条指令或指令中任何一个微操作的执行，都由事先确定且有统一基准时标的时序信号所控制。在这种方式下，计算机的操作被划分为一系列具有固定时间间隔的周期，称为机器周期或节拍，每个周期完成指令的一部分操作。

同步控制方式的时序严格，所有操作都按照统一的时钟信号进行同步，具有固定的周期和节拍。且由于所有操作都遵循统一的时序信号，控制器的设计相对简单，容易实现。但对于简单指令来说，由于需要等待整个机器周期结束才能开始新的指令，可能会造成时间上的浪费。

根据不同情况，同步控制方式可选取如下方案：

1)完全统一节拍的机器周期：所有指令都在相同时间间隔的机器周期内完成，适用于操作复杂度相近的指令集。

2)不同节拍的机器周期：根据指令的复杂程度，设置不同长度的机器周期，以减少时间浪费。

3)中央控制和局部控制相结合：将大部分指令安排在统一的机器周期内完成，而将少数复杂指令的某些操作采用局部控制方式来完成。

5.3.4.2　异步控制方式

异步控制方式没有固定的基准时标信号，微操作的时序是由专门的应答线路控制。即控制单元发出执行某一微操作的控制信号后，等待执行部件完成该操作后发回“回答”或“结束”信号，再开始新的微操作。

异步控制方式的特点是：根据指令或部件的具体情况动态调整执行时间，提高系统的灵活性，避免时间上的浪费，提高指令的执行效率。由于需要处理各种可能的应答信号和异常情况，控制器的设计相对复杂。

5.3.4.3　联合控制方式

联合控制方式是同步控制和异步控制相结合的方式。即大多数操作(如 CPU 内部各操作)在同步时序信号的控制下进行，少数时间难以确定的微操作(如涉及 I/O 操作)采用异步控制。

联合控制方式的特点是：结合同步控制的稳定性和异步控制的灵活性，提高系统的整体性能和效率。同时能够根据不同指令和操作的需求灵活调整控制策略，适应复杂多变的系统环境。

联合控制方式在实际应用中具有广泛的适用性，特别是在需要同时处理多种不同类型指令和操作的复杂系统中。例如，在高性能计算机、实时控制系统等领域中，联合控制方式能够充分发挥其优势，提高系统的整体性能和响应速度。

5.4 微程序控制器

微程序控制器是现代计算机设计中广泛采用的一种重要组件，它以微程序设计技术为基础，通过软件方法来设计硬件，具有规整性、灵活性、可维护性等一系列优点。

5.4.1 微程序控制的基本概念

微程序控制器是采用微程序控制方式的控制器。所谓微程序控制方式，是指微命令不是由组合逻辑电路产生的，而是由微指令译码产生。这种控制器通过微指令的集合(即微程序)来控制计算机的操作，实现了指令的自动执行。

5.4.1.1 微命令和微操作

一台数字计算机基本上可以划分为两大部分——控制部件和执行部件。控制器就是控制部件，而运算器、存储器、外围设备相对控制器来讲，就是执行部件。

控制部件与执行部件的联系，就是通过控制线。控制部件通过控制线向执行部件发出的各种控制命令称为微命令，在微指令的控制字段中，每一位代表一个微命令，例如，在进行加法运算时，如果最高位产生了进位，需要向更高位(或相邻的加法器)传递进位信号。这个传递进位信号的操作就是一个微命令。在微指令的控制字段中，可能有一个特定的位被设置为“1”，以指示执行部件(如加法器)打开进位传递的门控电路；而执行部件接受微命令后所进行的操作，叫作微操作，例如，在执行指令如“MOV R1，M[100]”时，需要将内存地址 100 处的数据加载到寄存器 R1 中。这个操作包括读取内存地址、从该地址获取数据、将数据写入寄存器 R1 等步骤。其中，每一个步骤(如读取内存、写入寄存器)都可以视为一个微操作，而控制这些微操作执行的信号就是微命令。

控制部件与执行部件之间的另一种联系是反馈信息。执行部件通过反馈线向控制部件反映操作情况，以便控制部件根据执行部件的“状态”来下达新的微命令，这也叫作“状态测试”。

微操作在执行部件中是最基本的操作。由于数据通路的结构关系，微操作可分为相容性和相斥性两种。所谓相容性的微操作，是指在同时或同一个 CPU 周期内可以并行执行的微操作。所谓相斥性的微操作，是指不能在同时或不能在同一个 CPU 周期内并行执行的微操作。

微命令和微操作是一一对应的，即每一个微操作都对应一个或多个微命令。微操作是微命令的操作进程，微命令的执行导致了微操作的发生。

5.4.1.2　微指令与微程序

在一个 CPU 周期内根据指令的需要会先后发出一组控制信号，这一组控制信号所完成的一组微操作称为一条微指令。一条微指令可以包含多个微命令，每个微命令对应一个微操作。微指令通常由操作控制和顺序控制两部分组成，操作控制部分用于产生微操作控制信号，顺序控制部分则用于控制下一条微指令的地址。

微指令有垂直型和水平型两种。垂直型微指令接近于机器指令的格式，每条微指令只能完成一个基本微操作；水平型微指令则具有良好的并行性，每条微指令可以完成较多的基本微操作。

微程序是指实现一条机器指令功能的微指令序列。它是一组有序的微指令集合，每条微指令完成指令执行过程中的一个基本步骤。因此一条机器指令对应一段微程序，这段微程序执行完毕，该指令的功能也就完成了。微程序存储在控制存储器中，由微程序控制器控制执行。

微指令的基本存储器结构如图 5.17 所示。其中操作控制字段由微命令组成，每个微命令占一位，其有效时被置 1，无效时被置 0。该字段发出指令所需要的各种控制信号；顺序控制字段指出下一条微指令的地址，控制微指令序列执行顺序；测试字段用于形成转移类操作的微指令地址。

图 5.17　微指令的结构

如图 5.18 表示一个具体的微指令结构，微指令字长为 23 位。其中操作控制部分为 17 位，第 10 位表示运算器的加操作，第 12 位表示运算器的减操作，……，第 17 位表示程序计数器加 1 操作。当操作控制字段某一位为 1 时，表示发出微命令，控制运算部件执行该微操作；当某一位为 0 时，表示不发出微命令。例如，当微指令字第 10 位信息为 1 时，表示发出加的微命令，那么运算器执行两个数的加操作。

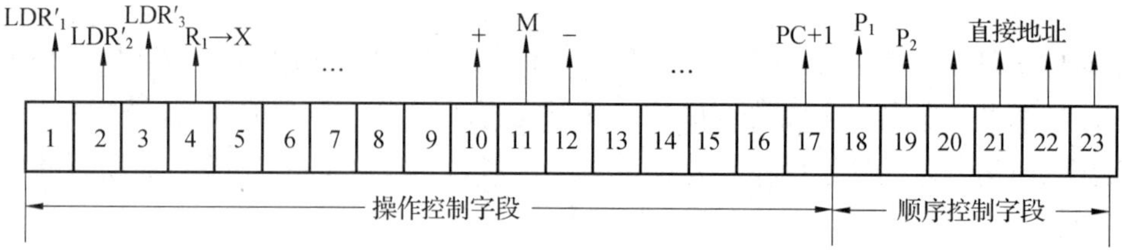

图 5.18　23 位微指令实例图

顺序控制部分用来产生下一条微指令的地址。图 5.17 中的顺序控制字段有 6 位，其中后 4 位(20~23 位)用来直接给出下一条微指令的地址(称为直接顺序控制字段)，它决定了这个微程序最多可以有 $2^4=16$ 条微指令。第 18、19 两位是判别测试标志。当此两位全为 0 时，表示不进行测试，直接按顺序控制字段第 20~23 位给出的地址取下一条微指令；当第 18 位或第 19 位为 1 时，表示要进行 P_1 或 P_2 的判别测试(这两位简称 P 字段)，根据测试结果，需要对第 20~23 位的某一位或几位进行修改，然后按修改后的地址取下一条微指令。

5.4.1.3　微地址

微地址是指微指令在控制存储器中的存储位置。每条微指令都存储在控制存储器的一个特定位置，这个位置就是该微指令的微地址。

在微程序控制器中，微地址的主要作用是确定下一条要执行的微指令的地址。当 CPU 执行一条机器指令时，该指令会被分解成一系列微指令，这些微指令按照一定的顺序存储在控制存储器中。通过微地址，CPU 能够顺序地或根据条件跳转地读取并执行这些微指令，从而完成机器指令的功能。

5.4.1.4　微指令周期

微程序由一系列微指令构成，并存放在专门的控制存储器或称微程序存储器中。在执行程序的过程中，只要从微程序存储器中顺序取出该指令对应的微指令，就可以按事先存好的次序产生相应的操作控制信号。将从控制存储器单元中每读取一条微指令并执行相应的微操作所需的时间称为微指令周期，即微周期。在实际设计中可以让一个微指令周期与 CPU 周期时间相等。如图 5.19 所示，图中一个 CPU 周期由 4 个 T 周期组成，其中 T_1、T_2、T_3 这 3 个 T 周期为微指令的执行时间，T_4 为微指令的取指令时间，即一个微指令周期等于 4 个 T 周期，等于一个 CPU 周期。

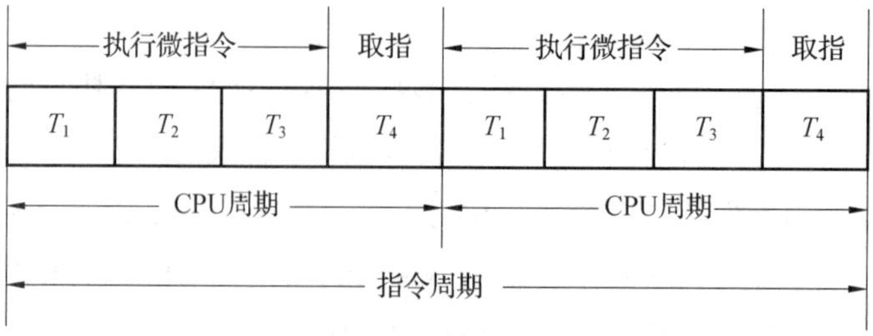

图 5.19　CPU 周期与微指令周期的关系

5.4.1.5 机器指令和微指令

我们通常说计算机执行程序，而程序由机器指令构成存放在内存中，那么机器指令和微指令之间的关系是什么呢?

1)一条机器指令对应一个微程序，这个微程序是由若干条微指令序列组成的。因此，一条机器指令的功能由若干条微指令来完成，每一条微指令由若干个微命令进行解释和执行。

2)从指令与微指令，程序与微程序，地址与微地址的一一对应关系来看，前者与内存有关，后者与控制存储器有关。

5.4.2 微指令的编码方式

在计算机科学中，微指令的编码方式是指如何对微指令的控制字段进行编码，以形成控制信号。这种编码方式的设计目标是在保证计算机运行速度的同时，尽量缩短微指令的字长，以节省存储空间和提高执行效率。常见的编码方式有：直接编码方式、字段编码方式和最短编码法。

5.4.2.1 直接编码方式

直接编码方式，又称为直接控制法，是一种简单直观的编码方法。在这种方式中，微指令的操作控制字段中的每一位都直接代表一个微命令。设计微指令时，如果需要执行某个微命令，就将对应位设置为1，否则设置为0。这种编码方式的优点在于执行速度快，操作并行性好，因为每个微命令都可以直接由控制字段中的一位控制。然而，其缺点是微指令字长过长，若存在 n 个微命令，则微指令的操作字段就需要 n 位，这会极大地增加控制存储器的容量需求。

5.4.2.2 字段编码方式

字段编码方式有字段直接编码法和字段间接编码法两种。

1)字段直接编码法。

为了克服直接编码方式中微指令字长过长的缺点，字段直接编码方式应运而生。这种编码方式将微指令的操作控制字段划分为若干小字段(或称为子字段)，每个字段独立编码，如图5.20所示。互斥的微命令(即不允许同时出现的微命令)被划分在同一字段内，而相容的微命令(即允许同时出现的微命令)则被划分在不同的字段内。每个字段的编码代表一个微命令，且各字段编码的含义是单独定义的，与其他字段无关。

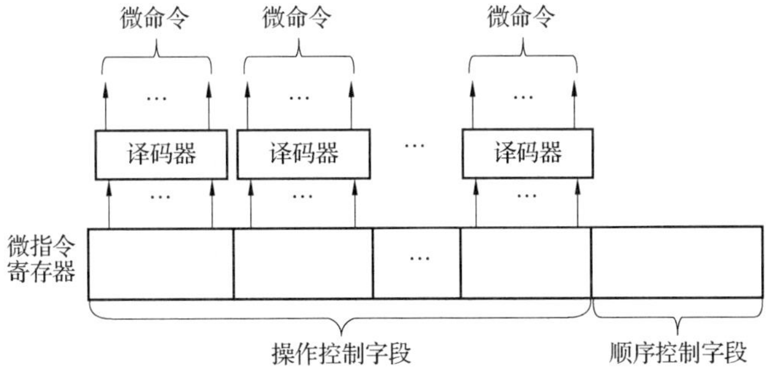

图5.20 字段直接编码法

字段直接编码方式可以显著缩短微指令的字长，因为它将多个微命令组合在一个较小的字段内。然而，由于需要通过译码电路来解析微命令，因此其执行速度相对于直接编码方式会稍慢。此外，每个字段中包含的信息位不能过多，否则会增加译码电路的复杂性和译码时间。

2)字段间接编码法。

字段间接编码方式，又称为隐式编码，是字段直接编码方式的一种扩展。在这种方式中，一个字段的某些微操作命令需要由另一个字段中的某些微命令来解释。由于不是直接通过字段译码发出的微命令，因此这种方式可以进一步缩短微指令的字长。然而，它削弱了微指令的并行控制能力，因为某些微命令的执行需要依赖于其他字段中的微命令，且译码电路相应的较复杂。因此，字段间接编码方式通常作为字段直接编码方式的一种辅助手段来使用。

5.4.2.3 最短编码法

除了上述三种常见的编码方式外，还有一种称为最短编码法的编码方式。这种方法将所有的微命令统一编码，每条微指令只定义一条微命令。若微命令的总数为 N，操作控制字段的长度为 L，则最短编码法应满足下列关系式：$L \geqslant \log_2 N$。

这种方法旨在通过优化编码策略来进一步缩短微指令的字长。最短编码法通常结合了字段直接编码和字段间接编码的优点，通过精心设计的编码规则来减少不必要的位浪费。然而，这种方法的设计和实现相对复杂，需要综合考虑多种因素以达到最优的编码效果。

假设某计算机共有 256 条微命令，如果采用直接编码法，微指令的操作控制字段就要有 256 位；而如果采用最短编码法，操作控制字段只需要 8 位就可以了。如果采用字段直接编码法，若 4 位为一个段，每段可表示 15 条互斥的微命令，则操作控制字段只需 72 位，分成 18 个段，在同一时刻可以并行发出 18 条不同的微命令。

对于实际机器的微指令系统，通常可同时采用几种不同的编码方法。如在一条微指令中，可以有部分位采用直接编码法，有部分字段采用直接编码法，另一部分字段采用间接编码法。总之，要尽量减少指令字长，增强微操作的并行性，提高机器的控制性能并降低成本。

5.4.3 微程序控制器的结构

5.4.3.1 微程序控制器的结构概述

微程序控制器结构主要由控制存储器 CM、微指令寄存器 μIR，微程序计数器 μPC 和地址转移逻辑几大部分组成。如图 5.21 为微程序控制器组成原理框图。

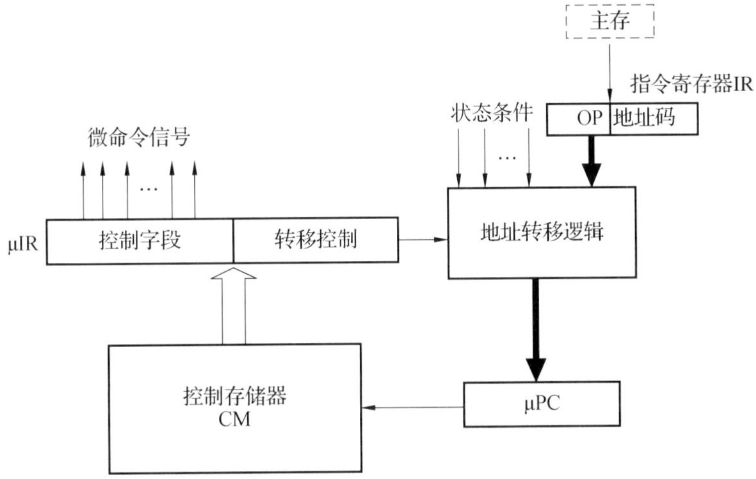

图 5.21　微程序控制器组成原理框图

控制存储器 CM 用来存放全部指令系统的所有微程序，它是一种只读型存储器。执行指令时，就是从控制存储器中不断取出微指令，产生控制其他部件的控制信号。控制存储器的容量，取决于指令的数量和每条指令的微程序长度。

微指令寄存器 μIR 存放由控制存储器中读出的一条微指令信息。一条微指令的编码包括操作控制部分和微地址形成部分。微地址形成部分用来决定下一条微指令的地址。

微程序计数器 μPC 存放要访问的下一条微指令的微地址。如果微程序不出现分支，即微指令顺序执行，则 μPC 的微地址可以采用自动增量的方式，像程序计数器 PC 那样。如果微程序出现分支，则根据执行中的状态信息，修改 μPC 中的值，得到下一条微指令地址。

起始和转移地址发生器，就是根据指令代码、条件及相应的转移控制微命令来形成微程序的入口地址或者转移地址。

5.4.3.2　微程序控制器的工作流程

微程序控制器执行取指令微程序，将指令从主存取出存入指令寄存器 IR。根据指令寄存器 IR 中的指令操作码，产生该指令的微程序入口地址送给微程序计数器 μPC。根据 μPC 中的微地址访问控制存储器 CM，取出一条微指令送入微指令寄存器 μIR。由 μIR 中的操作控制字段，经过译码产生所需的微命令信号，送往各执行部件，指挥执行部件完成相应的操作。由 μIR 中的转移控制字段、结合条件码、状态标志等信息，形成下一条微指令地址送往 μPC。重复执行取微指令、执行微指令的过程，完成该指令的功能。一条指令的微程序执行结束，重新执行取指令微程序，得到新的机器指令送入 IR。如此周而复始，直到整个程序的指令执行完毕。

5.4.4 微地址的形成

某机器指令对应的微程序起始于控制存储器中的特定单元，其地址称为微程序初始微地址或微程序入口地址。执行时，当前执行的微指令为现行微指令，其地址是现行微地址。执行完毕后，紧接着执行的微指令为后继微指令，其地址是后继微地址。微地址形成即解决当前微指令执行后如何确定后继微地址的问题。

5.4.4.1 初始微地址的形成

机器指令的执行流程涵盖取指与执行两大环节，取指作为共通的首步操作，普遍通过一组微指令构成的取指微程序来实现，这些微程序通常被预先存储在控制存储器 CM 的起始或特定位置，其地址由专门的硬件电路自动完成。在微程序启动之际，μPC(微程序计数器)会被设定指向这一起始单元，类似于程序执行前 PC(程序计数器)的设置。随后，取指微程序启动，负责从主存储器中提取机器指令，并将指令的操作码转换为对应微程序的入口地址。

5.4.4.2 后继微地址的形成

微指令执行时，有个关键问题是要决定接下来执行哪条指令，这就像是在问："下一站我们去哪儿?"这个"下一站"其实就是下一条微指令的地址。怎么找到这个地址，方法很重要，因为它关系到我们编写微程序时的灵活度。后继微地址形成的方法主要有三种：一种是增量方式，即按照固定的步子向前走，一种是看条件来决定，即断定方式，还有一种就是把前面两种结合起来用，称为混合方式。

1)增量方式。

在顺序执行微程序时后继微地址由现行微地址加一个增量得到，通常这个增量取 1，故该方式又被称为计数器法，即 μPC+1→μPC。这类似于程序计数器 PC 产生下条机器指令地址的方式。在非顺序执行微指令时，则由 μPC 与形成转移微地址的逻辑电路的输出一起形成后继微地址。例如，当有进位时转移，可以利用进位逻辑电路的输出 CF=1 与 μPC 的低位进行逻辑加运算，形成后继微地址；若转移条件不满足，即 CF=0 时，则直接根据微程序计数器的内容取出下一条微指令。

增量方式的优点是简单，易于掌握，微指令的转移地址字段比较短，微地址生成机构比较简单。缺点是执行速度慢。当转移分支很多时，微程序中会出现大量的转移微指令，相应的逻辑电路也更复杂，此时可以采用 PLA 可编程逻辑阵列来实现。

2)断定方式。

断定方式又被称为下址字段法。这种方式在微程序控制器中不需要设置微程序计数器，而是在微指令格式中设置一个下址字段，用于指明下一条要执行的微指令地址。当一条微指令被取出时，下一条微指令的地址已经获得，这相当于每条微指令都具有转移微指令的功能。

断定方式的优点是不必设置专门的转移微指令，且没有普通微指令和转移微指令的区别，但每条微指令相对增量方式中的普通微指令来说字长都比较长，增大了控制存储器的容量。

3)混合方式。

这种方式是增量方式与断定方式的结合，此时既需要在微程序控制器中设置微程序计数器，又需要在每条微指令中都设置一个顺序控制字段。把下地址分为：转移控制字段与转移地址字段。当转移条件满足时，将转移地址字段作为下一个微地址；若无转移要求，则直接根据微程序计数器的内容取出下一条微指令。

5.4.5　微指令的格式

微指令的编译方式是决定微指令格式的主要因素，在设计计算机时考虑到速度和价格等因素采用不同的编译方法，同时，在一台计算机中也可以考虑多种编译方法并存，因此，微指令的格式可以分为水平型和垂直型两种类型。

5.4.5.1　水平型微指令

在一条微指令中定义并执行多个并行操作的微命令，直接控制法及字段编码法经常被应用在同一条水平型微指令中，而字段编码法会增加一定的延迟时间。水平型微指令格式如下：

控制字段	判断测试字段	下地址字段

5.4.5.2　垂直型微指令

延续机器指令基本格式的思维，在微指令中设置微操作码字段，由微操作码字段规定微指令的功能，称为垂直型微指令。垂直型微指令不强调实现微指令的并行控制功能，通常一条微指令只要求能控制实现1至2种操作。

设微指令字长为16位，微操作码为3位，最多可形成8条微指令，下面列举了其中有代表性的4条垂直型微指令的格式。

1)寄存器-寄存器传送型微指令。

微指令格式如下：

3位	5位	5位	3位
000	源寄存器地址	目的寄存器地址	其他

其中，微操作码3位，源寄存器地址或目的寄存器地址各5位，即为寄存器编号。“其他”字段可协助该微指令完成其他控制功能。

2)访存微指令。

微指令格式如下：

3位	5位	5位	1位	2位
001	寄存器地址	存储器地址	读/写	其他

其中，“寄存器地址”部分可以是源操作数，也可以是目的操作。当其为源操作数时，“存储器地址”为目的操作数，表示“写”，此时，“读/写”位可设置为“0”；当其为目的操作数时，“存储器地址”为源操作数，表示“读”，此时，“读/写”位可设置为“1”。

3）运算类微指令。

微指令格式如下；

3位	5位	5位	3位
010	左输入源地址	右输入源地址	ALU

其中，“左输入源地址”和“右输入源地址”表示 ALU 的左、右两个输入端信息，“ALU”字段指定运算的类型，共可规定 8 种运算，例如，加运算、减运算、逻辑与运算等。

4）条件转移微指令。

微指令格式如下：

3位	9位	4位
011	A	测试条件

其中，“A”字段表示根据测试对象的状态决定要转移到的地址，“测试条件”字段可以为标志寄存器中的各个状态位。若“A”不能表示一个完整的微地址，可以用其值替代现行 μPC 的低几位。

5.4.5.3　水平型微指令与垂直型微指令的比较

1）水平型微指令并行操作能力强，效率高，灵活性强，垂直型微指令则较差。

在一条水平型微指令中，设置有控制信息传送通路（门）以及进行所有操作的微命令，因此在进行微程序设计时可以同时定义比较多的并行操作的微命令，来控制尽可能多的并行信息传送，从而使水平型微指令具有效率高及灵活性强的优点。而一条垂直型微指令中，一般只能完成一个操作，控制一两个信息传送通路，因此垂直型微指令的并行操作能力低，效率低。

2）水平型微指令执行一条指令的时间短，垂直型微指令执行时间长。

因为水平型微指令的并行操作能力强，因此与垂直型微指令相比，可以用较少的微指令数来实现一条指令的功能，从而缩短了指令的执行时间。同时，当执行一条微指令时，水平型微指令的微命令一般直接控制对象，而垂直型微指令需要译码，这也会影响执行速度。

3）由水平型微指令解释指令的微程序，具有微指令字比较长，但微程序短的特点。垂直型微指令则相反，微指令字比较短而微程序长。

4）水平型微指令用户难以掌握，而垂直型微指令与指令比较相似，相对来说比较容易理解和掌握。

5.4.6　微程序设计方法

微程序设计方法可分为静态微程序设计和动态微程序设计。

5.4.6.1　静态微程序设计

如果计算机的每条指令都固定对应着一套不能变的微程序，这些微程序设计完成后就不能改，也不容易改，这种设计叫作静态微程序设计。为了保存这些不变的微程序，通常会用一种只读存储器(ROM)作为控制存储器来存储它们。

5.4.6.2　动态微程序设计

在计算机指令系统设计中，若将每条指令对应的微程序存储在可擦除可编程的只读存储器(EPROM)中，并将该只读存储器作为控制存储器，则表明该系统的微指令和微程序能够根据实际应用需求进行灵活调整或更新。这样的灵活性允许我们改变机器的指令系统，这种技术称为动态微程序设计。通过动态微程序设计，微指令和微程序可以按需变更，因此，一台计算机能够轻松地实现多种类型的指令系统，极大地提升了其适应不同应用场景的灵活性和效率。尽管这一理念听起来非常吸引人，但由于编写微程序对普通用户而言技术门槛极高，实际操作中往往难以实现这一理想状态。

5.4.6.3　毫微程序设计

在传统的微程序控制计算机中，从主存储器读取的每条指令，都会交由位于控制存储器中的微程序来解析并执行，微程序则通过一系列控制线直接对硬件进行操作。然而，在采用毫微程序设计的计算机架构中，这一流程得到了进一步的细化：微程序并不直接操控硬件，而是作为中间层，通过调用存储在另一层更细致的控制存储器——毫微存储器中的毫微程序来实现其功能。这些毫微程序才是直接对硬件进行精确控制的指令集，我们称之为毫微指令。通过这样的双层控制机制，计算机在执行指令时能够展现出更高的灵活性和精确度。

这种双级控制架构的显著优势在于，它能够以较小的控制存储器容量实现高度的并行处理能力。具体而言，对于冗长的微程序，可以通过垂直编码的方式压缩存储于较小字长的控制存储器内，有效节省了空间。而毫微程序采用高效的水平并行格式，尽管这要求毫微存储器具备较长的字长，但鉴于毫微程序本身的短小精悍，实际占用的空间依然相对较少。然而，两级微程序架构也并非毫无瑕疵，它引入了一个主要缺陷：由于需要额外的时间来检索毫微指令，这不可避免地增加了操作的延迟时间。同时，这一设计也提升了 CPU 结构的复杂性，对设计和维护提出了更高的挑战。

相较于微程序机器中的微指令，毫微指令所执行的操作在层次上更为基础、更低一级。这种设计使得毫微程序能够深入计算机操作的更细微层面，特别是在控制主要总线的数据源和目的地上，毫微指令展现出更高的灵活性。在毫微程序控制的计算机体系中，其内部逻辑结构可以根据需要灵活调整，而该计算机本身在指令层面上并不具备专属的机器语言，这一特性使得它具备强大的仿真能力，能够模拟运行其他类型的计算机程序。

5.5 硬布线控制器

计算机控制器早期普遍采用硬布线设计，其核心在于构建专门逻辑电路以生成固定时序的控制信号，这些电路因此也被称为组合逻辑或硬布线控制器。设计追求最小化门电路使用与最大化操作速度。此逻辑网络复杂，由门电路与触发器交织成树状结构，构建后难以直接扩展新功能，除非进行彻底的重新设计与物理改造。然而，随着新一代计算机与VLSI 技术的飞跃，硬布线逻辑控制器的设计理念再次受到设计界的青睐与重新审视。

5.5.1 硬布线控制器的组成

硬布线控制器由树型逻辑网络 N、指令寄存器、指令译码器和节拍电位/节拍脉冲发生器等主要部件组成，如图 5.22 所示。其核心部件树形逻辑网络负责产生计算机所需的全部微操作命令信号，其输入信号来源有三个：

1)来自指令译码器的输出 $I_1 \sim I_j$；

2)来自执行部件的反馈信息 $B_1 \sim B_k$

3)来自时序产生器的时序信号，包括节拍电位信号 M 和节拍脉冲信号 T。其中节拍电位信号就是机器周期(CPU 周期)信号，节拍脉冲信号就是时钟周期信号。

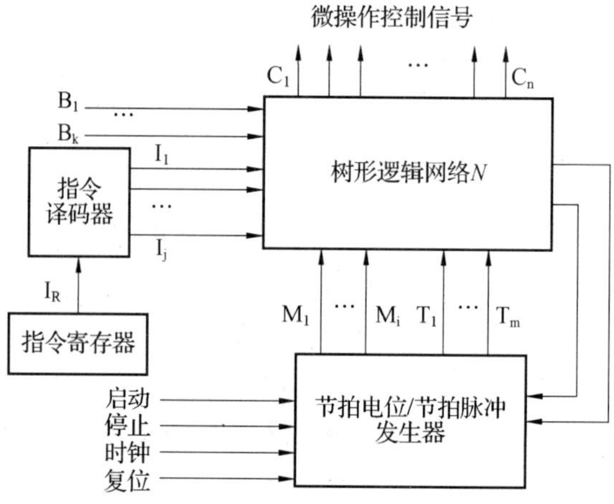

图 5.22 硬布线控制器结构方框图

逻辑网络的输出信号就是微操作控制信号，它用来对执行部件进行控制。另一些信号则根据条件变量来改变时序发生器的计数顺序，以便跳过某些状态，从而可以缩短指令周期。

因此，硬布线控制器的基本原理可叙述为：某一微操作控制信号 C_i 是指令译码器的输出 I_i、时序信号（节拍电位 M_i，节拍脉冲 T_i）和结果标志状态位 B_i 的逻辑函数，即

$$C_i = f(I_i, M_i, T_i, B_i)$$

5.5.2　指令执行流程

在采用硬布线架构的操作控制器设计中，时序发生器不仅负责生成节拍脉冲信号，还要能够生成节拍电位信号。鉴于一个完整的指令周期需顺序执行多个微操作，为确保操作的时序精确性，必须设置一系列节拍电位以进行时间管理。

如果系统采用同步工作模式，无论是长指令还是短指令，都需要遵循统一的节拍时间分配，这导致短指令在执行过程中存在时间上的冗余，未能高效利用每一节拍，进而拖慢了 CPU 处理指令的速度，影响了整体机器的性能指标。为优化这一状况，设计时可考虑对短指令流程进行精简，跳过非必要的节拍阶段。然而，这一策略也要求节拍信号发生器的电路设计更为复杂精细，以适应这种灵活的执行流程。

节拍电位信号的产生电路与节拍脉冲产生电路十分类似，它可以在节拍脉冲信号时序器的基础上产生，运行中以循环方式工作，并与节拍脉冲保持同步。

5.5.3　微操作控制信号的产生

在微程序控制器中，微操作控制信号由微指令产生，并且可以重复使用。

在硬布线控制器中，某一微操作控制信号由布尔代数表达式描述的输出函数产生。

设计微操作控制信号的方法和过程是：根据所有机器指令流程图，寻找出产生同一个微操作信号的所有条件，并与适当的节拍电位和节拍脉冲组合，从而写出其布尔代数表达式并进行简化，然后用门电路或可编程器件来实现。

为了防止遗漏，设计时可按信号出现在指令流程图中的先后次序书写程序，然后进行归纳和简化。要特别注意控制信号是电位有效还是脉冲有效，如果是脉冲有效，必须加入节拍脉冲信号进行相“与”。

5.5.4　微操作控制器的节拍设计

5.5.4.1　微操作的节拍设计原则

微操作的节拍安排应遵循以下三原则：

1）对于那些微操作顺序不可改变的微操作，设计节拍时必须注意微操作的先后顺序；

2）从时间的角度出发，对于那些控制对象不同的微操作，尽可能安排在同一个节拍内或同一节拍电位内执行；

3）对于那些占用时间不长的微操作，将它们安排在一个节拍内完成，且允许这些微操

作有先后顺序。

5.5.4.2 微操作的节拍设计流程

1)取指周期(节拍电位 M_1 周期)。

T_0 节拍：PC→MAR，1→RD，即程序计数器 PC 的值送地址寄存器 MAR，控制单元产生存储器读信号，即 RD 有效。

T_1 节拍：M(MAR)→MDR，PC+1→PC，即到对应存储单元中取指令送数据寄存器 MDR，修改程序计数器 PC 的值。

T_2 节拍：MDR→IR，IR→ID，即数据寄存器 MDR 送指令寄存器 IR，随后指令寄存器 IR 送指令译码器，输入指令译码电路，即树形逻辑网络。由于这两个微操作用时较短，且有先后顺序，所以根据原则 3)把它们安排在同一节拍内。

2)节拍电位 M_2 周期。

在间接寻址类指令中，执行周期的第一个周期称之为节拍电位 M_2 周期，其节拍安排如下：

T_0 节拍：Addr(IR)→MAR，1→RD，即把指令中的地址码部分送 MAR，控制单元产生存储器读信号，即 RD 有效。

T_1 节拍：M(MAR)→MDR，即取对应存储单元中取操作数送入 MDR。

T_2 节拍：MDR→ALU，即把 MDR 的源操作数送算术逻辑运算单元 ALU。

3)节拍电位 M_3 周期。

在间接寻址类指令中，执行周期的第二个周期称之为节拍电位 M_3 周期，其节拍安排根据指令不同而不同，主要包括取另一个操作数、运算类微命令和送运算结果到目的等等。

5.5.4.3 转移类指令微操作的节拍设计流程

1)无条件转移指令 JMP XX。

执行周期节拍安排：

T_0 节拍：无操作

T_1 节拍：无操作

T_2 节拍：Addr(IR)→PC，即把指令中的地址码部分送 PC，使 PC 指向转移目的地，即下一次要执行的指令。

2)条件转移指令 JC XX。

T_0 节拍：无操作

T_1 节拍：无操作

T_2 节拍：$CF \cdot Addr(IR)+\overline{CF} \cdot (PC) \rightarrow PC$

该指令的功能是测试运算过程中是否有进位/借位产生，有进位转移，无进位时则顺序执行程序。有进位/借位产生时 CF=1，$\overline{CF}=0$，即$\overline{CF} \cdot (PC)=0$，进而使 PC 等于 Addr

(IR)，即转移到指令中指定的目的处执行程序，实现有条件转移，无进位/借位产生时顺序执行程序。

总之硬布线控制器的设计是：

1)根据各条指令的功能要求，按照给出的数据通路编写每条指令的操作流程；

2)根据全部指令的操作流程，并与适当的时序信号相结合，写出每个微操作控制信号的逻辑表达式，并进行化简。

3)按此逻辑表达式，用与门、或门和非门等逻辑门电路及触发器来产生微操作控制信号。

5.6 现代 CPU 设计技术

5.6.1 流水 CPU

5.6.1.1 并行处理技术

自计算机问世以来，人们就怀揣着对高速运算的无限向往，这也促使并行处理技术逐渐成为推动计算机发展的核心力量。早期的计算机采用的是串行处理方式，好比一位忙碌的工人，一次只能专心致志地完成一项任务——无论是读写内存、进行算术逻辑运算，还是输入/输出操作，都得排队等候，无法并行执行。然而，并行处理技术的诞生彻底改变了这一局面，它让计算机能够同时处理多个任务，就像一支高效的团队，各自分工合作，互不干扰，从而极大地提高了计算机的运行速度，为用户带来了前所未有的高效体验。

并行性从广义上讲有两种含义：①同时性，指两个以上事件在同一时刻发生；②并发性，指两个以上事件在同一时间间隔内发生。(如操作系统中进程的并发执行。)

计算机的并行处理技术可贯穿于信息加工的各个步骤和阶段，概括起来，主要有以下三种形式。

1)时间并行。时间并行，又称为时间重叠，是通过在时间上对处理过程进行划分和重叠，使得多个处理步骤能够轮流使用硬件资源，从而提高系统的整体处理效率。

时间并行性实现方式主要是采用流水处理部件(流水线技术)。流水线技术是一种非常经济而实用的并行技术，它能够保证计算机系统具有较高的性能价格比。在流水线技术中，处理过程被划分成若干个相互独立的子过程(称为流水段或流水级)，每个子过程由一个或多个硬件部件完成。这些子过程在时间上相互错开，使得多个处理任务能够轮流重叠地使用同一套硬件设备的各个部分。

2)空间并行。空间并行指资源重复，即多套硬件设备同时处理，以“数量取胜”为原则来大幅度提高计算机的处理速度。大规模和超大规模集成电路的迅速发展为空间并行技术带来了巨大生机，因而空间并行技术已成为目前实现并行处理的一个主要途径。空间并行技术主要体现在多处理器系统和多计算机系统。

3)时间并行加空间并行。时间并行加空间并行指时间重叠和资源重复的综合应用，既采用时间并行又采用空间并行。例如，奔腾 CPU 采用了超标量流水技术，在一个机器周期中同时执行两条指令，因而既具有时间并行性，又具有空间并行性。显然，这种并行技术带来的高速效益是最好的。

5.6.1.2　流水 CPU

1)流水 CPU 的时空图。

计算机的流水处理过程非常类似于工厂中的流水装配线。为了实现流水，首先把输入的任务(或过程)分割为一系列子任务，并使各子任务能在流水线的各个阶段并发地执行，当任务连续不断地输入流水线时，在流水线的输出端便连续不断地输出执行结果，从而实现了子任务级的并行性。

如图 5.23 所示是流水 CPU 中一个指令周期的任务分解。该流水线中有 4 个子过程：取指令(IF)、指令译码(ID)、执行运算(EX)、结果写回(WB)，每个子过程称为过程段(Si)。为了叙述方便，假定每个子过程所用的时间都相同，都设为一个 CPU 周期。这样，一个流水线由一系列串联的过程段组成。各个过程段之间设有高速缓冲寄存器，以暂时保存上一过程段子任务处理的结果。在统一的时钟信号控制下，数据从一个过程段流向相邻的过程段。

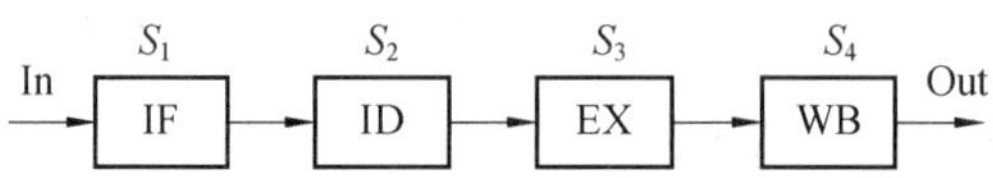

图 5.23　一个指令周期的指令流水线

图 5.24(a)表示非流水计算机的时空图。对非流水计算机来说，上一条指令的 4 个子过程全部执行完毕后才能开始下一条指令。因此，每隔 4 个 CPU 周期才有一个输出结果。

图 5.24(b)表示流水计算机的时空图。对流水计算机来说，上一条指令与下一条指令的 4 个子过程在时间上可以重叠执行。因此，当流水线满载时，每一个 CPU 周期就可以输出一个结果。

对比非流水计算机发现，流水计算机在 8 个单位时间中执行了 5 条指令，而非流水计算机在 8 个单位时间中仅执行了 2 条指令。显然，流水技术的应用，使计算机的速度大大提高。

图 5.24(c)表示超标量流水计算机的时空图。一般的流水计算机因只有一条指令流水线，所以称为标量流水计算机。所谓超标量流水，是指它具有两条或两条以上的指令流水线。当流水线满载时，每一个 CPU 周期可以执行 2 条指令。显然，超标量流水计算机是

时间并行技术和空间并行技术的综合应用。

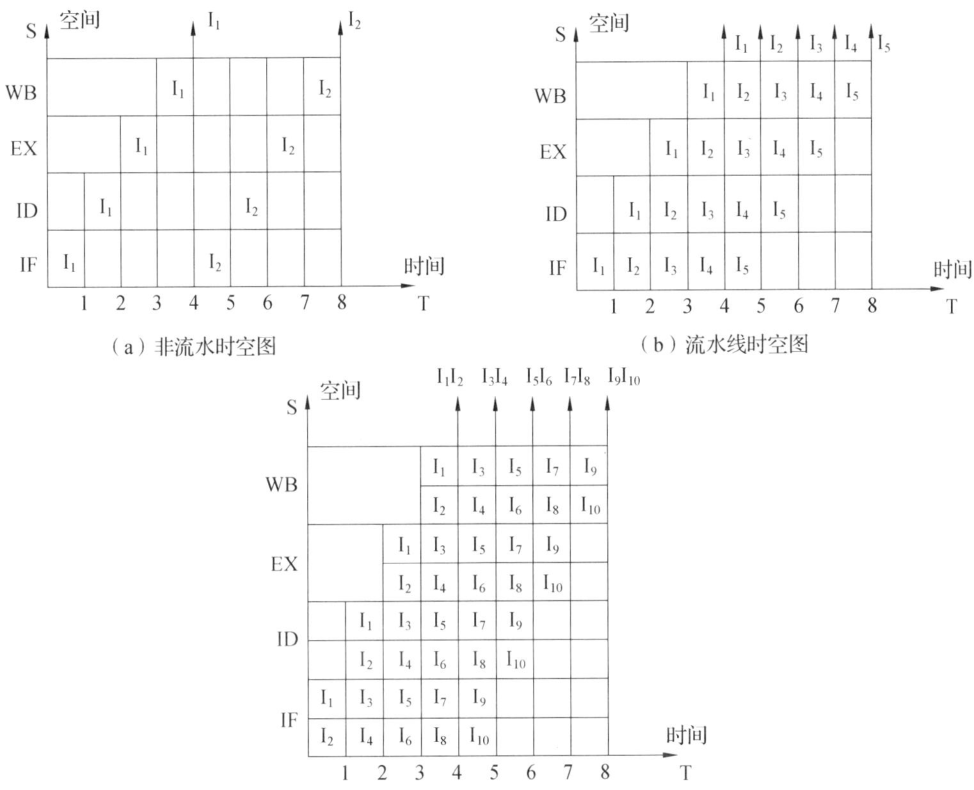

（a）非流水时空图　（b）流水线时空图　（c）超标量流水时空图

图 5.24　流水计算机的时空图

2)流水线分类。

一个计算机可以在不同的并行等级上采用流水线技术，常用的流水线形式有：

①指令流水线：指令流水线是指指令执行步骤上的并行。目前，几乎所有的高性能计算机都采用了指令流水线。

②算术流水线：算术流水线是指运算操作步骤中的并行，像流水加法器、流水乘法器、流水除法器等。例如，DSP 中的乘法器和加法器可以组成乘法累加(MAC)单元，并通过流水线技术实现连续的数据处理。

③处理机流水线：处理机流水线又称为宏流水线，是指程序步骤的并行。由一串级联的处理机构成流水线的各个过程段，每台处理机负责某一特定的任务。数据流从第一台处理机输入，经处理后被送入与第二台处理机相联的缓冲存储器中。第二台处理机从该存储器中取出数据进行处理，然后传送给第三台处理机，如此串联下去。随着高档微处理器芯片的出现，构造处理机流水线将变得容易了。处理机流水线应用在多级系统中。

④专用流水线：针对特定应用或算法设计的流水线，如图形处理单元(GPU)中的像素

处理流水线、顶点处理流水线等。这些流水线针对特定任务进行了优化，能够高效地完成该任务所需的计算。专用流水线技术在图形渲染、视频处理、科学计算等领域得到广泛应用。

⑤多级流水线：将流水线进一步细分为多个级别，每个级别包含多个子流水线或处理单元。通过增加流水线的级数，可以进一步提高处理器的并行处理能力，但同时也增加了流水线的复杂性和控制难度。一些高性能计算机和超级计算机采用了多级流水线设计，以实现极高的计算速度和吞吐量。

⑥超标量流水线：超标量流水线是一种能够同时执行多条指令的流水线技术。它通过在流水线的每个阶段引入多个功能单元，使得每个时钟周期内可以完成多条指令的执行。提高了指令级并行性(ILP)，能够充分利用现代处理器中的多核心、多线程和向量化等特性。在现代的 Intel、AMD 等处理器的设计中被广泛应用。

5.6.1.3 流水线中的主要问题

要使流水线具有良好的性能，必须使流水线畅通流动，不发生断流。但由于流水过程中会出现以下三种相关冲突，实现流水线的不断流是困难的，这三种相关冲突是资源相关冲突、数据相关冲突和控制相关冲突。

1)资源相关冲突。

资源相关冲突是指多条指令进入流水线后在同一时间段争用同一个功能部件(如内存)所发生的冲突。从表 5.2 中可看出，在时间段 3 时，指令 I_1 的 EX 段与指令 I_3 的 IF 段都要访问存储器，此时便发生两条指令争用存储器资源的相关冲突。解决资源相关冲突最简单的办法是增设一个存储器，将指令和数据分别存放在两个存储器中。

表 5.2 指令发生资源相关冲突

指令	时间段						
	1	2	3	4	5	6	7
I_1	IF	ID	EX	WB			
I_2		IF	ID	EX	WB		
I_3			IF	ID	EX	WB	
I_4				IF	ID	EX	WB

2)数据相关冲突。

在流水计算机中，指令的处理是重叠进行的，前一条指令还没有结束，第二、三条指令就陆续地开始工作。由于多条指令的重叠处理，当后继指令所需的操作数刚好是前一条指令的运算结果时，便发生数据相关冲突。如表 5.3 所示，指令流水线同上，在时间段 4 时，I_1 指令的 WB 段的处理结果还没有出来，而 I_2 指令的 EX 段此时就要用这个结果，便发生了数据相关冲突。

表 5.3　指令发生数据相关冲突

指令	时间段						
	1	2	3	4	5	6	7
I_1	IF	ID	EX	WB			
I_2		IF	ID	EX	WB		
I_3			IF	ID	EX	WB	
I_4				IF	ID	EX	WB

解决数据相关冲突的一种办法是在运算部件和取数部件之间设置直接的数据通路，一旦运算部件产生出运算结果，立即传给取数部件使用。

3)控制相关冲突。

控制相关冲突是由条件转移指令引起的。当执行条件转移指令时，依据转移条件的不同，可能为顺序地取下一条指令，也可能转移到新的目标地址取指令，从而使流水线发生断流。为了减小条件转移指令对流水线性能的影响，常用两种处理技术：延迟转移法和转移预测法。

延迟转移法由编译程序重排指令序列来实现。基本思想是“先执行再转移”，即发生转移取时并不排空指令流水线，而是让紧跟在转移指令 I_b 之后已入流水线的少数几条指令继续完成。如果这些指令是与 I_b 结果无关的有用指令，那么延迟损失时间片正好得到了有效的利用。

转移预测法由硬件方法来实现，依据指令过去的行为来预测将来的行为。通过使用转移取和顺序取两路指令预取队列器以及目标指令 cache，可将转移预测提前到取指阶段进行，以获得良好的效果。

5.6.2　多媒体 CPU

多媒体 CPU，作为计算机系统的核心组件，在多媒体数据处理和通信应用中发挥着至关重要的作用。随着科技的飞速发展，多媒体 CPU 不仅在性能上不断提升，还在结构上实现了诸多创新，以满足日益增长的多媒体应用需求。

5.6.2.1　多媒体 CPU 技术特点

1)MMX 技术。

多媒体扩展(Multimedia Extensions，简称 MMX)技术是一种针对多媒体应用优化的指令集扩展。MMX 技术通过引入新的数据类型、寄存器和新指令，极大提高了计算机在图形、图像、音频、视频等多媒体数据处理方面的能力。具体来说，MMX 技术包括：

①新的数据类型：支持字节(B)、字(W)、双字(D)和四字(Q)等多种数据类型，使得处理复杂数据更加高效。

②扩展的寄存器：使用8个64位宽的MMX寄存器，为多媒体数据处理提供了更大的存储空间。

③新增指令：增设了57条新指令，专门用于多媒体数据的加速处理。

2)SIMD架构。

SIMD(Single Instruction, Multiple Data，单指令多数据)架构是多媒体CPU的另一个重要特点。这种架构允许CPU同时对多个数据进行相同的操作，大大提高了数据处理速度。例如，在图像处理中，SIMD架构可以同时对多个像素进行颜色调整，从而显著提升渲染速度。

5.6.2.2 多媒体CPU的结构组成

多媒体CPU的内部结构复杂而精密，主要包括以下几个部分：

1)控制单元。

控制单元是CPU的指挥中心，负责从内存中读取指令，并通过译码单元分析指令内容，生成控制信号。这些控制信号指导运算逻辑单元和寄存器进行正确的操作。

2)运算逻辑单元(ALU)。

运算逻辑单元是CPU的智能部件，负责执行各种算术和逻辑运算。在多媒体处理中，ALU需要频繁执行加、减、乘、除以及逻辑运算等操作，以处理图像、音频等复杂数据。

3)寄存器。

寄存器是CPU内部的小型存储区域，用于暂存指令和数据。在多媒体处理中，寄存器需要频繁地读写数据，以支持高速的数据处理需求。

4)缓存(Cache)。

缓存是CPU与内存之间的临时存储区域，用于存放最近访问的数据和指令。高速缓存(如L1、L2、L3缓存)可以显著提高CPU的数据访问速度，从而加快多媒体处理的速度。

5)总线。

总线是CPU内部各部件之间以及CPU与外部设备之间进行数据传输的通道。在多媒体处理中，大量的数据需要在CPU、内存、显卡等部件之间快速传输，总线的设计和优化对于提高整体性能至关重要。

5.6.2.3 应用场景

多媒体CPU广泛应用于各种需要高效数据处理和通信的场合，主要包括：

1)图形图像处理。

多媒体CPU特别适合于处理图形和图像数据，如三维图形渲染、图像处理软件等。通过高效的运算能力和扩展的指令集，多媒体CPU可以大幅提升图形图像处理的速度和效果。

2)视频处理。

在视频编辑、转码和播放等应用中，多媒体CPU发挥着关键作用。通过优化视频数据的处理流程，多媒体 CPU 可以确保视频内容的流畅播放和高效处理。

3) 音频处理。

音频编辑、音乐合成和语音识别等应用也需要强大的多媒体 CPU 支持。通过提供高速的运算能力和丰富的指令集，多媒体 CPU 可以确保音频数据的精准处理和高效传输。

4) 虚拟现实(VR)和增强现实(AR)。

在 VR 和 AR 等前沿应用中，多媒体 CPU 同样扮演着重要角色。通过提供高性能的数据处理能力和实时响应能力，多媒体 CPU 可以确保用户在虚拟环境中获得沉浸式体验。

本章小结

本章详细探讨了计算机中央处理器(CPU)的结构、功能及其工作原理，深入分析了指令周期、时序发生器、微程序控制器和硬布线控制器等核心内容，并简要介绍了现代 CPU 设计技术如流水线技术和多媒体 CPU 的特点。

本章概述了 CPU 作为计算机系统的核心部件，其主要功能包括指令控制、操作控制、时间控制、数据处理及中断和异常处理等。CPU 由运算器和控制器两大核心部分组成，其中运算器负责执行算术和逻辑运算，而控制器则负责指令的读取、译码以及生成相应的控制信号。

本章还详细阐述了指令周期的概念，包括指令周期、机器周期和时钟周期的关系，以及不同类型指令(如非访内指令、访内指令、程序控制指令等)的指令周期特点。通过具体指令的执行过程，展示了 CPU 如何协调各部件完成指令的执行。

在时序发生器部分，本章介绍了时序信号的概念、作用及其体制，详细描述了时序信号产生器的组成和工作原理。时序信号对于确保计算机各部件的协调有序工作至关重要，是计算机控制器中的核心部件之一。

微程序控制器部分是本章的重点内容之一。本章详细介绍了微程序控制的基本概念、微指令与微程序的组成、微地址的形成以及微指令的编码方式。通过微程序控制器的工作原理，展示了如何利用微程序实现复杂的指令控制功能。同时，本章还对比了水平型微指令和垂直型微指令的特点和适用场景。

硬布线控制器作为另一种重要的控制器实现方式，也在本章中做了详细介绍。硬布线控制器通过构建专门的逻辑电路来生成控制信号，具有设计简单、执行速度快的优点。然而，其灵活性相对较差，难以适应指令系统的变化。

最后，本章简要介绍了现代 CPU 设计技术，包括流水线技术和多媒体 CPU 的特点。流水线技术通过提高指令执行的并行度来显著提升 CPU 的性能，而多媒体 CPU 则针对多媒体应用进行了优化，具有更强的数据处理能力和更优的性能表现。

通过本章的学习，读者可以全面了解 CPU 的结构、功能及其工作原理，为后续深入学习计算机体系结构、操作系统等课程打下坚实基础。

习　题

一、选择题

1. 中央处理器(CPU)中的哪个部分负责执行算术和逻辑运算？(　　)

A. 控制单元　　B. 算术逻辑单元(ALU)

C. 缓存　　D. 寄存器

2. 下列哪项不是 CPU 的主要性能指标？(　　)

A. 主频　　B. 核心数　　C. 内存容量　　D. 缓存大小

3. CPU 中的控制单元主要负责什么？(　　)

A. 数据运算　　B. 指令解码与执行控制

C. 数据存储　　D. 能量供应

4. 关于 CPU 的架构，以下哪种说法是正确的？(　　)

A. 所有 CPU 都采用相同的架构

B. ARM 架构主要用于移动设备，而 x86 架构多用于桌面和服务器

C. CPU 架构对软件兼容性没有影响

D. 架构的选择不影响 CPU 的性能

5. 指令周期是指(　　)。

A. CPU 执行一条指令所需的最短时间

B. CPU 执行所有指令的平均时间

C. 内存访问周期

D. 计算机开机到关机的时间

6. 下列哪个不是指令周期的典型阶段？(　　)

A. 取指　　B. 译码　　C. 执行　　D. 数据传输至外设

7. 微程序控制器中，微程序是由什么组成的？(　　)

A. 微指令序列　　B. 机器指令序列

C. 汇编指令序列　　D. 高级语言程序

8. 下列哪项不是微程序控制器的优点？(　　)

A. 灵活性高，易于修改和扩展

B. 实现复杂指令集时，设计相对简单

C. 执行速度比硬布线控制器快

D. 便于实现指令系统的兼容性

9. 微程序控制器中的控制存储器通常用来存储(　　)。

A. 微指令　　B. 数据　　C. 地址信息　　D. 状态信息

10. 关于流水线技术的 CPU，以下哪个说法是正确的？(　　)

A. 流水线技术通过同时执行多条指令的不同部分来提高 CPU 的性能。

B. 流水线技术将指令分割成更小的微操作，但每次只能执行一个微操作。

C. 流水线技术降低了 CPU 的时钟频率，从而减少了功耗。

D. 流水线技术增加了每条指令执行所需的时钟周期数。

11. 在一个 4 级流水线 CPU 中(取指、译码、执行、写回)，如果每个流水线阶段都需要 1 个时钟周期，那么连续执行 4 条不相关的指令，理想情况下需要多少个时钟周期？(　　)

A. 1 个时钟周期　　B. 4 个时钟周期

C. 8 个时钟周期　　D. 16 个时钟周期

12. 下列哪项不是流水线技术中可能遇到的问题？(　　)

A. 数据冒险　　B. 结构冒险　　C. 控制冒险　　D. 指令冗余

二、填空题

1. CPU 中的________单元负责从内存中读取指令，解码并控制其他部件执行这些指令。

2. CPU 的性能在很大程度上取决于其________，它表示 CPU 每秒钟能够执行的指令周期数。

3. 在 CPU 中，________是用来暂时存储正在处理的数据或即将处理的数据的，以提高访问速度。

4. 指令周期通常包括________、译码、执行和写回等几个主要阶段。

5. 在指令周期的________阶段，CPU 会根据指令的类型和操作码来确定要执行的操作。

6. 微程序控制器通过________来产生控制信号，以控制计算机各部件的操作。

7. 在微程序控制器中，每一条微指令都包含操作控制字段和________字段。

8. 微程序控制器的执行过程实际上是逐条执行________的过程。

三、简答题

1. 请简述中央处理器(CPU)的基本结构及其各部分的主要功能。

2. 指令执行的周期有哪些？

3. 简述指令如何执行？

4. 简述微程序控制器的基本工作原理。

5. 解释微程序控制器中“微程序”与“机器指令”之间的关系，并说明它们是如何协同工作的。

四、计算分析题

1. 设某计算机CPU的主频为8 MHz，每个机器周期平均含2个时钟周期，每条指令平均有4个机器周期，问：

(1)该计算机的平均指令执行速度为多少MIPS?

(2)若CPU主频不变，但每个机器周期平均含4个时钟周期，每条指令平均有4个机器周期，则该机的平均指令执行速度为多少MIPS?

(3)以上两个问题可以得出什么结论?

2. 考虑一个具有三级流水线(取指、译码、执行)的CPU，每级流水线需要1个时钟周期来完成其任务。假设每个指令周期都需要经过这三级流水线，且流水线完全充满时，每个时钟周期可以完成一条新指令的某个阶段。请计算：

(1)在没有流水线冲突的情况下，该CPU执行5条指令所需的总时钟周期数。

(2)相比没有流水线的情况(即每条指令顺序执行，每条指令需要3个时钟周期)，流水线效率提高了多少(以百分比表示)?

3. 一个5级流水线CPU(取指、译码、执行、访存、写回)的时钟频率为1 GHz。假设每个流水线阶段都需要1个时钟周期，且流水线完全充满(即没有空泡和冒险)。请计算：

(1)该CPU的理想吞吐量(每秒执行多少条指令)是多少?

(2)如果由于某种原因，流水线在每个周期都需要停滞一个阶段(即每个周期都有一个空泡)，那么实际的吞吐量是多少?

第6章
存储系统

【知识目标】

1. 了解存储器的作用及分类；理解存储器的层次结构；掌握存储器的技术指标。

2. 掌握 SRAM、DRAM 的工作原理、逻辑结构及读写过程，掌握 ROM 的工作原理及分类；掌握存储器容量的扩充方法。

3. 掌握 CPU 与存储器的连接方式。

4. 掌握高速缓冲存储器的结构及工作原理。

5. 了解常见辅助存储器的分类。

【素质目标】

通过介绍我国在计算机存储系统领域取得的重大突破和成就，如超快闪存技术的研发、磁振子新型逻辑器件的提出，以及在全球超级计算 IO500 榜单中的登顶夺冠等，激发学生的民族自豪感和爱国热情。同时，引导学生认识到科技创新对于国家发展的重要性，树立为实现科技自立自强、建设科技强国而努力奋斗的远大理想。在学习过程中，培养学生的创新意识、实践能力和团队合作精神，鼓励学生勇于探索未知领域，不断攀登科技高峰，为推动我国计算机存储系统乃至整个信息技术领域的进步贡献智慧和力量。

在深入探讨了计算机系统的基本框架、数据如何在计算机内部被表示与运算、以及指令系统如何指导 CPU 执行复杂任务之后，我们即将踏入计算机体系结构的另一核心领域——存储器系统。存储器系统是计算机中不可或缺的一部分，它不仅是 CPU 处理数据与信息的源泉，也是存放程序指令、中间结果及最终输出的仓库。一个高效、可靠的存储器系统对于提升计算机的整体性能至关重要。本章我们将深入探索存储器的层次结构、工作原理、组成方式以及与其他部件(如 CPU)的联系，同时简要介绍存储器性能优化策略以及现代存储器技术的发展趋势，旨在使读者对计算机的存储器及存储系统有一个较全面的了解。

6.1 存储器系统概述

6.1.1 存储器的定义与分类

存储器是计算机系统中用于存储数据和程序的部件，它负责保存计算机运行所需的一切信息。根据存储介质和存取方式的不同，存储器可以分为多种类型。按存储介质分类，主要包括半导体存储器(如 RAM、ROM)、磁存储器(如硬盘、磁带)、光存储器(如光盘)等。按存取方式分类，则可分为随机存取存储器(RAM)、顺序存取存储器(SAM)、直接存取存储器(DAM)等。其中，RAM 因其可读写性和快速存取能力，成为计算机系统中最重要的存储器类型之一。

6.1.1.1 按存储介质分类

存储介质是指能存储“0”“1”两种代码并能区别两种状态的物质或元器件。存储介质主要有半导体器件、磁性材料和光盘等。

1)半导体存储器。

半导体存储器，基于半导体技术制造，用于读取和存储数字信息，具有速度快、功耗低、体积小、抗震抗摔等诸多优点。半导体存储器可按其材料的不同，分为双极型(TTL)半导体存储器和 MOS 半导体存储器两种。前者具有高速的特点；后者具有高集成度的特点，并且制造简单，成本低廉，功耗小，故被广泛应用。

2)磁表面存储器。

磁表面存储器利用涂覆在载体表面(如铝合金或塑料)的磁性材料，通过磁性材料的两种不同磁化状态来表示二进制信息的“0”和“1”。具体而言就是，将磁性材料均匀地涂覆在载体上，便形成了磁盘或磁带等存储介质，它们通过磁头与基体之间的相对运动来实现信息的读写。由于用具有矩形磁滞回线特性的材料作为磁表面物质，按其剩磁状态的不同而区分“0”或“1”，而且剩磁状态不会轻易丢失，故这类存储器具有非易失性的特点。

3) 磁芯存储器。

磁芯存储器的工作原理基于磁畴的翻转。每个磁芯由铁磁性材料制成，具有两个稳定的磁化方向，分别对应于二进制数据中的“0”和“1”。通过精密设计的读写线圈，可以对特定的磁芯施加电流脉冲，从而改变其磁化状态，实现数据的写入。读取时，则通过检测磁芯的磁化状态变化产生的电信号来恢复存储的信息。磁芯存储器也是不易失的永久记忆存储器。不过，磁芯存储器的体积过大、工艺复杂、功耗太大，故 20 世纪 70 年代后，逐渐被半导体存储器取代，目前几乎已不被采用。

4) 光盘存储器。

光盘存储器是一种利用光学技术将信息编码并保存在光盘上的数据存储设备。光盘表面涂有一层特殊的材料(如有机染料或碳性物质)，这些材料在激光的作用下会发生物理或化学变化，从而记录下数据。当激光束照射到光盘表面时，通过检测反射光的变化，可以读取存储在光盘上的信息。光盘存储器同样也是属于非易失性的存储器，它具有记录密度高、耐用性好、可靠性高和互换性强等特点，但相较于现代硬盘和固态硬盘而言，也有存储容量相对较小，读写速度相对较慢等局限性。

6.1.1.2　按存取方式分类

按存取方式可把存储器分为随机存储器、只读存储器、顺序存取存储器和直接存取存储器等。

1) 随机存储器(Random Access Memory，RAM)。

RAM 是一种可读/可写存储器，其特点是存储器的任何一个存储单元的内容都可以随机存取，而且存取时间与存储单元的物理位置无关。计算机系统中的主存、高速缓存(Cache)、外设缓存都采用这种随机存储器，以实现高效的数据处理与交换。由于存储信息原理的不同，RAM 又分为静态 RAM(SRAM)和动态 RAM(DRAM)。

2) 只读存储器(Read Only Memory，ROM)。

只读存储器(ROM)是一种特殊类型的存储介质，它允许用户读取其中存储的数据，但禁止用户进行写入或修改操作。一旦数据被初始化并存储到 ROM 中，这些数据在程序的执行过程中便成为固定不变的。用户只能读取这些数据，而无法通过常规手段去改变或添加新的内容。鉴于这一特性，ROM 常被用来存储固定的程序代码、常量值、汉字字符集，甚至是操作系统的基础部分，以确保这些关键信息的稳定性和安全性。ROM 与随机存取存储器(RAM)相辅相成，两者可以共同构成计算机主存储器的组成部分，共享统一的地址空间，实现数据的综合管理与访问。

早期只读存储器的存储内容根据用户要求，厂家采用掩模工艺，把原始信息记录在芯片中，一旦制成后无法更改，称为掩模型只读存储器(Mask ROM，MROM)。随着半导体技术的发展和用户需求的变化，只读存储器先后派生出可编程只读存储器(Programmable

ROM，PROM）、可擦除可编程只读存储器（Erasable Programmable ROM，EPROM）以及电擦除可编程只读存储器（Electrically-Erasable Programmable ROM，EEPROM）。近年来还出现了闪速存储器 Flash Memory，它具有 EEPROM 的特点，而且速度比 EEPROM 快得多。

3）串行访问存储器。

当执行对存储单元的读取或写入操作时，若这些操作遵循按其物理位置的自然序列来定位地址，则此类存储器被定义为串行访问存储器。显而易见，此类存储机制因信息存放位置的不同，会导致读/写操作的耗时存在差异。以磁带存储器为例，无论信息存储于何处，每次读写均需从介质的起点开始，依序查找，因此，此类存储器也被称作顺序存取存储器。

此外，还存在一种部分串行访问特性的存储器，典型代表为磁盘。在磁盘的读写过程中，首先通过直接指定存储器中的特定小区域（即磁道）作为起始点，随后在该区域内按序搜索直至找到确切位置。这一过程结合了直接定位与顺序搜索两个阶段，前部分是直接访问，后部分则是串行访问，因此被归类为直接存取存储器。

6.1.1.3 按在计算机中的作用分类

存储器按在计算机系统中的作用不同，主要分为主存储器、辅助存储器、缓冲存储器。

主存储器（简称主存）的主要特点是它可以和 CPU 直接交换信息。辅助存储器（简称辅存）是主存储器的后援存储器，用来存放当前暂时不用的程序和数据，它不能与 CPU 直接交换信息。两者相比，主存速度快、容量小、每位价格高；辅存速度慢、容量大、每位价格低。缓冲存储器（简称缓存）用在两个速度不同的部件之中，例如，CPU 与主存之间可设置一个快速缓存，起到缓冲作用。

6.1.2 存储器系统的层次结构

在理解计算机中存储器系统的层次结构之前，我们需要首先明确的是存储器和存储系统是两个不同的概念。存储器是计算机中用于存储信息的部件，这些信息包括控制信息、数据信息、地址信息等所有在计算机程序中需要处理的内容。从上一小节的内容我们知道了根据不同的分类特点，存储器可以被分为不同的类别，而每种不同的存储器的性能特点不同，如高速缓冲存储器的存取速度非常快但价格高，容量小；主存相较于高速缓冲存储器来说容量大，但速度又比高速缓存慢。随着计算机的应用领域的逐渐广泛，对存储器的要求也越来越高，既要求存储器的容量大、速度快，又要求成本低。这样看来，期望只依赖一个存储器就同时兼顾这三个方面是不现实的。

因此，在当前计算机体系架构中，为了调和存储器在速度、容量与成本之间的冲突，达到一个理想的平衡点，普遍采用了层次化的存储结构方案。所谓存储系统的层次结构，即将多种特性各异的存储器，包括不同的存储容量、访问速度及成本，依据层级关系巧妙地整合为多层结构。并通过管理软件与辅助硬件的协同工作将这些存储器组合为一个高效统一的整体。在这样的架构下，程序与数据被智能地分配到各个层次的存储器中，以全面满足计算机系统对存储器的多样化需求。如图 6.1 为计算机存储器系统层次结构图。

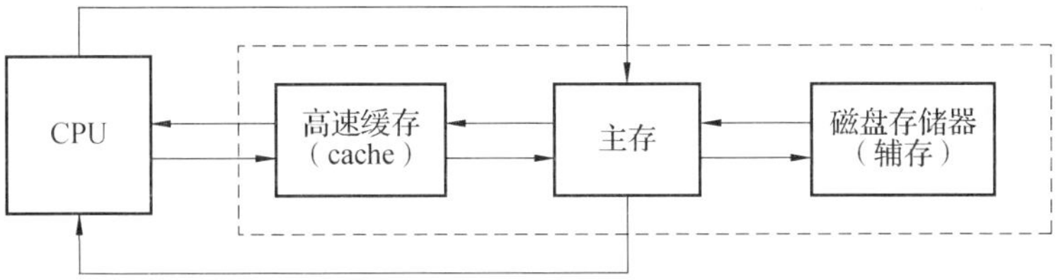

图 6.1　存储器系统层次结构

在图 6.1 中虚线框内的三类不同存储器之间的连接表示了计算机中的存储器系统层次结构的划分。即高速缓存-主存层次结构和主存-辅存层次结构两层。从图中可知，CPU 能直接访问的存储器称为内存储器，包括 Cache 和主存储器。CPU 不能直接访问辅存储器，辅存储器的信息必须调入内存储器后才能被 CPU 处理。在这三种存储器中，高速缓存容量最小，辅存容量最大；高速缓存的速度最快，辅存的速度最慢；高速缓存的位价比最高，辅存的位价比最低。图 6.2 为三种存储器速度、容量和位价的关系。图中由上至下，容量越来越大，速度越来越慢，位价比越来越低，CPU 访问的频度也越来越少。最上层的寄存器通常都被制作在 CPU 芯片内，其速度最快，位价最高，容量最小，不属于存储器系统的层次结构。

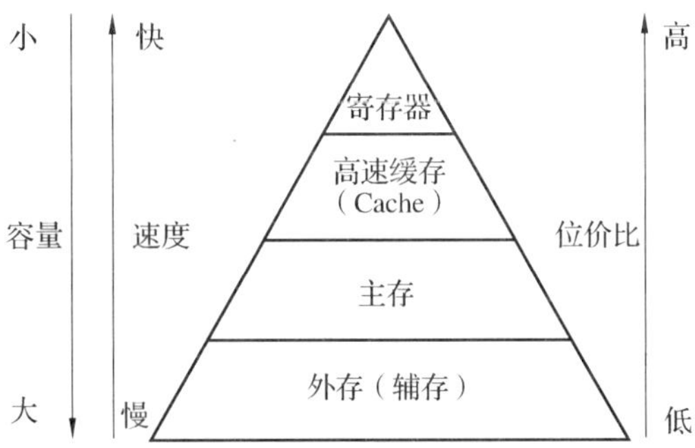

图 6.2　存储器速度、容量和位价比的关系

在存储器系统的两个层次结构中，高速缓存—主存层次主要解决 CPU 和主存速度不匹配的问题。在计算机中，主存用来存放将要参与运行的程序和数据，但随着集成电路技术的飞速发展，CPU 的运行速度远超主存，两者速度差距越来越大。为了使它们之间速度更好地匹配，在主存与 CPU 之间插入了比主存速度高很多的高速缓存。这样一来，只要将 CPU 近期要用的信息调入缓存，CPU 便可以直接从缓存中获取信息，从而提高访存速度。但由于缓存的容量小，因此需不断地将主存的内容调入缓存，使缓存中原来的信息被替换掉。主存和缓存之间的数据调动是由硬件自动完成的，对程序员是透明的。

主存—辅存层次则主要解决存储系统的容量问题。从图 6.1 和图 6.2 我们可知辅存速度最慢且不能和 CPU 直接交换信息，但是它的容量比主存大得多，且辅存具备掉电不丢失的特点，所以可以存放大量暂时未用到和期望长期保存的信息。当 CPU 需要用到这些信息时，再将辅存的内容调入主存，供 CPU 直接访问。主存和辅存之间的数据调动是由硬件和操作系统共同完成的。

从 CPU 的角度看，缓存和主存的组合就像是一个快速但空间不大的小仓库(缓存)和一个空间大但速度稍慢的大仓库(主存)。小仓库速度很快，就像我们急需去取东西时一样，但空间有限；大仓库虽然慢些，但东西可以存很多。这样，我们既得到了速度，又不用付出高昂的成本去造一个大而快的仓库。再来看主存和辅存这一层，它们就像是家里的储藏室和地下室。储藏室(主存)是我们经常用的，速度还行，空间也不小；而地下室(辅存)虽然存取东西时得走远点，速度慢些，但空间超级大，放些不常用的东西很划算。这样，我们既保证了常用的东西能快速拿到，又不用担心东西没地方放，还不用花太多钱去扩大储藏室。现代的计算机系统几乎都具有这两个存储层次，构成了缓存、主存、辅存三级存储系统。

在主存—辅存这一层次的不断发展中，逐渐形成了虚拟存储系统。在这个系统中，程序员编程的地址范围与虚拟存储器的地址空间相对应。这里描述的是虚拟存储单元的个数不是容量，所以用 16M 表达没有错误。可是这个数量与主存的实际存储单元的个数相比要大得多，称这类指令地址码为虚拟地址或逻辑地址，而把主存的实际地址称为物理地址或实地址。物理地址是程序在执行过程中能够真正访问的地址。对具有虚拟存储器的计算机系统而言，程序员编程时，可用的地址空间远远大于主存空间，给用户营造出了一个具有极大容量主存的“假象”，而实际这个主存并没有这么大容量，这就是将其称为虚拟存储器的原因。在计算机运行过程中，凡是通过虚拟地址对虚拟存储器进行访问，其实质都是将该虚拟地址转换为物理地址进而访问主存的过程。对虚拟存储器而言，其逻辑地址变换为物理地址的工作是由计算机系统的硬件和操作系统自动完成的，对程序员是透明的。当虚拟地址对应存储单元的内容在主存时，机器便可立即使用；若虚拟地址对应的存储单元内容不在主存，则必须先将此虚地址的内容传递到主存的合适单元后再为机器所用。

6.1.3 存储器的性能指标

计算机中存储器的主要性能指标包括存储容量、存取速度、带宽、可靠性、功耗、单位成本和耐久性等多个方面。这些指标共同决定了存储器的性能和经济性，对于计算机的整体性能具有重要影响。

6.1.3.1 存储容量

存储容量指的是存储器中所能存储的二进制代码的总位数或总字节数。它反映了存储器存储数据的能力。存储容量通常由存储单元个数和存储字长决定，即存储容量 = 存储单元个数 × 存储字长。存储容量也常用 KB、MB、GB、TB 等单位来表示，其中 $1KB=2^{10}B=$

1024B，1MB = 2^{20}B，以此类推。

6.1.3.2 存取速度

存取速度是衡量存储器性能的重要指标之一，它反映了存储器读写数据的快慢。存取速度可以通过存取时间(也称为访问时间)来衡量。存取时间是指从启动一次存储器操作到完成该操作所经历的时间。存取时间包括读出时间和写入时间，读出时间是指从 CPU 向存储器发出有效地址和读命令开始，被选中单元的内容读出送上数据总线为止所用的时间。写入时间是指从 CPU 向存储器发出有效地址和写命令开始，直到信息写入被选中的存储单元为止所用的时间。此外，存取周期也是衡量存取速度的一个重要参数，它指的是存储器进行连续读写操作所需的最短间隔时间。存取周期等于存取时间加上下一存取开始前所要求的附加时间。通常存取周期会略大于存取时间，因为一次存取操作后，需要一定的稳定恢复时间，才能进行下一次存取操作。

6.1.3.3 存储带宽

带宽表示存储器每秒可以传输的数据量，通常以字节/秒(B/s)或位/秒(b/s)来表示。带宽越大，表示存储器在连续访问时能够提供的数据传送速率越高，数据传输速度越快。

6.1.3.4 存储器的可靠性

可靠性是指存储器在长期使用过程中保持数据完整性和稳定性的能力。存储器的可靠性通常用平均无故障时间(Mean Time Between Failures，MTBF)来衡量，MTBF 反映存储器两次故障之间的平均时间间隔。MTBF 值越大意味着存储器可靠性越高。

6.1.3.5 存储器的功耗

功耗是指存储器在工作过程中消耗的电能。随着技术的发展，低功耗的存储器越来越受到重视，因为低功耗有助于减少计算机的总体能耗，提高能源利用效率。

6.1.3.6 单位成本

单位成本是指每单位存储容量(如每字节或每位)的制造成本或市场价格。它是衡量存储器经济性的一个重要指标。

6.1.3.7 耐久性

耐久性指的是存储器经过多次擦写后还能保持良好的读写性能的能力。通常用擦写次数来衡量，对于闪存等可重复擦写的存储器来说，耐久性是一个重要的考虑因素。

6.2 主存储器

从之前的章节内容中我们已经多次提到计算机中的程序和数据存储在存储器中，且 CPU 可以直接访问的存储器是主存储器，也叫内存储器，简称“内存”或“主存”，它负责存放正在运行和即将运行的程序和数据。因此主存储器是计算机存储系统中的核心部分。主存一般由 ROM 和 RAM 两部分组成，其中 RAM 存储器是构成主存存储体空间的主要存储器类型。如图 6.3 所示是微型计算机中主存储器的硬件实物图，通常称为“内存条”。

图 6.3　内存条

6.2.1　主存储器结构及工作原理概述

6.2.1.1　主存存储器的基本组成

在第 1 章已经介绍过主存主要由存储体 M、MAR 寄存器和 MDR 寄存器组成，实际上，根据按地址进行访存操作的原理，主存储器通常由存储体(M)、地址寄存器(MAR)、地址译码驱动电路、数据寄存器(MDR)、读/写电路和逻辑控制电路组成。如图 6.4 所示。

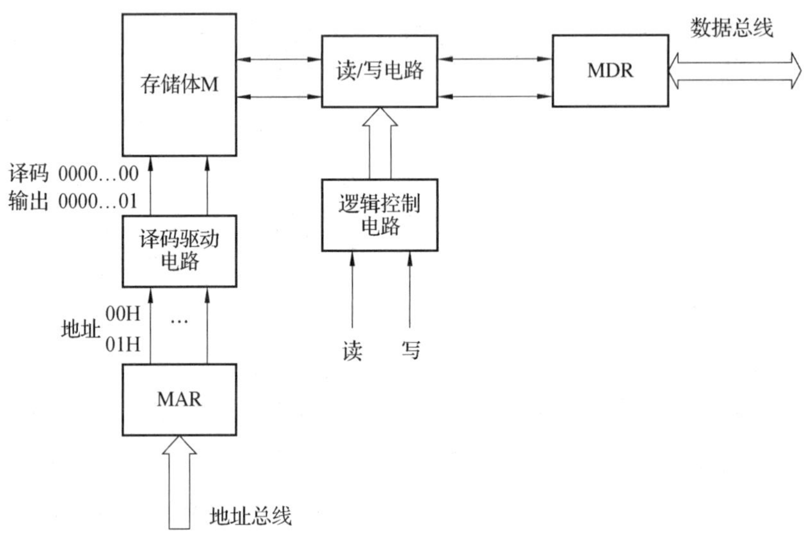

图 6.4　主存的组成框图

现代计算机的主存都由半导体集成电路构成，图中的译码驱动电路和读写电路均制作在存储器芯片中，而 MAR 和 MDR 被集成在 CPU 芯片内。

6.2.1.2　主存储器的工作原理

当计算机执行程序时，CPU 首先将需要访问的存储单元地址发送到地址寄存器

(MAR)中，再由 MAR 将该地址通过地址总线送往主存储器中的。地址译码器随后将 MAR 中的地址通过译码驱动电路转换为选中对应的存储单元的电信号。

若需读取数据，则控制线路将“读”使能信号发送到存储单元，存储单元中的数据通过读/写电路和数据总线传输到数据寄存器(MDR)，再由 MDR 送至 CPU 进行处理。

若需写入数据，则 CPU 将数据通过数据总线写入 MDR，控制线路再将“写”使能信号发送到存储单元，完成数据的写入操作。整个过程中，数据和控制信号的传输均通过总线系统实现，确保了 CPU 与主存储器之间的高效交互。这一工作原理确保了计算机能够快速地存取数据，支持程序的连续执行。如图 6.5 所示为主存和 CPU 之间的联系通路。

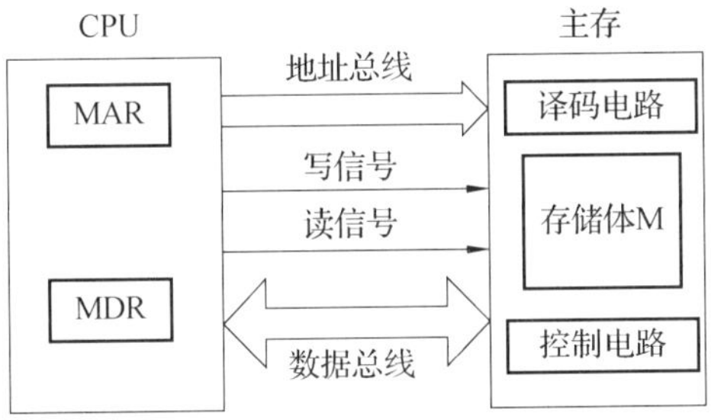

图 6.5　主存和 CPU 的数据通路

6.2.1.3　主存储器的译码驱动方式

主存的译码驱动方式主要指的是半导体存储芯片如何根据 CPU 给出的地址信号来选择并访问特定的存储单元。主要有两种：线选法和重合法。这两种方式在结构复杂度、适用场景以及存储容量等方面存在差异。

1)线选法。

线选法，也称为直接选通法，其特点是用一根字选择线(字线)直接选中一个存储单元的各位(如一个字节的各个位)。如图 6.6 所示是一个 16×8 位线选法存储芯片的结构示意图。

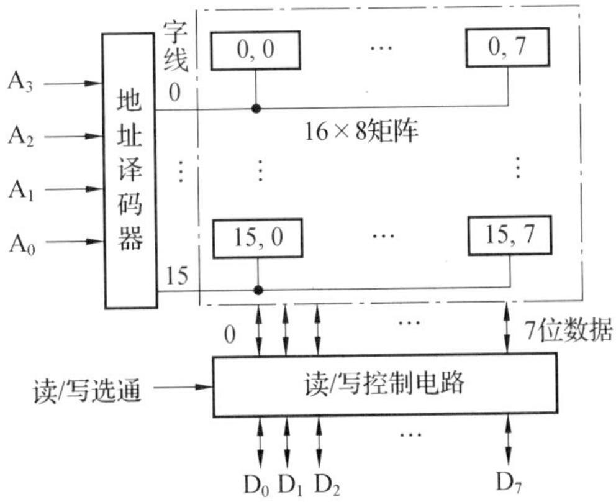

图 6.6　16×8 位线选法结构示意图

上图中 4 位的访存地址 $A_3A_2A_1A_0$ 输入到译码驱动电路后可以产生一个 16 位的输出驱动信号用以选中存储体中的一个存储单元的各位。如当地址线 $A_3A_2A_1A_0$ 为 0000 时，则第 0 号字线被选中，对应图 6.6 中的第一行 8 位存储元的内容可直接读出或将 8 位代码写入这 8 个存储元中。线选法结构相对简单，但只适用于容量不大的存储芯片。

2)重合法。

重合法，也称为行列选择法或二维译码法，其特点是将存储单元组织成二维矩阵形式，分别通过行地址译码器和列地址译码器来选择存储单元。如图 6.7 所示是一个 1K×1 位重合法结构示意图。

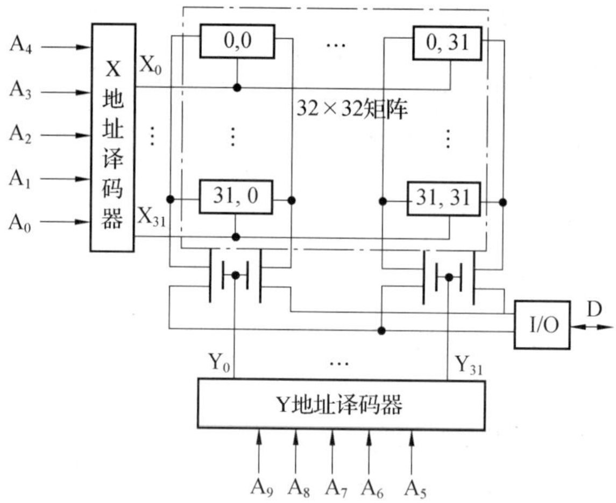

图 6.7　1K×1 位重合法结构示意图

从图 6.7 可以看到重合法译码电路包含 X 地址译码器和 Y 地址译码器，对比线选法的结构来看，若地址线都为 10 根，线选法的译码输出会产生 1024 根线路连接，而重合法只要用 64 根输出选择线(X、Y 两个方向各 32 根)，便可选择 32×32 存储矩阵中的任一位。例如，当地址线为全 1 时，译码输出 X_{31} 和 Y_{31} 有效，矩阵中第 31 行和第 31 列共同选中的那位即被选中。当欲构成 1K×8 位的存储器时，只需要 8 片如图 6.7 所示的存储器芯片即可。重合法结构复杂但集成度高，适用于大容量存储器。

6.2.1.4　主存中存储单元地址的分配

存储体中最小的存储单元称为存储元，它能且仅能存放一位二进制代码 0 或 1；由若干个存储元组成一个存储单元，存储单元是计算机中数据处理的基本单位；由多个存储单元就构成了一个存储体 M。为了区分存储器中不同的存储单元，给每个一个存储单元都设置了一个唯一的存储单元地址编号，数据的存储是按地址进行的。根据该地址就可以准确地指定一个存储单元，且可读出或写入一个存储字，这就是所谓的按地址访问存储器的方法。

不同的计算机存储字长也不一定相同，为了满足字符处理的需要，对存储单元的编址通常可按字节编址也可按字编址。存放一个字节的单元，称为字节存储单元，对应的地址称为字节地址。存放一个机器字的存储单元，称为字存储单元，对应的地址称为字地址。

存储单元地址分配方式主要有按字节寻址和按字寻址两种。按字节寻址时，每个字节都分配一个独立地址，适用于所有类型的数据访问，而按字寻址则针对特定长度的数据块(如字或双字)进行地址分配，以优化数据访问效率。地址线负责传输存储单元的地址信息，其数量决定了存储器的寻址范围。例如，在一个 16KB 的存储器中，若地址线有 14 根，则按字节寻址可访问 16384 个字节，若存储字长为 2 字节，则按字寻址可访问 8192 个字。这些地址以二进制形式表示，并通过地址总线传输至主存，以实现 CPU 与主存之间的数据交互。

另外，在进行多字节数据存储时，通常有大端模式和小端模式两种存储顺序。

1)大端模式。

大端模式是指数据的高位字节(即最高有效位，MSB)保存在内存的低地址中，而数据的低位字节(即最低有效位，LSB)保存在内存的高地址中。这种存储模式有点儿类似于把数据当作字符串顺序处理，地址由小向大增加，而数据从高位往低位放。

例如，有一个 32 位的整数 0x12345678，在大端模式下，它在内存中的存储顺序如图 6.8 所示。

内存地址	存储内容
低地址	0x12
	0x34
	0x56
高地址	0x78

图 6.8　大端模式

大端模式与人类阅读顺序相似，即重要的信息(高位)在前面。一些早期的计算机架构和网络协议采用大端模式，如网络协议中的 IP 地址通常采用大端模式存储。

2)小端模式。

小端模式是指数据的低位字节保存在内存的低地址中，而数据的高位字节保存在内存的高地址中。这种存储模式将地址的高低和数据位权有效地结合起来，高地址部分权值高，低地址部分权值低，和人类的逻辑方法一致。

例如，同样以 32 位的整数 0x12345678 为例，在小端模式下，它在内存中的存储顺序为图 6.9 所示。

内存地址	存储内容
低地址	0x78
	0x56
	0x34
高地址	0x12

图 6.9　小端模式

在计算机内部处理数据时，由于低位字节常常用于表示较小的数值或更频繁地被访问，因此小端模式在处理这类数据时更为高效。现代许多计算机体系结构(如 x86 和 x86_64)都采用小端模式。

6.2.2 主存储器的发展情况

计算机主存储器的发展经历了显著变革，主要体现于在以下几方面：

6.2.2.1 技术的演变

1)从电子管到半导体：早期的计算机主存储器使用的是电子管，但这些电子管体积庞大、功耗高且寿命较短。随着半导体技术的发展，尤其是集成电路的兴起，半导体存储器逐渐取代了电子管成为主存储器的主流技术。这一转变极大地提高了存储器的可靠性和性能，并降低了成本和功耗。

2)静态随机存取存储器(SRAM)与动态随机存取存储器(DRAM)：在半导体存储器中，SRAM 和 DRAM 是最常见的两种类型。SRAM 具有更快的存取速度和更好的稳定性，但成本较高且存储容量有限。DRAM 具有较高的存储密度和较低的成本，但存取速度相对较慢且需要定期刷新以保持数据不丢失。随着技术的进步，DRAM 和 SRAM 的性能和容量都在不断提升。(关于这两种存储器类型的详细内容会在之后小节的内容中讨论)。

3)新型存储器技术：近年来，随着科技的飞速发展，一些新型存储器技术如嵌入式存储、量子存储等也开始崭露头角。这些技术不仅在速度上有了巨大的提升，还在存储容量和安全性方面取得了显著的进展。然而，这些技术目前仍处于研发阶段，尚未大规模商业化应用。

6.2.2.2 主存性能的提升

1)存取速度：随着技术的发展，主存储器的存取速度不断提高。这得益于存储介质和电路设计的改进以及制造工艺的提升。存取速度的提升使得计算机能够更快地处理数据和执行指令，从而提高了整体性能。

2)带宽：存储器带宽是衡量数据传输速率的重要指标。随着主存储器性能的提升，其带宽也在不断增加。这有助于满足现代计算机对高速数据传输的需求。

6.2.2.3 存储容量的变化

1)存储容量增长：随着制造工艺的进步和集成度的提高，主存储器的存储容量不断增加。从早期的几 KB 到现在的几 GB 甚至几 TB，存储容量的增长为计算机提供了更大的数据存储和处理能力。

2)容量扩展技术：为了满足不同应用场景的需求，主存储器还采用了多种容量扩展技术如位扩展、字扩展和字位同时扩展等。这些技术使得主存储器能够根据实际需求灵活配置存储容量。

6.2.2.4 市场趋势

1)市场需求增长：随着数字化转型、云计算、人工智能、物联网和 5G 技术的推进，对存储器的需求持续增加。大数据、高清视频、虚拟化和边缘计算等应用的兴起进一步推动了存储器市场的增长。

2)国产化趋势：近年来，国内存储器产业在政策和市场的双重驱动下取得了显著进展。一些本土企业积极投入存储器研发和制造领域，努力实现技术自主创新。这有助于降低国内市场的对外依赖并提升本土产业竞争力。

6.2.3 随机存取存储器(RAM)

计算机中的主存储器主要由具有易失性、快速访问、随机访问、容量限制和易变性等特性的存储器芯片构成，这种类型的存储器被称为随机存取存储器(RAM)。

随机存取存储器是一种可读可写的半导体存储器，它允许数据的读写操作在任意位置进行，且读写速度相对较快。RAM 通常作为操作系统或其他正在运行中的程序的临时数据存储介质，用于存放程序运行时所需的代码和数据。同时 RAM 还具有易失性的特点，即当电源关闭时，存储在 RAM 中的数据会丢失。

随机存取存储器按其存储信息的原理不同，可分为静态 RAM(SRAM)和动态 RAM(DRAM)两大类。

6.2.3.1 静态随机存取存储器(Static RAM，SRAM)

1)SRAM 存储单元电路及工作原理。

SRAM 是一种基于双稳态触发器(flip-flop)原理构建的随机存取存储器，这种随机存取存储器只要不断电，信息就不会丢失，且由于是利用触发器的工作原理来存储信息，因此信号不随时间改变和消失，属于非破坏性的读出。如图 6.10 为常见的由 6 个 MOS 管组成一个 SRAM 存储单元的电路结构。

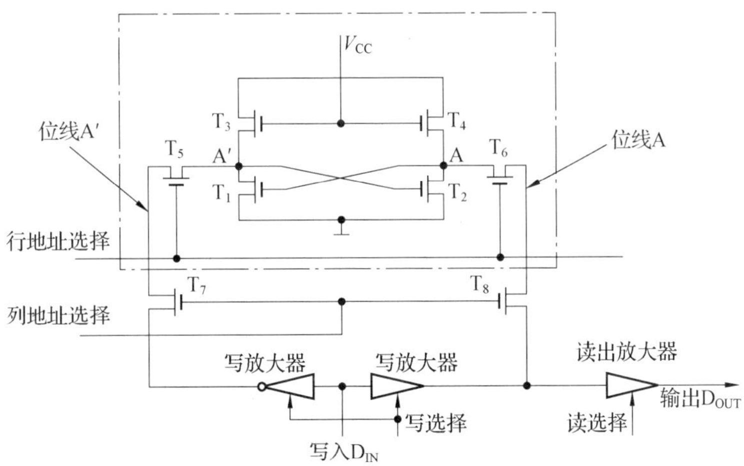

图 6.10 SRAM 的基本存储单元电路

图 6.10 中 $T_1 \sim T_4$ 表示四个 MOS 管组成的触发器基本电路，也是 SRAM 的存储核心，用以实现对一位“0”或“1”代码的“存储”，T_5、T_6 是两个受行地址选择信号控制的开关，由 $T_1 \sim T_6$ 这 6 个 MOS 管共同构成一个基本存储单元电路。T_7、T_8 受列地址选择控制，分别与位线 A′和 A 相连，它们并不包含在基本存储单元电路内，而是存储芯片内同一列的各个基本单元电路所共用的。

为方便讨论，假设触发器已存有“1”信号，即 A 点为高电平。当执行读操作时，只要使行、列地址选择信号均为高电平，则会使 T_5、T_6、T_7、T_8 均导通，此时 A 点“存储”的高电平通过 T_6 后，再由位线 A 通过 T_8 作为读出放大器的输入信号，在读选择信号有效时，将“1”信号从输出 D_{OUT} 端读出。

当执行写操作时，不论触发器原状态如何，只要将待写入的代码送至图 6.10 中的 D_{IN} 端，在写选择信号有效时，经两个写放大器，使两端输出为相反电平。当行、列地址选择有效时，使 T_5、T_6、T_7、T_8 均导通，并将 A 与 A′点置成完全相反的电平。这样，欲写入的信息就可以“存入”该基本单元电路中。

2）SRAM 典型芯片举例。

存储器芯片是采用超大规模集成电路制造工艺，在一个芯片内集成具有记忆功能的存储矩阵、译码驱动电路和读/写电路等的电子器件。其芯片外围引脚主要由地址总线、数据总线和控制总线（包括片选线和读/写控制线）以及基本电源引脚构成。

Intel 2114 是一种静态随机存取存储器（SRAM）芯片，以其高速度、低功耗和非易失性而著称。其容量为 1K×4 位。即 1024 个存储单元，每个单元存储 4 位二进制数据，总容量为 4096 位或 512 字节。Intel 2114 通常采用 DIP（双列直插式封装），具有 18 个引脚。图 6.11 为 Intel 2114 的引脚图。

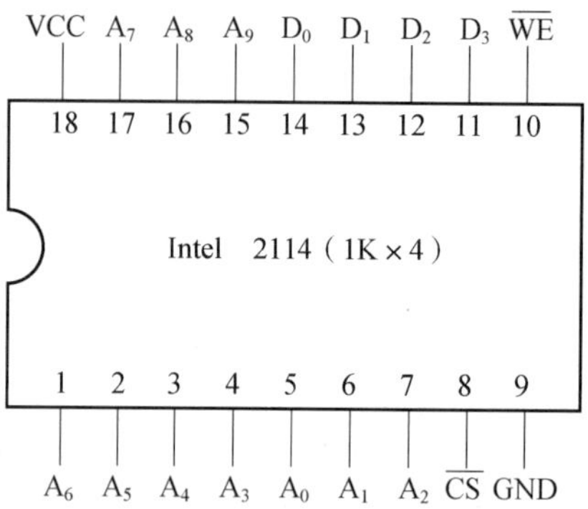

图 6.11 Intel 2114 引脚图

2114 芯片的 18 和 9 号引脚分别为电源引脚 VCC 和接地引脚 GND；共有 10 条地址线 $A_0 \sim A_9$ 用以连接系统的地址总线实现来自 CPU 的访存地址的传递，进而对芯片内的 1K 个存储单元进行寻址；$D_0 \sim D_3$ 为双向数据端口，连接系统的数据总线，当选中一个四位的存储单元后，即可对其进行4位并行数据的读/写操作。2114芯片有两条控制线，分别为$\overline{CS}$和$\overline{WE}$。其中$\overline{CS}$为存储器芯片的片选端，低电平有效，即当该引脚接收到低电平的片选信号后，该2114芯片被选中工作。$\overline{WE}$为写使能端(低电平为写，高电平为读)，接收CPU送来的读/写命令。

Intel 2114的存储元就是6个MOS管构成的存储元结构，其内部的存储体为64×64存储矩阵，其中64列对应64对T5、T6管。64列又分为4组，每组包括16列，4组分别与4路读/写电路相连，对应4位数据线。图6.12为2114的内部结构示意图。

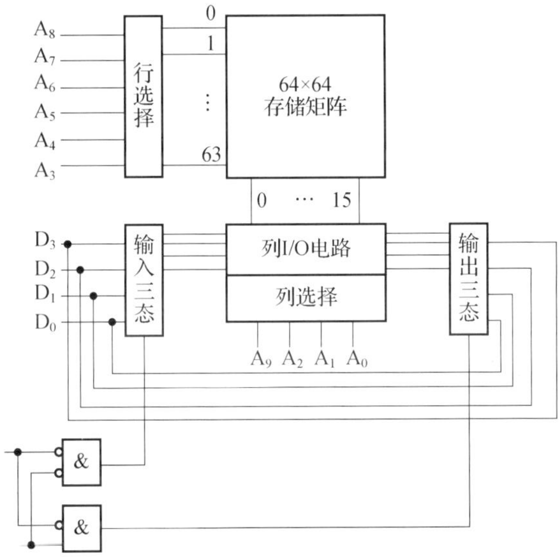

图6.12 Intel 2114内部结构示意图

从图中结构可看出，2114采用重合法进行地址译码，其中A_3~A_8用于行选择，从64行中选择1行；A_0~A_2和A_9用于列选择，通过复合译码从16条列选择线中选择1列(注意一列选择线同时接到存储矩阵的4条列线，因此同时选中4个基本存储单元)。列I/O电路即为读/写电路，构成四位数据线D_0~D_3受I/O三态门的控制实现双向数据传输。当$\overline{CS}$和$\overline{WE}$均为低电平时，输入三态门打开，D_0~D_3上的数据即写入指定地址单元中。当$\overline{CS}$为低电平、$\overline{WE}$为高电平时，输出三态门打开，列I/O电路的输出经片内总线输出至数据线D_0~D_3上。

3)SRAM的读/写周期时序。

①读周期时序。

图6.13为静态2114芯片的读周期时序示意图。2114芯片的读周期时序是确保数据正确读取的关键过程，它涉及多个时间参数和信号状态。读周期是指芯片连续两次读操作之间的完整过程，包括地址有效、数据输出稳定等多个阶段。在这个过程中，必须确保片选

信号和读写信号处于正确的电平状态，其中$\overline{CS}$为低电平、$\overline{WE}$为高电平，以保证数据能够正确地从存储单元中读出并传输到外部数据总线上。关键的时间参数包括读周期时间(t_{RC})，它定义了连续两次读操作之间的最小间隔时间，以及读出时间(t_A)，它反映了从地址有效到数据稳定输出的速度。此外，还有片选到数据输出稳定时间(t_{CO})，它确保了片选信号有效后，数据能够迅速且稳定地输出到外部数据总线上。在读周期中，地址信号首先变为有效状态，指定要读取的存储单元位置，随后片选信号变为低电平有效状态，选中对应的存储芯片。经过一定的延迟，被选中单元中的数据开始被读出，并通过 I/O 电路传输到外部数据总线上。在此过程中，需要确保 t_{CO}时间足够长，以便数据能够在外部数据总线上稳定出现。当数据稳定输出后，读周期结束，此时可以开始下一次读操作或进行其他操作，但需注意保持 t_{RC}时间间隔。

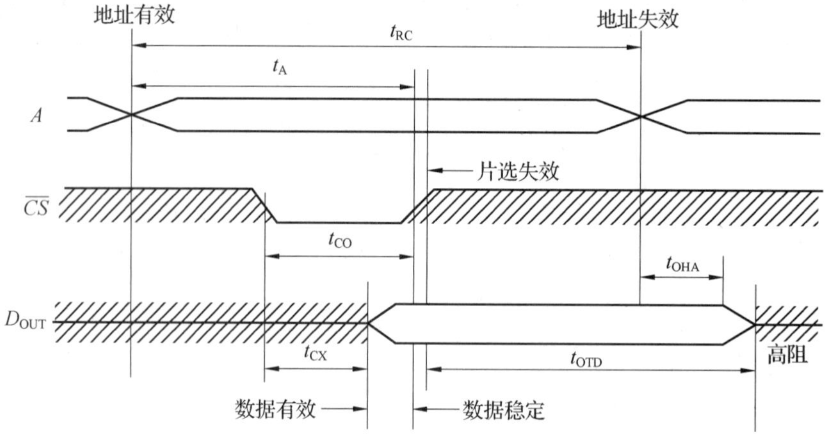

图 6.13　2114 芯片的读周期时序

②写周期时序。

图 6.14 为静态 2114 芯片的写周期时序示意图。其写周期时序涉及多个关键时间参数，这些参数共同定义了芯片连续两次写操作之间的最小时间间隔以及数据写入过程中的各种延迟。写周期时序参数包括写周期时间(t_{WC})，它表示对芯片连续进行两次写操作的最小间隔时间，并由滞后时间(t_{AW})、写入时间(t_W)和写恢复时间(t_{WR})共同决定。滞后时间确保地址稳定后再开始写操作，防止因地址变化过快导致的数据写入错误。写入时间则保证数据在写允许信号有效期间内被稳定写入存储器单元。写恢复时间则保证写操作完成后地址线的稳定，防止在数据写入过程中地址线变化导致的数据覆盖或写入错误。除此之外，还有其他相关时间参数，如写入数据必须在写允许信号无效之前 t_{DW}时间就送到数据总线上，以及写允许信号无效后，数据还要保持的时间 t_{DH}。在进行写操作时，必须确保 CPU 时序与存储器写周期的配合，以避免时序冲突导致的数据写入错误。不同型号的 SRAM 芯片可能有不同的写周期时序参数，具体参数值应参考芯片手册或数据表。

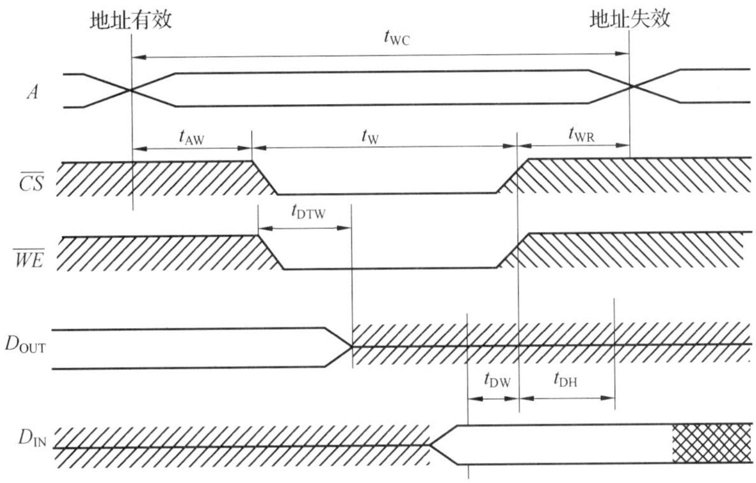

图 6.14 2114 芯片的写周期时序

需特别说明的是，不论是对存储器进行读操作还是写操作，在读周期和写周期内，地址线上的地址始终不变。

4）SRAM 的应用领域。

由于 SRAM 具有高速访问速度和稳定性等优点，它被广泛应用于各种需要快速数据访问的场合中。以下是一些典型的应用领域：

①高速缓存：SRAM 常被用作计算机系统中的高速缓存层，特别是作为 CPU 的一级缓存。这是因为 SRAM 的快速读写速度能够显著提高 CPU 的数据访问速度，从而加速程序的执行。

②寄存器文件：在微处理器和微控制器中，SRAM 也常被用于构建寄存器文件。这些寄存器用于存储临时数据和指令，对于快速执行计算机程序至关重要。

③嵌入式系统：SRAM 在嵌入式系统中也有广泛应用，如智能手机、平板电脑、汽车电子等。这些系统通常需要高速的数据存储和处理能力，而 SRAM 正好能够满足这些需求。

④图形处理器：在图形处理器（GPU）中，SRAM 也被用于存储纹理数据、帧缓冲区等图像相关的信息。由于图形处理需要大量的数据计算和并行处理，SRAM 的高速读写能力和稳定性使其成为 GPU 中的理想选择。

⑤通信设备：SRAM 还可以作为通信设备的内存，用于存储通信协议和数据等关键信息。

6.2.3.2 动态随机存储器（Dynamic RAM，DRAM）

SRAM 的存储原理是基于触发器，而 DRAM 是利用电容存储电荷的原理来寄存信息，以存储电荷的多少（即电容电压的高低）来表示“1”和“0”。常见的动态 RAM 的每个存储元一般由 3 个或单个 MOS 管加上电容组成，由于电容上的电荷一般只能维持 1~2 ms，因此 DRAM 需要定期刷新以保持数据的稳定性。与 SRAM 相比，DRAM 的集成度较高、功耗也低。虽然 DRAM 的存取速度比 SRAM 慢，但其容量大，一般被广泛用来构成计算机系统中的内存。

1) DRAM 存储单元电路及工作原理。

常见的 DRAM 的存储单元结构有四管 MOS 型、三管 MOS 型和单管 MOS 型。本节内容主要对单管 MOS 型的存储单元结构和工作方式进行介绍。图 6.15 是单管动态 RAM 基本存储单元电路示意图。其存储单元电路结构主要由一个读写开关管 T_1(通常是一个 MOS 晶体管)和一个存储电容 C 组成。T_1 作为开关，控制对存储电容器的访问。当需要读取或写入数据时，通过控制晶体管的导通与截止，实现对存储电容器上电荷的操作；电容 C 用于存储数据，电容器上的电荷量代表存储的数据，通常，如果电容器上存有电荷，则表示存储单元存储了逻辑“1”；如果电容器上没有电荷或电荷量低于某个阈值，则表示存储单元存储了逻辑“0”。

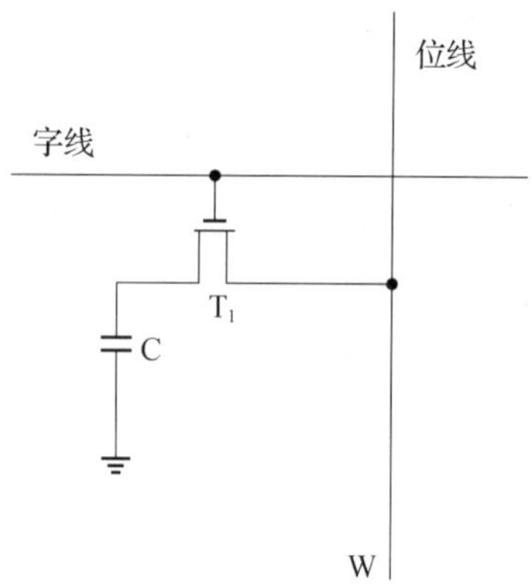

图 6.15　单管动态 RAM 基本存储单元电路

①数据写入：当需要写入数据时，首先通过给行地址线路(也称为字线)加高电平，选中特定的行，使得该行上的晶体管开关 T_1 处于导通状态。然后，通过位线 W 将数据信号送入选定的存储单元。如果写入的是“1”，则对存储电容器充电；如果写入的是“0”，则通过位线将电容器上的电荷泄放掉。当数据写入完毕，将字线加低电平，T_1 则断开，使得电容 C 基本没有放电回路，其上的电荷(信息)就可暂存数毫秒，或者维持无电荷的 0 状态。

②数据读取：读取操作时通过给字线上加高电平，使得该行上的晶体管开关 T_1 导通，若电容 C 有电荷，经 T_1 管在位线 W 上产生电流，可视为读出“1”。若电容 C 无电荷，则数据线上无电流，可视为读出“0”。读操作结束时，C 的电荷已释放完毕，故是破坏性读出，必须再生，即刷新。

③数据刷新：由于存储电容器会自然放电，导致存储的数据逐渐丢失，因此 DRAM 需要定期进行刷新操作。刷新操作类似于读取操作，但目的不是为了获取数据，而是为了重新对存储电容器充电，以维持数据的正确性。

2) DRAM 典型芯片举例。

Intel 2164 芯片是一款典型的 DRAM 芯片，主要被用在早期的 PC 机中用以构成主存储器。该芯片容量为 64K×1 位(即共有 65536 个存储单元，每个单元存储 1 位数据)；芯片共有 16 个外部引脚，包括地址线 8 根，数据线 2 根、控制线 3 根以及电源和接地引脚。图 6.16 所示为 2164 芯片引脚图和内部结构图。

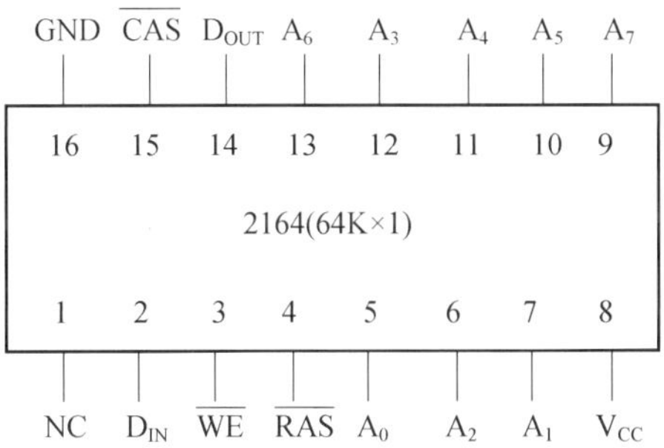

(a) 存储芯片2164引脚示意图

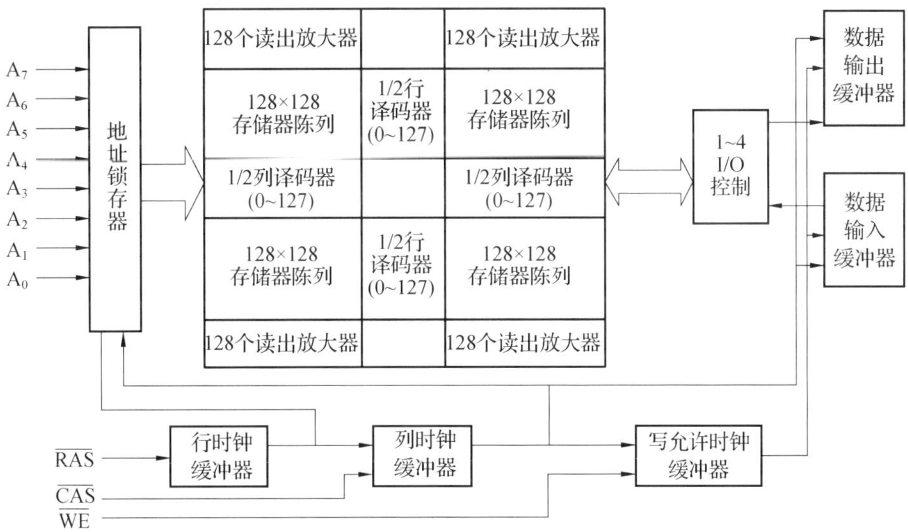

(b) 2164芯片内部结构

图 6.16　2164 芯片引脚及内部结构

图 6.16(a)所示 2164 有 8 条外部地址线 $A_7 \sim A_0$，但内部通过地址多路器技术处理(分时复用)，实际上可接收 16 位地址信号(8 位行地址和 8 位列地址)，以实现对 64K 存储空间的寻址。芯片内部结构如图 6.16(b)所示，65536 个存储单元被划分为 4 个 128×128 的矩阵，每个译码矩阵配有 128 个读出放大器，且各配有一套 I/O 控制(读/写)电路。具体

实现过程为行选 $\overline{RAS}$ 为低电平时，将 $A_7 \sim A_0$ 作为行地址，送入芯片内的行地址锁存器。列选 $\overline{CAS}$ 低电平时将 $A_7 \sim A_0$ 作为列地址，送入芯片内的列地址锁存器。行地址锁存器向行译码器提供 8 位的行地址 $RA_7 \sim RA_0$，经译码后产生对应的行选择线；然后列地址锁存器送入 8 位列地址 $CA_7 \sim CA_0$，经译码后产生对应的列选择线。行地址中的 RA_7 和列地址中的 CA_7 负责选择 4 套 I/O 控制电路之一和四个译码矩阵之一。因此，16 位地址是分成两次送入芯片的，对于某一地址码，每次只有一个 128×128 矩阵和它的 I/O 控制电路被选中。除此之外数据输入为 D_{IN}，数据输出为 D_{OUT}。$\overline{WE}$ 低电平时执行写操作，高电平时执行读操作。引脚 1 空闲未用，将行选信号送到引脚 1，可在芯片内自动实现动态刷新。

3) DRAM 芯片的读/写周期时序。

仍然以 2164 芯片为例说明。

①读周期时序。

2164 的读周期时序图如图 6.17(a) 所示，读周期由行地址选通信号(RAS)有效开始，即 $\overline{RAS}=0$。此时，需要确保行地址已经先于 RAS 信号有效，并且在 RAS 信号有效后维持一段时间，以保证行地址被正确锁存。在行地址被锁存后，发出有效的读命令，即 $\overline{WE}=1$，这样有助于提高读出速度。然后列地址选通信号(CAS)变得有效。同样，列地址也需要在 CAS 信号有效前已经准备好，并在 CAS 信号有效后保持一段时间，以确保列地址被可靠锁存。从 CAS 信号有效到指定单元的信息被读出并送到数据总线上需要一定的时间。这段时间取决于存储器的内部结构和速度。在数据稳定后，D_{OUT} 引脚会输出数据。在数据输出后，如果没有其他操作(如写操作或下一个读操作)发生，存储器通常会进入高阻状态，等待下一个指令。

读周期的主要时间参数如下：

t_{RC}：读周期，即两次发出行选信号之间的时间间隔；

t_{RP}：行选信号恢复时间；

t_{RAC}：从发出行选信号到数据输出有效的时间；

t_{CAC}：从发出列选信号到数据输出有效的时间；

t_{RO}：从发出行选信号到数据输出稳定的时间。

②写周期时序。

2164 的写周期时序图如图 6.17(b) 所示，首先，需要确保行地址已经先于 RAS 信号有效，写周期同样由行地址选通信号(RAS)有效开始，即 $\overline{RAS}=0$。行地址在 RAS 信号有效后维持一段时间，以保证行地址被正确锁存。在行地址被锁存后，发出有效的写命令，即 $\overline{WE}=0$。但在发有效的列选信号之前没有列线被选中，且待写入的数据也还未在数据总线上准备好，因而还未真正写入，只是开始写的准备工作。在准备好列地址与输入数据

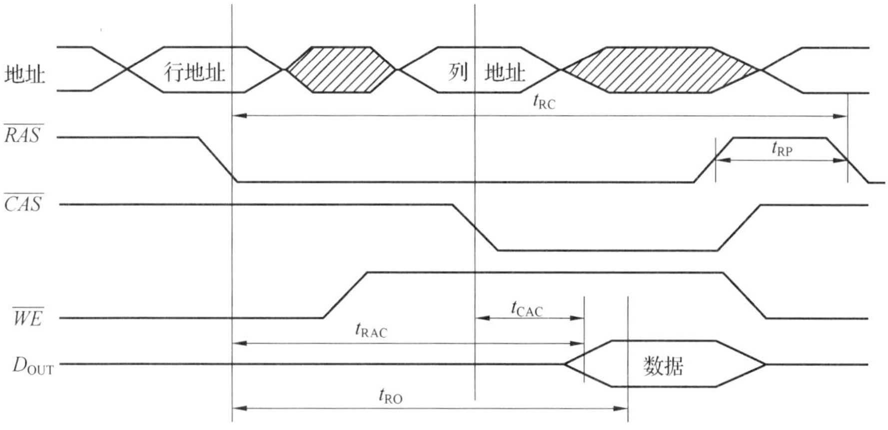

（a）读周期时序

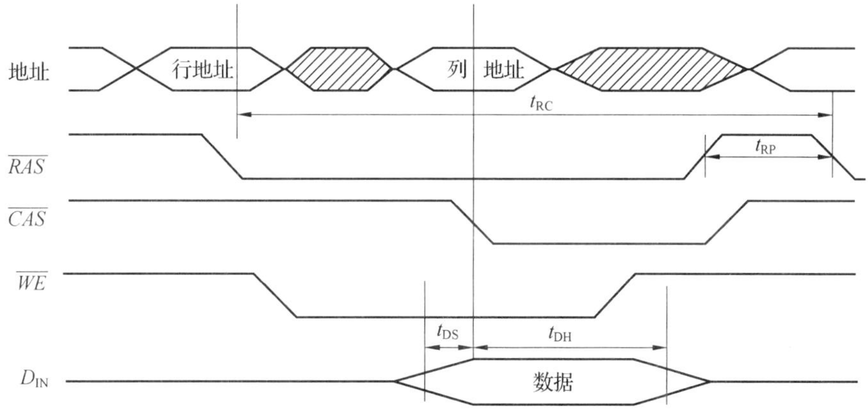

（b）写周期时序

图 6.17　2164 芯片的读/写周期时序

后，才能发有效列选信号，即 $\overline{CAS}=0$，此后列地址与输入数据均需维持一段时间。待列地址打入列地址锁存器后，方可撤销列地址。待可靠写入后，才能撤销数据。

写周期的主要时间参数有：

t_{RC}：写周期。在实际系统中，读/写周期时间相同，所以又称为存取周期或读写周期；

t_{RP}：行选信号恢复时间；

t_{DS}：从数据输入有效到列选与写命令均有效的时间，即写入数据建立时间；

t_{DH}：当写命令与列选均有效后，数据保持时间。

4）DRAM 的刷新。

由于 DRAM 使用电容来存储数据，而这些电容会随着时间的推移逐渐放电，导致存储的信息丢失，因此 DRAM 需要周期性地进行刷新操作来保持数据的稳定性。

DRAM 的刷新采用定时刷新的方法，它规定在一定的时间内，对 DRAM 的全部基本单元电路必须都做一次刷新，这个时间称为刷新周期，又称为再生周期，是指两次刷新操作之间的时间间隔，通常为几毫秒，如 2 ms 或 8 ms，具体取决于 DRAM 的规格(如 DDR3、DDR4、LPDDR 等)和制造商。这个周期确保了电容中的电荷在完全耗尽之前得到重新充电。

DRAM 刷新的过程实质是先将存储单元中的原信息读出，再由刷新放大器形成原信息并重新写入的再生过程。需注意的是，DRAM 芯片的刷新是一行一行进行的，且必须在刷新周期内，由专用的刷新电路来完成对基本单元电路的逐行刷新，才能保证 DRAM 内的信息不丢失。刷新是由刷新控制逻辑自动进行的，并不依赖于外部的访问，刷新对 CPU 是透明的。

刷新通常有三种方式：集中式刷新、分散式刷新和异步刷新。

①集中式刷新。

集中式刷新方式是指在 DRAM 的最大刷新间隔时间内，通常为 2 ms，集中安排一段时间专门用于对全部存储单元进行逐行刷新操作，而在其余时间则进行正常的读写操作。通常把这段集中刷新的时间称之为“死区”时间。

以 64×64 的 DRAM 矩阵为例，假设存取周期(即读写一次所需的时间)为 0.5 μs，刷新周期(即所有行需要被刷新的时间间隔)为 2 ms。2 ms 包含共包含了 4000 个存储周期。则刷新完 64 行所需 64 个存储周期，也即刷新时间为 64×0.5 μs = 32 μs。在这 32 μs 内，DRAM 无法进行任何读写操作，即形成了“死区”。而在 2 ms 剩余的 3936 个存储周期 CPU 可以对 DRAM 进行正常的读/写或维持信息。如图 6.18 为集中式刷新的时间分配。

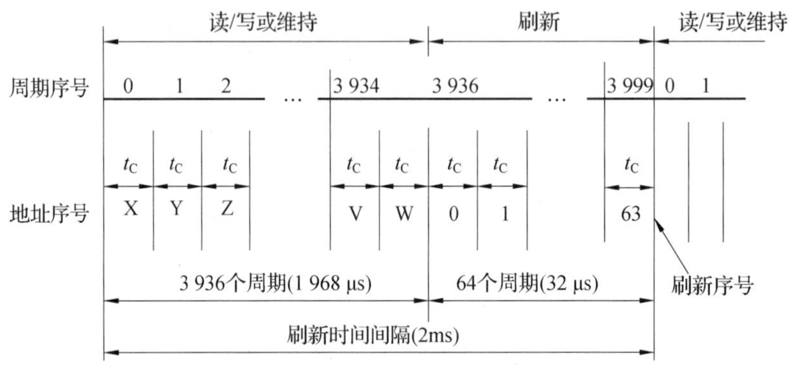

图 6.18　集中式刷新的时间分配

根据集中式刷新的刷新方式的描述，可以知道这种刷新方式在集中刷新期间，DRAM 不进行读写操作，而在这段时间之外，DRAM 的读写操作不会受到任何干扰，从而保证了较高的读写速度。另外由于需要集中一段时间进行刷新，这段时间内 DRAM 无法进行读写操作，因此会形成一段“死区”。这段“死区”时间的长短取决于需要刷新的行数以及每次刷新所需的时间。因此虽然集中式刷新方式保证了读/写速度，但由于“死区”的存在，它可能会降低整机的运算速度和存取效率，特别是在需要频繁访问 DRAM 的场景下。

集中式刷新方式适用于那些对读写速度要求较高，但对整体性能要求不是非常严格的场景。然而，随着计算机技术的不断发展，对存储器性能的要求越来越高，集中式刷新方式可能不再适用于所有场景。

②分散式刷新。

分散式刷新方式将对每行存储单元的刷新操作分散到每个存取周期内，使得刷新与正常的读写操作交替进行。即将存取周期分割为两部分：前半部分 t_M 用于正常的读/写或保持操作，后半部分 t_R 用于对某一行进行刷新，则 $t_C=t_M+t_R$。例如，如果 DRAM 的存取周期为 0.5 μs，则前半部分(如 0.25 μs)用于读写，后半部分(如 0.25 μs)用于刷新。刷新操作通常被安排在存取周期的译码阶段之后，这样可以在不影响读写操作的前提下进行。刷新请求由内部逻辑电路生成，确保在 2 ms 的最大刷新间隔内对每一行都进行刷新。

例如某 DRAM 芯片内有 64 行存储单元，其存取周期仍然为 1 μs，则总刷新周期为 64×1 μs=64 μs(这个值应小于 DRAM 允许的最大刷新间隔 2 ms)。由此可计算对于 64 行的 DRAM，每行大约每隔 2 ms÷64 = 31.25 μs 刷新。图 6.19 所示为分散式刷新的时间分配。

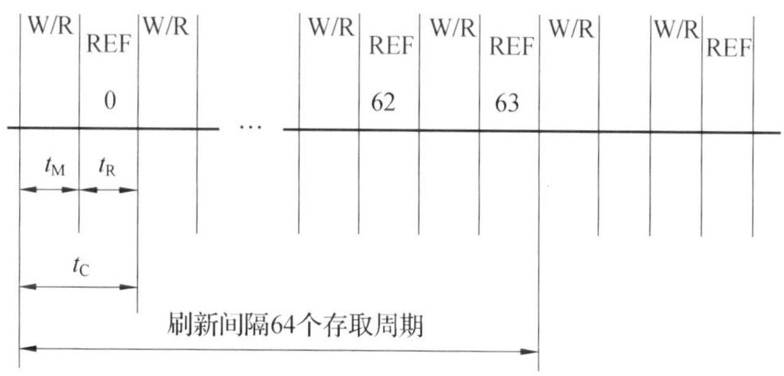

图 6.19 分散式刷新时间分配

分散式刷新与集中式刷新不同，分散式刷新在存取周期内进行刷新，不存在长时间的“死区”，即 CPU 无须等待整个刷新周期结束即可进行读写操作。另外这种刷新方式可以确保在最大刷新间隔内对每一行都进行了刷新，从而保持数据的稳定性和准确性。

但分散式刷新也会存在存取周期延长的问题，由于每个存取周期都需要分配一部分时间用于刷新，因此整体的存取周期会相应延长，可能导致系统性能的下降。同时在某些情况下，分散式刷新可能导致刷新操作过于频繁，尤其是在高负载或高频率的读写操作中。

分散式刷新方式适用于那些对读写性能有一定要求，但又不希望出现长时间读写中断(即死区)的场景。它可以在一定程度上平衡数据保持与读写性能之间的关系，适用于多种计算设备和系统。然而，在选择具体的刷新方式时，还需要根据 DRAM 的具体规格、系统需求以及性能要求进行综合考虑。

③异步刷新。

异步刷新方式是一种结合了集中式刷新和分散式刷新优点的刷新策略，它既可缩短“死区”时间，又充分利用最大刷新间隔为 2 ms 的特点。例如，对于存取周期为 0.5 μs，排列成 64×64 的存储芯片，可采取在 2 ms 内对 64 行各刷新一遍，即每隔 31.25 μs(2000 μs÷64=31.25 μs)刷新一行，而每行刷新的时间仍为 0.5 μs，如图 6.20 所示。这样，刷新一行只停止一个存取周期，但对每行来说，刷新间隔时间仍为 2 ms，而“死时间”缩短为 0.5 μs。

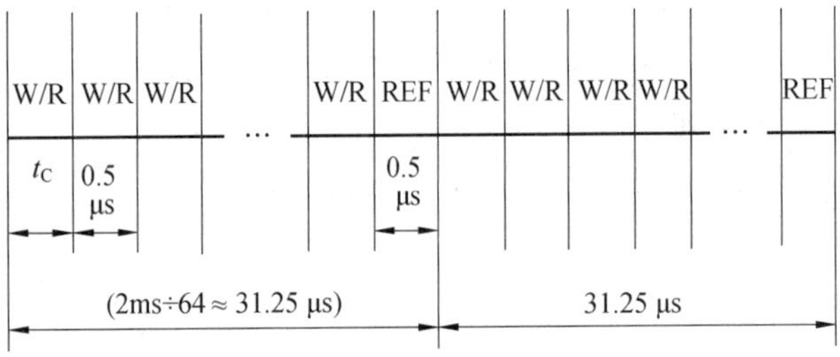

图 6.20　异步刷新时间分配

异步刷新方式因其高效的刷新策略和良好的性能表现，在多种计算机系统和存储设备中得到了广泛应用。特别是在需要高速读写和长时间稳定运行的应用场景中，如服务器、数据中心和高性能计算等领域，异步刷新方式更是不可或缺的关键技术之一。

6.2.3.3　SRAM 与 DRAM 的比较

1)性能特点的比较。

我们从访问速度、功耗、稳定性、集成度及价格几方面对 SRAM 与 DRAM 的性能进行比较，见表 6.1。

表 6.1　SRAM 与 DRAM 的性能比较

	SRAM	DRAM
访问速度	非常快，远高于 DRAM	相对较慢，但也能以纳秒为单位进行读写操作
功耗	较低，因为不需要定期刷新	较高，需要定期刷新以维持数据稳定性
稳定性	较高，数据存储在 SRAM 中不需要刷新	较低，需要定期刷新以防止数据丢失
集成度	较低，因为每个存储单元需要六个晶体管	较高，可以实现更大的存储容量
价格	较高，由于制造工艺复杂且集成度低	适中，制造成本相对较低

2)应用场景的比较。

SRAM：常用于高速缓存(Cache)或寄存器中，以提高计算机的性能。也用于需要快速读写访问的存储系统，如寄存器文件、存储器模块、图形处理器中的纹理数据存储等。广泛应用于嵌入式系统，如智能手机、平板电脑、汽车电子等。

DRAM：广泛应用于各种计算机系统的主存储器中，用于存储大量的数据和程序。随着技术的发展，DRAM 的类型也在不断演进，如 SDRAM、DDR SDRAM、DDR2、DDR3、DDR4 等，以满足日益增长的数据处理需求。

6.2.4　只读存储器(ROM)

只读存储器(Read-Only Memory，ROM)作为存储器的一种，其基本特点是数据只能被读出而不能被写入或修改。ROM 一旦在制造过程中写入数据，其存储内容便固定不变，即使切断电源，数据也不会丢失，这一特性赋予了 ROM 非易失性的独特性质。此外，ROM 还具有固定性，即数据一旦写入便无法修改，除非采用特殊方法进行擦除和重编程。这些特点使得 ROM 成为存储固定程序和数据的理想选择，广泛应用于计算机系统的开机程序、嵌入式系统的固件以及需要长期保存数据的场合。

ROM 根据制造工艺和功能的不同，可分为掩模只读存储器(MROM)、可编程只读存储器(PROM)、可擦除可编程只读存储器(EPROM)、电可擦除可编程只读存储器(EEPROM)和快擦除读写存储器(Flash Memory)5 种。

6.2.4.1　掩模只读存储器(MROM)

掩模只读存储器的基本原理是通过制造模板，使用掩模工艺将电路方案固定在晶片表面上，以形成一个不能被修改的只读存储器。在制造过程中，厂家会根据用户提供的数据或预设的程序，利用掩模技术在晶片上形成特定的电路结构。这些电路结构决定了 ROM 中每个存储单元的状态(即存储的是“0”还是“1”)，一旦制成，这些信息就固定下来，无法再更改。如图 6.21 是一个容量为 1K×1 位的 MOS 管掩模 ROM 的结构图。

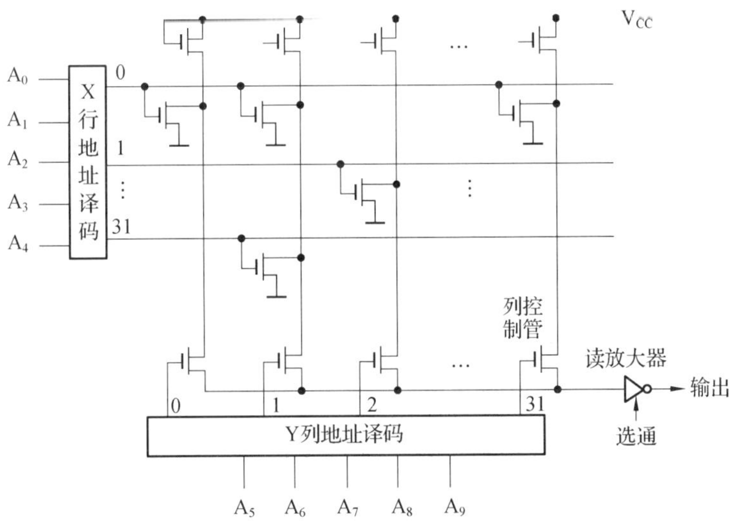

图 6.21　MOS 管掩模 ROM 结构图

图 6.21 的 MROM 采用重合法的地址译码驱动方式，行、列地址线分别经行、列译码

器，各有32根行、列选择线。行选择线与列选择线交叉处既可有耦合元件MOS管，也可以没有。列选择线控制一个列控制管，32个列控制管的输出端共连一个读放大器。当地址全为“0”时，第0行、第0列被选中，若其交叉处有耦合元件MOS管，因其导通而使列线输出为低电平，经读放大器反相为高电平，输出“1”。当地址A4～A0为1111，A9～A5为00000时，即第31行、第0列被选中，但此刻行、列的交叉处无MOS管，0列线输出为高电平，经读放大器反相为“0”输出。可见，用行、列交叉处是否有耦合元件MOS管，便可区分原存“1”还是存“0”。当然，从这个结构实例也可以看到此类ROM制成后不可能在被改变。

在现代计算机系统中，直接使用MROM(掩模只读存储器)的情况已经相对少见。这主要是因为MROM的灵活性较差，无法适应现代计算机系统中频繁更新和变化的需求，因此它逐渐被其他类型的存储器所取代。

6.2.4.2 可编程只读存储器(PROM)

PROM的工作原理基于其内部结构，通常包括一系列的熔丝(或抗熔丝)作为存储单元。这些熔丝在制造时都是完好无损连接着的。在编程过程中，通过向选定的熔丝施加高电压，使其熔断，从而改变芯片内部的电路布局，存储特定的数据。一旦熔丝被熔断，信息就被永久保存在芯片内，无法更改。如图6.22为双极型镍铬熔丝式单元电路。

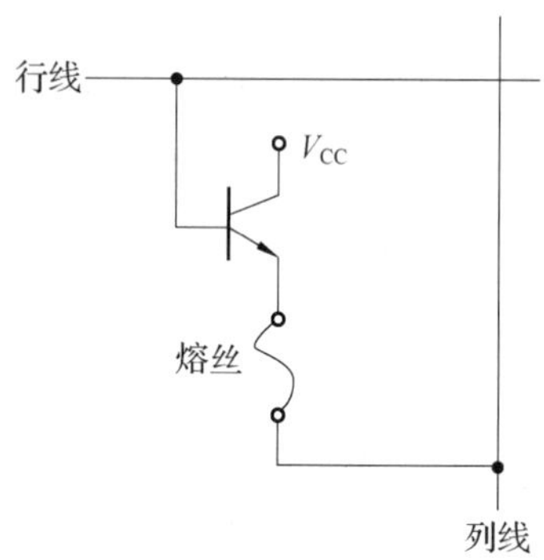

图6.22 双极型镍铬熔丝式单元电路

现代计算机系统中，PROM(可编程只读存储器)的应用场景主要集中在嵌入式系统、硬件设计与原型开发以及特定安全需求的高要求领域。在嵌入式系统中，PROM因其高稳定性和非易失性，常被用于存储控制固件和配置参数，确保系统运行的稳定性和可靠性。在硬件设计和原型开发阶段，PROM则扮演了存储FPGA或CPLD配置位流的关键角色，这些位流对于硬件功能的实现至关重要。此外，在军事、航空航天等对安全性有极高要求的应用中，PROM因其数据不可更改的特性，被用于存储关键的安全参数或程序代码，以确保系统安全不受威胁。这些应用场景共同展示了PROM在现代计算机系统中不可或缺的价值。

6.2.4.3 可擦除可编程只读存储器(EPROM)

EPROM是一种非易失性存储器，即断电后仍能保留数据。它允许用户通过编程写入数据，并在需要时通过特定方式擦除数据，以便重新编程。EPROM的可擦除和可编程特性解决了传统PROM(可编程只读存储器)只能写入一次的弊端。

EPROM由一组浮栅晶体管组成，这些晶体管通过浮栅中的电荷状态来存储数据。在编程时，需要使用比正常工作电压更高的电压($V_{PP}=12\sim24V$，随不同芯片型号而定)将数据写入EPROM。这个过程中，电子被注入到浮栅中，改变晶体管的阈值电压，从而存储数据。EPROM的擦除需要通过强紫外线照射进行。EPROM芯片上通常有一个透明的石英窗口，用于紫外线照射。将芯片置于紫外线灯下照射一段时间(约15~20分钟)，浮栅中的电荷会泄放掉，从而实现数据的擦除。图6.23是EPROM的芯片实物图。

图6.23 EPROM芯片实物图

EPROM的优缺点并存，其显著优势在于可重复擦除和编程的灵活性，使得数据更新变得便捷，且数据保存时间长，能够稳定存储信息长达十年以上。然而，EPROM也存在不容忽视的缺点，包括擦除过程相对缓慢且繁琐，需要人工将芯片暴露于紫外线进行较长时间照射，以及较高的静态功耗，这限制了它在低功耗设备中的应用。尽管如此，在成本敏感或对长期数据存储有需求的场景中，EPROM仍具有一定的市场竞争力。EPROM在计算机BIOS、微控制器、早期游戏等领域有广泛应用。它用于存储引导加载程序、系统配置参数、游戏数据等。

6.2.4.4 电可擦除可编程只读存储器(EEPROM)

EEPROM的存储单元同样主要由浮栅晶体管组成，存储原理基于浮栅晶体管的工作原理。当浮栅上存储的电荷数量较多时，晶体管处于导通状态，表示存储的数据为“1”；当浮栅上存储的电荷较少或没有时，晶体管处于截止状态，表示存储的数据为“0”。EEPROM中的数据可以通过电子信号进行擦除和编程。擦除操作通常是通过向浮栅晶体管施加特定的电压和信号，使浮栅上的电荷释放到外部，从而清除原有数据。编程操作则是在擦除后，根据要写入的数据向浮栅中注入相应的电荷。与EPROM相比EEPROM擦除和编程均通过电子信号完成，无须外部设备如紫外线擦除器。擦除和编程操作更为灵活，支持按字节擦除和编程，这使得EEPROM非常适合需要频繁更新小部分数据的场景。

随着物联网、人工智能等技术的快速发展，EEPROM在智能设备、传感器、控制系统等方面的应用也在不断拓展。同时，EEPROM技术也在不断进步，以满足更高性能、更低功耗和更高可靠性的需求。

6.2.4.5 快擦除读写存储器(Flash Memory)

Flash Memory 又称为闪速存储器，它是在 EPROM、EEPROM 基础上发展而来的，沿用了 EPROM 的浮栅—电子注入的写入方法，同时又具备 EEPROM 的电可擦的特性。Flash Memory 具有高密度、快擦除(按块擦除)、电可擦、在系统编程、非易失等特点，它既有 ROM 的特点，又兼具 RAM 读取速度快的优点，所以又称 Flash Memory 为闪速存储器(简称闪存)。当前的计算机系统、消费电子、嵌入式系统等领域正在大量使用 Flash Memory，比如 Flash Memory 的出现使得各类电子产品的固件升级成为可能；由 Flash Memory 作为存储载体的固态硬盘正在逐渐取代硬磁盘的地位。

Flash Memory 主要分为 NOR Flash 和 NAND Flash 两大类型，它们在性能特点、应用场景及成本上各有千秋。NOR Flash 以其支持片上执行(XIP)和随机按字节读取的能力，适用于需要频繁读取小量数据且内容更新较少的场景，如 PC 主板 BIOS 和路由器系统存储，但其写入和擦除速度相对较慢，成本也较高。相反，NAND Flash 则在写入和擦除速度上表现出色，更适合大容量数据的快速读写，成本也更为经济，因此广泛应用于手机、平板等移动设备的存储以及 PC 固态硬盘中。尽管 NAND Flash 在读取时需要按块进行，但这并不妨碍其成为当前市场上最主流的 Flash Memory 类型。

6.3 主存储器与 CPU 的连接

上述几小节我们已经详细介绍了主存储器的结构，访问存储器的基本原理以及构成存储器的 RAM 和 ROM 存储器的基本结构、典型芯片等内容，在本小节中，我们将进一步详细说明主存储器芯片与 CPU 芯片相关引脚的连接方法。通过本小节内容的学习，将帮助读者更清晰地掌握计算机中主存储器与 CPU 之间的硬件连接及信号通信的过程。

6.3.1 存储容量的扩展

通常单个存储器芯片的容量是有限的，为了获得更大容量的存储器，需要将多个内存芯片组合在一起来实现更大的存储容量。这些芯片可以通过并联或串联的方式连接在一起，形成一个更大的内存模块(如内存条)，如图 6.3 所示，然后由多个内存条及主板上的 ROM 芯片组成计算机所需的内存空间，再通过总线与 CPU 相连。

存储容量的扩展包括位扩展、字扩展及字位扩展三种。

6.3.1.1 位扩展

首先假设有这样一个问题：某厂需要采购一批容量为 1K×8 位的存储器模块，但是生产方的芯片均为 1K×1 位的 SRAM 芯片。

在上述问题中可看到现有的存储器芯片的容量显然不满足 1K×8 位的容量要求，则此时需要将 8 片 1K×1 位的 SRAM 芯片组合在一起才有可能构成存储容量为 1K×8 位的存储器。

像这类由于给定存储芯片的字长位数较短，不能满足存储器设计要求的字长时，需要用多片给定的芯片扩展字长的位数，即增加存储字长来达到存储器容量要求的方法称为位扩展。

【例 6.1】 现有 1K×4 位的 SRAM 芯片若干，则设计一个存储容量为 1K×8 位的存储器，需要多少片该 SRAM 芯片？并简要描述芯片连接方式。

解： 根据存储容量要求可知，所需 1K×4 位芯片数为：

$$d = \frac{1K \times 8}{1K \times 4} = 2\ 片$$

进行连接时将这两片 1K×4 位的 SRAM 芯片的地址线 $A_9 \sim A_0$、芯片片选 $\overline{CS}$ 以及读写控制引脚 $\overline{WE}$ 都分别并联在一起，每片芯片的数据 4 位数据线分别连接到通往 CPU 的数据总线上。连接示例图如图 6.24 所示。

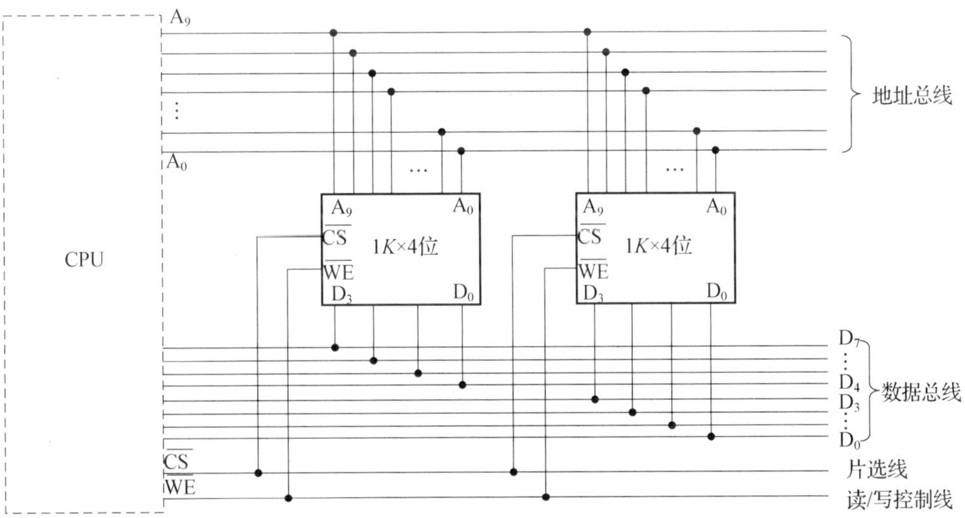

图 6.24　位扩展连接示例图

位扩展的连接方式是将多个存储芯片的地址端、片选端和读写控制端相应并联，数据端分别引出。

6.3.1.2　字扩展

当单个芯片的字长位数与目标存储器的字长相同，而单片芯片的字数达不到存储器字数的要求时，就需要采用多个芯片轮流工作的方式进行字数的扩展，即增加存储器中字的数量，这种容量扩展方法称为字扩展。

【例 6.2】现有 4 片 16K×8 位的 RAM 芯片，而系统的存储器容量要求为 64K×8 位。请将这 4 片 RAM 芯片进行合理连接，以达到存储器容量设计要求，并说明各芯片的地址空间分配情况。

解：从题目中可以看到，此时每片芯片有 16K 个字，则 4 片芯片就可构成 16K×4＝64K 个字，而芯片位数和存储器位数相同，说明位数不需要扩展。因此只需要通过分时选中 4 片芯片的片选信号，就可以实现对 4 片芯片的轮流工作，从而实现 CPU 对 64K 个存储字的灵活访问。

具体的连接方法为：假设 CPU 的地址总线为 $A_{15}\sim A_0$ 共 16 根，而由于单片芯片的字数为 $16K=2^{14}$，因此片上地址线为 $A_{13}\sim A_0$ 共 14 根。在连接时将片上地址 $A_{13}\sim A_0$ 与 CPU 的地址总线 $A_{13}\sim A_0$ 连接，CPU 剩余的 A_{15} 和 A_{14} 两根地址线可通过一个 2/4 译码器产生 4 位输出信号用以分别连接到 4 片芯片的片选信号端，当 $A_{15}A_{14}=00$ 时，译码器输出端 0 有效，选中最左边的 1 号芯片；当 $A_{15}A_{14}=01$ 时，译码器输出端 1 有效，选中 2 号芯片；当 $A_{15}A_{14}=10$ 时，译码器输出端 2 有效，选中 3 号芯片；当 $A_{15}A_{14}=11$ 时，译码器输出端 3 有效，选中 4 号芯片，在同一时间内只能有一个芯片被选中。4 片 RAM 芯片的数据线 $D_7\sim D_0$ 采用并联的方式连接到数据总线上，以实现和 CPU 的数据通信，芯片上的 $\overline{WE}$ 也并联在一起连接到 CPU 芯片的 $\overline{WE}$ 端。具体连接示意图如图 6.25 所示。

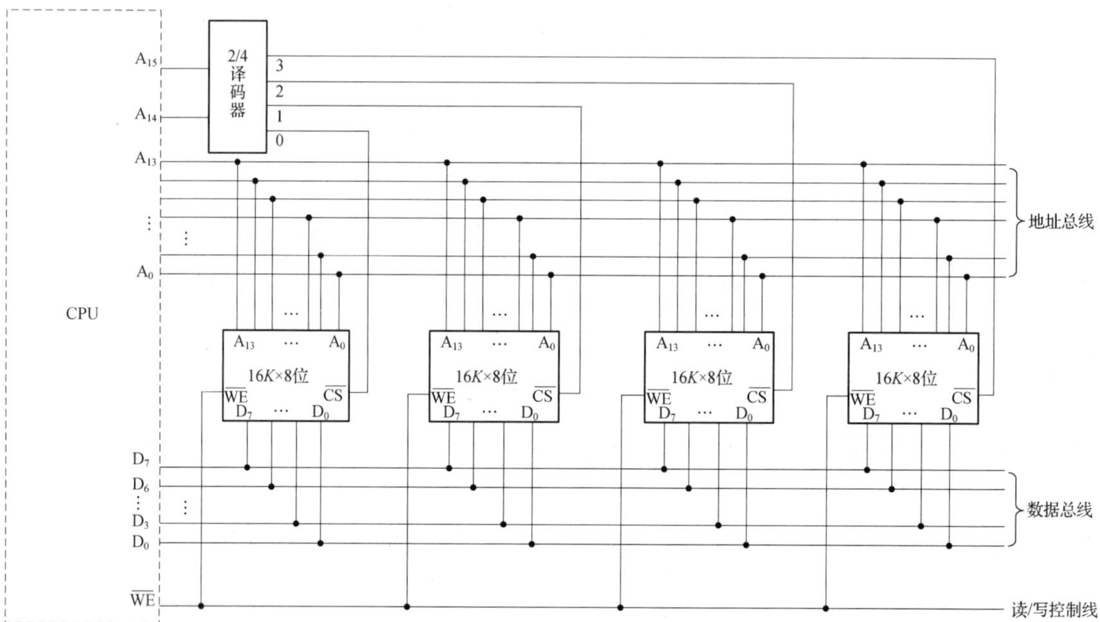

图 6.25　字扩展连接示例图

各芯片的地址分配如下：

1 号芯片，最低地址：0000000000000000；最高地址：0011111111111111；

2 号芯片，最低地址：0100000000000000；最高地址：0111111111111111；

3 号芯片，最低地址：1000000000000000；最高地址：1011111111111111；

4 号芯片，最低地址：1100000000000000；最高地址：1111111111111111。

字扩展将芯片的地址线、数据线、读写控制线相应并联，而由片选信号来区分各芯片的地址范围。

6.3.1.3　字位扩展

当单个芯片的字数和字长位数均达不到目标存储器容量设计的要求时，就需要采用多个芯片分组且轮流工作的方式，实现对字数和字长位数双向扩展，称为字位扩展。这也是实际系统在设计存储器容量时最常遇见的，也是三种扩展方式中最复杂的一种。

【例 6.3】用 16K×4 位的 RAM 芯片构成 32K×8 位的存储器，要求：

1) 写出所用芯片数目，以及扩展方式；

2) 说明片上地址和片选信号的分配；

3) 画出芯片连接图并标出主要信号；

4) 写出芯片存储空间的分配情况。

解：1) 根据题意所需芯片数目为：$\frac{32\text{K}\times 8\text{ 位}}{16\text{K}\times 4\text{ 位}}=2\times 2=4$ 片，由此可知，这片 16K×4 位的芯片将会被分成 2 组轮流进行字数的扩展，每组又包含 2 片进行字长位数的扩展，因此为字位扩展方式。

2) 该存储器的总字数为 $32\text{K}=2^{15}$，因此系统的地址总线共 15 根，即 $A_{14}\sim A_0$。而每片芯片的片上地址线为 14 根，即 $A_{13}\sim A_0$。这样地址总线的最高位 A_{14} 可通过一个逻辑非门形成两个相反的信号，用作两组芯片的片选信号线。

3) 芯片的连接示例图如图 6.26 所示。

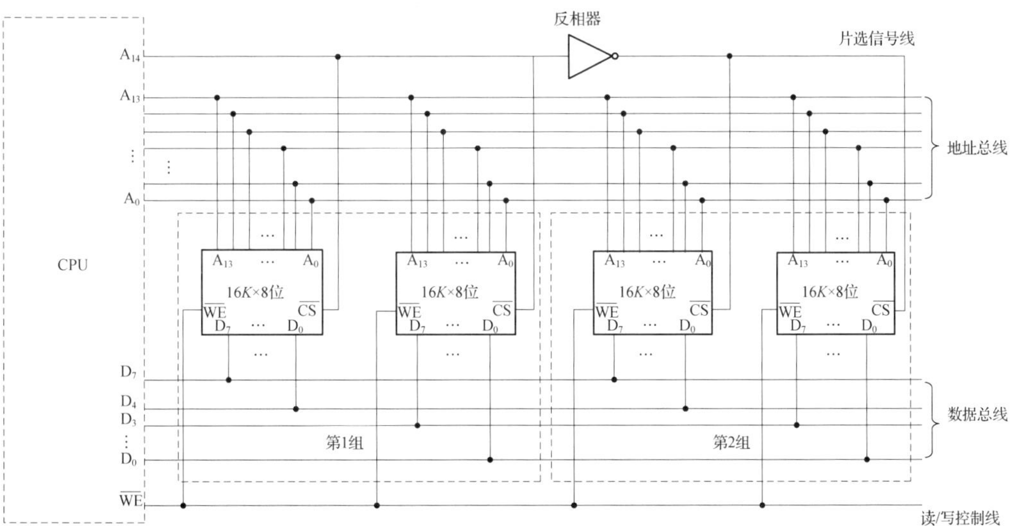

图 6.26　字位扩展连接示例图

4)芯片存储空间的分配情况如下：

第 1 组芯片：最低地址：0000000000000000；最高地址：0111111111111111；

第 2 组芯片：最低地址：1000000000000000；最高地址：1111111111111111。

字位同时扩展时，各芯片连接地址线的方式相同，但连接数据线的方式不同，而且需要通过片选信号 $\overline{CS}$ 或采用译码器(或逻辑门)设计连接到相应的芯片。

6.3.2 存储器芯片与 CPU 的连接

讨论存储器芯片与 CPU 连接的目的就是能够实现 CPU 对计算机中主存储器空间准确及高效的访问。而这两者间的连接其本质就是遵循存储器容量的字位扩展的原则。在完成存储器芯片与 CPU 芯片的相应引脚连接时，特别要注意片与片之间的地址线、数据线和控制线的连接。

6.3.2.1 合理选择存储芯片

要组成一个主存系统，选择合适的存储芯片是第一步，这里主要指存储芯片的类型(RAM 或 ROM)以及数量的选择。主存系统中通常选用 ROM 存放系统程序、标准子程序和各类常数等。RAM 则是为用户编程而设置的。此外，在选择存储芯片时除功能、性能、容量等方面外，还要注意成本问题和存储系统实现的便利性问题。

6.3.2.2 地址线的连接

地址线的数量与地址码的位数、CPU 的寻址范围及系统总线的宽度紧密相关。CPU 的地址引脚通过主板上的地址总线连接到存储器，且地址线的信号是单向的，即从 CPU 发往存储器。要想 CPU 具有较强的寻址能力，CPU 的地址线根数就要超出实际系统中各存储芯片的片上地址线。此时将 CPU 地址线的低位与存储芯片地址线相连，CPU 地址线剩余的高位用于实现片选或存储器容量扩展。例如 CPU 地址线为 16 位，即 $A_{15} \sim A_0$，而构成系统存储系统的芯片容量为 2K×8 位，其片上地址线根数只有 11 条，即 $A_{10} \sim A_0$，此时在将 2K×8 位的芯片连入系统时，只要将 CPU 地址总线的低 11 位($A_{10} \sim A_0$)与存储芯片的片上地址相连就可以了，剩余的 CPU 高位地址在进行容量扩充时实现片选。

6.3.2.3 数据线的连接

将 CPU 的数据线与存储芯片的数据线连接时，当 CPU 的数据线根数与存储芯片的数据线数不相等时，意味着必须对存储芯片进行位扩展，使其数据位数与 CPU 的数据线相等。

6.3.2.4 读/写命令线的连接

CPU 读/写命令线一般可直接与存储芯片的读/写控制端相连，通常高电平为读，低电平为写。有些 CPU 的读/写命令线是分开的，此时 CPU 的读命令线应与存储芯片的允许读控制端相连，而 CPU 的写命令线则应与存储芯片的允许写控制端相连。

6.3.2.5　片选线的连接

片选线的连接通常是实现存储芯片与 CPU 连接中的重难点环节，如果片选线连接出现问题，则会直接导致 CPU 访问存储系统的失败。存储器由许多存储芯片组成，哪一片或哪一组被选中完全取决于该存储芯片的片选控制端 $\overline{CS}$ 是否能接收到来自 CPU 的片选有效信号。另外，片选有效信号与 CPU 的访存控制信号 $\overline{MREQ}$（低电平有效）有关，因为只有当 CPU 要求访存时，才需要选择存储芯片。若 CPU 访问 I/O，$\overline{MREQ}$ 为高电平，表示不要求存储器工作。此外，片选有效信号还和地址有关，因为 CPU 的地址线往往多于存储芯片的地址线，故那些未与存储芯片连上的高位地址必须和访存控制信号共同产生存储芯片的片选信号。通常需用到一些逻辑电路，如译码器及其他各种门电路，来产生片选有效信号。

【例 6.4】 设 CPU 有 16 根地址线、8 根数据线，并用 $\overline{MREQ}$ 作为访存控制信号（低电平有效），用 $\overline{WE}$ 作为读/写控制信号（低电平为写，高电平为读）。现有下列存储芯片：1K×4 位 RAM、4K×8 位 RAM、8K×8 位 RAM、2K×8 位 ROM、4K×8 位 ROM、8K×8 位 ROM 及 74138 译码器和各种门电路。译码器及门电路符号如图 6.27 所示。

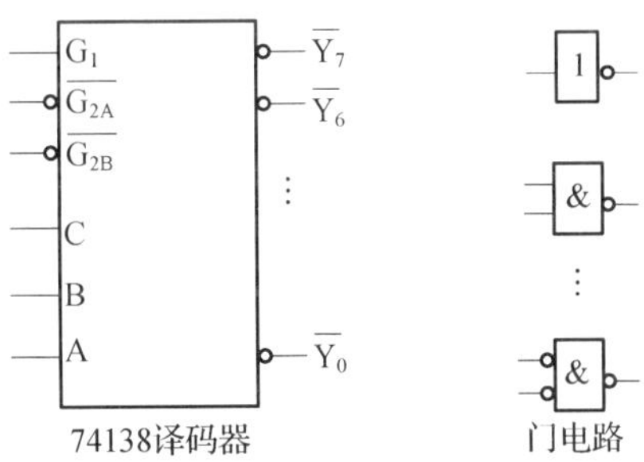

图 6.27　译码器和门电路

图 6.27 中 74138 译码器的引脚含义为：G_1、$\overline{G_{2A}}$和$\overline{G_{2B}}$为三个片选输入端，其中 G_1 高电平有效，$\overline{G_{2A}}$和$\overline{G_{2B}}$低电平有效；C、B、A 为译码器的译码输入端，即针对 C、B、A 的不同组合信号产生不同的且唯一的译码输出信号；$\overline{Y_7}\cdots\overline{Y_0}$为 74138 的 8 位译码输出端，针对每一组译码输入每次有且只有一位输出信号为低电平，其他输出为高电平，如当 CBA 为“000”时，输出$\overline{Y_0}=0$，其余 7 位均为“1”。

请根据上述芯片资源描述画出 CPU 与存储器的连接图，存储器要求如下：

1）主存地址空间分配：

最小 4K 为系统程序区；

相邻 8K 为用户程序区。

2）确定芯片的数量及类型。

3）详细画出存储芯片的片选逻辑图。

解：第一步，先写出主存地址空间范围的二进制地址码。空间分配最小 4K 为系统程序区，则一般默认其首地址为全 0，因此可以写出以下二地址码：

A_{15}	A_{14}	A_{13}	A_{12}	A_{11}	A_{10}	A_9	A_8	A_7	A_6	A_5	A_4	A_3	A_2	A_1	A_0	
0	0	0	0	0	0	0	0	0	0	0	0	0	0	0	0	4K×8 位 系统程序区
…																
0	0	0	0	1	1	1	1	1	1	1	1	1	1	1	1	
0	0	0	1	0	0	0	0	0	0	0	0	0	0	0	0	8K×8 位 用户程序区
…																
0	0	0	1	1	1	1	1	1	1	1	1	1	1	1	1	
0	0	1	0	0	0	0	0	0	0	0	0	0	0	0	0	
…																
0	0	1	1	1	1	1	1	1	1	1	1	1	1	1	1	

第二步，根据地址空间分配选择合适的存储芯片。

首先，最小 4K×8 位的系统程序区应该选择掉电不丢失的 ROM 芯片，而可供选择的 ROM 芯片有三种容量，这里可以直接选择容量正好的 4K×8 位的 ROM 芯片 1 片。

其次，相邻 8K×8 位的用户程序区应该选择方便数据读写的 RAM 芯片，这里选择 2 片 4K×8 位的 RAM。（读者可自行推导一下为什么不选择 1 片 8K×8 位的 RAM 芯片）。

第三步，分配 CPU 的地址线。

根据所选芯片可知，每片芯片的片上地址线均为 12 根，因此将 CPU 的低 12 位地址 $A_{11}\sim A_0$ 与 3 片芯片的片上地址线顺序相连；将 CPU 剩余的高位地址与访存控制信号 $\overline{MREQ}$ 共同产生存储芯片的片选信号。

第四步，片选信号的形成。

由图 6.27 给出的 74138 译码器输入逻辑关系可知，必须保证控制端 G_1 为高电平，$\overline{G_{2A}}$ 和$\overline{G_{2B}}$ 为低电平，才能使译码器正常工作。然后分析可知，构成用户程序区的 2 片 RAM 芯片是子扩展的形式，因此需要独立连接各自的片选信号，这样一来 3 片芯片就一共需要提供 3 位的独立片选连接，即 74138 需要能产生三组译码输出信号，则译码器的输入端 C、B、A 需要输入三组不同的编码，因此从 CPU 剩余的高位地址中将 A_{14}、A_{13}、A_{12}分别连接到译码器的 C、B、A 输入端。其输出 $\overline{Y_0}$ 有效时，选中 ROM 芯片；当 $\overline{Y_1}$ 和$\overline{Y_2}$ 有效时可分别选中 2 片 RAM 芯片。具体的连接图如图 6.28 所示。图中 ROM 芯片的 $\overline{PD}/Progr$ 端接地，以确保 ROM 芯片顺利被访问读出。RAM 芯片的读写控制端与 CPU 的读写命令端 $\overline{WE}$ 相连。三片芯片各自的 8 根数据线直接以并联形式与 CPU 的 8 根数据线相连。

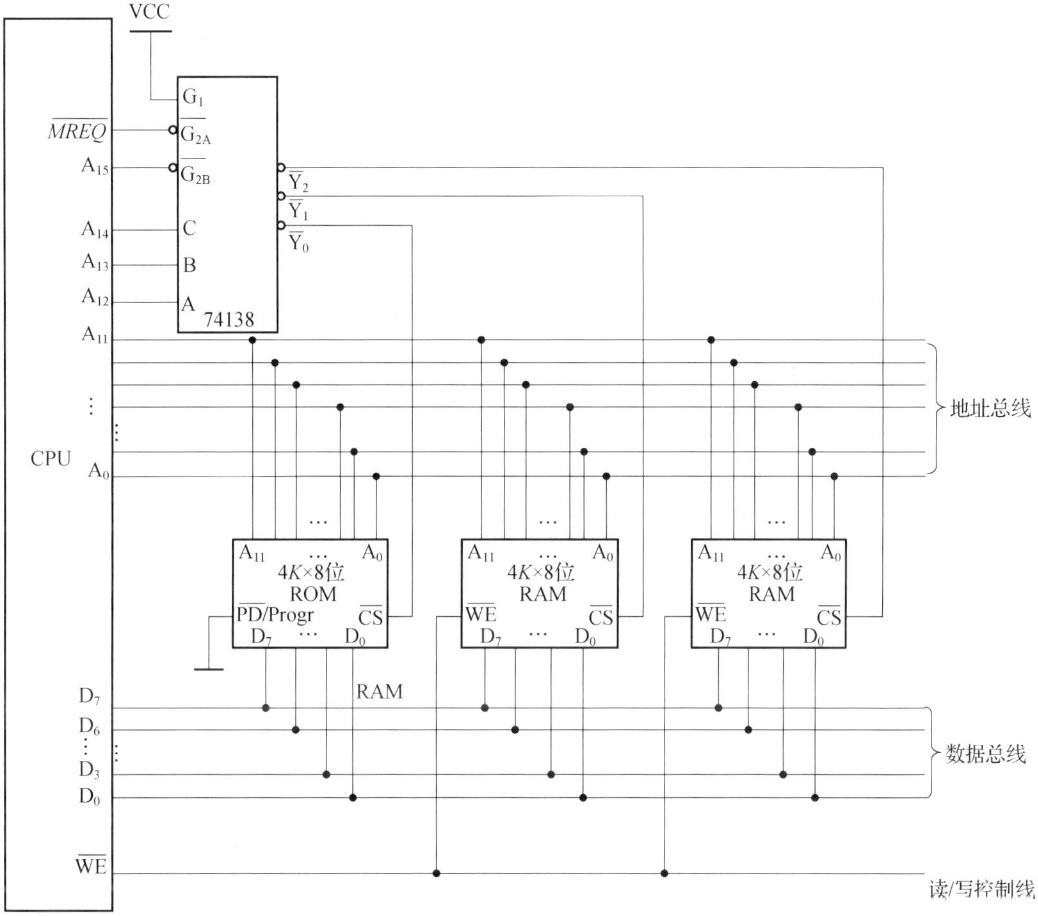

图 6.28　例 6.4 存储器与 CPU 的连接示例图

表 6.2 为例 6.4 中 CPU 访问构建的主存地址空间情况描述。

表 6.2　例 6.4CPU 访问存储器过程

$\overline{MREQ}$	A_{15}	$A_{14}A_{13}A_{12}$	$A_{11}A_{10}\cdots A_2A_1A_0$	存储芯片工作情况
1	X	XXX	XX…XXX	CPU 不访存
0	1	XXX	XX…XXX	CPU 无法访问此时的 12K 主存空间
0	0	000	000000000000 ⋮ 111111111111	CPU 可访问 4KROM 空间的任意一个存储单元
0	0	001	000000000000 ⋮ 111111111111	CPU 可访问 8KRAM 空间的前 4K 空间的任意一个存储单元

表6.2(续)

$\overline{MREQ}$	A_{15}	$A_{14}A_{13}A_{12}$	$A_{11}A_{10}\cdots A_2A_1A_0$	存储芯片工作情况
0	0	010	000000000000 ⋮ 111111111111	CPU 可访问 8KRAM 空间的后 4K 空间的任意一个存储单元
0	0	011 ⋮ 111	000000000000 ⋮ 111111111111	CPU 访问 12K 存储器空间以外的其他可能的空间

在实际应用 CPU 与主存储器时，还会遇到两者时序的配合、速度、负载匹配等问题，因此存储器与 CPU 的连接方式往往并不唯一，应该根据具体问题具体分析。

6.4 并行存储系统

在计算机系统中，CPU 和存储系统之间需要频繁地进行数据交换。当 CPU 需要处理数据时，它会从存储系统中取出数据到自己的工作区域(比如寄存器或缓存)中进行处理。处理完成后，再将结果存回存储系统。随着计算机的不断发展，虽然存储器系统速度也在不断提高，但始终跟不上 CPU 速度的提高，这种速度不匹配常常成为制约计算机整体性能的关键因素，即所谓的“存储墙”或“内存墙”。因此，优化存储器系统的设计和性能是提升计算机整体性能的重要手段。

提高主存访问速度及解决 CPU 与存储系统之间速度差异的问题可以通过诸如采用高速存储器件、采用高速缓冲存储器以及通过调整主存的组织结构的方法来实现。在本节中，重点讨论调整主存的组织结构的手段，即采用并行读写的控制方式来提高存储器性能。包括模块交叉存储器、相联存储器和双端口存储器 3 种结构。

6.4.1 模块交叉存储器

模块交叉存储器，是一种高效的存储器组织方式，广泛应用于现代计算机系统中，特别是那些对存储器访问速度和并行性要求较高的场景。

6.4.1.1 单体多字存储器

由于程序和数据在存储体内是连续存放的，因此 CPU 访存取出的信息也是连续的，如果可以在一个存取周期内，从同一地址取出 N 条指令，然后再逐条将指令送至 CPU 执行，即每个 $1/N$ 存取周期，主存向 CPU 送一条指令，这样显然增大了存储器的带宽，提高了单体存储器的工作速度。如图 6.29 所示为一个单体四字结构存储器结构。

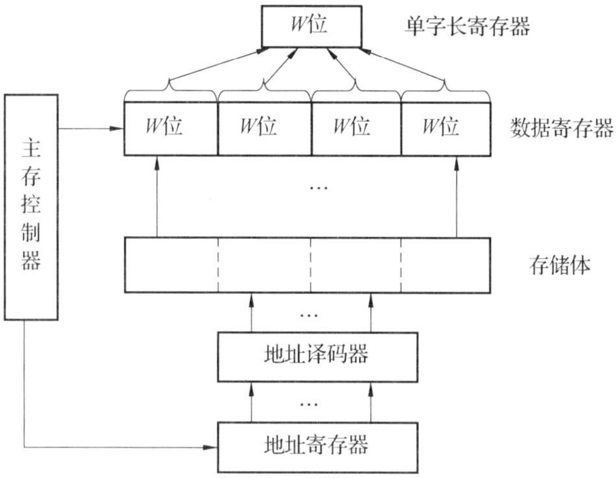

图 6.29　单体四字结构存储器

从图中可以看到，单体是指只有一套地址寄存器和地址译码器，多字是指每个主存地址单元中的存储字的长度加宽了。一般主存储器在一个存取周期内只能访问得到一个存储字，如果一个主存储器的容量为 $M\times W$ 位，则每个存取周期内只能访问得到 W 位。如果把该主存储器的字长调整加宽至 $K\times W$ 位(如图 6.29 中所示为 $4\times W$ 位)，存储器单元个数减少至 M/K，以保证主存储器的容量不变。这样，在一个存取周期内就可以访问到 $K\times W$ 位的数据。

单体多字存储器通过并行读取多个字，能够显著减少 CPU 的等待时间，提高数据的存取速度，且由于只有一个存储体，单体多字存储器的电路设计相对简单，降低了制造成本。但与此同时，单体多字存储器要求数据必须连续存放，否则其并行读取的优势将无法得到充分发挥，这在一定程度上限制了其应用范围。

6.4.1.2　多体交叉并行存储器

多体交叉并行存储器中，存储器被分为若干个容量相同、字长均为主存字长的存储体，各存储体具有各自独立的地址寄存器 MAR、数据寄存器 MDR、地址译码驱动电路及读写控制电路，各存储体可独立进行读写操作，对多体交叉存储体的编址采用交叉编址的方式，意为编址过程在不同存储体之间交叉进行。这种编址通常有两种方式：一是地址码的高位交叉编址(也称顺序编址)，二是地址码的低位交叉编址。高位交叉编址方式能很方便地扩展常规主存的容量，但只有低位地址码交叉编址存储器才能作为并行存储器的一种。所谓的并行工作，即多体交叉并行存储器工作可同时启动多个存储体，并行工作，但由于共享系统总线资源，同时读出的多个字在总线上需要分时传送。对连续字的成块传送可实现多模块流水式并行存取，大大提高了存储器的带宽。

1)高位交叉多体并行存储器。

如图 6.30 所示为一个四体交叉的高位交叉多体并行存储器。在这种编址方式中，存储单元的地址被分为高位和低位两部分。高位地址通常表示存储体的编号(体号),用于选择特定的存储体;而低位地址则表示存储体内的地址(体内地址),用于在该存储体内定位具体的存储单元。这种编址方式使得程序在存储时按照体内地址的顺序进行,即一个存储体存满后,再存入下一个存储体,因此也被称为顺序存储。

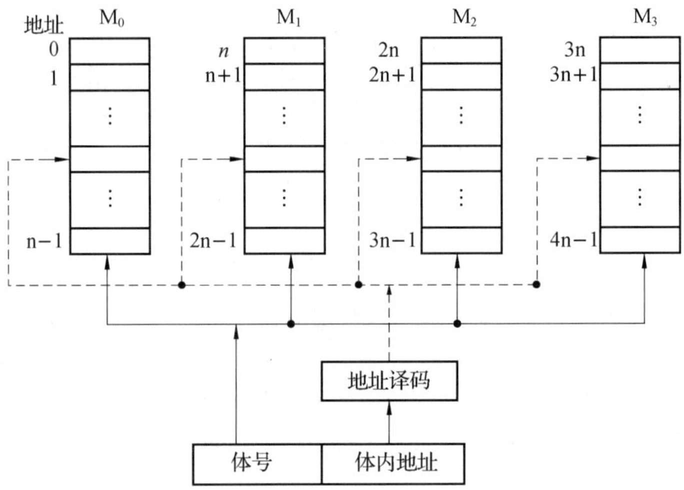

图 6.30　四体高位交叉编址的多体存储器

例如,一个高位交叉并行存储器系统,包含四个存储体(M_0、M_1、M_2、M_3),每个存储体的容量为 n 个存储单元。当程序需要存储时,它会首先填满 M_0,然后是 M_1、M_2 和 M_3。在访问时,如果 CPU 需要连续访问 n+1 到 2n 的存储单元,它将依次从 M_1、M_2 中读取数据(假设 M_0 已经被填满并正在被其他请求访问,如与外部设备进行直接存储器访问(DMA))。这种方式使得 CPU 能够在不等待 M_0 完成访问的情况下继续执行其他任务,提高了系统的并行性。

尽管高位交叉编址在某些情况下可以提高系统的并行性,但也需要看到的是,这种编址使得在程序运行过程中,由于程序的执行顺序和访问模式,某些存储体可能会被频繁访问,而其他存储体则可能长时间处于闲置状态,这种存储体利用不均的问题会降低存储器的整体效率和吞吐量。且当访问的程序被集中存储在一个存储体时,也没有办法完全体现出这种存储结构的并行性。因此高位交叉编址更有利于存储器容量的扩充。

2)低位交叉多体并行存储器。

低位交叉多体并行存储器的编址方式采用的是低位交叉编址的方式,这种编址方式中地址码仍然被分为两部分,但与高位交叉编址正好相反,此时地址码的低位用来区分存储体的编号,高位是各个存储体的体内地址,这样程序/数据就连续存放在相邻存储体中。如图 6.31 所示是一个四体低位交叉编址的多体并行存储器。

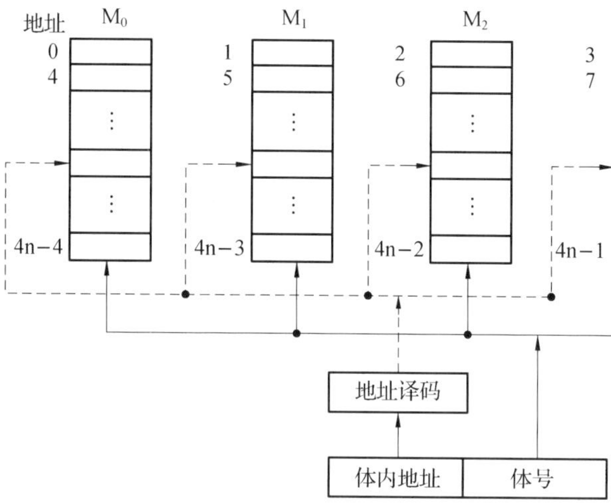

图 6.31　四体低位交叉编址的多体存储器

由于低位地址决定了存储体的选择，因此这种编址方式也被称为模 M 编址(M 等于存储体的数量)，如图 6.31 就是模 4 交叉编址，其中存储体数量 M 通常是 2 的幂次方，以便于硬件电路的设计和实现。也有的机器为了减少存储器冲突，采用质数个模块，如我国银河机的 M 为 31，其硬件实现比较复杂。

低位交叉并行存储器的访问方式主要是存储体的轮流启动，在这种方式下，每个存储体依次被激活以进行数据的读取或写入。由于存储体的存取周期是固定的，因此通过轮流启动的方式可以在不增加单个存储体存取周期的前提下，提高整个存储器的带宽。以四体交叉的并行存储器为例，每个存储体的存取周期并未缩短，但由于 CPU 依次启动 4 个存储体，使 4 个存储体的读写过程产生了时间重叠，使得在原来一个访存周期的时间内完成了 4 个存储字的存取，大大提高了存储器的带宽，这种访问方式呈现出了一种流水线的工作方式。如图 6.32 所示(负脉冲为每个存储体存取操作的启动信号)。

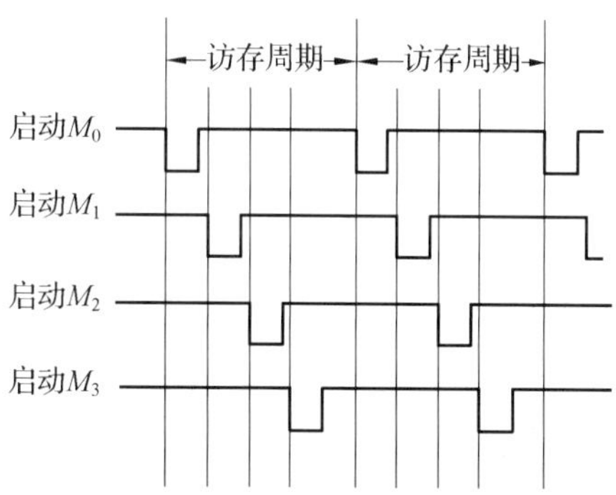

图 6.32　四体交叉并行存储器交叉访问的时间关系

对基于低位交叉编址的并行存储器的性能进一步进行量化分析。假设此时存储体数量为n，存取周期为T，总线传输周期为τ，存储体的存储字长与数据总线宽度相同。当采用多体交叉访问时，应满足$T=n\tau$(n个总线传输周期完成一个存取周期)，必须保证启动某存储体后经nt后再次启动该体时，其上次对于该存储体的存取操作已经完成，所以要求低位交叉存储器的个体数要不小于n。如图6.33所示为四体低位交叉并行存储器工作时间流程。因此，对于低位交叉并行存储器，连续读取n个字的时间$t_1=T+(n-1)\tau$，而对于常规存储器来说，连续读取n个字的时间$t_2=nT$。显然，$t_2>t_1$，可见，多体交叉存储器的带宽确实大大提高了。

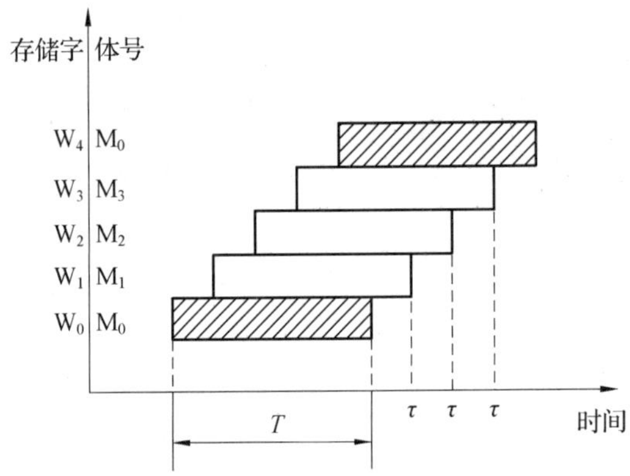

图6.33　四体低位交叉编址存储器流水线工作方式示意图

【例6.5】设由4个模块组成的四体存储器结构，每个存储体的存储字长为32位，存取周期为200 ns。假设数据总线宽度为32位，总线传输周期为50 ns，试求顺序存储和交叉存储的存储器带宽。

解：顺序存储(高位交叉编址)和交叉存储(低位交叉编址)连续读出4个字的信息量是32×4=128位。

顺序存储存储器连续读出4个字的时间是

$$200\ \text{ns}\times 4=800\ \text{ns}=8\times 10^{-7}\ \text{s}$$

交叉存储存储器连续读出4个字的时间是

$$200\ \text{ns}+50\ \text{ns}\times(4-1)=350\ \text{ns}=3.5\times 10^{-7}\ \text{s}$$

顺序存储器的带宽是

$$128/(8\times 10^{-7})=16\times 10^{7}\ \text{b/s}$$

交叉存储器的带宽是

$$128/(3.5\times 10^{-7})=37\times 10^{7}\ \text{b/s}$$

在采用多体交叉存取架构时，鉴于存储器需同时与CPU、辅助存储器、I/O设备乃至I/O处理机进行信息交互的复杂性，设计了一套专门的存储器控制机制，即存储器控制部件(简称存控部件)。此存控部件的核心职责在于有效调度各组件的访问请求顺序，并精确控制主存储器的读写操作。如图 6.34 展示了存控部件的基本构成框架，其核心组件包括请求排队器、控制逻辑线路、时序节拍发生器以及状态标记触发器等，共同协作以实现高效的存储访问管理。

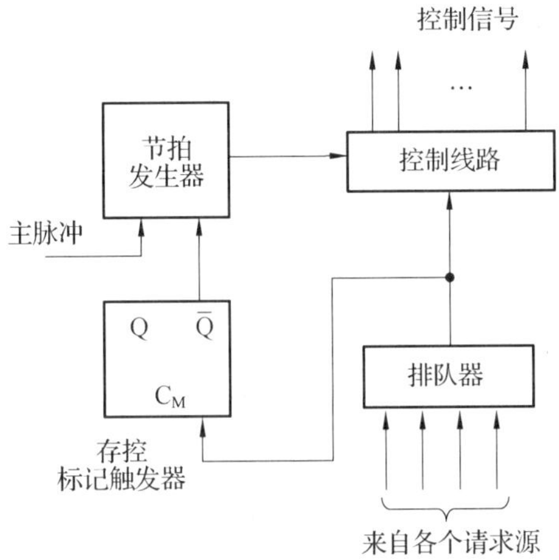

图 6.34　存控基本结构框图

排队器：鉴于存在众多且随机的访问请求源，这些请求有可能在某一时刻汇聚并指向同一个存储体，从而引发潜在的冲突。为了有效避免两个或更多请求源同时抢占同一存储体，以及防止数据误送至非目标请求源等错误情况的发生，存控部件内部集成了一个排队机制，即排队器。该排队器负责评估并确定各请求源的优先级顺序，确保访问请求能够按照既定的优先级队列有序执行，从而保障存储访问的准确性和效率。

存控标记触发器：它用来接收排队器的输出信号，一旦响应某请求源的请求，此标记触发器被置“1”，以便启动节拍发生器工作。

节拍发生器：它用来产生固定节拍，与机器主脉冲同步，使控制线路按一定时序发出信号。

控制线路：由它将排队器给出的信号与节拍发生器提供的节拍信号配合，向存储器各部件发出各种控制信号，用以实现总线控制及完成存储器读/写操作，并向请求源发出回答信号，表示存储器已响应了请求。

6.4.2　相联存储器

相联存储器是一种不根据地址而是根据存储内容来进行存取的存储器。它的基本原理是把存储单元所存内容的某一部分作为检索项(即关键字项)，去检索该存储器，并将存储器中与该检索项符合的存储单元内容进行读出或写入。这种按内容访问的方式使得相联存储器在数据检索上具有很高的效率。

相联存储器的主要特点是以并行方式查找所需信息内容。相联存储器由存储体、检索寄存器、屏蔽寄存器、符合寄存器、比较线路、代码寄存器几个主要部分组成。如图 6. 35 为相联存储器的基本结构。

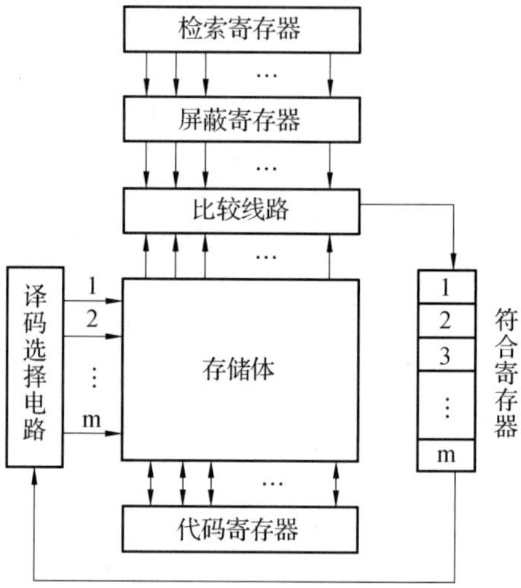

图 6. 35　相联存储器的基本结构

其中相联存储器的存储体由高速半导体存储器构成，以求快速存取。检索寄存器用来存放检索字，检索寄存器的位数和相联存储器的存储字的位数相等，每次检索时，取检索寄存器中的若干位作为检索项(即关键字项)。屏蔽寄存器用来存放屏蔽码，屏蔽一些不用选择查找的字段，屏蔽寄存器的位数和检索寄存器的位数相同。符合寄存器用来存放按检索项内容检索存储体中与之符合的单元地址，其位数等于相联存储器的存储单元数，每一位对应一个存储单元，符合寄存器每一位的序号即为相联存储器的单元地址。比较线路是把检索项和从存储体中读出的所有单元内容的相应位进行比较，如果有某个存储单元内容和检索项符合，就把符合寄存器的相应位置“1”，表示该字已被检索。代码寄存器用来存放存储体中读出的代码，或者存放向存储体中写入的代码。

下面通过一个例子来说明相联存储器的工作情况。假定在相联存储器中已存放了一张高校考生的登记表，如图 6. 36 所示。现在要检索出所有考分大于或等于 520 分而又低于 540 分的考生名字。在进行这一特定的检索时，在检索寄存器中所设置的“考分”关键词是 540，与所有相应内容作小于比较，找出低于 540 分的所有考生，并在相应的符合寄存器的相应位置置“1”，再将其送往暂存寄存器。接着进行第二次检索，将在检索寄存器中设置的“考分”关键词改为 520，然后作大于等于(或不小于)的查询比较，并将结果在符合寄存器的相应位作标志。最后把符合寄存器和暂存寄存器中的相应内容作一次“与”操作，就可得到最后所需的查询结果。凡相应位带标志“1”的考生应在输出名单中。

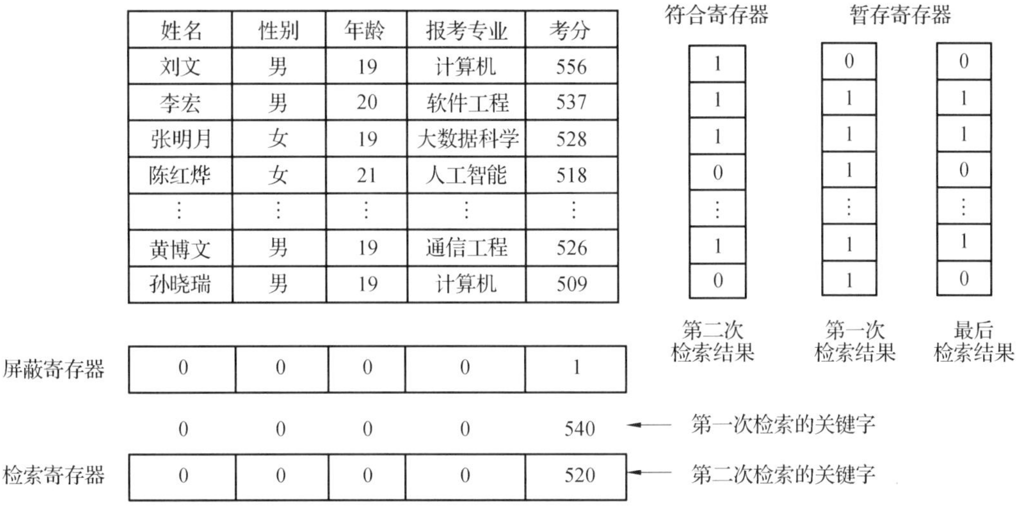

图 6.36　相联检索存储器示例

在相联存储器中，由于要求每个基本存储单元都具有比较功能，相应的存储单元电路及相互间的连线要比一般的存储器复杂得多，因此成本较高，特别是当存储容量较大的时候更为明显。在早期的存储系统中相联存储器被用作地址变换的旁路缓冲器(Translation Look aside Buffer，TLB)，容量都比较小。但随着 VLSI 技术的发展，相联存储器已开始得到更多应用。如在 Intel Pentium 处理器中用来构成转移目标缓冲器(Branch Target Buffer，BTB)。这是因为在这两种应用中，都需要快速查找。

6.4.3　双端口存储器

常规存储器是单端口存储器，每次只接收一个地址，访问一个编址单元，从中读取或写入一个字。图 6.37 所示的双端口存储器具有两个彼此独立的读/写口，每个读/写口都有一套独立的地址寄存器和译码电路，可以并行地独立工作。它们的存储体是一个，与两个独立的存储器不同。两个读/写口可以同时访问同一区间、同一单元(但此时需考虑到访问冲突的解决方式)。

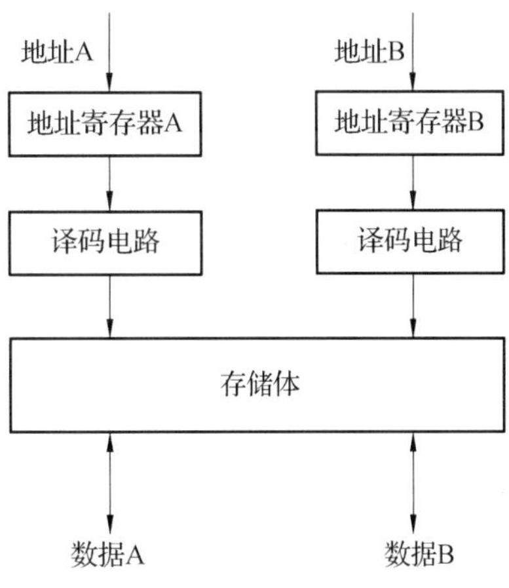

图 6.37　双端口存储器

这种存储器采用触发器方式构成存储位，控制复杂，硬件开销大，所以只做成小容量，放在 CPU 内，作为运算器中的通用寄存器组，它能快速提供给 ALU 双操作数运算，或快速实现寄存器间的信息传递。由于位集成度低，开销大，不能用它做主存储器。

6.5 高性能存储芯片

提高主存速度的另一个常用措施是采用高性能存储芯片。高性能存储芯片主要包括动态随机存取存储器(DRAM)、静态随机存取存储器(SRAM)以及闪存(Flash Memory)等类型。其中，DRAM以其高容量、高速度和低功耗的优点，成为内存领域的主要应用。为了进一步提高DRAM的性能，人们开发了许多对基本DRAM结构的增强功能，出现了SDRAM、RDRAM和CDRAM。

1. SDRAM(Synchronous DRAM，同步DRAM)

SDRAM即同步动态随机存储器，是一种基于同步时钟的DRAM(动态随机存取存储器)，其内部操作与系统的时钟信号同步，以处理器-存储器总线的最高速度运行，而不需要插入等待状态，以实现高效、稳定的数据传输和访问，是现代计算机系统中广泛使用的内存类型之一。

典型的DRAM中，处理器将地址和控制信号送至存储器后，需经过一段延时，供DRAM执行各种内部操作(如输入地址、读出数据等)，才能将数据从存储器中读出或将数据写入存储器中。此时，如果CPU的速度与DRAM匹配，那么这个延时不会影响CPU的工作速度；如果CPU的速度更高，那么在这段时间内，CPU只能“等待”，降低了CPU的执行速度。而SDRAM能在系统时钟的控制下进行数据的读出和写入，CPU给出的地址和控制信号会被SDRAM锁存，直到指定的时钟周期数后再响应。在这期间CPU可执行其他任务，无须“等待”。例如，系统的时钟周期为10 ns，存储器接收到地址后需50 ns读出数据。对于异步工作的DRAM，CPU需要“等待”50 ns获得数据，而对同步工作的SDRAM而言，CPU只需把地址放入锁存器中，在存储器进行读操作期间去完成其他操作。当CPU计时到5个时钟周期后，便可获得从存储器读出的数据。

SDRAM支持多BANK结构，即SDRAM芯片内可以包含多个存储体，这些存储体可以轮流工作，显著提高了内存的并行访问能力，使系统能够同时从多个存储体读取或写入数据，从而加速了数据处理速度。此外，SDRAM还引入了突发传输模式，这一特性允许在一次读或写操作中连续传输多个数据块，极大地提升了数据传输效率，减少了访问延迟。同时，随着科技的进步和移动设备市场的不断扩大，低功耗设计成为SDRAM发展的重要方向。低功耗的SDRAM类型，如LPDDR系列，不断涌现并广泛应用于智能手机、平板电脑等嵌入式系统中，以满足这些设备对长时间续航和高效能存储的迫切需求。

随着技术的发展，SDRAM已经经历了多代演进，包括SDR SDRAM、DDR SDRAM、DDR2 SDRAM、DDR3 SDRAM和DDR4 SDRAM等。目前个人电脑中最新的DDR芯片主要是 DDR5 系列，其时钟频率通常在 4800 MHz 以上，容量高达 64 GB。

2. RDRAM(Rambus DRAM)

RDRAM 是由 RAMBUS 公司开发的一种内存技术，它采用串行数据传输模式，以 16 位数据存储位宽提供高频率下的高带宽和低延迟。尽管初期受到英特尔支持，但 RDRAM 因高昂价格、与现有制造工艺不兼容及专利费用问题，未能成为市场主流。其特色包括直接型 RDRAM(DRDRAM)提供的高速数据传输率和 Rambus 嵌入式存储器模数(RIMM)的模块化设计。然而，随着技术进步和市场竞争，RDRAM 逐渐被更经济实用的 DDR 等内存技术取代。

3. 带 Cache 的 DRAM(CDRAM)

带 Cache 的 DRAM 是在通常的 DRAM 芯片内又集成了一个小的 SRAM，又称增强型的 DRAM(EDRAM)。图 6.38 是一个容量为 1M×4 位的 CDRAM 芯片内部结构，其内部集成了一个 512×4 位的 SRAM 存储空间，DRAM 排列成 2048×512×4 位的存储元阵列。由图中可见，地址引脚线只有 11 根($A_{10}\sim A_0$)，而 1M×4 位的存储芯片对应 20 位地址，此 20 位地址需分时送入芯片内部。首先在行选通信号作用下，高 11 位地址经地址引脚线输入，分别保存在行地址锁存器中和最后读出行地址锁存器中。在 DRAM 的 2048 行中，此指定行地址的全部数据 512×4 位被读到 SRAM 中暂存。然后再列选通信号作用下，低 9 位地址经地址引脚线输入，保存到列地址锁存器中。在读命令有效时，512 个 4 位组的 SRAM 中某一 4 位组被这个列地址选中，经数据线 $D_3\sim D_0$ 从芯片输出。

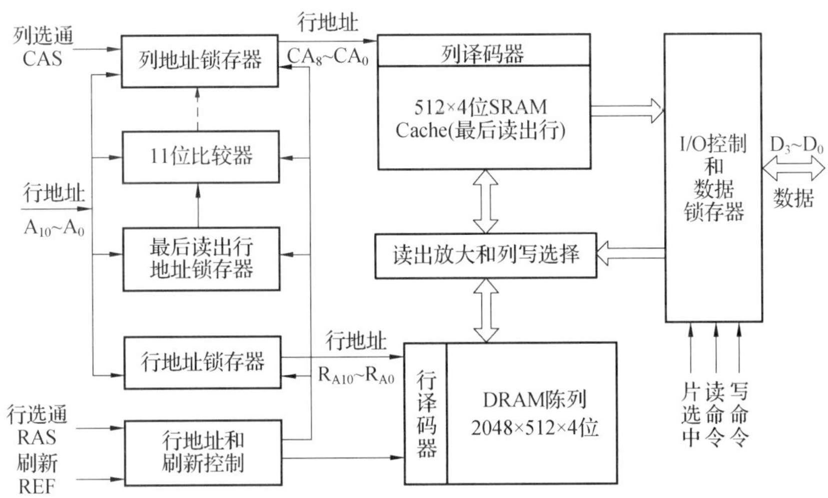

图 6.38　1M×4 位 CDRAM 芯片结构框图

下一次读取时，输入的行地址立即与最后读出行锁存器的内容进行 11 位比较。若比较相符，说明该数据在 SRAM 中，再由输入列地址选择某一个 4 位组输出；若比较不相符，则需驱动 DRAM 阵列更新 SRAM 和最后读出行地址锁存器中的内容，并送出指定的 4 位组。

由此可见，以 SRAM 保存一行内容的方法，当对连续高 11 位地址相同(属于同一行地址)的数据进行读取时，只需连续变动 9 位列地址就可使相应的 4 位组连续读出，这被称为猝发式读取，对成块传送十分有利。

另外，从图中可见芯片内的数据输出路径(由 SRAM 到 I/O)与数据输入路径(由 I/O 到读放大器和列写选择)是分开的，这就允许在写操作完成的同时启动同一行的读操作。此外，在 SRAM 读出期间可同时对 DRAM 阵列进行刷新。

6.6 高速缓冲存储器

前面章节中为了提高对主存储器的访问速度，采用了并行存储器技术以及高速内存芯片的方式，一定程度上提高了主存储器的带宽，但是随着技术的进步，CPU 主频迅速提升，从 MHz(兆赫兹)发展到了 GHz(吉赫兹)级别，而主存储器由于主要采用 DRAM 构成，其存取速度相对较慢，但成本较低，所以为了实现主存储器的大容量存储，牺牲了速度，换取了面积，这样的设计方法也导致了主存储器与 CPU 之间的速度差异越来越大。例如，主频为 3.2 GHz 的 Intel 酷睿 i7 3930K CPU 执行一条指令的时间约为 0.3125 ns，选用这款 CPU 的计算机中，配置的内存大多选用 16 GB DDR3 1600 MHz，而这个 DDR3 内存的存取时间为 0.625 ns。由此可看出，若不采用其他技术，让 CPU 运行时直接从内存中读取数据和指令，则 CPU 在 50%的时间内都处于等待状态，运行效率极低。

为了弥补 CPU 和内存之间的速度差距，在现代计算机系统中广泛采用高速缓冲存储器技术(Cache)，这种技术的设计思路是在 CPU 和主存储器之间设置单级或多级由 SRAM 制作而成的速度极高的小容量存储器，然后把程序中 CPU 正在执行的活跃部分存入这个比主存速度高 10 倍左右的存储器中，使 CPU 访问内存的操作大多数在这个快速存储器中进行，从而使访问内存的速度大大提高。另外当有优先级别较高的 I/O 设备需要访问主存时，为了保证该 I/O 设备被及时响应，CPU 必须停止访存进行等待，导致了 CPU 出现空等现象，当空等时间较长时 CPU 的工作效率就被大大降低。此时若加入高速缓冲存储器，可将 CPU 所需访问的数据提前存至 Cache，当 I/O 设备需要访问主存时，CPU 可直接从 Cache 中获得所需数据，减少了空等现象的发生次数，避免了 CPU 与 I/O 设备争抢主存。

6.6.1 Cache 的工作原理

6.6.1.1 程序访问的局部性原理

程序访问的局部性原理包括时间局部性和空间局部性两个方面。

1)时间局部性：如果一个内存位置被引用，则在不久的将来，它很有可能将被再次引用。这是因为程序中常常存在循环和重复调用，导致某些数据或指令被频繁访问。

2)空间局部性：如果一个内存位置被引用，则在不久的将来，它附近的内存位置很可能被引用。这是因为指令通常是顺序存放、顺序执行的，数据一般也是以向量、数组等形式簇聚地存储在一起的。

程序访问的局部性原理是引入高速缓冲存储器 Cache 的理论依据。根据该原理，正在使用的主存储器某一单元邻近的那些存储单元将被 CPU 很快访问到的可能性很大。因而，当 CPU 存取主存储器某一存储单元时，计算机硬件就自动将包括该单元在内的那一块区域的内容调入高速缓冲存储器中，这样 CPU 即将存取的主存储器单元就很可能在刚刚调入 Cache 的那一块区域内。

6.6.1.2　Cache 的存储空间组织形式

Cache 存储空间的组织形式对其工作过程和系统效率至关重要。为了方便 Cache 和主存储器之间交换信息，Cache 和主存空间都被划分为相等的区域，这个区域称为块。Cache 和主存之间以块为单位进行交换。图 6.39 为 Cache-主存存储空间的基本结构示意图。

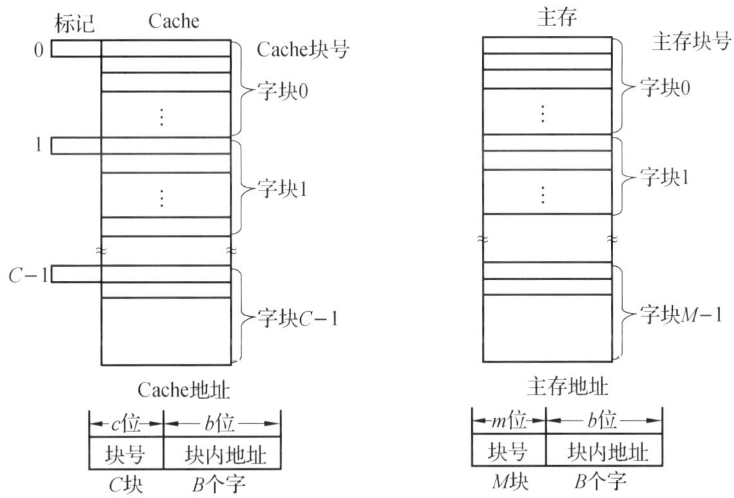

图 6.39　Cache-主存存储空间的基本结构示意图

如图所示，假设图中主存由 2^n 个字单元组成，每个字有唯一的 n 位地址。且将主存和 Cache 都分为若干块，每块包含若干个字，且主存与 Cache 中每块内的字数是相同的，即块大小相同。此时 Cache 地址分为两段，其中高 c 位表示 Cache 的块号，低 b 位表示块内地址，则 $2^c = C$ 表示 Cache 块数。主存地址同样包含两个字段，其中高 m 位表示主存的块地址，低 b 位表示块内地址，则 $2^m = M$ 表示主存块数，因为主存空间远大于 Cache 的空间大小，所以 M 也远大于 C。又因为主存和 Cache 的块大小相等，所以块内字数均为 $2^b = B$，称 B 为块长。

在 CPU 运行程序期间，会将主存储器中相关联的数据加载到高速缓存(Cache)中以加快访问速度。当 CPU 需访问某内存数据时，会首先执行一个查询步骤，以确认该数据是否已被加载在 Cache 中。若数据已存在于 Cache，则 CPU 直接从 Cache 中快速获取该数据单元中的数据，这种情况称为 CPU 访问 Cache 命中；反之若所需的数据不在 Cache 内，则称为 CPU 访问 Cache 不命中。为实现该判断，每个 Cache 块均配有一个标记寄存器，该寄存器用以存储当前 Cache 块所映射的主存块信息，即是主存块。当 CPU 请求某数据时，它会将请求的主存地址中的高 m 位(即代表主存块号的部分)与 Cache 中对应块的标记寄存器内容进行对比，以此确定所需信息是否已缓存在 Cache 中。若经过对比发现该数据尚未被加载到 Cache 中，则需将包含所需数据的整个主存块一次性传输至 Cache 中。

6.6.1.3　Cache-主存系统的性能指标

1)Cache 命中率。CPU 欲访问的信息已在 Cache 中的比率称为 Cache 的命中率。设一个程序执行期间，Cache 的总命中次数为 N_c，访问主存的总次数为 N_m，则命中率 h 为式(6.1)：

$$h = \frac{N_c}{N_c + N_m} \tag{6.1}$$

2)Cache-主存系统平均访问时间。已知 h 为 Cache 命中率，则 $1-h$ 为未命中率，设 t_c 为命中 Cache 时的访问时间，t_m 为未命中 Cache 时访问主存的时间，则 Cache-主存系统的平均访问时间 t_a 为式(6.2)：

$$t_a = ht_c + (1 - h)t_m \tag{6.2}$$

3)Cache-主存系统访问效率。用 t_c 与 t_a 的比率 e 表示 Cache-主存系统的访问效率，如式(6.3)所示：

$$e = \frac{t_c}{t_a} \times 100\% = \frac{t_c}{ht_c + (1 - h)t_m} \times 100\% \tag{6.3}$$

Cache-主存系统访问时间 t_a 越接近 t_c 访问效率越高，最理想的状态是 CPU 从 Cache 中就能 100%获得所需信息，即此时命中率 e 趋近于 1。(一般来说，在现代计算机系统中，Cache 的命中率可以高达 90%以上，甚至在某些情况下可以达到 95%或更高。)

【例 6.6】假设 CPU 执行某段程序时共访问 Cache 命中 4800 次，访问主存 200 次，已知 Cache 的存取周期是 30 ns，主存的存取周期是 150 ns，求 Cache 的命中率以及 Cache-主存系统的平均访问时间和效率分别是多少?

解：①Cache 命中率为：

$$h = \frac{N_c}{N_c + N_m} = \frac{4800}{4800 + 200} = 0.96$$

②Cache-主存系统的平均访问时间为：

$$t_a = ht_c + (1 - h)t_m = 0.96 \times 30 + (1 - 0.96) \times 150 = 34.8 \text{ ns}$$

③Cache-主存系统的访问效率为：

$$e = \frac{t_c}{t_a} \times 100\% = \frac{t_c}{ht_c + (1 - h)t_m} \times 100\% = \frac{30}{34.8} \times 100\% \approx 86.2\%$$

【例 6.7】假设 Cache 的速度是主存的 5 倍，且 Cache 的命中率为 95%，则采用 Cache

后，存储器性能提高多少（设 Cache 和主存同时被访问，若 Cache 命中则中断访问主存）?

解：设 Cache 的存取周期为 t，主存的存取周期为 $5t$，由 $h=95\%$得系统的平均访问时间为：

$$t_a = ht_c + (1-h)t_m = 0.95 \times t + 0.05 \times 5t = 1.2t$$

可知，采用 Cache 后的存储器性能为原来的 $5t/1.2t \approx 4.17$ 倍。

6.6.1.4　影响命中率的因素分析

1）Cache 容量对命中率的影响。一般而言，Cache 容量越大，其 CPU 的命中率就越高。但考虑到 Cache 的成本，容量也不能太大，否则会增加成本。且当 Cache 容量达到一定值时，命中率已不因容量的增大而有明显的提高。因此，Cache 容量是总成本价与命中率的折中值。

2）Cache 块长对命中率的影响。块长与命中率之间的关系较为复杂，它取决于各程序的局部特性。当块由小到大增长时，起初会因局部性原理使命中率有所提高。由局部性原理指出，在已被访问字的附近，近期也可能被访问，因此，增大块长，可将更多有用字存入缓存，提高其命中率。可是，倘若继续增大块长，命中率很可能下降，这是因为所装入缓存的有用数据反而少于被替换掉的有用数据。由于块长的增大，导致缓存中块数的减少，而新装入的块要覆盖旧块，很可能出现少数块刚刚装入就被覆盖，因此命中率反而下降。再者，块增大后，追加上的字距离已被访问的字更远，故近期被访问的可能性会更小。块长的最优值是很难确定的，一般每块取 4 至 8 个可编址单位（字或字节）较好，也可取一个主存周期所能调出主存的信息长度。

6.6.1.5　Cache 存储系统基本结构

Cache 由 Cache 存储体、Cache-主存地址映射变换机构、Cache 替换机构三大主要的功能模块构成，如图 6.40 所示。

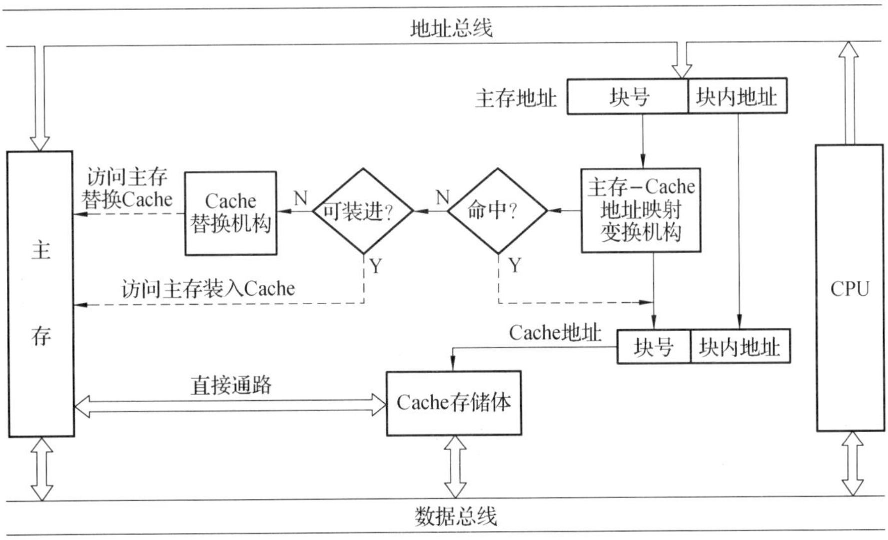

图 6.40　Cache 存储系统基本结构

1) Cache 存储体。Cache 存储体由高速的 SRAM 芯片组成，它位于 CPU 和主存之间，是 CPU 可以直接访问的存储区域。Cache 存储体的存取速度接近于 CPU 的速度，容量相对较小，但单位成本比内存高。

2) 主存-Cache 地址映射变换机构。由于 Cache 的工作过程对于用户来说是透明的，因此当 CPU 访存时，即便首先访问 Cache。

CPU 发出的地址仍然是主存地址，地址映射与变换机构负责将 CPU 发出的主存地址映射到 Cache 中的地址。根据 Cache 的映射方式(如直接映射、组相联映射或全相联映射)，地址映射与变换机构会将主存地址分割为不同的字段(如标签字段、索引字段和块内偏移字段)，然后进行相应的比较和映射操作。

3) Cache 替换机构。Cache 存储体的容量很有限，当 Cache 已满或由于 Cache-主存的地址映射方式限制无法调入新的主存块时，且需要加载新的数据块时，由替换策略决定哪个旧的数据块将被替换出 Cache。常见的替换算法包括最近最少使用(LRU)策略、先进先出(FIFO)策略和随机法。

6.6.1.6　Cache 的读写操作

在如图 6.40 所示 Cache 的基本结构基础上进一步描述一下 Cache 的读/写操作的流程。

1) Cache 的读操作。首先由 CPU 发出所需读取的数据对应的主存地址，该地址通过系统的地址总线会同时送往主存和缓存的地址寄存器。CPU 会优先访问 Cache 存储器，因此 CPU 会先判断该待读取的存储字是否在 Cache 中。若命中，则 CPU 直接从 Cache 中读取数据，并将该数据送至 CPU；若未命中，一方面要访问主存，将该存储字及时取出传送给 CPU，以满足 CPU 当前的需求，与此同时，还需将该存储字所在主存字块装入 Cache，以保证 CPU 下一次访问 Cache 时能尽可能命中，如果此时 Cache 已装满，就要执行替换算法为新调入的主存字块腾出空间。以上 Cache 的读操作过程可用流程图 6.41 来表述。

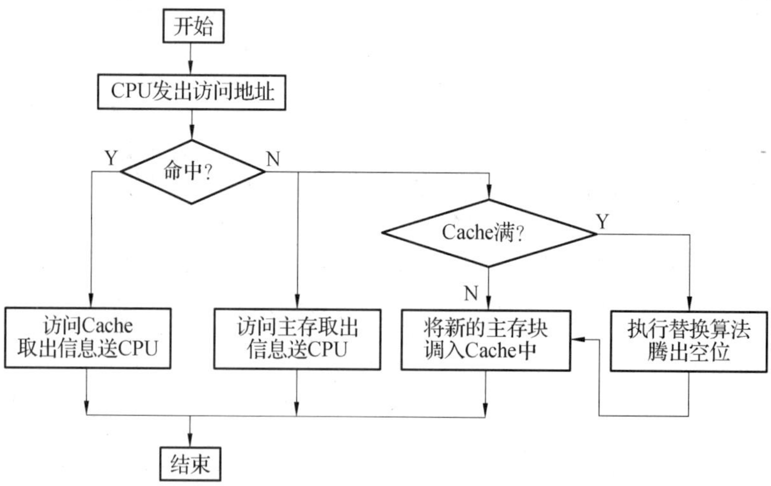

图 6.41　Cache 的读操作流程图

2)Cache 的写操作。相较于 Cache 的读操作而言，Cache 的写操作为了保证和主存字块信息的一致性而在实现时较为复杂。目前主要采用以下几种方法。

①写直达法，又称为存直达法。是指当 CPU 修改 Cache 中的数据时，这些修改会立即同步到主存中，以保证 Cache 和主存中的数据始终保持一致。

写直达法能够确保 Cache 和主存中的数据始终保持一致，避免了数据不一致的问题。同时由于每次写操作都会同步更新主存，因此 Cache 中无须设置额外的修改位(Dirty Bit)或复杂的替换策略来跟踪哪些数据已被修改但尚未写回主存，实现相对简单。

但写直达法在完成数据的写操作时，既要写入 Cache 又要写入主存，因此写直达法的“写”操作时间事实上是访问主存的时间，这样既增加了总线的负担，也无法利用 Cache 的高速访问特性，在某种程度上降低了 Cache 的缓存效率。

写直达法通常适用于对数据一致性要求极高，但对性能要求相对较低的场景。例如，在一些嵌入式系统或实时控制系统中，数据的一致性可能比性能更为重要。

②写回法，又称为拷回法。写回法的主要思想是，当 CPU 对 Cache 中的数据进行写操作时，并不立即将更改后的数据写回主存。相反，它会在 Cache 中维护一个标记(通常是“修改位”)，以指示哪些 Cache 行已被修改。只有当这些被修改的 Cache 行因为某种原因(如被替换出 Cache)而被选中替换回主存时，才会将修改后的数据写回主存。

写回法的工作流程是，首先判断是写操作命中还是写操作未命中。当 CPU 尝试写入一个已存在于 Cache 中的数据项时(即写命中)，系统直接在 Cache 中更新该数据，并设置对应的修改位为“浊”。这样，CPU 可以继续其执行过程，而不必等待数据写回主存的耗时操作。如果 CPU 试图写入的数据不在当前 Cache 中(即写未命中)，系统会首先执行一个写分配操作，这包括从主存中读取包含所需数据的块到 Cache 中，为这些数据分配一个 Cache 行，并在 Cache 中更新数据，同时设置修改位为“浊”。

然后执行数据替换与写回，随着程序的执行，Cache 会逐渐被新的数据填满。当需要为新的数据块腾出空间时，系统会检查哪些 Cache 行被标记为“浊”。如果这些行被选中用于替换，它们的内容(即修改后的数据)将被写回到主存中，以确保数据的一致性。如果该行未被修改(即修改位为“清”)，则可以直接将其丢弃，无须写回主存。

写回法因其高效性而被广泛应用于现代计算机系统中，特别是在需要处理大量写操作的场景下。

6.6.2　Cache 与主存之间的地址映射方式

与主存容量相比，Cache 的容量很小，Cache 中存放的内容只是主存内容的一个子集，且 Cache 与主存的数据交换是以块为单位。为了把主存块放到 Cache 中，必须应用某种方法把主存地址定位到 Cache 中，这一过程称为地址映射。这样当 CPU 访问主存储器时，对应的主存地址就会自动变换成 Cache 的地址。该映射过程采用硬件实现，对用户透明，地址转换过程非常快。需注意到 Cache-主存地址映射方式会直接影响到 Cache-主存存储系统的工作效率。

常有的 Cache-主存地址映射方式有：直接映射方式、全相联映射方式和组相联映射方式 3 种。

6.6.2.1　直接映射方式

直接映射方式是指每个主存字块只能映射到 Cache 中的一个唯一的指定字块空间中，且这个映射关系是一个固定规则。设 i 为 Cache 块号，j 为主存块号，C 为 Cache 块数，则可用模运算关系式(6.4)来描述直接映射中 Cache 块与主存块的对应关系。

$$i = j \bmod C \quad 或 \quad i = j \bmod 2^C \tag{6.4}$$

图 6.42 表示直接映射方式示意图，表示了在直接映射方式下主存与缓存中字块间的对应关系。

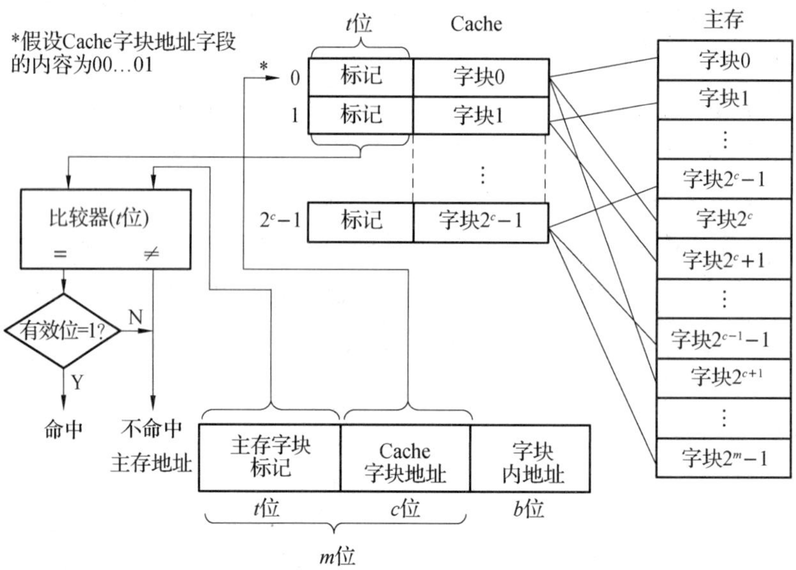

图 6.42　直接映射示意图

从图 6.42 的映射示意图中可以看出直接映射中每个 Cache 字块可对应若干个主存块，而每个主存字块只能固定地与某一 Cache 字块相对应，因此直接映射方式是一种主存-Cache 之间的多对一地址关系。

在这种映射方式中，主存地址被划分为三块信息，其中高 t 位表示主存字块标记(该字块标记被暂存在与该主存块建立了对应关系的 Cache 字块的标记寄存器中)；相邻的 c 位为 Cache 字块地址，指明了与当前主存地址所属主存字块对应的 Cache 字块地址；以上两部分构成了主存地址的高 m 位。主存地址的低 b 位为字块内地址(由于主存字块和 Cache 字块大小相同，所以主存字块内地址和 Cache 字块内地址相同)。假设当前 CPU 发来的主存地址中的Cache字块地址字段，即 c = “00…00”，根据此内容可在Cache中找到字块1，取出Cache字块1标记寄存器中的内容，送入 t 位比较器与主存地址中的 t 位主存字块标记进行比较，然后根据字块1的“标记”是否与主存地址的高 t 位相符来判断，当两者比较结果相同且有效位(表明当前Cache块中数据是否有效)为1时，表示该主存块已与Cache块建立了对应关系，即命中；当两者比较结果不同或有效位不为1时，表示主存块有Cache块未建立对应关系或当前Cache块无效，即未命中。

【例6.8】设有一个Cache的容量为4 KB，主存容量为1 MB，每个字块包含16个字，每个字16位。求：

①该Cache地址有多少位？可容纳多少块？

②主存地址有多少位？可容纳多少块？

③在直接映射方式下，主存的第几块映射到Cache中的第6块(设起始字块为第1块)？

④写出直接映射方式下主存地址字段中各段的位数。

解：①根据Cache容量为4 KB(2^{12} = 4 K)，Cache地址为12位。由于每个字16位，即2B，则Cache共有4 KB/2B = 2 K个字。又因每个字块包含16个字，故主存中共有2 K/16 = 128块。

②根据主存容量为1 MB(2^{20} = 1 MB)，主存地址为20位。由于每字16位，则主存共1 MB/2 B = 512 K字。因每个字块16个字，故主存中共512 K/16 = 32768块。

③在直接映射方式下，由于Cache共有128块，主存共有32768块，因此根据 $i = j \bmod C$ 可得，主存的6，128+6，2×128+6，…，255×128+6共256块能映射到Cache的第6块中。

④在直接映射方式下，主存地址字段的各段位数分别为：主存字块标记 t 位为8位(此例中主存与Cache中地址的对应关系为256对1的关系)，缓存字块地址 c 为7位(因缓存共有128块)，字块内地址 b 为5位(4位表示16个字，1位表示每字16位)。

直接映射方式的优点是硬件实现简单，成本较低。而缺点是冲突概率较高，由于每个主存块只能映射到Cache中的一个特定字块，因此当多个主存块映射到同一个Cache字块时，就会发生冲突，这可能导致Cache的命中率下降，进而影响系统的性能。还有直接映射的灵活性较差，无法充分利用Cache的存储空间来存储不同区域的主存块数据。

6.6.2.2 全相联映射方式

与直接映射方式的字块间固定的对应规则不同，全相联映射方式允许主存中的任意一个字块映射到Cache存储器的任意一个字块位置上，当Cache空间被占满时，也允许从Cache存储器中替换出任何一个旧块。如图6.43所示为全相联映射的示意图。采用全相联映射时，主存地址中的高 m 位为主存字块标记，这里 $m = t + c$ 位，则相应的Cache存储器每个字块的标记寄存器也为 m 位。而主存地址的低b位仍然为块内地址。当CPU访问某主存中的存储字时，需将主存字块标记同 Cache 中的全部标记进行比较才能判断出所访主存地址的内容是否已在 Cache 中。这必然会使 Cache 的标记寄存器位数增加比较多，使全相联映射需要付出更多的硬件成本和时间成本。

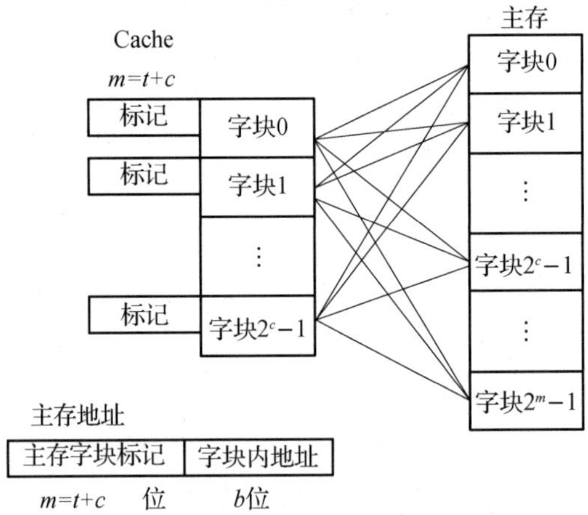

图 6.43　全相联映射示意图

全相联映射方式在 Cache 中的块全部装满后才会出现块冲突，而且可以灵活地进行块的分配，所以块冲突的概率低，Cache 空间的利用率高。但考虑到 Cache 速度要求高，全相联映射的地址变换机构需要一个复杂的硬件实现替换策略，通常由按内容寻址的相联存储器完成，这种相联存储器的集成度低，导致 Cache 的容量不大。其另一个缺点是地址变换速度较慢。

6.6.2.3　组相联映射方式

组相联映射是对直接映射和全相联映射的一种折中方案。这种映射方式是指在存储空间已经划分字块的基础上，再进一步将 Cache 的字块分组，主存字块映射到哪个组采用直接映射方式，而组内字块间的映射采用全相联映射方式。设 Cache 块数为 C，每组 R 块，分为 Q 组，则 Cache 组号 i 与主存块号 j 的映射关系式为式(6.5)：

$$i = j \bmod Q \tag{6.5}$$

Cache 每组的块数 R 一般取值较小，典型值是 2、4、8、16 等，常称为 R 路组相联 Cache。

组相联映射示意图如图 6.44 所示。图中 Cache 空间共分为 4 组，每组内包含两个字块，则主存字块号 0、4、8、…、508 等模 4 运算的结果都是 0，因此这部分主存字块映射到 Cache 的 0 组位置；同理主存字块号 3、7、11、…、511 等模 4 运算的结果都是 3，因此映射到 Cache 的 3 组位置。在每组内可映射到 2 块中的任意一块。

全相联映射方式中主存地址结构也为三个字段，与直接相联映射不同的是，Cache 字块地址字段由 c 位变为组地址字段 q 位，且 $q=c-r$，其中 2^c 表示 Cache 的总块数，2^q 表示

Cache 的分组个数，2^r 表示组内包含的块数。主存字块标记字段由 t 位变为 $s=t+r$ 位。例如，假设 $c=3$，$q=2$，则 $r=c-q=1$。其实际含义为：Cache 此时共有 $2^3=8$ 个字块，共分为 $2^2=4$ 组，每组内包含 $2^1=2$ 块。这种组内 2 块的组相联映射称为二路组相联。

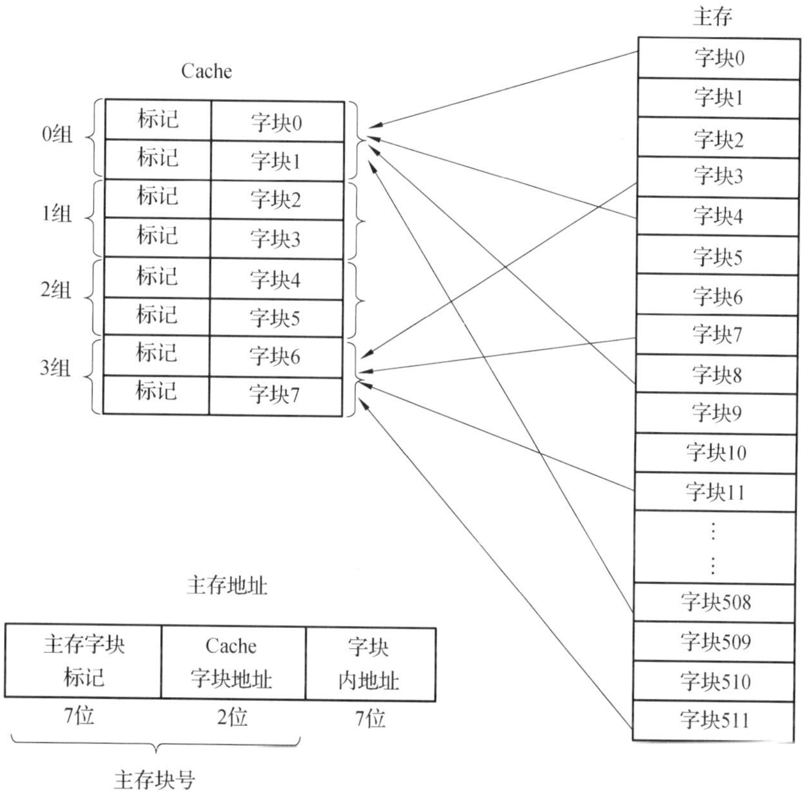

图 6.44　组相联映射示意图

从组相联映射的结构可以看到，当组内字块数为 1 时，就变成了直接映射，反之，当组的大小为整个 Cache 的大小时就变成了全相联映射。所以组相联映射的优点和缺点介于全相联和直接映射方式的优缺点之间。

总结：在实际中小容量 Cache 采用全相联映射，此时地址转换机构硬件开销在能够容忍范围，速度影响小，并且 Cache 利用率高。大容量 Cache 采用直接映射，以提高转换速度，减少硬件开销，另外 Cache 块可做得大一些，命中率不会降低太多。中容量 Cache 可采用组相联映射。早期奔腾 80386 采用组相联映射，其 Cache 容量可达到 8 KB。另外随着集成技术的提高，当今 Cache 都与 CPU 集成在一个硅晶片上，所以微处理器本身都带 Cache，在奔腾 4(P4)微处理器中还单独增加一块晶片用来作二级缓冲存储器，它与 CPU 封装在一起，可更好地解决 CPU 与主存之间速度不匹配的问题。如在赛扬微处理器中由于没有二级缓冲存储器，所以价格比 P4 要便宜。

6.6.3 Cache 的替换策略

Cache 的替换策略是 Cache 管理中的一个重要方面，它决定了当 Cache 空间不足时，哪些数据块将被替换出去以腾出空间给新的数据块。以下是三种常见的 Cache 替换策略：先入先出(FIFO)算法、最近最少使用(LRU)算法和随机法(Random)。

6.6.3.1 先入先出(FIFO)算法

先入先出(First In，First Out，FIFO)算法是最简单的替换策略之一。它按照数据块被调入 Cache 的先后顺序来决定替换的顺序。即，最早进入 Cache 的数据块将被最先替换出去。

先入先出算法在实现时需要为每个数据块维护一个时间戳或序号，记录它们进入 Cache 的先后次序。当 Cache 空间不足，需要替换数据块时，选择时间戳最早(或序号最小)的数据块进行替换。

这种算法的优点是实现简单，系统开销小。缺点可能会替换掉那些即将被频繁访问的数据块(如循环程序中的数据块)，导致 Cache 命中率下降。

6.6.3.2 最近最少使用(LRU)算法

最近最少使用(Least Recently Used，LRU)算法是一种基于数据块使用历史的替换策略。它认为最近长时间未被访问的数据块在未来被访问的可能性也较小，因此应当被优先替换。

此时需要为每个数据块维护一个使用计数器或时间戳，记录它们最后一次被访问的时间。当 Cache 空间不足时，选择最长时间未被访问的数据块进行替换。一种常见的实现方式是使用双向链表和哈希表的组合，双向链表用于维护数据块的访问顺序，哈希表用于快速定位数据块在链表中的位置。

LRU 的优点是 LRU 算法利用了数据的局部性原理，即最近被访问的数据块在未来可能再次被访问，因此能够提高 Cache 的命中率。而其缺点是实现相对复杂，系统开销较大。

6.6.3.3 随机法(Random)

随机法是一种最简单的替换策略，它完全不考虑数据块的使用历史或访问模式，而是随机选择一个数据块进行替换。

当 Cache 空间不足时，使用一个随机数生成器随机选择一个数据块进行替换。

随机法实现非常简单，系统开销几乎为零。但由于没有考虑数据的访问模式，可能会导致一些经常被访问的数据块被意外替换，从而降低 Cache 的命中率。

在实际应用中，LRU 算法因其较高的 Cache 命中率而被广泛采用。然而，在选择替换策略时，还需要根据具体的应用场景、系统资源和性能要求进行综合考虑。

6.6.4 Cache的改进

Cache技术刚出现时，计算机存储系统中只有一个Cache，优点是设计简单，但是效率相对较低。近年来普遍采用增加多个Cache的技术来提高缓存的访问效率。这种改进思路通常有两个方面：一是增加Cache的级数，设计多级Cache；二是将统一的Cache分开，使指令和数据能够分开存放。

6.6.4.1 多级Cache技术

多级Cache技术利用多个缓存层次来提高计算机系统性能，其核心思想是在高速存储器(如CPU内部的高速缓存)和主存储器(如DRAM)之间设置多个级别的缓存。这些缓存按照访问速度和容量进行分级，访问速度较快的缓存容量较小，而访问速度较慢的缓存容量较大。

早期的计算机系统中CPU和主存之间只设置一个Cache，即单级缓存，如80386以前的CPU只有外部的Cache，80486时期Cache开始集成到CPU芯片内部，形成片上缓存(片载缓存)，但容量较小仅有8 KB。片内缓存可以提高外部总线的利用率，因为将Cache制作在芯片内，CPU直接访问Cache不必占用芯片外的总线资源，而且片内缓存与CPU之间的数据通路很短，大大提高了存取速度。

随着计算机技术及集成电路技术的发展，单级缓存逐渐满足不了需求，由此现代计算机中除了包含片内Cache，还包括片外Cache，这样就形成了两级Cache。位于片内的Cache被称为一级Cache(L1 Cache)，片外Cache称为二级Cache(L2 Cache)。计算机系统运行时，L1 Cache总是以CPU的核心速度运行，它是所有系统中最快的高速缓存，但容量较小，一般仅为几十KB。L2 Cache以主板速度运行，可以有较大的容量，从256 KB到2 MB不等。当CPU需要访问数据时，首先会查找最高级别的缓存(通常是L1 Cache)。如果L1 Cache未命中，则继续查找下一级缓存(L2 Cache)，以此类推，直到找到所需数据或到达最底层的存储器。

在两级Cache的计算机中，L1 Cache的内容是L2 Cache的子集，L2 Cache的内容是主存的子集。L2 Cache负责整个系统中Cache和主存的数据一致性，L1 Cache负责响应L2 Cache，与L2 Cache一起维护L1和L2两级Cache的一致性，从而保证了L1、L2两级Cache和主存的一致性。

随着技术的不断进步，多级Cache技术有望得到进一步的改进和扩展。例如，通过引入更加智能的预取算法和更高效的数据压缩技术，可以进一步提高缓存命中率和减少缓存占用的内存空间；通过结合新型的非易失性内存技术(如PCM、ReRAM等)，可以实现更快速的数据访问和更低的能耗。此外，随着云计算和大数据技术的快速发展，多级缓存技术也将在云存储和分布式系统中发挥更加重要的作用。

6.6.4.2 统一缓存和分立缓存

统一缓存是指指令和数据都存放在同一缓存内的Cache；分立缓存是指指令和数据分

别存放在两个缓存中，一个称为指令 Cache，另一个称为数据 Cache。在选择两种缓存方案时主要考虑如下两个因素。

1）与主存结构有关，如果计算机系统的主存是指令、数据存储在同一主存内的方式，则响应的 Cache 采用统一缓存；反之如果主存采用指令、数据分开存储的方式，则响应的 Cache 也采用分立缓存。

2）与机器对指令执行的控制方式有关。当采用超前控制或流水线控制方式时，一般都采用分立缓存。例如，由于 Pentium 采用流水线控制技术，所以必须将指令和数据的 Cache 分开，以满足指令处理器和指令执行单元之间并行的需要。此时如采用统一 Cache，可能出现指令预取和执行过程对统一缓存的争用而造成阻塞这样的竞争，会降低系统的性能，干扰指令流水线的有效使用。而分立缓存的方案可以很好地解决这一问题，所以分立缓存在任何基于流水线的设计中都非常重要。这种分立结构缓存的计算机架构也称为哈佛结构。一般情况下，指令 Cache 和数据 Cache 的容量相同。

如图 6.45 所示为 Pentium4 处理器框图，图中有两级共 3 个 Cache，其中一级 Cache 分 L1 指令 Cache 和 L1 数据 Cache，另外还有一个二级 L2 Cache。

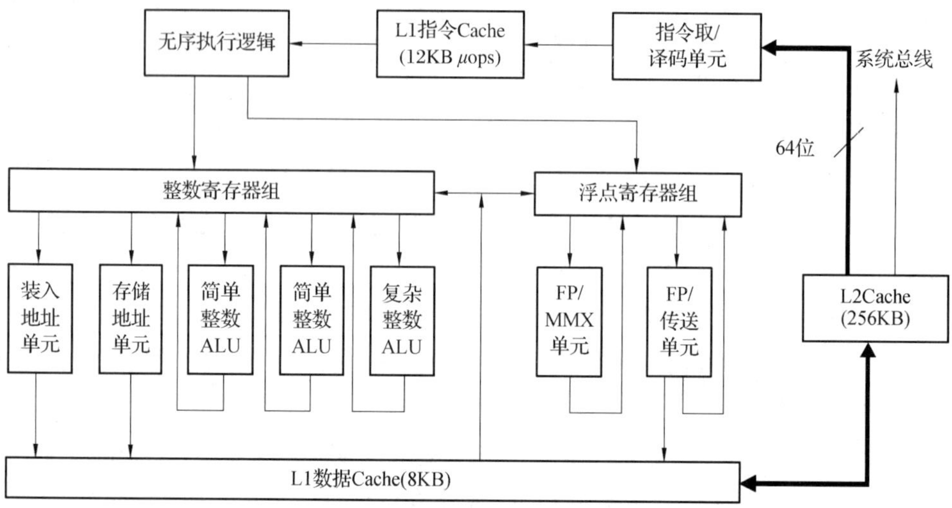

图 6.45 Pentium4 处理器框图

6.7 辅助存储器

结合以上章节内容，进一步明确计算机中的存储器分为高速缓冲存储器、主存储器和辅助存储器。每一类存储器在计算机系统中发挥着不同的作用。高速缓冲存储器用来存放

CPU 正在使用的程序和数据，需要非常快的读取速度，用以缓解 CPU 和主存之间速度不匹配的问题，通常由 SRAM 构成。主存储器用来存放当前 CPU 需要立即使用的程序和数据，要求存取速度快，一般由 DRAM 构成主要存储空间。而辅助存储器用于存放当前 CPU 不需立即使用但需要稳定保存的信息，一旦需要，再和主存批量地交换数据。它作为主存的后备和补充，和主存构成了存储器系统中的主存-辅存层次结构。

辅助存储器又称为外部存储器，简称辅存或辅存。它的特点是容量大、读取速度较慢，但成本低，信息掉电不丢失，属于非易失性存储器。

目前常用的辅助存储器主要有两大类：磁表面存储器和光盘存储器。

6.7.1　磁表面存储器

6.7.1.1　磁表面存储器概述

磁表面存储器是利用涂覆在载体(如铝合金或塑料)表面的磁性材料来存储信息的设备。这些磁性材料具有两种不同的磁化状态，分别用来表示二进制信息的“0”和“1”。常见的磁表面存储器形式包括磁盘存储器和磁带存储器。工作时，靠载磁体高速运动，由磁头在磁层上进行读/写操作，信息被记录在磁层上，这些信息的轨迹就是磁道。磁盘的磁道是一个个同心圆，磁带的磁道是沿磁带长度方向的直线，如图 6.46 所示。

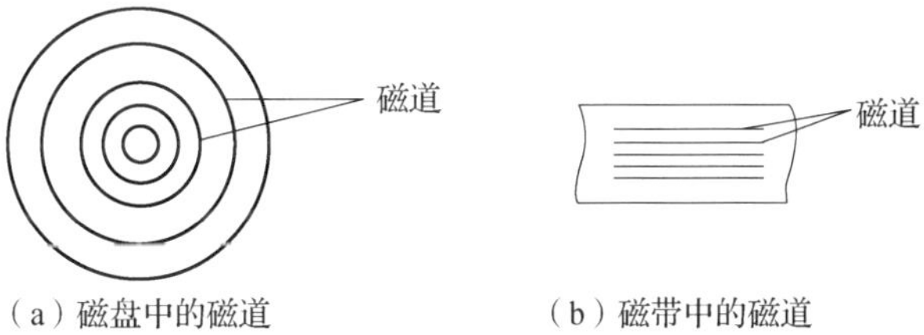

图 6.46　磁盘和磁带的磁道示意图

磁表面存储器具有如下一些共同特点：

1) 存储密度高，记录容量大，价格低；

2) 改变写入电流即可改变剩磁状态，因而记录介质可以重复使用；

3) 利用剩磁来记录信息，因而无须能量维持信息，掉电后信息不丢失，并且记录信息可长时间保存；

4) 利用电磁感应获得读出信号，因而属于非破坏性读出，读出时不需再生。

磁表面存储器的缺点是：

1) 只能顺序存取，不能随机存取；

2) 读写时要靠机械运动产生感应电动势，因此存取速度较低；

3) 由于靠磁头读写，它的可靠性比主存差，必须加校验码。

6.7.1.2 磁表面存储器的磁记录原理与记录方式

1)磁记录原理。

磁表面存储器的磁记录信息的基本原理是利用一层不足 1 μm 厚的表面磁介质作为记录信息的媒体，以磁介质的剩磁现象来存储信息的。磁表面记录和读取信息的设备是一个磁头，磁头上开有一条很小的缝隙，在磁头线圈上通入不同形式的电流，磁头上的磁力线在缝隙处感应到磁性表面就可在磁性材料表面施加不同方向的磁场，从而在材料上写入不同的信息。要读出磁表面的信息时，磁头和载磁体之间相对运动，磁头铁芯中的磁力线发生变化，在磁头线圈回路中产生感应电势。由于磁化单元中剩磁的方向不同，因而在磁头线圈中产生的感应电势方向也不同，从而可以读出磁表面上的信息 0 或 1。如图 6.47 为磁表面存储器读写信息原理示意图。

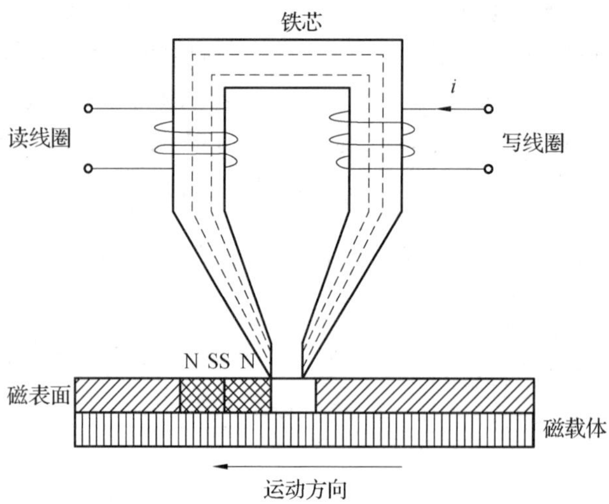

图 6.47 磁表面存储器读写信息原理示意图

2)磁表面存储器信息记录方式。

磁表面存储器的记录二进制的方式又称为磁盘的数据编码方式。由于信息记录是在磁头中通以磁化电流来实现的，所以编码方式取决于写入电流波形的组合方式。数据编码方式的选取直接影响到记录密度、存储容量、传送速率以及读写控制逻辑。

常见的记录方式按照写信息所施加的电流波形的极性、频率和相位的不同，有归零制(RZ)、不归零制(NRZ)、调相制(PM)、调频制(FM)和改进型调频制(MFM)。如图 6.48 所示为六种磁记录方式的写入电流波形，也代表磁层上相应位置所记录的理想的磁通变化状态。

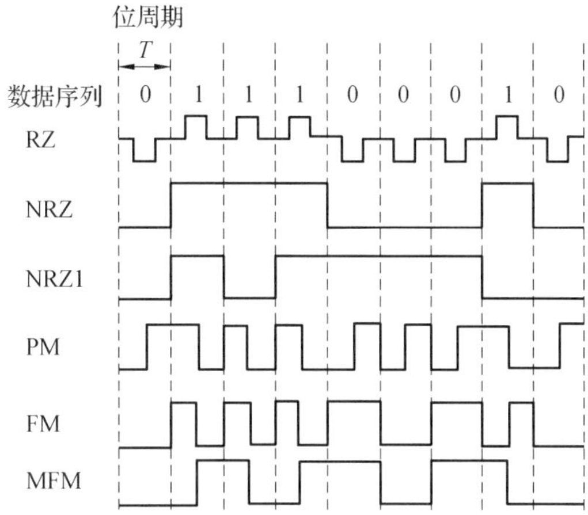

图 6.48　六种磁记录方式的写入电流波形

①归零制(RZ)。

归零制的原理是，不论某存储单元的代码是“0”还是“1”，在记录下一个信息之前记录电流要恢复到零电流。写“1”时给磁头线圈送一个正向脉冲电流，写“0”时给磁头线圈送一个负向脉冲电流。两个信息位之间，磁头线圈中电流恢复为零电流。归零制由于记录密度低，抗干扰能力差，已不使用。

②不归零制(NRZ 和 NRZ1)。

不归零记录信息时，磁头线圈始终有驱动电流，不是正向，便是反向，不存在无电流状态。正向电流代表“1”，反向电流代表“0”，因此它的抗干扰能力较好，但记录密度也不高。NRZ1 也是磁头线圈上始终有电流，但凡是写“1”时，磁头线圈中的写入电流要改变一次方向(从负变为正或从正变为负)，故称见“1”就翻；而记录“0”时，线圈中电流保持原方向不变。NRZ 的记录密度不高，已不使用；NRZ1 无自同步能力，但记录密度高，只能用在多磁道并行读写的磁带机上。

③调相制(PM)。

调相制又称为相位编码(PE)，其特点是记录“1”或“0”的相位相反。如：记录“0”时，写电流由负变正；记录“1”时，写电流由正变负(也可以相反定义)，而且电流变化出现在一位信息记录时间的中间时刻，它以相位差为 180°的磁化翻转方向来表示“1”和“0”。因此，当连续记录相同信息时，在每两个相同信息的交界处，电流方向都要变化一次；若相邻信息不同，则两个信息位的交界处电流方向维持不变。调相制在磁带存储器中用得较多。

④调频制(FM)。

磁头线圈写电流规则无论是写“0”还是“1”，或者连续的“1”/连续的“0”，两个数据位交界处的电流都要改变方向。另外写“1”时，还要在位置中心改变一次方向。因此写“1”

电流的频率是写“0”电流频率的2倍，故又称双频制。调频制在各信息位边界上写入电流有一次变化，因而必有读出信号，该信号就可以用作同步/选通信号，故调频制具有同步能力。调频制记录方式被广泛应用在硬磁盘和软磁盘中。

⑤改进型调频制(MFM)。

两种记录方式基本上同调频制，即记录“0”时，在位记录时间内电流不变；记录“1”时，在位记录时间的中间时刻电流发生一次变化。两者不同之处在于，改进型调频制只有当连续记录两个或两个以上的“0”时，才在每位的起始处改变一次电流，不必在每个位起始处都改变电流方向。由于这一特点，在写入同样数据序列时，MFM 比 FM 磁翻转次数少，在相同长度的磁层上可记录的信息量将会增加，从而提高了磁记录密度。FM 制记录一位二进制代码最多是两次磁翻转，MFM 制最多只要一次翻转，记录密度提高了一倍，故又称为倍密度记录方式。倍密度软磁盘即采用 MFM 记录方式。

6.7.1.3 磁表面存储器的主要技术指标

磁盘存储设备的主要技术指标有存储密度、存储容量、平均寻址时间、数据传输率和误码率。

1)存储密度。存储密度是指在单位长度或单位面积上，磁层表面上所存储的二进制信息量。对于磁盘存储器，存储密度通常用道密度和位密度来表示。道密度是指沿磁盘半径方向单位长度上的磁道数，单位为道/mm 或道/英寸。位密度是指沿磁盘圆周方向单位长度上所能记录的二进制位数，单位为位/mm 或位/英寸。要注意的是，对于每条不同半径的磁道，它们的圆周长是不一样的，而每条磁道记录的信息位数是相同的，所以磁盘内圈磁道的位密度高，而外圈位密度低。最内圈的位密度才代表磁盘真正的位密度水平。

2)存储容量。存储容量是指辅存所能存储的二进制信息总数量，一般以位或字节为单位。存储容量与磁盘的盘片数、每个盘面的磁道数、每个磁道记录的二进制代码数等因素相关。磁盘的直径越大、道密度和位密度越高，则存储容量越大。

每个磁道分为若干扇区，所有磁道的扇区数是相同的，同时每个扇区内存储数据量也都相同。磁盘格式如图 6.49 所示。

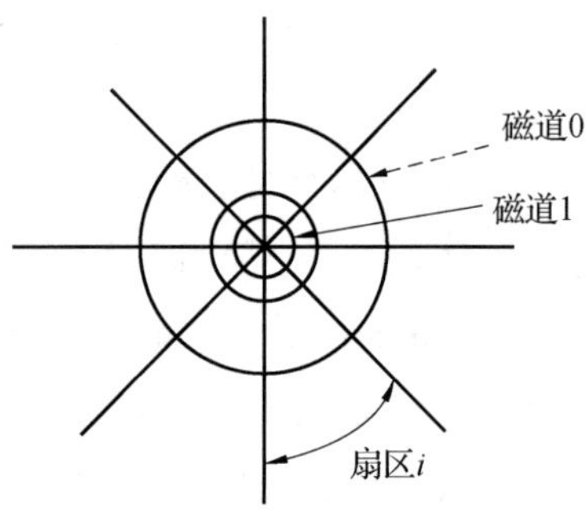

图 6.49 磁盘格式

磁道的编址为最外磁道是0号磁道，最里面的磁道是 n 号磁道。单盘片的磁盘存储设备有两个面，多盘片的磁盘存储设备有多个面。每个面中相同磁道号的各个磁道构成一个圆柱面。扇区是磁盘访问的最小单位。在磁盘上形成磁道和扇区的过程称为格式化。

磁盘存储器有格式化容量和非格式化容量两个指标。格式化容量指按照某种特定的记录格式所能存储信息的总量，即用户真正可以使用的容量，它一般为非格式容量的60%~70%；非格式化容量是磁记录表面可以利用的磁化单元总数。

$$非格式化容量=位密度\times最内圈磁道周长\times磁道总数$$

$$格式化容量=扇区容量\times每道扇区数\times磁道总数$$

3）寻址时间。寻址时间是指磁头定位到指定数据位置所需的时间。寻址时间包括移动磁头到目标磁道所需的找道时间，以及找到磁道后磁头等待所需读写的区域转到其下方所需等待的时间。由于寻找相邻磁道和从最外面磁道找到最里面磁道所需的时间不同，磁头等待不同区段所花的时间也不同，因此取它们的平均值，称作平均寻址时间。磁盘的平均寻址时间比软磁盘的平均寻址时间短，所以硬磁盘存储器比软磁盘存储器速度快。

4）数据传输率。数据传输率是指磁表面存储器在单位时间内与 CPU 之间传输数据的位数或字节数。

$$数据传输率(b/s)=扇区内字节数\times每道扇区数\times磁盘转速\times8$$

5）误码率。误码率是衡量磁表面存储器出错概率的参数，它等于从辅存读出时，出错信息位数和读出信息的总位数之比，为了减少出错率，磁表面存储器通常采用循环冗余码来发现并纠正错误。

6.7.1.4 磁盘存储器

磁盘存储器根据采用的盘体材料，可以分为两种。如果盘体采用塑料（聚酯薄膜）做基体，两面涂上磁粉，装在保护套内，则称为软磁盘，简称软盘。如果盘体采用金属（铝镁合金）做基体，两面涂上磁粉，则称为硬磁盘，简称硬盘。由于硬磁盘是由多个盘片组成，所以也称磁盘组。

磁盘存储器主要由磁盘盘片、磁盘驱动器和磁盘控制器组成。

6.7.2 光盘存储器

6.7.2.1 概述

光盘存储器（Optical Disk Memory，简称 ODM）是一种利用激光原理进行信息读写的存储设备，它通过将薄层涂覆在基体上构成记录介质来保存信息。这种应用激光在某种介质上写入信息，然后再利用激光读出信息的技术称为光存储技术。如果光存储使用的介质是磁性材料，即利用激光在磁记录介质上存储信息，就称为磁光存储。通常把采用非磁性介质进行光存储的技术称为第一代光存储技术，它不能把内容抹掉重写新内容。磁光存储技术是在光存储技术基础上发展起来的，称为第二代光存储技术，主要特点是可擦除重写。

6.7.2.2 光盘存储器的分类

根据光存储性能和用途的不同，光盘存储器可分为只读型光盘、只写一次型光盘和可擦写型光盘三类。

1）读型光盘（CD-ROM）。

这种光盘内的数据和程序是由厂家事先写入的，使用时用户只能读出，不能修改或写入新的内容。它主要用于电视唱片和数字音频唱片，可以获得高质量的图像和高保真的音乐。在计算机领域里，主要用于检索文献数据库或其他数据库，也可用于计算机的辅助教学等。因它具有 ROM 特性，故称 CD-ROM(Compact Disk-ROM)。

2)只写一次型光盘(WORM)。

这种光盘允许用户写入信息，写入后可多次读出，但只能写入一次，而且不能修改，故称其为“写一次型”(Write Once Read Many，WORM)，主要用于计算机系统中的文件存档，或写入的信息不再需要修改的场合。

3)可擦写型光盘。

这种光盘类似磁盘，可以重复读/写。从原理上来看，目前仅有光磁记录(热磁反转)和相变记录(晶态-非晶态转变)两种。它是很有前途的辅助存储器。

6.7.2.3 光盘存储器的组成

光盘存储器与磁盘存储器很相似，它也由盘片、驱动器和控制器组成。驱动器同样有读/写头、寻道定位机构、主轴驱动机构等。除了机械电子机构，还有光学机构。图 6.50 是写一次型光盘的光学系统示意图。

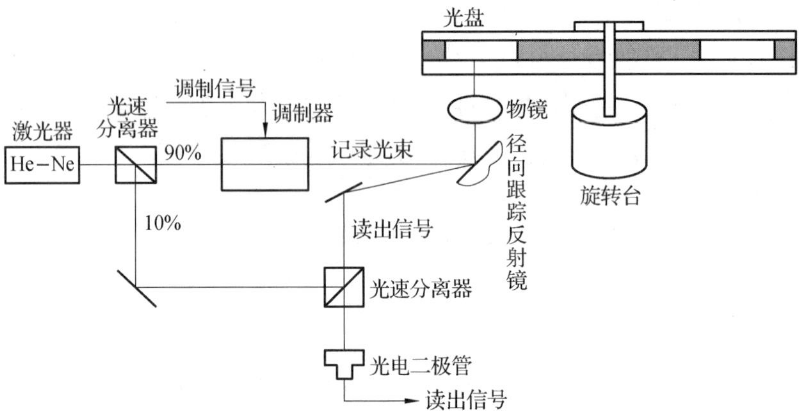

图 6.50 写一次型光盘的光学系统示意图

图中激光器产生的光束经分离器分离后，其中 90%的光束用作记录光束，10%的光束作为读出光束。记录光束经调制器，由聚焦系统向光盘记录信息。读出光束经几个反射镜射到光盘盘片，读出光信号再经光电二极管输出。光盘盘片的形状与磁盘盘片类似，但记录材料不同。只读型光盘与只写一次型光盘都是三式结构。第一层为基板，第二层为涂覆在基板上的一层铝质反射层，最上面一层为很薄的金属膜。反射层和金属薄膜的厚度取决于激光源的波长 λ，两者厚度之和为 $\lambda/4$。金属膜的材料一般是碲(Te)的合金组成，这种材料在激光源的照射下会熔成一个小凹坑，用以表示“1”或“0”。

6.7.2.4 光盘存储器的存取原理

光盘存储器利用激光束在记录表面上存储信息，根据激光束和反射光的强弱不同，可以实现信息的读/写。由于光学读/写头和介质保持较大的距离，因此，它是非接触型读/写的存储器。

对于只读型和只写一次型光盘而言，写入时，将光束聚焦成直径为小于 1 μm 的微小光点，使其能量高度集中，在记录的介质上发生物理或化学变化，从而存储信息。例如，激光束以其热作用熔化盘表面的光存储介质薄膜，在薄膜上形成小凹坑，有坑的位置表示记录“1”，没坑的位置表示“0”。又比如，有些光存储介质在激光照射下，使照射点温度升高，冷却后晶体结构或晶粒大小会发生变化，从而导致介质膜光学性质发生变化(如折射率和反射率)，利用这一现象便可记录信息。

读出时，在读出光束的照射下，在有凹处和无凹处反射的光强是不同的，利用这种差别，可以读出二进制信息。由于读出光束的功率只有写入光束的 1/10，因此不会使盘面熔出新的凹坑。

可擦写光盘利用激光在磁性薄膜上产生热磁效应来记录信息(称为磁光存储)。其原理是：在一定温度下，对磁介质表面加一个强度高于该介质矫顽力的磁场，就会发生磁通翻转，便可用于记录信息。矫顽力的大小是随温度而变的。倘若设法控制温度，降低介质的矫顽力，那么外加磁场强度便很容易高于此矫顽力，使介质表面磁通发生翻转。磁光存储就是根据这一原理来存储信息的。它利用激光照射磁性薄膜，使其被照处温度升高，矫顽力下降，在外磁场 HR 作用下，该处发生磁通翻转，并使其磁化方向与外磁场 HR 一致，就可视为寄存“1”。不被照射处或 HR 小于矫顽力处可视为寄存“0”。通常把这种磁记录材料因受热而发生磁性变化的现象称为热磁效应。

擦除信息和记录信息原理一样，擦除时外加一个和记录方向相反的磁场 HR，对已写入的信息用激光束照射，并使 HR 大于矫顽力，那么，被照射处又发生反方向磁化，使之恢复为记录前的状态。

这种利用激光的热作用改变磁化方向来记录信息的光盘称为磁光盘。

本章小结

本章全面介绍了计算机存储系统的基本概念、分类、层次结构、性能指标以及各类存储器的工作原理和应用。通过本章的学习，读者可以深入理解存储系统在计算机体系结构中的重要性及其工作原理。

首先，本章阐述了存储器的定义与分类，包括按存储介质(如半导体存储器、磁表面存储器、光盘存储器等)和存取方式(如随机存储器、只读存储器、顺序存取存储器等)的分类。这些分类方式有助于读者从宏观上把握存储器的多样性和特点。

其次，本章重点介绍了存储器的层次结构，包括高速缓存、主存储器和辅助存储器三个层次。这种层次化结构的设计旨在解决存储器在速度、容量和成本之间的矛盾，通过合理的数据分配和管理，实现高效的存储访问。同时，本章还详细解释了存储系统的性能指标，如存储容量、存取速度、带宽、可靠性、功耗等，这些指标对于评估存储系统的性能至关重要。

在存储器的具体实现方面，本章详细介绍了主存储器的结构和工作原理，包括SRAM和DRAM的工作原理、逻辑结构及读写过程。SRAM和DRAM作为主存储器的主要组成部分，具有各自的特点和适用场景。此外，本章还讨论了只读存储器(ROM)的分类和工作原理，以及存储器容量的扩充方法。

为了进一步提高存储系统的性能，本章还介绍了并行存储系统和高性能存储芯片的概念。并行存储系统通过采用模块交叉存储器、相联存储器和双端口存储器等技术，提高了存储器的带宽和访问速度。而高性能存储芯片如SDRAM、RDRAM和CDRAM等，通过采用先进的制造工艺和电路设计，实现了更高的存取速度和更大的存储容量。

高速缓冲存储器(Cache)作为现代计算机系统中不可或缺的一部分，也在本章进行了详细介绍。Cache通过利用程序访问的局部性原理，将CPU频繁访问的数据和指令存储在高速缓存中，从而显著提高了CPU的访存速度。本章还深入探讨了Cache的工作原理、地址映射方式、替换策略以及改进方法等内容。

最后，本章简要介绍了辅助存储器的分类和特点，包括磁表面存储器和光盘存储器等。这些辅助存储器虽然存取速度较慢，但具有容量大、成本低、信息掉电不丢失等优点，在数据存储和备份等方面发挥着重要作用。

通过本章的学习，读者可以全面掌握计算机存储系统的基本知识和应用技能，为后续的学习和工作打下坚实基础。

习　题

一、选择题

1. 计算机存储器系统中，负责长期存储数据和程序的是(　　)。

A. RAM　　B. ROM　　C. 硬盘　　D. Cache

2. 下列哪种存储器属于易失性存储器？(　　)

A. SRAM　　B. Flash Memory　　C. 硬盘　　D. SSD

3. 动态随机存取存储器(DRAM)需要定期刷新以保持数据不丢失，这主要是由(　　)引起的。

A. 数据衰减　　B. 电磁干扰　　C. 电源波动　　D. 温度变化

4. 在存储器层次结构中，哪一级存储器通常与 CPU 直接相连，速度最快(　　)。

A. 寄存器　　B. Cache　　C. 主存　　D. 辅存

5. 下列哪项不是衡量存储器性能的重要指标?(　　)

A. 容量　　B. 访问速度　　C. 价格　　D. 重量

6. DDR SDRAM 中的“DDR”代表什么?(　　)

A. Double Data Rate　　B. Dual Data Register

C. Dynamic Data Rate　　D. Data Drive Random

7. 下列哪项不是 Cache 提高访问速度的主要原因?(　　)

A. 减少了访问内存的次数　　B. 增加了存储器的容量

C. 利用了程序的局部性原理　　D. 使用了更快的存储介质

8. Cache 替换策略中，LRU 代表什么?(　　)

A. 最近最少使用　　B. 最不经常使用　　C. 先进先出　　D. 随机替换

9. 在多级 Cache 系统中，通常 L1 Cache 比 L2 Cache 更(　　)。

A. 大且慢　　B. 小且快　　C. 大且快　　D. 小且慢

10. 下列哪种情况可能导致 Cache 失效?(　　)

A. CPU 访问的数据恰好在 Cache 中　　B. Cache 已满，但新数据仍需加载

C. Cache 中的数据被正确替换　　D. Cache 与内存的数据保持一致

11. Cache 一致性协议(如 MESI)主要用于解决什么问题?(　　)

A. Cache 与内存之间的数据不一致　　B. 多个 Cache 之间的数据不一致

C. CPU 与 Cache 之间的速度不匹配　　D. 内存容量不足

12. 磁盘存储器中，数据是以什么形式存储的?(　　)

A. 磁道　　B. 扇区　　C. 簇　　D. 以上都是

13. SSD 相对于 HDD 的主要优势是什么?(　　)

A. 更快的读写速度　　B. 更高的存储容量

C. 更低的价格　　D. 更长的使用寿命

14. 内存管理单元(MMU)主要负责什么功能?(　　)

A. 内存分配和回收　　B. 地址转换和内存保护

C. 内存数据加密　　D. 内存错误检测

15. 在 Cache 设计中，标记(Tag)的主要作用是(　　)。

A. 指示 Cache 行的状态　　B. 存储数据的地址信息

C. 用于数据校验　　D. 区分不同 Cache 行对应的主存块

二、填空题

1. 计算机存储器系统通常分为________、主存和辅存三个层次。

2. Cache 的映射方式主要有直接映射、________和________三种。

3. DDR4 SDRAM 相对于 DDR3 SDRAM，主要提高了________和________。

4. 磁盘存储器中，________是用于定位数据的基本单位。

5. Cache 的基本工作原理是基于程序的________原理。

6. Cache 的替换策略中，________策略是根据数据被加载进 Cache 的先后顺序进行替换。

7. Cache 失效时，CPU 需要直接访问________来获取数据。

8. 主存(或内存)通常是由________构成的，它提供了比 Cache 更大但比磁盘更小的存储空间。

9. 在多级 Cache 系统中，通常________ Cache 离 CPU 最近，速度最快，但容量也最小。

10. 计算机存储器系统的层次结构从快到慢依次是：寄存器、主存、磁盘和(如光盘或磁带)，其中________通常作为长期存储数据的媒介。

三、简答题

1. 请简述计算机存储器系统的层次结构，并说明各层次的主要作用。

2. 主存储器的技术指标有哪些？

3. 比较 SRAM 和 DRAM 的区别，包括它们的存储原理、速度、功耗和刷新需求。

4. 阐述 Cache 的基本工作原理，以及为什么它能够显著提高 CPU 访问内存的速度。

5. 描述磁盘存储器的基本结构和数据存取过程，包括磁道、扇区和簇的概念。

四、计算分析题

1. 假设一个 Cache 的总容量为 8 KB，它被组织为 256 个块。请计算每个 Cache 块的大小。

2. 在一个 32 位地址的计算机系统中，假设 Cache 的大小为 16 KB，块大小为 4 B，采用直接映射方式。请划分主存地址，并指出哪些位用于块内地址、块号和标记(Tag)。

3. 假设一个程序在运行时访问了 1000 个地址，其中 800 个地址在 Cache 中命中。请计算该程序的 Cache 命中率。

4. 一个 DDR4 SDRAM 存储器的时钟频率为 1600 MHz，每个时钟周期可以传输 64 位数据(即 8 字节)。请计算该存储器的理论带宽(以 GB/s 为单位)。

5. 一个存储器系统有 32 根地址线，请计算该存储器系统的最大寻址空间(以 GB 为单位)。

6. 一个嵌入式系统使用了一个闪存存储器，该存储器每秒钟可以执行 100，000 次读操作和 50，000 次写操作。请计算该存储器在一分钟内可以执行的总读写操作次数。

7. 一个计算机系统的 Cache 大小为 4 KB，主存大小为 256 KB，Cache 采用直接映射方式，块大小为 16 B。假设程序访问地址流为：0x0000，0x0010，0x0020，…，0x7FFF（均为十六进制），且这些地址在程序运行期间均匀分布并重复访问。请计算该程序的 Cache 命中率。

8. 一个计算机系统的主存访问时间为 100 ns，Cache 访问时间为 10 ns，Cache 命中率为 90%。请计算该系统的平均访问时间。

第 7 章

总线系统

【知识目标】

1. 掌握总线的基本概念、总线的分类、总线特性及性能指标。
2. 掌握总线的组成与结构。
3. 掌握总线接口与功能。
4. 掌握总线的仲裁算法。
5. 掌握总线的通信控制方式。
6. 了解总线的重要性及发展趋势。

【素质目标】

在计算机总线系统章节的学习中，不仅要让学生掌握总线的基本概念、结构形态、连接方式、总线仲裁、总线操作及性能评估等核心知识，更要注重培养学生的科学态度、创新意识、团队合作精神和社会责任感。通过深入剖析总线系统的工作原理及其在计算机系统中的应用，引导学生认识信息技术对社会发展的重要性，激发学生探索新技术、解决实际问题的兴趣和能力。同时，强调在信息技术应用中应遵循的法律法规和社会伦理，培养学生的法律意识和道德观念，使他们成为既有扎实专业知识，又具备良好思政素质的计算机人才。

总线，作为计算机内部各部件之间共享的信息传输通道，它如同一条条高速公路，连接着 CPU、内存、输入/输出设备等各个组件，确保信息能够准确、快速地在它们之间流通。接下来，我们将深入探讨总线的基本概念及分类、主要结构和总线控制逻辑。通过本章可让读者对计算机系统总线在计算机结构中的地位和作用有所了解。

7.1 总线的概述

7.1.1 总线的基本概念

一个计算机的硬件系统主要由五大功能部分构成，为了保证各部分之间能够进行信息的准确传输，需要在各部分之间搭建合适的信号通道。通常部件之间的互连方式有两种：一种是各部件之间使用单独的连线，称为分散连接；另一种是将各部件连到一组公共信息传输线上，称为总线连接。

早期的计算机大多采用分散连接方式，如图 7.1 所示。

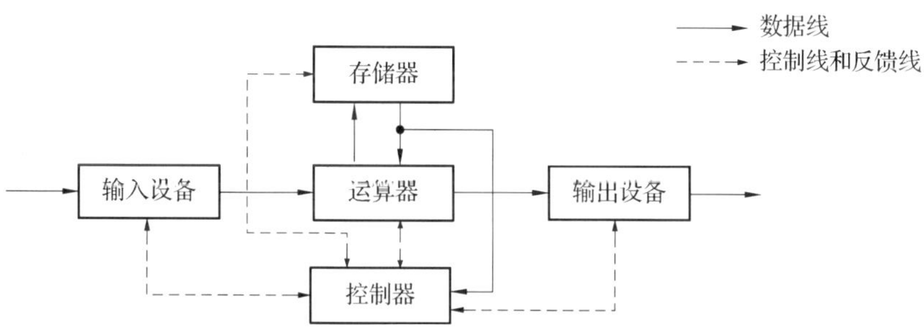

图 7.1　以运算器为中心的计算机分散连接方式

图 7.1 中计算机的五大部分的连接结构是以运算器为中心，其内部连线十分复杂，尤其是当 I/O 与存储器交换信息时，都需经过运算器，致使运算器停止运算，严重影响了 CPU 的工作效率。后来，改进为以存储器为中心的分散连接结构，如图 7.2 所示。在这种分散连接中，I/O 与存储器之间的信息交换可以不经过运算器，而且采用了中断、DMA 等技术，使 CPU 的工作效率得到很大提高，但是仍无法解决 I/O 设备与主机之间连接的灵活性。随着计算机应用领域的不断扩大，I/O 设备的种类和数量也越来越多，人们希望随时增添或减撤设备，分散连接方式无法满足这种需求，由此出现了总线连接方式。

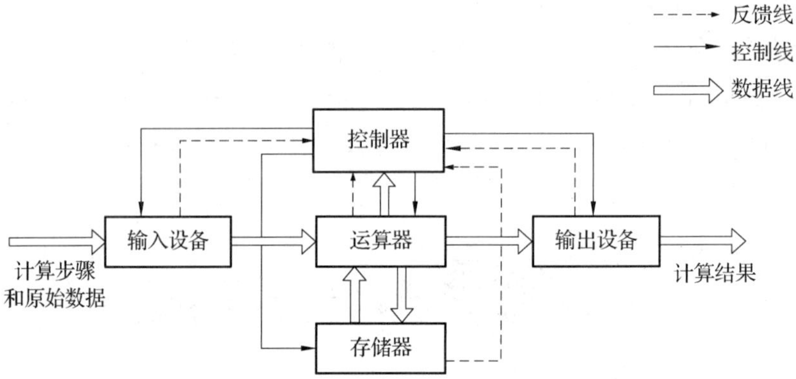

图 7.2 以存储器为中心的计算机分散连接方式

总线是一种数据通道，它们是构成计算机系统的骨架，是多个系统部件之间进行数据传送的公共通路。借助于总线连接，计算机在各系统部件之间实现地址、数据和控制信息的交换，并在争用资源的基础上进行工作。因此，所谓总线就是指能为多个功能部件服务的一组公用信息线。也因为总线的共享特性，所以当多个部件与总线相连时，如果有两个或两个以上部件同时向总线发送信息，势必导致信号冲突，使传输无效。因此，在某一时刻，只允许有一个部件向总线发送信息，而多个部件可以同时从总线上接收相同的信息。

通常总线是由多条通信线路组成的，而每一条信号线仅能传送二进制的 0 或 1 信号。例如，8 条传输线组成的地址总线可同时传输一组 8 位的二进制地址码。

7.1.2 总线的分类

总线的应用较广，按照角度不同，分类的方法不同，常用总线的分类方法如下：

1）按信息传送方向，可将总线分为单向总线和双向总线。单向总线是指总线上的信息只能沿一个方向传送，例如地址总线。双向总线是指总线上的信息可沿两个方向传送，例如数据总线。

2）按时序控制方式，可将总线分为同步总线和异步总线。同步总线是设置统一的时钟信号，总线上的各部件均遵循这个统一的时钟信号，每一次数据传送均占有确定数目的时钟周期。而异步总线没有设置统一的时钟信号，总线上的各部件均有各自的时间标准，在进行数据传送时，收发双方采用应答信号来进行时间同步。

3）按数据传送格式，可将总线分为串行总线和并行总线。串行总线中的数据线只有一根，数据在单条 1 位宽的传输线上，一位一位地按顺序分时传送。如 1 字节的数据，在串行传送中，1 字节的数据要通过一条传输线分 8 次由低位到高位按顺序逐位传送。

并行总线中的数据线有多根，可同时传送多位数据，通常可同时传送的数据位数是字节的倍数，该位数又称为总线的宽度。如 1 字节的数据，在并行传送中，要通过 8 条并行传输线同时由源传送到目的地。

并行通信适宜于近距离的数据传输，通常小于 30 米；串行通信适宜于远距离传送，可以从几米到数千千米。而且，串行和并行通信的数据传送速率都与距离成反比。在短距离内，并行数据传送速率比串行数据传送速率高得多。随着大规模和超大规模集成电路的发展，逻辑器件的价格趋低，而通信线路费用趋高，因此对远距离通信而言，采用串行通信费用远比并行通信费用低得多。此外串行通信还可利用现有的电话网络来实现远程通信，降低了通信费用。

4）按总线分级结构可以分为 CPU 总线、局部总线、系统总线、通信总线四类。其中，CPU 总线、局部总线、系统总线三者又称为 PC 总线。

①CPU 总线：位于 CPU 内部，作为运算器、控制器、寄存器组等功能单元之间的信息通路，又称为片内总线，是计算机系统中速度最快的总线。现代微机系统中，CPU 总线也开始分布在 CPU 芯片之外，紧紧围绕 CPU 的一个小范围内，提供系统原始的控制和命令等信号。

②局部总线：是计算机系统内部连接处理器（CPU）、高速缓存（Cache）和内存（Memory）等核心部件的一种短距离、高带宽的通信链路。它的主要目的是在这些核心部件之间提供快速、高效的数据传输，以最小化数据传输延迟并提高系统整体性能。

③系统总线：连接 CPU 与计算机系统的其他高速功能部件，如存储器、通道等的总线。

④通信总线：这类总线用于计算机系统之间或计算机系统与其他系统（如控制仪表、移动通信等）之间的通信。

5）按总线功能或信号类型划分可分为数据总线、地址总线和控制总线三类。

①数据总线：数据总线用来传送各功能部件的数据，例如，CPU 和主存之间的数据传输：从主存单元中读出数据，通过数据总线传给 CPU 中的累加器，或把 CPU 累加器中的数据通过数据总线传送给主存某单元写入。数据总线的信号传输方向一定是双向的，具有双向三态逻辑，因此数据总线是双向总线。数据总线的位数一般为 8 位、16 位、32 位或 64 位，它的宽度表示了总线传输数据的能力，反映了总线的性能。

②地址总线：用于传输地址信息，地址总线是单向总线，一般是由 CPU 通过地址总线将地址发出到总线上各个部件。如 CPU、DMA 控制器、I/O 处理机等。而没有总线控制权的部件，如存储器就不能发送地址信号，它只能接收地址信号。例如，欲从主存单元中读出一个数据，或者把数据写入主存单元中，则 CPU 都要将主存单元的地址送到地址总线上。地址总线的位数决定了系统的寻址空间范围，如地址总线为 16 位，则对应的寻址空间范围为 0~65535B。地址总线一般有 16 位、20 位、24 位、32 位等几种宽度标准。

在现代计算机中，有的系统总线把地址总线与数据总线合用，这样能减少芯片引脚数目。这种技术称为地址数据复用技术，即地址信号与数据信息在同一组信号线内传送。它是通过总线周期的时序划分来区别的。当今的 PCI 总线就使用这个技术，它可以成块传送数据，在一个总线周期中，总线先用于指定地址传送，然后用于数据传输。

③控制总线：控制总线用来传送各种控制命令或状态信号。例如，由 CPU 发出的内存读/写命令和 I/O 端口输入/输出命令。又如，由 I/O 接口发出的中断请求信号等。对某一条控制线而言，它是单向的，但对控制总线总体来说，它又是双向的，既有出，又有入。

控制总线常分为如下几组：

①I/O 读写命令，用来在发送端和 I/O 控制器之间传送数据。

②地址有效信号。地址锁存信号(ALE)表示地址有效，常用来锁存地址/数据复用线上的地址信号。DMA(直接存储器存取控制器)地址有效信号(如 AEN)有效时表明 CPU 已放弃总线，地址总线上是 DMA 控制器发出的内存地址，在 DMA 方式下它常用于阻止 I/O 译码。

③应答信号。如 READY 信号，表示是否准备好，为“0”表示未准备好，为“1”表示已准备好，这是通知接收设备的信号。ACKNOWLEDGE 为应答信号，表示接收设备已接收到数据，发送设备根据它是否为“1”来确定是否作下一次传送。应答信号多应用于异步通信。

④总线请求与总线使用信号。这组信号用于申请总线及总线占用表示。如 PCI 总线中的 REQ#和 GNT#信号，REQ#为申请总线使用权信号，GNT#为得到总线使用权信号。

⑤其他控制信号。常见的有复位信号 RESET、时钟信号 CLK、多事务锁定信号 LOCK、地址和数据校验位信号 PAR 及从设备立即终止事务信号 STOP 等。

7.2 总线特性及性能指标

7.2.1 总线特性

总线从物理角度来看，就是一组被直接印刷到电路板上的物理导线，这些导线通过主板上的总线插槽(即按总线标准用印刷电路板或一束电缆连接而成的多头插座)与 CPU、主存 I/O 这些插卡上的插头连接。为保证机械上的可靠连接，必须规定其机械特性；为了确保电气上正确连接，必须规定其电气特性；为保证正确地连接不同部件，还需规定其功能特性和时间特性。因此总线的特性主要包括以下几个部分。

1)机械特性。它是指总线的机械连接方式。包括总线的根数，总线的插头、插座的形状、尺寸，引脚线的个数、排列方式等。

2)电气特性。电气特性定义每一根线上信号的传送方向及有效电平范围。一般规定从

CPU 发出的信号叫输出信号，送入 CPU 的信号叫输入信号。例如，数据总线属于双向传输线。地址总线属于单向传输线。控制总线的每一条传输线都是单向的，但从总体上看有输入，也有输出，通常认为是双向传输。

电平范围指的是总线上信号的电平(电压或电流)必须处于某个特定的范围内，以确保信号能够被正确地识别和处理。对于数字总线而言，通常将高电平定义为逻辑“1”，低电平定义为逻辑“0”。然而，不同的总线标准可能采用不同的电平定义。例如，RS-232C 标准中，低电平表示逻辑“1”，且要求低电平低于“-3V”，而高电平表示逻辑“0”，并要求高电平高于“+3V”。

3)功能特性。它指总线中每根传输线的功能，例如，地址总线用来指出地址码；数据总线用来传递数据；控制总线发出控制信号，既有从 CPU 发出的，如存储器读/写、I/O 设备读/写，也有从 I/O 设备向 CPU 发来的，如中断请求、DMA 请求等。由此可见，各条线的功能不同。

4)时间特性。具体描述总线中的任一传输线，在时间、有效性以及信号之间的时序关系。

7.2.2　总线的性能指标

总线的性能指标包括以下几个方面：

1)总线宽度。又称总线位宽，它是总线上能够同时传输的数据位数，通常指数据总线的根数，如 64 根称为 64 位总线。

2)总线时钟频率，也称外频。CPU 时钟频率，也称内频。早期计算机的总线时钟频率和 CPU 时钟频率相同，即内频等于外频。现在 CPU 时钟频率已经做得很高，通常都在 GHz 级别，而总线时钟频率相对较低，如 133 MHz。内频和外频之间往往存在所谓的倍频关系，即内频=外频×倍频，例如，1 GHz/133 MHz=8 倍频。

3)总线工作频率。总线上各种操作的频率，为总线周期的倒数。实际上指 1 秒内传送几次数据。若总线周期=N 个时钟周期，则总线的工作频率=时钟频率/N。

4)总线带宽。又称最大数据传输速率，即在总线中每秒钟传输的最大字节量，用 MB/s(MBps)表示，即每秒传输多少兆字节。

$$\text{总线带宽}=\text{总线工作频率}\times(\text{总线宽度}/8)$$

例如，总线工作频率为 33 MHz，总线宽度为 32 位(4B)，则总线带宽为 33×(32÷8)=132 MBps。

5)总线复用。通常地址线和数据线在物理上是分开的，地址线传送地址，数据线传送数据。为了提高总线的利用率，有时将地址总线和数据总线合并共用，在某一时间段该总线传送地址，此时起到地址总线的作用；在另一时间段该总线传送数据，此时起到数据总线的作用，这叫作总线的分时复用。

6）时钟同步/异步。总线上的数据与时钟同步工作的总线称为同步总线，与时钟不同步工作的总线称为异步总线。

7）信号线数。即地址总线、数据总线和控制总线 3 种总线数的信号线之和。

8）总线控制方式。包括并发工作、自动配置、仲裁方式、逻辑方式、计数方式等。

9）其他指标。如负载能力、电源电压（是采用 5 V 还是 3.3 V）、总线宽度能否扩展等。

在以上这些总线的性能指标中，衡量总线性能的最重要指标是总线的带宽。实际带宽会受到总线布线长度、连接在总线上的模块数等多种因素的影响。这些因素将造成信号在总线上的畸变和延时，使总线最高传输速率受到限制。

【例 7.1】①某总线在一个总线周期中并行传送 8 字节的数据，假设一个总线周期等于两个总线时钟周期，总线时钟周期频率为 66 MHz，总线带宽是多少？

②如果在一个总线周期中并行传送的数据量不变，而总线时钟频率提升为 133 MHz，总线带宽是多少？

解：①由题意可知总线宽度为 8B，因为一个总线周期等于两个总线时钟周期，所以总线工作频率＝总线时钟频率/2＝66 MHz/2＝33 MHz。

则总线带宽＝8×33 MB/s＝264 MB/s

②由题意得：总线宽度＝8×（133/2）＝523 MBps。

7.2.3　总线标准

总线标准是国际公布或推荐的互连各个模块的标准，它为各模块互连提供一个标准界面（接口）。这个界面对两端的模块都是透明的，即界面的任一方只需根据总线标准的要求来完成自身一方接口的功能，而不必考虑对方与界面的接口方式。在计算机系统中，总线标准确保了不同计算机部件或设备能够按照统一的规格和协议进行连接和通信。

总线标准的制定使得不同厂家生产的计算机部件和设备能够相互兼容，促进了计算机系统的模块化生产。通过制定统一的总线标准，可以优化总线的设计和使用，提升数据传输速度和效率，从而提高整个计算机系统的性能。另外总线标准确保了不同设备之间的兼容性，使得新设备能够轻松接入现有系统，避免因接口不兼容而导致的问题。

常见的计算机总线标准有：

1）ISA 总线。ISA 总线（Industry Standard Architecture）是 IBM 在 20 世纪 80 年代初为 PC/AT 电脑推出的重要总线标准，它定义了计算机内部各部件间的连接与通信方式。起初设计为 8 位，后扩展至 16 位。ISA 总线以约 8MHz 的时钟频率支持数据传输，尽管其理论数据传输率可达 16 MB/s，但在实际应用中受限于多种因素。其显著特点包括良好的扩展性，能连接多种外设，如显卡、声卡等，并注重向下兼容性，使 8 位与 16 位设备能在同一系统中共存。然而，随着计算机技术的进步，ISA 总线因 CPU 资源占用高和带宽有限等缺陷，逐渐被 PCI 及 PCI-Express 等更高效的总线标准所取代。尽管如此，ISA 总线在计算机发展的历史进程中仍占据一席之地，尤其在早期计算机系统和特定应用场景中仍可见其身影。

2) EISA 总线。EISA(Extended Industry Standard Architecture)总线，作为 IBM PC 兼容机历史上的一种重要扩展总线标准，于 1988 年推出，旨在解决 ISA 总线带宽有限和性能不足的问题。它提供了高达 33MHz 的总线速度和最大 32 位的数据传输能力，显著提升了数据传输效率和系统性能。EISA 总线不仅增强了系统的可扩展性，通过增加插槽数量和地址空间来支持更多外围设备，还保持了与 ISA 总线的兼容性，降低了系统升级的成本。其智能化设计包括分离总线控制权、支持多总线主控和突发传输，以及集成内存映射、DMA 控制器等高级功能，进一步提升了系统的整体性能。在服务器市场和 PC 兼容机中，EISA 总线得到了广泛应用，为计算机系统的扩展和升级提供了有力支持。然而，随着 PCI 和 PCI-Express 等更先进总线标准的出现，EISA 总线逐渐被淘汰，但其在计算机发展史上的贡献和影响力不容忽视，为后来的总线标准制定奠定了坚实基础。

3) PCI 总线。PCI 总线，全称为 Peripheral Component Interconnect(外设部件互连标准)，是一种广泛应用于个人电脑和服务器领域的计算机内部高速数据传输路径。PCI 总线的特点有：

①独立于处理器。PCI 总线是一种独立于处理器的总线标准，支持多种处理器，适用于多种不同的系统。在 PCI 总线构成的系统中，接口和外围设备的设计是针对 PCI 总线，而不是针对微处理器的，所以这些设备可以独立于处理器设计和升级，当处理器因为过时而需要更换时，接口和外围设备仍然可以正常使用。

②传输效率高。PCI 总线采用 33.3 MHz/66.6 MHz 的时钟频率。在 33.3 MHz 时钟频率时，数据总线宽度为 32 位，最大数据传输速率达到 133 MBps。如果数据总线宽度升级到 64 位，则数据传输速率可达到 266 MBps。

③多总线共存。PCI 总线是通过桥芯片进行不同标准信号之间的转换。通过 HOST-PCI 桥芯片，实现 PCI 与 CPU 总线相连接；通过 PCI-ISA/EISA 桥芯片，实现 PCI 与 ISA 或者 EISA 相连接。这样，使得多种总线可以共存于一个系统中，慢速和高速设备就可以分别挂在不同的总线上。如图 7.3 所示为 PCI 总线的体系结构。

④支持线性突发传输。线性突发传输不同于单次数据传输，单次传输是每传输一个数据前都要在总线上给出数据的地址，而线性突发传输只要在开始的时候将首地址发到总线上，之后每个时钟都只传输数据，而地址自动加 1，这样的方式适合顺序读写一批数据，可以减少无谓的地址操作，加快数据传输速度。

⑤支持总线主控方式和同步操作。挂接在 PCI 总线上的设备有主控和从控两类。PCI 总线允许多处理器系统中任何一个处理器或其他有总线主控能力的设备成为主控设备，对总线实行操作。这样微处理器内部的操作和总线操作可以同时进行，而不必等待总线操作

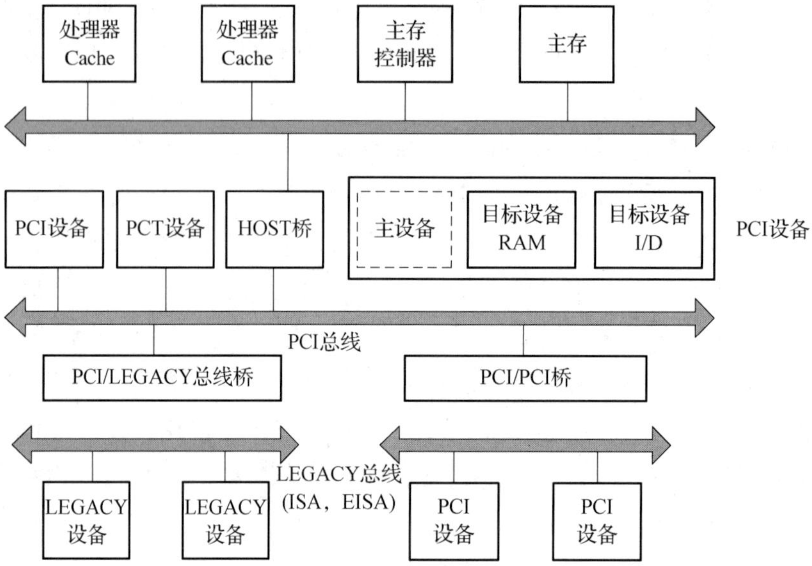

图 7.3　PCI 总线的体系结构

完成。(例如 DMA 接口控制器)。

⑥支持两种电压，适用各种机型。PCI 总线支持 5 V 和 3.3 V 的扩展卡，并可以从 5 V 向 3.3 V 进行平滑的系统转换。

⑦具有即插即用功能。PCI 总线的接口卡上都设有配置寄存器，系统加电时用程序给这些设备分配端口地址等系统资源，可以避免使用时发生冲突。

⑧预留扩展空间。PCI 总线开发时预留了足够的发展空间，比如，它支持 64 位地址/数据多路复用，这是考虑到新一代的高性能外围设备最终将需要 64 位宽度的数据通道。PCI 的 64 位延伸设计，可将系统的数据传输速率提高到 266 MBps。

4) PCI-Express(PCI-E)总线。PCI-E 总线标准是一种高速、串行、全双工、计算机扩展总线标准，其全称为 Peripheral Component Interconnect Express，是 PCI 总线的后继者。它采用高速差分总线，并采用点到点的连接方式用于两个设备之间的通信。

PCI-E 总线的特点有：

①高速性能。PCI-E 采用串行传输方式，相较于传统的并行通信方式，其传输速度更快。每条差分线路能够提供高达十几 Gbps 的传输速度(如 PCIe 3.0 可达 8 Gbps/通道，PCIe 4.0 可达 16 Gbps/通道)，从而提供更高的带宽和数据传输速率。

②可扩展性强。支持多个独立硬件设备之间的互联，同时在主板上可以增加多个 PCI-E 插槽，方便用户根据需要扩展系统的功能和性能。

③互联性良好。是一个标准化的接口标准，具有广泛的市场支持和兼容性，可以连接多种类型的外设，如图形卡、声卡、网络卡、存储卡等。

④可靠性和稳定性高。使用差分信号传输和奇偶校验等技术，可减少传输错误和干

扰，支持流控制和错误检测与纠正，提高数据的可靠性和传输稳定性。

⑤节能环保。在不增加功耗的情况下提供更高的传输速度和带宽，支持电源管理功能，能够动态调整设备的电源状态，降低功耗和电能消耗。

5）AGP 总线。AGP 总线标准，全称为 Accelerated Graphics Port（图形加速端口），是专为显示卡设计的局部总线标准。这一标准是在 PCI 图形接口的基础上发展而来的，但并非传统意义上的总线，而是一种特殊的接口方式。AGP 接口的发展经历了多个版本的迭代，从最初的 AGP 1.0 到后来的 AGP 2.0，再到 AGP 3.0，每个版本都在不断提升数据传输速度和性能。其中，AGP 1.0 于 1996 年推出，包括 AGP 1X 和 AGP 2X 两种模式。AGP 1X 的带宽为 266 MB/s，而 AGP 2X 提升至 533 MB/s。这一标准主要基于 PCI 2.1 规范，但由于其带宽限制，现已被淘汰，主要见于早期的老主板上。AGP 2.0 即 AGP 4X，于 1998 年发布。为适应显示设备技术的快速发展，AGP 2.0 在保持 66 MHz 工作频率的同时，将电压降至 1.5V，并引入了 4X 模式，使带宽提升至 1066 MB/s。此外，还推出了 AGP Pro 接口，以满足功耗增加的显示设备需求，提供额外电源引脚，支持更高功耗和性能的显卡。AGP 3.0 即 AGP 8X，于 2000 年由 Intel 推出。该版本进一步降低了工作电压至 0.8V，并增加了 8X 模式，带宽达到 2133 MB/s，充分满足了当时显示设备的需求。

AGP 总线具有高带宽的特点，该类总线通过直接与主板的北桥芯片相连，并允许显示芯片与系统主内存直接相连，从而避免了窄带宽的 PCI 总线形成的系统瓶颈。这使得 AGP 总线在数据传输速度上远超 PCI 总线。另外，AGP 总线完全独立于 PCI 总线之外，专门为图形设备设计，具有独占性，不与其他设备共享带宽。

6）USB 总线。USB 总线，全称为 Universal Serial Bus（通用串行总线），是一种由 Intel、Compaq、Digital、IBM、Microsoft、NEC、Northern Telecom 七家世界著名的计算机和通信公司共同推出的新型接口标准。USB 总线已经成为现代计算机和消费电子设备中不可或缺的一部分，广泛应用于各种数据传输和电源供应的场合。

USB 接口基于串行通信协议，通过四条线缆进行数据传输，包括两条数据线和两条电源线。D+和 D-线路负责传输数据，采用差分信号传输方式，有效降低了电磁干扰。VCC 线提供+5V 电源，GND 线提供 0V 电源，为设备提供电能。

USB 硬件端口包括 Type-A、Type-B 和 Type-C 三种，Type-A 端口为长方形端口，支持热插拔，是最常见的 USB 端口类型。Type-B 为圆形端口，需要特定的插头，常见于打印机、扫描仪等大型外设。Type-C 兼具 Type-A 和 Type-B 的特点，可支持正反插拔和更快的数据传输速度，逐渐成为主流端口类型。

USB 总线具有即插即用的特点，即无须关机或重启计算机，即可直接插拔设备。并且一个 USB 接口可以连接多个设备，提高了设备的利用率。USB 总线支持高速数据传输，能够满足各种应用需求。USB 总线易于扩展和升级，可以随时添加新的设备。除了数据传输外，USB 总线还支持电源供应、音频输入/输出、图像传输等多种功能。

USB 接口的传输速率不断提升，从最初的 USB 1.1 的 12 Mbps，到 USB 2.0 的 480 Mbps，再到 USB 3.x 的几 Gbps，甚至到即将推出的 USB4 标准的 40 Gbps。

7) RS-232C 总线。RS-232C（RS 即 Recommended Standard 的缩写，232 为标识号，C 表示修改次数）是由美国电子工业协会 EIA（Electronic Industries Association）推荐的一种串行通信总线标准，它是应用于串行二进制交换的数据终端设备（DTE）和数据通信设备（DCE）之间的标准接口，如图 7.4 为串行通信示意图。

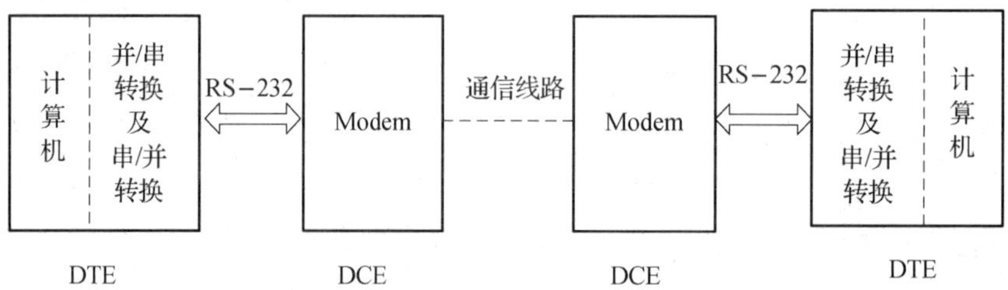

图 7.4 串行通信系统

图 7.4 中，DTE（Data Terminal Equipment）是数据终端设备，它是产生二进制信号的数据源，也是接收信息的目的地，是由数据发生器或接收器或兼具两者组成的设备。它可以是一台计算机。DCE（Data Communication Equipment）是数据通信设备，它实质是一个信号匹配器，既能满足 DTE 的要求，又能使传输信号符合线路要求。它具有提供数据终端设备与通信线路之间通信的建立、维持和终止连接等功能，同时还执行信号变换与编码。它可以是一个 Modem（调制解调器）。DTE 与 DCE 之间传输的是“0”或“1”的数据，通过 RS-232C 接口规定的各种控制信号，可实现两者之间的协调配合。

RS-232C 标准与计算机系统的 TTL/MOS 电平存在显著差异：在计算机系统中，逻辑“1”为+5 V（现代 CMOS 为 3.3 V），逻辑“0”为 0 V；而 RS-232C 规定数据线上逻辑“1”（MARK）为-15 V 至-3 V，逻辑“0”（SPACE）为+3 V 至+15 V，控制线上有效信号（ON）为+3 V 至+15 V，无效信号（OFF）为-15 V 至-3 V。这种反极性设计（负电压表示逻辑"1"）要求必须使用电平转换芯片（如 MAX232）实现接口匹配。虽然 RS-232C 标准定义的传输速率范围为 50 bps 至 19.2 kbps，但实际应用中通过优质线路可扩展至 115.2 kbps（超出标准推荐值），典型工业应用通常不超过 20 kbps 以保证可靠性。

RS-232C 标准并未直接定义连接器的物理特性，因此市场上存在多种连接器类型，如 DB-25、DB-15 和 DB-9 等，它们的引脚定义各不相同。最常用的连接器是 25 引脚 D-SUB 连接器。RS-232C 所用电缆的形状也并不固定，但大多使用带屏蔽的 24 芯电缆。在通信速率低于 20 kb/s 时，电缆的最大长度可达 15 米。

7.3　总线的连接方式

根据连接方式的不同，单处理机系统中总线的连接方式主要分为单总线结构和多总线结构两大类。

7.3.1　单总线结构

在单总线结构中，仅存在一条总线，用于连接 CPU、主存(内存)、I/O 接口及设备等所有部件。这条总线可以细分为地址总线、数据总线和控制总线，分别用于传输地址信息、数据信息和控制信息。所有设备都直接或通过接口连接到这条总线上，实现数据的交换和通信。如图 7.5 为单总线结构示意图。

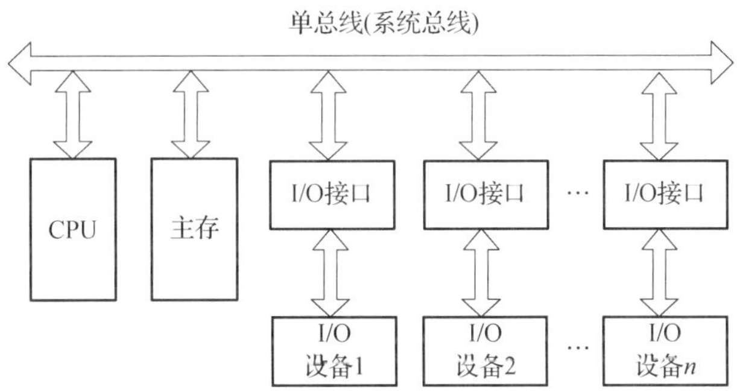

图 7.5　单总线结构示意图

这种结构简单，易于实现，但由于只有一条总线，各个部件之间通过分时共享的方式进行通信。即在同一时刻，只允许有一个部件向总线发送信息，其他部件则处于接收状态或等待状态。这样一来，当多个部件同时需要传输数据时，可能会导致总线带宽不足，影响数据传输的速率和效率，也限制了系统的并发处理能力。

单总线结构通常适用于对性能要求不高的简单系统或嵌入式系统。在这些系统中，由于部件数量较少且对数据传输速率的要求不高，因此可以采用单总线结构来降低成本和简化设计。

单总线结构的改进方向主要集中在提升总线性能与效率上。首先，可以通过增加总线带宽来应对数据传输速率的需求，这可以通过提高总线的工作频率或增加总线的物理宽度来实现，从而允许更多数据在相同时间内传输。其次，采用总线复用技术是一种有效的手段，它允许一根信号线在不同时间传输不同类型的信息，显著减少了信号线的数量，降低了布线成本，同时保持了系统的灵活性。最后，为了克服单总线结构在并发处理上的限制，可以引入多总线结构，如双总线、三总线等，这些结构通过分离不同功能的总线，使得 CPU、内存、I/O 设备等能够并行地进行数据传输和通信，从而大幅提升系统的整体性能和效率。这些改进措施使得单总线结构在适应不同应用场景时更加灵活和高效。

7.3.2 多总线结构

7.3.2.1 双总线结构

双总线结构的特点是将速度较低的 I/O 设备从单总线上分离出来，形成主存总线与 I/O 总线分开的结构。如图 7.6 所示。图中通道是一个具有特殊功能的处理器，CPU 将一部分功能下放给通道，使其对 I/O 设备具有统一管理的功能，以完成外部设备与主存储器之间的数据传送，其系统的吞吐能力相当大。这种结构大多用于大、中型计算机系统。

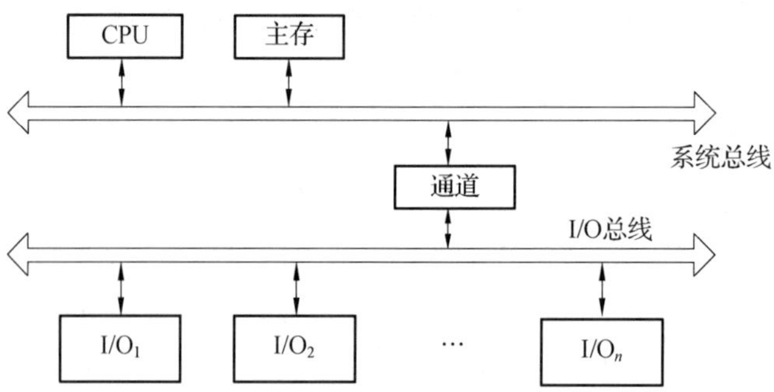

图 7.6 双总线结构示意图

随着图形处理技术和多媒体技术的广泛应用，在以 Windows 操作系统为主的图形用户接口引入个人计算机后，对高速图形描绘和处理有了新的要求，这使得外设速度也有了相当大的提高，而对总线传输速度的要求一般应为外设速度的 3~5 倍，因此原有的扩展总线已经远远不能满足系统的需求。此时如果将速率不同的 I/O 设备进行分类，然后将它们连接在不同的通道上，那么计算机系统的工作效率将会更高，由此发展成多总线结构。

7.3.2.2 三总线结构

三总线结构，其中一种结构的构建思路是进一步将 I/O 设备与 CPU 和内存之间的通信分离出来，通过 I/O 总线进行。同时，主存总线用于 CPU 与主存之间的传输，DMA 总线用于高速 I/O 设备与主存之间的直接信息交换。这种结构提高了系统的并行性和吞吐量。如图 7.7 所示。

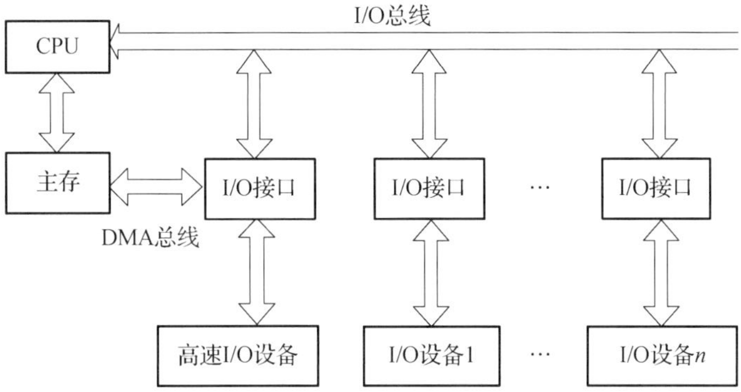

图 7.7　三总线结构示意图

三总线结构还有另一种形式，如图 7.8 所示，在这种结构形式中，处理器与 Cache 之间有一条局部总线，它将 CPU 与 Cache 或与更多的局部设备连接。Cache 的控制机构不仅将 Cache 连到局部总线上，而且还直接连到系统总线上，这样 Cache 就可通过系统总线与主存传输信息，而且 I/O 设备与主存之间的传输也不必通过 CPU。还有一条扩展总线，它将局域网、小型计算机接口(SCSI)、调制解调器（Modem)以及串行接口等都连接起来，并且通过这些接口又可与各类 I/O 设备相连，因此它可支持相当多的 I/O 设备。与此同时，扩展总线又通过扩展总线接口与系统总线相连，由此便可实现这两种总线之间的信息传递，其系统的工作效率明显提高。

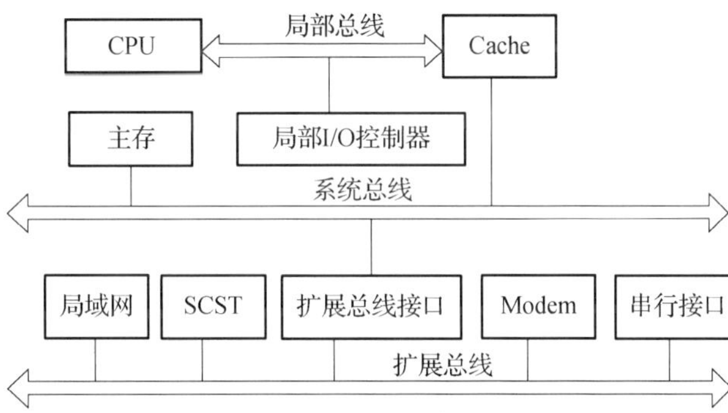

图 7.8　三总线结构的另一种形式

7.3.2.3　四总线结构

图 7.9 所示为四总线结构示意图。

在这种总线结构中，相较于图 7.8 的三种线增加了一条与计算机系统紧密相连的高速总线。一些高速的 I/O 设备，如高速局域网、多媒体、SCSI 等被挂接在高速总线上。它们通过 Cache 控制机构中的高速总线桥或高速缓冲器与系统总线和局部总线相连，使得这些高速设备与 CPU 更为密切。而一些较低速的设备如图文传真 FAX 、调制解调器及串行接口仍然挂在扩展总线上，并由扩展总线接口与高速总线相连。

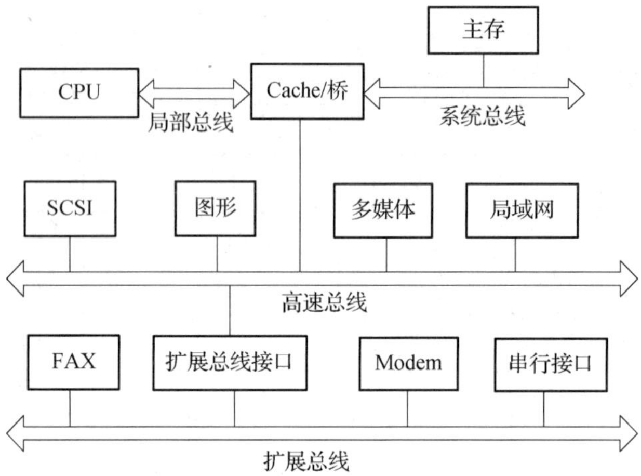

图 7.9　四总线结构示意图

四总线结构的优点是高速总线使高速设备与 CPU 之间联系更加紧密，同时又可独立于 CPU 工作，使得 CPU 与高速设备各自的工作效率得到更大的提高。这样 CPU 与高速总线之间的速度差异以及信号线定义之间的差异均可得到很好的协调，同时，CPU 结构的变化也不会影响到高速总线工作，反之亦然。

7.4　总线控制

总线控制(Bus Control)是指在计算机或电子系统中，对总线这一共享通信通道进行管理和调节的过程。总线是连接计算机内部各个部件(如处理器、内存、输入/输出设备等)的电气和物理通道，负责在这些部件之间传输数据和信号。由于总线上可能同时连接了多个设备，而这些设备都可能需要通过总线进行通信和数据传输，因此需要一个统一的控制机制来协调和管理这些设备的行为，以避免数据冲突、确保数据完整性和提高系统效率。

总线控制的主要任务包括：总线仲裁与判优和总线通信控制。

7.4.1　总线仲裁与判优控制

7.4.1.1　主设备与从设备

挂接在总线上的各设备或部件根据在通信过程中的角色和功能的不同被划分为主设备和从设备。

1) 主设备。

在总线通信中，主设备是引发传输事务的实体，它具备处理能力，并能对总线进行控制。当一个设备作为主设备时，它就成为了总线的主控器。主设备负责发起通信请求，控制总线上的数据传输，以及管理从设备的响应。

在计算机系统中，CPU、硬盘控制器、显卡等都可以作为主设备，它们通过总线与其他设备进行通信和数据传输。

2) 从设备。

从设备是响应传输事务的实体，也称为目标设备。在总线通信中，从设备被动地接收主设备的请求，并根据请求执行相应的操作，并向主设备反馈操作结果。

在计算机系统中，内存、硬盘、打印机、键盘、鼠标等都可以作为从设备，它们根据主设备的指令完成数据的输入/输出或控制操作。

3) 总线仲裁的必要性。

总线上每个时刻只能被一个主设备控制使用。如果同时出现多个主设备申请使用总线的情况，就要进行总线仲裁，由总线控制部件根据一定的判决原则，即一定的优先次序，决定首先同意哪个主设备使用总线。

只有获得了总线使用权的部件，才能开始数据传输。

7.4.1.2　总线仲裁与判优的方式

按照总线仲裁控制电路的位置不同，仲裁分为集中式仲裁和分布式仲裁两类。在本小节内容中，重点介绍集中式仲裁，对于分布式仲裁只做简要介绍。

1) 集中式仲裁。

若总线总裁控制逻辑基本上集中于一个设备(如 CPU)时，称为集中式仲裁方式。在这种仲裁方式中，每个主设备功能模块有两条线路连接到总线总裁控制器：一条是送往仲裁器的总线请求信号线 BR，另一条是仲裁器送出的总线授权信号线 BG。常见的集中式总裁方式有链式查询方式、计数器定时查询方式和独立请求方式三种。

①链式查询方式。

当某个或几个主设备需要使用总线时，通过 BR 发出请求信号(该 BR 信号有效表示至少有一个主设备要求使用总线)，总线控制器通过 BG 线发出响应信号(该 BG 信号有效表示总线控制部件响应了总线请求)，并且 BG 采用串联方式传递，即串行地从一个设备或 I/O 接口送到下一个设备或 I/O 接口。若该设备无总线请求，则允许 BG 信号往下传，若该设备有总线请求，BG 信号就不再往下传，意味着该设备或接口获得了总线使用权，并建立总线忙 BS 信号有效，表示它占用了总线。显然，在链式查询中离总线控制器最近的设备具有最高优先权，离总线控制器越远，优先权越低。因此链式查询是通过接口的优先权排队电路来实现的。链式查询方式示意图如图 7.10 所示。

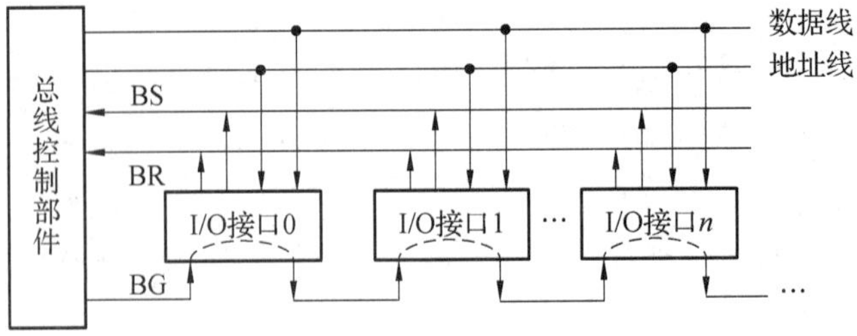

图 7.10　链式查询方式

链式查询的优点是结构简单，连接线路少，易于扩充；缺点是对电路故障敏感，主设备的优先级别由 BG 的连接顺序决定，不能改变，因此优先级设置不灵活。

②计数器定时查询方式。

计数器定时查询方式也叫定时查询方式。原理图如图 7.11 所示。总线上的任一主设备请求使用总线时，通过 BR 线发出总线请求。总线仲裁控制器接到请求信号以后，在 BS 线为“0”的情况下，即总线没有被占用的情况下，启动计数器计数，计数值通过一组设备地址线发向各主设备。每个设备接口都有一个设备地址判别电路，当设备地址线上的计数值与请求总线的设备地址相一致，则该设备获得总线控制权，并由该设备把 BS 线置为有效(置“1”)，此时中止计数器计数及查询工作。

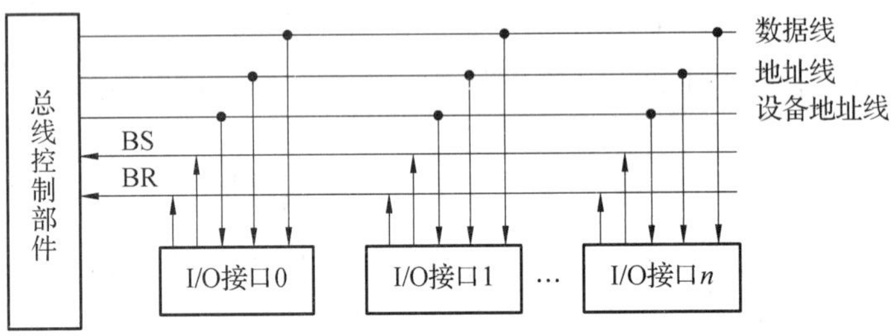

图 7.11　计数器定时查询方式

计数器定时查询中的计数器计数初值可通过软件改变，可以从“0”开始，也可以从中止点开始。如果从“0”开始，各设备的优先次序与链式查询方式相同，优先级的顺序仍然是固定的。如果从中止点开始，则每个设备使用总线的优先级相等。因此这种仲裁方式的优先级设置灵活，但这种灵活是以增加电路线数为代价的。

③独立请求方式。

独立请求方式也称集中式独立请求方式，在这种方式中，每一个共享总线的主设备均有一对总线请求线 BR_i 和总线授权线 BG_i。当设备请求使用总线时，便通过各自的 BR 线发出总线请求信号。总线仲裁控制器在收到这些 BR 信号后，由其内部的排队电路决定首先响应哪个主设备的请求，并给设备以授权信号 BG_i。独立请求的原理图如图 7.12 所示。

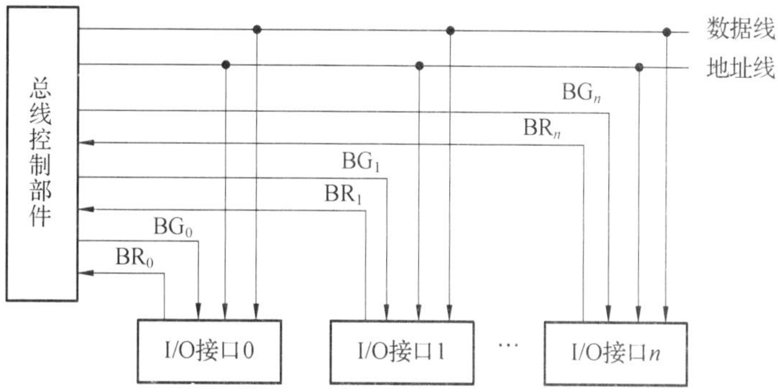

图 7.12　独立请求方式

独立请求方式的优点是响应时间快，确定优先响应的设备所花费的时间少，勿须一个设备接一个设备地查询。然而，这是以增加控制线数为代价的，在链式查询中仅用两根线确定总线使用权属于哪个设备，在计数器定时查询中大致用 $\log_2 n$ 根线，而独立请求方式需采用 $2n$ 根线。其中 n 是总线允许接纳的最大设备数。另外，独立请求方式对优先次序的控制相当灵活，可以预先固定，也可以通过程序来改变优先次序，还可以用屏蔽(禁止)某个请求的办法，不响应来自无效设备的请求。因此当代总线标准普遍采用独立请求方式。

2)分布式仲裁。

分布式仲裁将控制功能分布在连接总线上的各设备中，一般是固定优先级的。每个设备分配一个仲裁号，发出总线请求的设备将自己的仲裁号送往请求线上，每个仲裁器将仲裁总线上得到的号与自己的号进行比较。如果仲裁总线上的号大，则它的总线请求不予响应，并撤销它的仲裁号。最后，仲裁号最大的保留在仲裁总线上。显然，分布式仲裁是以优先级仲裁策略为基础的。原理图如图 7.13 所示。

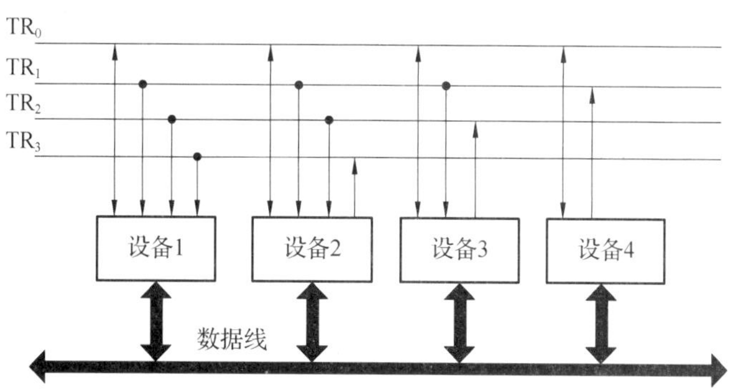

图 7.13　分布式总线控制

7.4.2　总线通信控制

总线是计算机内部各功能部件之间传送信息的公共通信干线，负责将计算机内部的数据在不同设备之间传输。

总线周期指完成一次总线操作的时间，分为4个阶段：

1)申请分配阶段：在此阶段，需要使用总线的主模块(或主设备)会向总线仲裁机构发出请求，以申请下一传输周期的总线使用权。总线仲裁机构负责决定哪个申请者将获得总线使用权。这个过程可以进一步细分为提出请求和总线仲裁两个阶段，其中提出请求是主模块发出使用总线的意愿，而总线仲裁则是根据一定的规则(如优先级)来确定哪个主模块将获得使用权。

2)寻址阶段：获得总线使用权的主模块会通过总线发出本次要访问的从模块(或从设备)的地址及相关命令。这些地址和命令用于启动参与本次传输的从模块，确保数据传输能够准确无误地进行。

3)传输阶段(或称为数据传送阶段)：在此阶段，主模块和从模块进行数据交换。数据由源模块(可能是主模块或从模块)发出，并经过数据总线流入目的模块。数据传输可以是单向的，也可以是双向的，具体取决于传输的需求和协议。

4)结束阶段：当数据传输完成后，主模块的相关信息会从系统总线上撤除，以让出总线使用权。这个阶段标志着当前总线周期的结束，并为下一个总线周期的开始做准备。

在实际应用中，总线周期的长度和各个阶段的细节可能会根据具体的总线标准和系统需求而有所不同。

总线通信控制主要解决通信双方如何获知传输开始和传输结束，以及通信双方如何协调、如何配合。通常有四种方式：同步通信、异步通信、半同步通信和分离式通信。

7.4.2.1 同步通信

总线同步通信，也称为总线同步定时方式，是指总线上的部件通过总线进行信息传送时，采用一个公共的时钟信号进行同步。这个公共的时钟信号可以由CPU总线控制部件发送到每一个部件，或者让每个部件有各自的时钟发生器，但都必须以总线控制部件发出的时钟信号为基准进行同步。如图7.14表示同步式数据通信时序图，(a)图表示某个输入设备向CPU传输数据的同步通信过程，(b)图表示同步通信下数据输出的时序图。

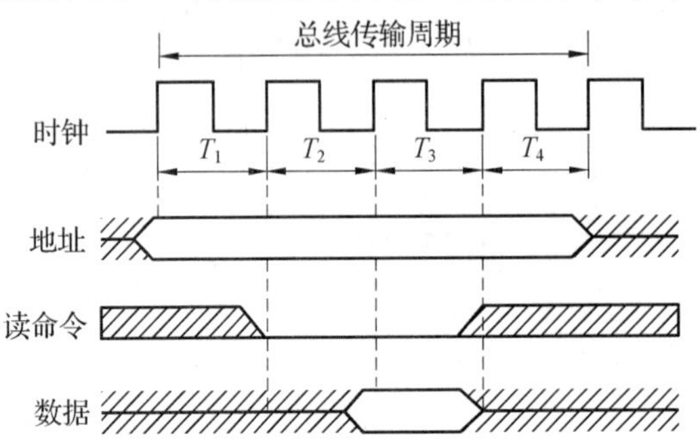

(a) 同步通信-数据的输入

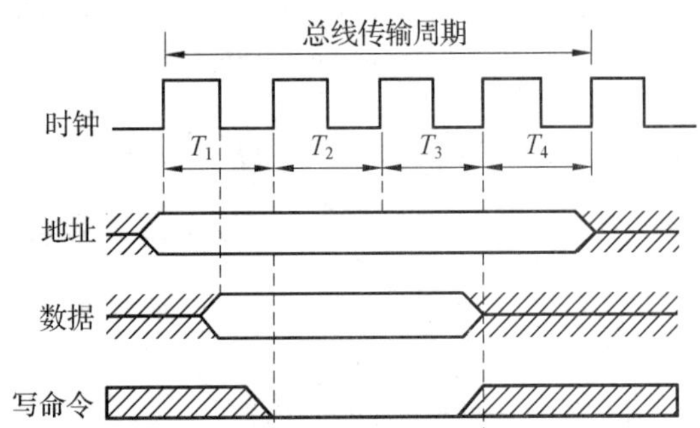

(b) 同步通信-数据的输出

图7.14 同步通信时序图

同步通信的优点是规定明确、统一，模块间的配合简单一致。其缺点是主、从模块时间配合属于强制性“同步”，必须在限定时间内完成规定的要求。并且所有从模块都用同一限时，对速度各不相同的部件而言，这必然造成必须按最慢速度的部件来设计公共时钟，严重影响总线的工作效率，也给设计带来局限性，缺乏灵活性。

同步通信适用于对实时性要求较高、数据传输量较大的场景，如计算机内部的高速数据传输、嵌入式系统中的设备间通信等。同时，它也适用于总线长度较短、各部件存取时间相对接近的情况。

7.4.2.2 异步通信

当同步通信被应用到速度差异较大的不同部件的数据传输时，会严重影响到总线的工作效率，因此在应对各模块速度不一致时，可以选择异步通信的方式。这种通信方式允许总线上的各部件有各自的时钟，在部件之间进行通信时没有公共的时间标准，而是靠发送信息时同时发出本设备的时间标志信号，用应答方式(又称握手方式)来进行。

例如，在异步通信方式下，发送部件将数据放到总线上，经过一定的时间延迟后，在控制线上发出“数据准备好”信号。而接收部件则应发“数据接收”信号来响应，将此信号发送给发送部件，并接收数据。发送部件收到这个响应信号后撤除原数据，至此，本次传送结束。

异步通信方式可分为不互锁、半互锁和全互锁3种类型。如图7.15所示。

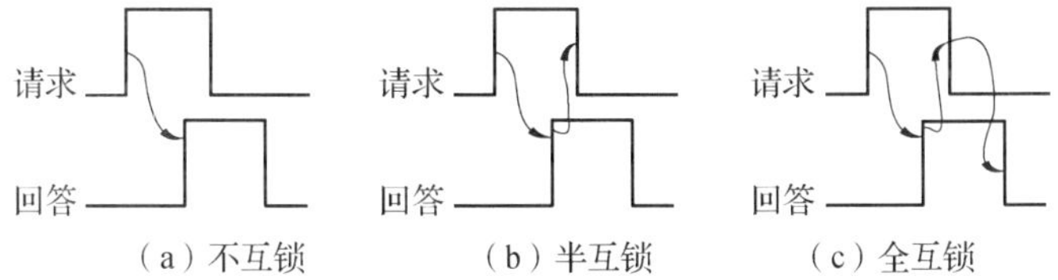

图7.15 异步通信中请求与回答的互锁类型

1)不互锁方式。

在总线异步通信中，不互锁方式指的是主模块(发送方)和从模块(接收方)在通信过程中不建立相互依赖的锁定关系。这种方式下，主模块发出请求信号后，不等待从模块的应答信号，而是在一段时间后自动撤销该信号。同样，从模块在接收到信号后发出回答信号，也会在一段时间后自动撤销该应答信号。主从双方信号的建立和撤销不依赖于对方的信号状态，因此称为不互锁。

不互锁方式允许各模块有各自的时钟和工作速度，无须严格的同步控制，从而提高了系统的灵活性。由于不依赖于统一的时钟信号，因此可以更容易地将不同速度、不同性能的设备连接到总线上。从硬件和软件层面来看，不互锁方式的实现相对简单，降低了系统的复杂性和成本。但是由于主从双方不建立互锁关系，可能会出现信号冲突或丢失的情况，影响通信的可靠性。因此，在设计时需要充分考虑信号的检测和错误处理机制。

2）半互锁方式。

在半互锁方式中，主模块发出请求信号后，必须等待从模块发出回答信号（应答信号）才能撤销其请求信号。然而，从模块在撤销其回答信号时，并不依赖于主模块是否已撤销请求信号。这种机制确保了主模块在得到从模块的明确响应之前，不会放弃其请求，从而提高了通信的可靠性。

半互锁方式通过要求主模块在得到从模块的明确响应后才撤销请求信号，半互锁方式减少了信号冲突和丢失的可能性，提高了通信的可靠性。与完全同步方式相比，半互锁方式允许各模块有一定的速度差异，从而提高了系统的灵活性。与全互锁方式相比，半互锁方式的实现相对简单，不需要复杂的互锁逻辑和额外的控制信号。同时要注意的是，如果主模块在发出请求信号后长时间未收到从模块的回答信号，可能需要采取错误处理措施，如重发请求或报告错误。

3）全互锁方式。

在全互锁方式中，主模块发出请求信号后，必须等待从模块发出回答信号（应答信号）才能撤销其请求信号。同样，从模块在撤销其回答信号之前，必须确认主模块已经撤销了请求信号。通过这种严格的互锁机制确保通信双方在数据传输过程中的紧密同步和相互依赖，从而提高了通信的可靠性和稳定性。

异步通信可用于并行传送或串行传送。异步并行通信主要通过通信双方的握手信号完成。异步串行通信时，没有同步时钟，也不需要在数据传送中传送同步信号。为了确认被传送的字符，约定字符格式为：1 个起始位（低电平）、5～8 个数据位（如 ASCII 码为 7 位）、1 个奇偶校验位（作检错用）、1 或 1.5 或 2 个终止位（高电平）。传送时起始位后面紧跟的是要传送字符的最低位，每个字符的结束是一个高电平的终止位。起始位至终止位构成一帧，两帧之间的间隔可以是任意长度的。

异步串行通信的数据传送速率用波特率来衡量。波特率是指单位时间内传送二进制数据的位数，单位用 b/s（位/秒）表示，记作波特。

【例 7.2】在异步串行传输系统中，假设每秒传输 120 个数据帧，其字符格式规定包含 1 个起始位、7 个数据位、1 个奇偶校验位、1 个终止位，试计算波特率。

解：根据题目给出的字符格式，一帧包含 $1+7+1+1=10$ 位，故波特率为 $(1+7+1+1)\times 120=1200$ b/s $=1200$ 波特。

7.4.2.3 半同步通信

总线通信中的半同步通信是一种结合了同步通信和异步通信特点的通信方式。在同步通信的基础上，增加了一个“等待”（WAIT）信号。这种方式既保留了同步通信中时钟信号对数据传输的调度作用，又通过 WAIT 信号解决了同步通信中可能因设备速度不匹配而导致的效率问题。

在半同步通信中，数据的传输过程通常分为以下几个阶段(以 CPU 向某一外设读取数据为例)：

1)地址信号和控制信号给出：在时钟信号 T_1 的上升沿，CPU 给出地址信号，指定要通信的外设。接着，在 T_2 的上升沿，CPU 给出控制信号，表示开始进行数据传输。

2)等待信号的处理：如果在第三个时钟周期(假设为 T_3)开始时，从设备(外设)还没有准备好数据，那么它会将 WAIT 信号设置为低电平。CPU 检测到 WAIT 信号为低电平时，会暂停当前的传输操作，并在下一个时钟周期($T+1$)继续检查 WAIT 信号。如果 WAIT 信号仍为低电平，则继续等待；如果 WAIT 信号变为高电平，则表示从设备已准备好数据，可以进行传输。

3)数据传输：当 WAIT 信号为高电平时，CPU 在 T_3 的上升沿开始读取数据，并从外设接收数据信号。数据传输完成后，在 T_4 的上升沿，CPU 会撤销地址信号和控制信号，结束本次数据传输周期。如图 7.16 所示。

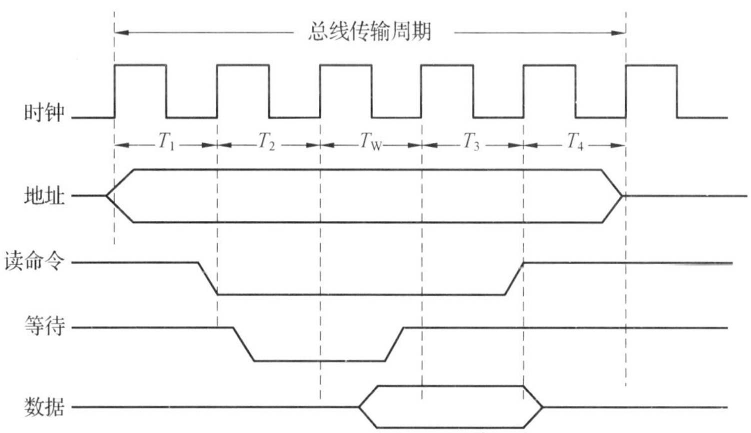

图 7.16　半同步通信-数据输入传输

半同步通信通过引入 WAIT 信号，使得数据传输能够适应不同速度的设备，提高了通信的灵活性。与同步通信相比，半同步通信减少了因设备速度不匹配而导致的等待时间，从而提高了总线的工作效率。其缺点是，对系统时钟频率不能要求太高，故从整体上来看，系统的工作速度还不是很快。

7.4.2.4　分离式通信

总线通信控制中的分离式通信是一种高效的通信方式，尤其适用于大型计算机系统，通过优化总线资源的利用来提高系统的整体性能。其基本思想是将一个传统的总线传输周期(或总线周期)分解为两个或多个子周期，每个子周期中信息的流动是单向的，从而实现了总线的最大化利用。在这种通信方式中，总线不再被单个传输任务独占，而是在不同模块间进行交叉重叠的并行式传送。

在第一个子周期时，主模块(如 CPU)在获得总线使用权后，将命令、地址以及其他相关信息(如主模块编号，当存在多个主模块时尤为重要)发送到总线上。这些信息被指定从模块接收后，主模块立即放弃总线使用权，以便其他模块使用。

在后续子周期中，从模块在接收到命令和地址后，进行内部操作(如数据读取或准备)，并在准备好数据后申请总线使用权。一旦获准，从模块将所需的数据、自身地址以及主模块编号等信息发送到总线上，供主模块接收。

在分离式通信中，总线被占用时始终在进行有效的工作(发送命令或传输数据)，不存在空闲等待时间。这极大地提高了总线的利用率，并使得多个模块间的数据传输可以并行进行。

分离式通信主要应用于大型计算机系统，特别是在需要高效、并行处理数据的场合。

本章小结

本章详细介绍了计算机总线系统的基本概念、分类、特性、性能指标、连接方式、总线控制等内容。总线作为计算机内部各部件之间共享的信息传输通道，是计算机系统的骨架，对于确保各部件之间的有效通信和数据传输至关重要。

首先，本章阐述了总线的基本概念，包括总线的定义、作用以及在计算机系统中的重要性。接着，对总线进行了详细的分类，包括按信息传送方向、时序控制方式、数据传送格式、总线分级结构和总线功能或信号类型等多种分类方式，帮助读者从不同角度理解总线的特点和适用场景。

在总线特性及性能指标部分，本章介绍了总线的机械特性、电气特性、功能特性和时间特性，并详细解释了总线宽度、总线时钟频率、总线工作频率、总线带宽等性能指标的含义和计算方法。这些特性和指标对于评估总线的性能和选择合适的总线标准具有重要意义。

总线标准部分介绍了常见的计算机总线标准，如 ISA 总线、EISA 总线、PCI 总线、PCI-Express 总线、AGP 总线、USB 总线和 RS-232C 总线等。这些总线标准在不同历史时期和应用场景中发挥着重要作用，推动了计算机技术的不断发展和进步。

在总线的连接方式部分，本章讨论了单总线结构和多总线结构的特点和适用场景。单总线结构简单易实现，但存在总线带宽不足和并发处理能力受限等问题；而多总线结构通过分离不同功能的总线，提高了系统的并行性和吞吐量，适用于大型计算机系统。

总线控制部分介绍了总线仲裁与判优控制和总线通信控制等内容。总线仲裁用于解决多个主设备同时申请使用总线时的冲突问题，常见的仲裁方式有链式查询方式、计数器定时查询方式和独立请求方式等。总线通信控制则解决了通信双方如何获知传输开始和传输结束以及如何协调配合的问题，常见的通信方式有同步通信、异步通信、半同步通信和分离式通信等。

通过本章的学习，读者可以全面了解计算机总线系统的基本概念、工作原理和应用场景，为后续深入学习计算机体系结构、操作系统等课程打下坚实基础。

习　题

一、选择题

1. 计算机总线系统中，负责数据传输的主要通道是(　　)。

A. 数据总线　　B. 地址总线　　C. 控制总线　　D. 电源线

2. 下列哪种总线标准主要用于连接高速外部设备？(　　)

A. PCI　　B. ISA　　C. EISA　　D. VLB

3. 总线仲裁中，哪种方式通过优先级判断哪个设备可以占用总线？(　　)

A. 链式查询仲裁　　B. 集中式仲裁

C. 分布式仲裁　　D. 并行仲裁

4. 下列哪项不是总线的主要性能指标？(　　)

A. 总线宽度　　B. 总线时钟频率

C. 总线传输速率　　D. 总线颜色

5. USB 总线属于哪种类型的总线？(　　)

A. 并行总线　　B. 串行总线　　C. 专用总线　　D. 内部总线

6. PCI-E(PCIe 或 PCI Express)是第几代 PCI 总线标准？(　　)

A. 第一代　　B. 第二代　　C. 第三代　　D. 第四代

7. 在总线操作中，哪个信号用于指示数据传输的开始？(　　)

A. FRAME#　　B. IRDY　　C. TRDY　　D. STOP#

8. 下列哪个不是总线上的数据传输模式？（　　）

A. 单工模式　　B. 半双工模式　　C. 全双工模式　　D. 自适应模式

9. 总线的主设备是指？（　　）

A. 发起数据传输的设备　　B. 接收数据的设备

C. 中间转发设备　　D. 监控设备

10. SATA 总线主要用于连接哪种类型的设备？（　　）

A. 显示器　　B. 硬盘和光驱　　C. 网络设备　　D. 键盘和鼠标

二、填空题

1. 计算机系统总线主要由________、________和________三种组成。

2. 总线宽度通常以________位数来表示，它决定了每次能传输的数据量。

3. PCI 总线采用了________仲裁机制来确保多个设备能有序地使用总线。

4. 在总线操作中，________信号和________信号用于表示主设备和从设备是否准备好进行数据传输。

5. USB 总线支持________和________两种数据传输模式。

6. 总线时钟频率越高，意味着总线________越快。

7. SATA 总线的数据传输速率远高于传统的________总线。

8. 在总线系统中，________设备负责发起数据传输请求。

9. PCI-E 总线通过________技术提高了数据传输速率和带宽。

10. 总线的性能评估主要包括________、________和________三个方面。

三、简答题

1. 简述计算机总线系统的基本组成及其功能。

2. 什么是总线仲裁？常见的总线仲裁方式有哪些？

3. 请解释总线上的数据传输模式，并举例说明。

4. 简述 PCI 总线与 ISA 总线的主要区别。

5. 什么是 USB 总线？它有哪些主要特点？

四、计算题

1. 已知某总线的宽度为 32 位，时钟频率为 100 MHz，请计算其最大数据传输速率。

2. 某 PCI 总线设备的传输速率为 133 MB/s，若传输一个大小为 1 GB 的数据文件，需要多长时间？（忽略其他开销）

3. 已知某总线的宽度为 64 位，每个时钟周期传输一个数据字，若时钟频率为 200 MHz，请计算其每秒传输的数据量（以字节为单位）。

4. 已知某总线的传输速率为 500 MB/s，传输一个 100 MB 的文件需要多长时间？如果同时传输两个这样的文件，时间会增加吗？为什么？

5. 已知某总线的宽度为 16 位，时钟频率为 50 MHz，若每个数据传输周期需要 4 个时钟周期，请计算其有效数据传输速率。

6. 分析总线宽度对数据传输速率的影响，并讨论在实际应用中如何选择合适的总线宽度。

7. 探讨总线仲裁机制在多个设备共享总线时的重要性，以及不同仲裁方式的优缺点。

8. 讨论总线时钟频率与数据传输速率之间的关系，并解释为什么提高时钟频率不一定能线性提高数据传输速率。

9. 分析总线系统在计算机系统中的地位和作用，以及未来总线技术的发展趋势。

第 8 章

输入/输出系统

【知识目标】

1. 了解 I/O 接口的概念、功能和一般结构。
2. 掌握 CPU 与 I/O 设备之间三种数据传送方式、各自优缺点和使用场合。
3. 掌握 DMA 传送方式的原理、过程和 DMA 控制器结构及功能。
4. 理解并行接口与串行接口、并行通信与串行通信相关知识。
5. 理解中断系统的结构、功能、优先级排队及响应过程。
6. 了解通道的功能、键盘、显示器等常用外设的结构与工作原理。

【素质目标】

通过计算机输入/输出系统章节的学习，旨在通过展现我国在计算机输入/输出系统领域的显著成就，如高性能输入/输出设备的自主研发、智能接口技术的创新突破等，激发学生的民族自豪感和爱国情怀。在此基础上，引导学生深刻理解科技创新对于国家发展的重要性，树立正确的科技报国志向。同时，通过学习这些成就背后的团队协作精神和持续创新理念，培养学生的合作意识、创新思维以及严谨的科学态度，为将来投身国家科技建设打下基础，推动我国计算机输入/输出系统领域乃至整个信息技术产业的持续发展贡献力量。

计算机输入/输出系统(Input/Output System，简称 I/O 系统)是计算机系统的重要组成部分，负责实现计算机主机与外部设备之间的数据交换和通信。该系统由输入/输出设备和输入/输出控制系统两大部分组成，是计算机与外界交互的桥梁。本章主要学习常见的 I/O 设备的基本情况，掌握 I/O 设备与 CPU 等计算机部件之间接口的基本功能与工作原理，还要重点掌握主机与 I/O 设备之间数据传送的控制方式及其特点，尤其掌握三种 I/O 设备与主机交换信息的控制方式(程序查询、中断和 DMA)及其相应接口功能和组成。

8.1 输入/输出系统概述

8.1.1 输入/输出系统的发展过程

计算机输入/输出系统(I/O 系统)的发展经历了多个阶段，这些阶段反映了技术的不断进步和用户需求的不断变化。

8.1.1.1 早期阶段

在计算机历史的早期，I/O 设备非常简单，主要包括打孔卡片、纸带读写器、磁带机等。这些设备的数据传输速度较慢，存储容量有限，但为早期计算机系统的数据输入和输出提供了基础。此时，CPU 和外设之间采用分散连接，每个设备都有专门的控制线路，且 CPU 与外设之间的工作方式是串行的，即 CPU 在执行程序过程中需要暂停以进行 I/O 操作，这导致了系统效率低下。

8.1.1.2 接口模块和 DMA 阶段

随着技术的发展，外部设备开始通过接口模块与主机连接，计算机系统采用总线结构，实现了 CPU 和 I/O 设备的并行工作。如图 8.1 所示。

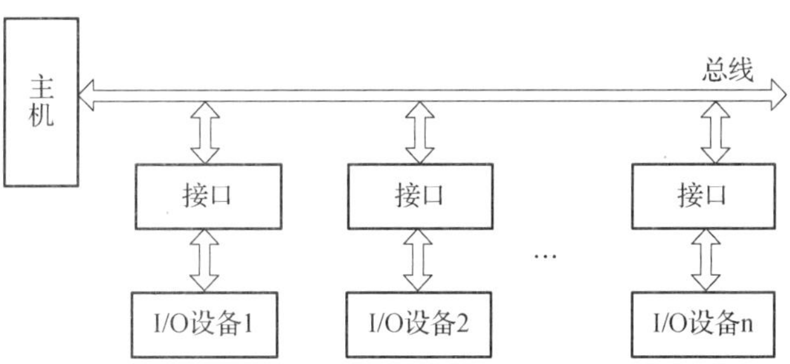

图 8.1　I/O 设备通过接口与主机交换信息

在上图中的接口主要负责将各种 I/O 设备连入总线，在接口中都设有数据通路和控制通路。数据经过接口既起到缓冲作用，又可完成串-并数据格式的转换。控制通路用以传送 CPU 向 I/O 设备发出的各种控制命令，或使 CPU 接收来自 I/O 设备的反馈信号。然而，在这个阶段，虽然 CPU 和 I/O 设备可以并行工作，但在交换信息时，CPU 仍需中断现行程序，因此还不能实现绝对的并行。为了进一步提高 CPU 的工作效率，直接存储器存取(DMA)技术应运而生。DMA 技术允许 I/O 设备与主存之间有一条直接数据通路，使得I/O 设备可以与主存直接交换信息，而无须 CPU 的干预，从而大大提高了数据传输效率。

8.1.1.3 具有通道结构的阶段

在大中型计算机中，由于 I/O 设备配置繁多、数据传送频繁，DMA 方式已难以满足需求。因此，出现了 I/O 通道方式，如图 7.6 所示。I/O 通道是一种特殊的处理器，它专门负责 I/O 设备与主存之间的数据传输，通道有专用的通道指令，能独立地执行用通道指令所编写的输入/输出程序，但不是一个完全独立的处理器。它依据 CPU 的 I/0 指令进行启动、停止或改变工作状态，是从属于CPU 的一个专用处理器。依赖通道管理的 I/0 设备在与主机交换信息时，CPU 不直接参与管理，故提高了 CPU 的资源利用率，减轻了 CPU 的负担。I/O 通道的出现使得 CPU 和 I/O 设备之间的并行性更高，进一步提高了系统的整体性能。

8.1.1.4 I/O 处理机阶段

随着计算机技术的不断发展，I/O 系统逐渐演变为具有 I/O 处理机的阶段。I/O 处理机又称为外围处理机(Peripheral Processor)，它基本独立于主机工作，既可以完成 I/O 通道要完成的 I/O 控制任务，又可以完成码制变换、格式处理、数据块检错、纠错等操作。具有 I/O 处理机的输入/输出系统与 CPU 工作的并行性更高，对主机来说具有更大的独立性。

8.1.1.5 现代 I/O 系统的发展

随着个人计算机的普及和计算机技术的飞速发展，I/O 系统也呈现出多样化的趋势。现代 I/O 系统不仅包括传统的键盘、鼠标、显示器等输入/输出设备，还包括网络接口卡、打印机、扫描仪、摄像头等外设。此外，随着 USB(通用串行总线)、Thunderbolt 等高速接口技术的普及，I/O 设备的数据传输速度得到了极大提升。同时，无线技术的进步也使得更多设备实现了无线连接，减少了对物理线缆的依赖。

8.1.1.6 I/O 系统未来发展趋势

计算机输入/输出系统将继续朝着更快速、无线化、智能化和环保的方向发展。随着 5G、6G 等无线通信技术的不断成熟和应用，I/O 设备的数据传输速度将得到进一步提升。同时，智能 IO 设备将能够进行更复杂的数据处理和智能决策，与云计算和人工智能技术紧密结合。此外，环保和能效也将成为未来 I/O 设备发展的重要方向之一。

8.1.2 输入/输出系统的功能与组成

8.1.2.1 输入/输出系统的功能

I/O 系统的功能即实现主从设备之间的数据输入与输出。CPU 是计算机 I/O 系统中最典型的主设备，很多数据交换过程都由 CPU 引发和控制，因此以 CPU 为主设备来讨论I/O 系统的工作过程。

CPU 从 I/O 设备读数据或向 I/O 设备写数据的过程与内存的读写过程有相似之处。CPU 从某 I/O 设备读取数据（I/O 系统的输入过程）的典型过程为：

1）CPU 将需要访问的目标设备的地址放在地址总线上，实现选中某一 I/O 设备；

2）I/O 设备进入准备阶段，CPU 等待 I/O 设备将数据准备就绪，并放入设备接口中的数据寄存器；

3）CPU 读取有效数据并将其放入某寄存器中。

CPU 向某 I/O 设备写入数据（I/O 系统的输出过程）的典型过程为：

1）CPU 将需要访问的目标设备的地址放在地址总线上，实现对待通信 I/O 设备的选中；

2）CPU 将数据放在数据总线上；

3）目标设备从数据总线上将有效数据取走。

8.1.2.2　输入/输出系统的组成

输入输入出系统由 I/O 硬件和 I/O 软件两部分组成。

1）I/O 硬件。

I/O 系统的硬件主要包含不同的 I/O 设备以及根据不同的 I/O 类型搭配的不同的接口及控制器，如接口模块（适合带接口的 I/O）、设备控制器（适合带通道的 I/O）等。现简单分述如下：

①I/O 设备。这是直接与用户或外部环境交互的硬件设备，如键盘、鼠标、显示器、打印机、硬盘等。I/O 设备可以根据其数据传输的特性分为字符设备和块设备。字符设备以字符为单位进行数据传输，如键盘、打印机等；而块设备则以数据块为单位进行传输，如硬盘、磁盘等。

②接口模块。接口模块是一个连接 I/O 设备与主机的中间电路，负责转换信号电平、数据格式以及提供缓冲功能，确保数据在 I/O 设备与主机之间正确传输。

③设备控制器。设备控制器是一种特殊的处理器，用于管理特定的 I/O 设备。它负责执行 I/O 设备与通道或 CPU 之间的数据传输，并将串行的位流转换为字节块，进行必要的错误校正工作。设备控制器还包含多个寄存器，用于与 CPU 通信。通过写入这些寄存器，操作系统可以命令设备执行各种操作，如发送数据、接收数据、开启或关闭等。

2）I/O 软件。

I/O 软件实现主从设备间数据的输入/输出及过程控制，软件功能借助相应的 I/O 指令编程实现。不同功能类型的 I/O 设备所使用的 I/O 指令也不相同，大体上可将 I/O 指令分为通用型 I/O 指令和专用型 I/O 指令两类。

①通用型 I/O 指令，指 CPU 指令系统中提供的涉及 I/O 功能的指令，其一般格式如

图 8.2 所示。通用型 I/O 指令的格式与普通机器指令相似，不同之处在于 I/O 指令中要提供 CPU 与 I/O 设备进行数据交换过程中的相应参数。操作码表示当前指令为 I/O 指令，命令码表示当前要做的是读或写操作，设备地址码实现从多种 I/O 设备中选择目标设备。

操作码	命令码	地址码

图 8.2　通用型 I/O 指令的一般格式

②专用型 I/O 指令，指当有专门的设备负责管理 I/O 系统的工作过程时所使用的指令。这些专门的设备具有指令执行功能，可执行小规模的程序，如通道、I/O 处理机等。专用型 I/O 指令用于完成较大规模数据交换，指令中要指出目标设备的设备地址、操作类型、需要读或写的数据所在存储空间中的首地址、需要传送的数据量等信息。如通道中的 I/O 指令也称为通道指令，完成相应的 I/O 操作，如磁盘的读写、磁盘寻道及磁带机走带等。

8.1.3　输入/输出系统与主机的联系方式

与 CPU 与主存之间交换信息相比，I/O 设备与主机之间的信息交换涉及多个显著不同的方面。具体而言，这些差异包括但不限于：CPU 如何为 I/O 设备分配地址；如何识别并定位特定的 I/O 设备号；信息传输是采取逐位串行的方式还是多位并行的模式；I/O 设备与主机之间采用何种机制进行通信，以确保双方都能准确了解对方的状态，以及它们之间是如何物理连接和逻辑连接的。这一系列复杂而关键的问题共同构成了 I/O 设备与主机之间联系方式的核心内容。

8.1.3.1　I/O 设备的编址与寻址。

在访问 I/O 设备之前，首要步骤是确定其地址，这一地址也被称作I/O设备码。当 I/O 设备经由 I/O 接口与主机相连时，该设备的地址即对应于该接口的地址。对于 I/O 设备的编址策略，主要存在两种模式：统一编址与独立编址。这两种编址方式的区分，是基于计算机系统如何对内存进行编址而言的。统一编址意味着 I/O 设备地址与内存地址处于同一编址空间内，而独立编址是指 I/O 设备拥有独立的地址空间，与内存地址空间相分离。

1)统一编址，作为一种编址策略，将 I/O 设备的地址纳入内存地址空间的一部分，通过从内存寻址空间中划分出特定区域来专门对 I/O 设备进行编址。这一过程也被称为内存映射 I/O 技术。其显著优势在于，CPU 能够利用与访问内存相同的指令集来直接访问 I/O 设备，无须在指令系统中额外引入针对 I/O 设备的专用访问指令，从而简化了程序设计和执行流程。然而，统一编址的一个潜在缺点是它会占用部分原本可用于数据存储的内存空间，实质上缩减了主存储器的可用容量。鉴于这些特点，统一编址方式在单片机系统中得到了广泛应用。例如，Freescale 公司 MC9S12XS128 单片机的存储空间分配图，其

0x0000~0x07FF 地址空间即用于 I/O 设备编址，这 2K 个地址与此单片机系统中的其他 RAM 及 ROM 存储器属于统一的编址空间。

2)独立编址，是指 I/O 设备编址空间与内存编址空间是相互独立的，这种编址方式不会影响内存地址空间，但是访问这些 I/O 地址时需要使用专门的指令。

对于某一计算机系统，具体采用统一编址还是独立编址，取决于其 CPU 的体系结构。例如，PowerPC 采用统一编址，而 X86 等则采用独立编址。

3)I/O 设备寻址。由于每台设备都赋予一个设备号，因此，当要启动某一设备时，可由 I/O 指令的设备码字段直接指出该设备的设备号。通过接口电路中的设备选择电路，便可选中要交换信息的设备。

8.1.3.2 信息传送方式

并行传送指的是在同一时间点上，n 位信息能够同时从 CPU 被发送到 I/O 设备，或者从 I/O 设备被输入到 CPU 中。这种传送模式的核心优势在于其高速性，因为它能够同时处理多位数据，显著提升了数据传输的速率。然而，这一优势的实现是以增加数据线的数量为代价的，即并行传送要求有相应数量的数据线与之匹配。以 16 位信息并行传送为例，系统必须配置 16 根数据线来支持这一过程。

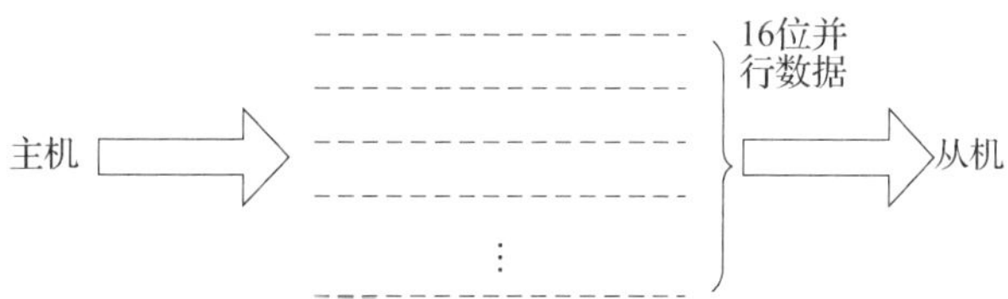

图 8.3　并行传送

串行传送是一种数据传送方式，其中信息被分割成单独的位，并在不同的时间点上逐一进行传送。具体来说，若在同一瞬间仅传送一位信息，随后在连续的时间段内逐位地传送完整的信息序列，这种方式就被称为串行传送。其主要特点是传送速度相对较慢，因为数据是按位顺序传送的，但这一方式显著减少了所需的物理连接，通常仅需一根数据线以及一根地线即可完成数据传输。因此，在 I/O 设备与主机相隔较远的情况下，采用串行传送方式更为合理，因为它能有效降低长距离通信中的成本和复杂性，尤其适用于远距离数据通信场景。如图 8.4 所示。随着单线总线数据传输速率的提高、差分技术的应用，串行传送技术得到快速发展，比如 USB 总线、CAN 总线由于传输速率高、硬件成本低而被广泛使用。

图 8.4　串行传送

8.1.3.3 主机与I/O设备的联络方式

无论是采用串行传送方式还是并行传送方式，I/O设备与主机之间都必须保持对彼此当前状态的准确认知，包括是否可以进行数据传输、传输是否已完成等关键信息。这种对双方状态的实时掌握，构成了I/O设备与主机之间的联络基础。根据I/O设备工作速度的差异，它们之间的联络方式可以细分为三种不同的类型，分别为立即响应方式、异步工作采用应答信号联络和同步工作采用同步时标联络。

1）立即响应方式，指当接收到I/O指令后，相应I/O设备立即响应而无须做任何联络过程。这种方式适用于工作速度极慢的I/O设备，比如LED指示灯的亮灭、开关的通断等。

2）异步工作采用应答信号联络，当I/O设备与主机工作速度不匹配时，通常采用异步工作方式。这种方式在交换信息前，I/O设备与CPU各自完成自身的任务，一旦出现联络信号，彼此才准备交换信息。图8.5示意了并行传送的异步联络方式。

图8.5所示，在CPU向I/O接口输出数据后，接口会即刻向I/O设备发送一个“Ready”（就绪）信号，以此通知I/O设备数据已就绪，可从接口中读取。一旦I/O设备接收到“Ready”信号，它会迅速从接口中获取数据，并随后向接口发送一个“Strobe”（选通）信号作为反馈，通过接口告知CPU数据已被成功取走，CPU随后可以继续向该接口发送新的数据。反之，当I/O设备需要向CPU发送数据时，它会先将数据传送至接口，并伴随发送一个“Strobe”信号，以标记数据已经准备就绪。接口在接收到这个联络信号后，会通知CPU进行数据的读取操作。数据一旦被CPU取走，接口随即向I/O设备发送“Ready”信号，表明数据已被成功接收，I/O设备可以继续发送下一批数据。这种基于双方相互应答的通信方式，被称为异步联络方式。

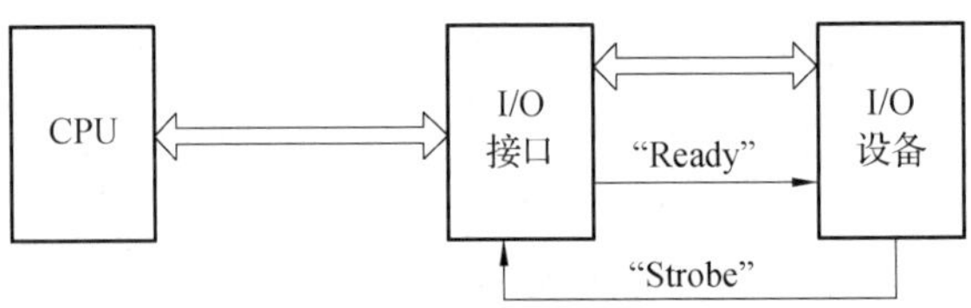

图8.5 异步并行“应答”联络方式

图8.6示意了串行传送的异步联络方式。

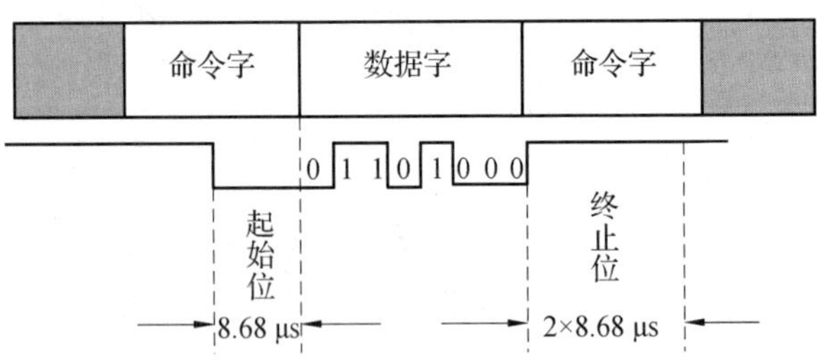

图8.6 异步串行联络方式

I/O 设备与 CPU 双方设定一组特殊标记，用“起始”和“终止”来建立联系。图中 8.68 μs 的低电平表示“起始位”，又用 2×8.68 μs 的高电平表示“终止位”。[注：在异步串行通信中，起始位和终止位(停止位)的持续时间并不是固定的，而是与波特率(Baud Rate)密切相关，此图中假设波特率为 115200 b/s。]

3)同步工作模式依赖于精确的同步时标信号进行协调，它要求 I/O 设备与 CPU 之间的工作速度必须严格匹配。以数据采集为例，当外部数据以 2400 bps 的速率向接口传输时，CPU 必须相应地以 2400 bps 的速度精确接收每一位数据，以确保数据的完整性和同步性。为实现这种严格的同步，系统内部需配置专门的电路来生成同步时标信号，该信号作为控制基准，确保 I/O 设备与 CPU 在数据处理过程中保持高度的时间一致性。

8.1.3.4 I/O 设备与主机的连接方式

I/O 设备与主机的连接方式通常有两种：辐射式和总线式。

当采用辐射式连接架构时，每台 I/O 设备均需独立配置一套完整的控制线路及信号线组合，这导致了所需硬件器件与连接线路的数量显著增加。因此，在增减 I/O 设备时，会面临较大的复杂性和不便，操作相对困难。这种连接方式更多地被视作计算机发展初期阶段的一种技术特征，反映了当时技术水平和设计理念的局限性。

8.1.4 输入/输出设备与主机传递消息的控制方式

I/O 设备与主机交换信息时，共有 5 种控制方式：程序查询方式、程序中断方式、直接存储器存取(DMA)方式、I/O 通道方式、I/O 处理机方式。程序查询方式和程序中断方式主要适用于数据传输速率较低的 I/O 设备，而 DMA 方式、I/O 通道方式和 I/O 处理机方式适用于数据传输速率较高的 I/O 设备。程序查询方式、程序中断方式和 DMA 方式常用于微型计算机中，I/O 通道方式和 I/O 处理机方式多用于大型计算机。本节主要介绍前 3 种方式，后两种方式在 8.1.1 节已进行了一般介绍，更详尽的内容将由”计算机体系结构”课程讲述。

8.1.4.1 程序查询方式

程序查询方式是由 CPU 通过程序不断查询 I/O 设备是否已做好准备，从而控制 I/O 设备与主机交换信息。采用这种方式实现主机和 I/O 设备交换信息，要求 I/O 接口内设置一个能反映 I/O 设备是否准备就绪的状态标记，CPU 通过对此标记的检测，可得知 I/O 设备的准备情况。

在程序查询控制模式下，每当 I/O 设备被启动后，CPU 会即刻进入一种持续监测状态，不断检查 I/O 设备的就绪情况，这一行为直接导致了当前执行的程序被暂时挂起。以 CPU 从 I/O 设备读取数据块为例，此间 CPU 的查询过程如同在原地进行重复的“踏步”操作，无实质性进展。而当 I/O 设备最终准备就绪时，CPU 又需逐字地将数据从 I/O 设备中提取，并经由自身传输至主存储器，在这一过程中，CPU 同样无法并行执行原程序。显然，这种操作模式使得 CPU 与 I/O 设备的工作呈现串行化特征，极大地限制了 CPU 的工作效率。

8.1.4.2 程序中断方式

程序中断方式是 CPU 在启动 I/O 设备后，不立即进入持续查询设备就绪状态，而是继续执行其当前任务，仅在 I/O 设备完成其操作并主动向 CPU 发出中断请求时，CPU 才中断当前工作并响应这一请求，这样的处理方式将显著提升 CPU 的工作效率。这种机制允许 CPU 与 I/O 设备并行工作，有效减少了 CPU 在等待 I/O 设备准备过程中的空闲时间。

显然，程序中断方式在 I/O 设备进行准备时，CPU 不必时刻查询 I/O 设备的准备情况，不出现"踏步"现象，即 CPU 执行程序与 I/O 设备做准备是同时进行的，这种方式和 CPU 与 I/O 设备是串行工作的程序查询方式相比，CPU 的资源得到了充分的利用。当然，采用程序中断方式，CPU 和 I/O 接口不仅在硬件方面需增加相应的电路，而且在软件方面还必须编制中断服务程序。

8.1.4.3 DMA 方式

DMA 方式即直接内存访问方式，是一种完全由硬件控制完成数据交换的方式。在此方式下，DMA 控制器从 CPU 接管总线控制权，在 DMA 控制器的控制下，I/O 设备不经过 CPU 直接实现与内存的数据交换。此时 CPU 工作与 I/O 设备工作的并行性更高，仅在 I/O 设备向 CPU 请求并获取总线控制权的过程中 CPU 需要停下主程序，而其他时间两者均可并行工作。此种方式适用于 I/O 设备需要与内存进行高速、大规模数据交换的场合，比如辅存、显示适配器与主存交换数据的过程。

关于以上 3 种控制方式的更详细的内容将会分别在 8.3、8.4 和 8.5 节讲述。

8.1.5 输入/输出设备举例

计算机硬件系统中，主机（CPU 和内存）之外的设备，都属于外部设备，简称外设。按照功能的不同，外部设备大致分为输入设备和输出设备两类。输入设备将外部自然界的信息变成计算机可以接收和处理的形式，以便计算机处理。输入设备包括键盘、鼠标、触摸屏、扫描仪、语音输入设备等。输出设备是将计算机处理的结果，变成人类可以识别的信息，以供用户使用。输出设备包括显示器、打印机、绘图仪、语音输出设备等。外部设备种类繁多，工作原理不一样，组成结构也不一样。本小节中分别对输入设备中的键盘和鼠标以及输出设备中的显示器和打印机作简要说明。

8.1.5.1 键盘

键盘是字符和数字的输入装置，是应用最普遍的输入设备之一。通过键盘上的按键直接向计算机输入各种信息。键盘主要由键开关（按键）和键扫描电路两部分组成。

1) 键盘的分类。

①按照键盘的构造原理可分为触点式开关按键键盘和无触点开关按键键盘两类。

②按照键盘物理结构可分为机械式、薄膜式和电容式三种。

③按照键盘按键数的多少可分为 83(84) 键、101(102) 键、104 键和 107 键。其中 104 键为 Windows 95 键盘，107 键为 Windows 98 键盘。

④按照判断按键位置的方法不同，键盘可分为编码键盘和非编码键盘两种。编码键盘主要是用硬件实现对按键的识别，缺点是硬件电路复杂且价格较贵。非编码键盘主要是由用户软件实现按键的定义与识别，价格便宜，速度较慢。目前使用最普遍的是机械式非编码 107 键键盘。

⑤按照外形不同，键盘可分为标准键盘和人体工学键盘两种。人体工学键盘根据人体工学原理增加了手腕托盘，将主键区一个区分为两个区，能够减少劳累，有利于身体健康。

⑥按照与主机的连接方式，键盘可分为有线键盘和无线键盘。无线键盘的连接又分为红外线方式和无线电方式两种。

2) 键开关和键码识别。

计算机的标准键盘上通常有上百个按键，每个按键相当于一个开关，故又称为键开关。键开关分为接触式和非接触式两大类。

接触式键开关中有一对触点，最常见的接触式键开关是机械式按键，它是靠按键的机械动作来控制开关开启的。当键帽被按下时，两个触点被接通；当释放时，弹簧恢复原来触点断开的状态。这种键开关结构简单、成本低，但开关通、断会产生触点抖动，容易造成误动，而且使用寿命较短。

非接触式键开关的特点是：开关内部没有机械接触，只是利用按键动作改变某些参数或利用某些效应来实现电路的通、断转换。非接触式键开关主要有电容式键和霍尔键两种，其中电容式键是比较常用的，这种键开关无机械磨损，不存在触点抖动现象，性能稳定，寿命长，已成为当前键盘的主流。

按照键码的识别方法，键盘可分为编码键盘和非编码键盘两大类。

编码键盘是用硬件电路来识别按键代码的键盘，某键按下后，相应电路即给出一组编码信息(如 ASCII 码)送去主机进行识别及处理。编码键盘的响应速度快，但它以复杂的硬件结构为代价，并且其硬件的复杂程度随着键数的增加而增加。

非编码键盘是用较为简单的硬件和专门的键盘扫描程序来识别按键的位置，即在按下某键以后并不给出相应的 ASCII 码，而提供与按下键相对应的中间代码，然后再把中间代码转换成对应的 ASCII 码。非编码键盘的响应速度不如编码键盘的快，但是它通过软件编程可为键盘中某些键的重新定义提供更大的灵活性，因此得到广泛使用。

3) 键盘扫描方式。

在大多数键盘中，键开关被排列成 M 行×N 列的矩阵结构，每个键开关位于行和列的交叉处。键盘扫描方式有逐行扫描法和行列扫描法。

①逐行扫描法。

如图 8.7 所示，是采用逐行扫描识别键码的 8×8 键盘矩阵，8 位输出端口和 8 位输入端口都在键盘接口电路中，其中输出端口的 8 条输出线接键盘矩阵的行线($X_0 \sim X_7$)，输入端口的 8 条输入线接键盘矩阵的列线($Y_0 \sim Y_7$)。通过执行键盘扫描程序对键盘矩阵进行扫描，以识别被按键的行、列位置。

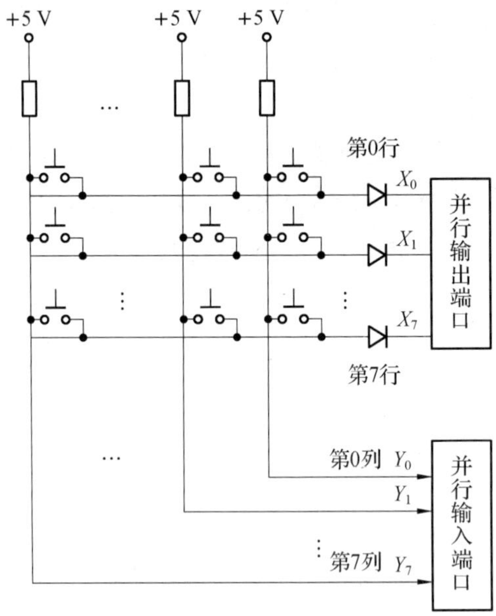

图 8.7　采用逐行扫描法的 8×8 键盘矩阵

键盘扫描程序处理的步骤如下：

首先由 CPU 将输出端口的各位置“0”，即使各行全部接地，然后 CPU 再从输入端口读入数据。若读入的数据全为“1”，表示无按键按下，只要读入的数据中有一个不为“1”，表示有键按下，接着要确定按键的位置。在查询已按下键的位置时，CPU 首先使 X_0 为 0，$X_1 \sim X_7$ 全为“1”，读入 $Y_0 \sim Y_7$，若全为“1”，表示按键不在这一行；接着使 X_1 为 0，其余各位全为“1”，读入 $Y_0 \sim Y_7$……直至 $Y_0 \sim Y_7$ 不全为“1”为止，从而确定了当前按下的键在键盘矩阵中的位置。最后根据上述两步得到的行号和列号表示按下键的位置码。

②行列扫描法。

当扫描每一行时，读列线，若读得的结果为全“1”，说明没有键按下，即尚未扫描到闭合键；若某一列为低电平，说明有键按下，而且行号和列号已经确定。然后用同样的方法，依次向列线扫描输出，读行线。如果两次所得到的行号和列号分别相同，则键码确定无疑，即得到闭合键的行列扫描码。

8.1.5.2 鼠标

鼠标作为当前计算机不可或缺的输入工具之一，其卓越之处在于能够迅速且精准地定位，从而操控屏幕上的光标自由移动。这一功能不仅极大地促进了屏幕内容的编辑效率，还简化了菜单选择过程，并助力用户轻松实现图形绘制。因此，鼠标无疑是计算机图形用户界面(GUI)中，实现人机交互不可或缺的外围设备。

鼠标种类繁多，型号各异，但它们共通的原理在于：捕捉在平面上移动时产生的距离与方向信息，并将这些信息以脉冲信号的形式传输给计算机。计算机接收到这些脉冲后，会迅速将其转化为屏幕上光标相应的坐标数据，从而精确指示所需位置，实现对计算机的高效操作与控制。

按鼠标按键数目可以分为两键鼠标和三件鼠标两种。

按鼠标的内部结构则分为光电机械式、光电式、轨迹球式和无线遥控式鼠标。

光电机械式鼠标作为当前最为普及的输入设备，内置3个关键滚轴，其中之一为空置设计，而另外两根则分别关联着 X 轴与 Y 轴方向的码盘。这3个滚轴紧密贴合于一个可自由滚动的橡胶球上，当橡胶球随用户操作滚动时，会带动 X、Y 轴滚轴同步旋转，进而驱动各自轴向上的码盘旋转。码盘表面精心布局有一圈均匀的小孔，其两侧则巧妙地配置了发光二极管与光电晶体管。随着码盘的旋转，发光二极管发出的光线会周期性地被码盘上的小孔阻断或允许通过，这一过程被光电晶体管敏锐捕捉，并转化为两组脉冲信号，分别代表鼠标的移动距离与方向，从而实现对计算机操作的精准控制。

光电式鼠标性能较好，它利用发光二极管与光敏传感器的组合测量位移。这种鼠标需在专用鼠标板上使用。这种鼠标板上印有均匀的网格，发光二极管发出的光照射到鼠标板上时产生强弱变化的反射光，经过透镜聚焦到光敏晶体管上产生电脉冲。由于光电式鼠标内部有测量X方向和Y方向的两组测量系统，因此可以对光标精确定位。

轨迹球式鼠标的内部和光电机械式鼠标相似，区别是轨迹球安装在鼠标上部，球座固定不动，靠手拨动轨迹球来控制光标在屏幕上移动。

无线遥控式鼠标主要有红外无线型鼠标和电波无线型鼠标。红外无线鼠标必须对准红外线发射器后才可以自由活动，否则没有反应。电波无线型鼠标则可以不受方向的约束。

此外，按接口的类型分类，还可以分为MS串行鼠标、PS/2鼠标、总线鼠标器和USB鼠标。

8.1.5.3 显示器

计算机的显示器是计算机显示输出最基本的方式之一，显示器将计算机输出的信息显示出来便于操作者操作。计算机的显示系统由显示器和显示卡两部分组成，显示卡称为显示适配器，是信息输出的主要窗口。随着计算机技术的不断发展，显示子系统的功能和显示性能都得到了很大的提高，其显示效果越来越受到人们的重视。不管采用哪种显示器，工作方式都是采用点阵形式进行。

常用的计算机显示器的主要参数包括以下几个方面：

1) 分辨率。

分辨率是指显示器所能显示的像素数量，通常以水平方向和垂直方向上的像素数表示，如 1920×1080、2560×1440、3840×2160 等。分辨率是衡量显示器清晰度的重要指标。分辨率越高，显示图像越清晰，细节表现越丰富。但高分辨率的显示器对显卡的要求也更高，如果显卡性能不够强，可能会出现卡顿现象。

2) 屏幕尺寸。

屏幕尺寸是指显示器的对角线长度，常见的尺寸有 21 英寸、24 英寸、27 英寸等。屏幕尺寸越大，可以显示的内容就越多，但较大的屏幕也需要更高的分辨率来保证清晰度。同时，较大的屏幕也需要更大的桌面空间来放置。

3) 刷新率。

刷新率是指显示器每秒钟刷新的次数，单位为 Hz。常见的刷新率有 60 Hz、120 Hz、144 Hz、240 Hz 等。刷新率越高，画面流畅度越好，尤其在观看高速运动的场景时，高刷新率可以减少拖影现象。对于游戏玩家和追求极致画面流畅度的用户来说，高刷新率显示器是更好的选择。

4) 响应时间。

响应时间是指显示器从接收到信号到显示相应画面的时间，单位为毫秒(ms)。响应时间越短，画面切换越迅速，尤其在游戏和高速运动场景中，可以减少模糊和拖影现象。一般来说，普通显示器的响应时间为 5 ms 左右，而电竞显示器响应时间可达 1 ms。

5) 色彩深度。

色彩深度是指屏幕可以显示的颜色数量，通常使用 8 位、10 位或 12 位表示。8 位色彩深度可以显示 16.7 百万种颜色，而 10 位色彩深度则可以显示 10.7 亿种颜色。色彩深度越高，显示的颜色就越丰富，画面更加真实。对于设计、摄影等需要高色彩准确度的行业来说，高色彩深度的显示器是必不可少的。

6) 色域。

色域是指显示器能够显示的颜色范围，常见的色域标准有 sRGB、Adobe RGB、NTSC 等。色域覆盖越广，显示器能呈现的色彩越丰富。对于设计师和摄影师等对色彩要求较高的用户来说，选择色域覆盖广的显示器可以获得更真实、更细腻的图像。

7) 亮度与对比度。

亮度，指显示器可以达到的最大亮度水平，一般使用 cd/m^2 表示。高亮度可以提供更好的视觉效果，但过高的亮度在较暗的环境中使用会导致视觉疲劳。

对比度，指显示器最亮区域与最暗区域之间的明暗差异，通常使用几∶1 表示，如 1000∶1。高对比度可以提供更鲜明的色彩和更深的黑色，从而提高画面的层次感和细节表现力。

8)显示面板类型。

常见的显示面板类型有TN、IPS和VA。每种面板类型都有其独特的优缺点，如TN面板响应时间短、刷新率高但色彩表现较差；IPS面板色彩鲜艳、视角宽广但价格较高；VA面板则介于两者之间。

9)接口类型。

显示器的接口类型也是需要考虑的因素之一，常见的接口有HDMI、DP、DVI、VGA等。在选择显示器时，要确保其接口类型与电脑显卡相匹配，以便传输高质量的信号。

显示器从不同的角度进行分类，主要有以下几种常见分类方法。

①按照显示颜色的不同可把显示器分为单色显示器和彩色显示器。单色显示器只能显示黑白两种颜色，而彩色显示器可以显示上万种颜色，具有非常逼真的显示效果。现在的计算机几乎都使用彩色显示器，但在一些特殊监控领域，单色显示器依然不可替代。

②按照工作器件不同可把显示器分为阴极射线管(CRT)、液晶显示器(LCD)、等离子显示器(PDP：Plasma Display Panel)、发光二极管(LED)等等。台式机一般使用CRT显示器，笔记本电脑一般使用LCD显示器，但是，近两年来LCD显示器在台式机中广为流行。

③按支持最高显示模式不同可把显示器分为MDA、CGA、EGA、VGA、SVGA及XGA等。现在的计算机几乎都使用VGA及其以上的显示模式。

8.1.5.4 打印机

打印机是计算机系统中最常用的输出设备，特别是2002年以后，随着制造工艺的成熟，打印技术的不断完善，价格的进一步降低，打印机已经成为基本的装机设置。

打印机的种类很多，最常见的有针式打印机、喷墨打印机和激光打印机。

1)针式打印机。

针式打印机，也称为点阵打印机，是一种通过机械击打方式工作的打印设备。它利用一组细小的打印针，在电磁铁的作用下击打色带和纸张，通过色带上的墨水转移到纸张上形成字符或图像的点阵。针式打印机具有多种优点，包括结构简单、耗材成本低、对打印纸张没有特殊要求，以及具备高速跳行能力和多份复制的功能。此外，针式打印机还能在较厚的打印介质上进行打印，如多联票据，这是喷墨打印机和激光打印机所无法比拟的。然而，针式打印机也存在一些缺点，如打印质量相对较差、噪声较大、打印速度较慢等。

针式打印机广泛应用于医院、银行、邮局等窗口行业，以及快递公司等需要高效处理多联票据的场合。这些行业用户通常通过针式打印机快速完成各项单据的复写，为用户提供高效的服务，并能存底备查。

针式打印机的接口类型多样，常见的有并口、串口和USB接口，这使得它能够与不同类型的电脑系统灵活连接。此外，针式打印机种类繁多，不同品牌和型号的打印机在功能、性能和价格上也有所差异，用户可以根据自身需求进行选择。

2)喷墨打印机。

喷墨打印机是一种常见的打印设备，其工作原理是通过喷墨头将墨水以微小的墨滴形式喷射到打印纸上，形成文字或图像。这种打印机以单片机控制为核心，能够精确控制墨滴的大小和喷射位置，从而实现高质量的打印效果。

在技术方面，喷墨打印机主要采用热气泡喷墨技术和微压电技术。热气泡喷墨技术通过加热墨水使其膨胀并喷射出来，而微压电技术利用电压变化来控制墨滴的喷射。这两种技术各有优缺点，但都能实现高质量的打印效果。

3）激光打印机。

激光打印机是一种高效、高质量的打印设备，广泛应用于办公、教育、科研等多个领域。其工作原理基于激光技术和电子显像技术的结合，通过计算机传来的二进制数据信息，控制激光束在感光鼓上扫描出静电图像，随后利用带正电的碳粉进行显像，并将碳粉转印到纸张上，最后通过高温高压定影，形成最终的打印输出。

激光打印机的优点有：打印分辨率高，最低可达 300 dpi，甚至更高，达到了照相机的水平，能够输出清晰细腻的文字和图像。打印迅速，一般可以达到每分钟 10~20 页，甚至更高，部分高端型号在标准模式下能达到每分钟 27 页，大大提高了工作效率。工作噪声低，一般在 53 分贝以下，非常适合在安静的办公场所使用。激光打印机的控制器内置 CPU 和内存，相当于计算机的主板，能够进行复杂的文字、图像和图形处理，满足多样化的打印需求。在连续输出和高印量输出时，激光打印机表现出较高的稳定性，即使打印大量文本也不会出现问题。

8.2 I/O 接口

8.2.1 接口及 I/O 接口的概述

接口（Interface）在计算机科学中是一个广泛使用的概念，主要分为硬件类接口和软件类接口。

1）硬件类接口：这类接口指的是计算机内部或外部硬件设备之间连接和通信的规则。它们通过物理连接（如 USB、HDMI、PCI 等）或电气信号（如串行、并行接口）实现设备间的数据传输和控制。硬件接口帮助各种硬件设备相互连接和通信，确保数据能够准确无误地在不同设备间传递。

2）软件类接口：软件接口，也称为编程接口（API），是软件应用程序之间或软件与硬件之间通信的桥梁。它们定义了一组规则和方法，使得不同的软件组件能够相互调用和交互。软件接口通常包含方法、属性、索引器和事件等成员，通过实现这些接口，软件组件能够支持特定的操作和功能。在面向对象编程中，接口是提高程序复用性、可维护性和可扩展性的重要手段。

I/O 接口(Input/Output 接口)，即输入/输出接口，是计算机与外部世界(包括人类和其他信息处理系统)进行通信的桥梁。负责实现 CPU 通过系统总线将 I/O 电路和外围设备联系在一起，确保数据能够在计算机内部和外部设备之间顺畅传输。I/O 接口本质是硬件接口，但它在软件层面也有相应的表示和支持。

8.2.2　I/O 接口的功能

各类 I/O 设备的功能和工作方式各不相同，这时也需要 I/O 接口的功能能满足相应 I/O 设备工作过程的需求，比如设备寻址、速率匹配、串并转换、电平转换、操作控制、状态反馈等。这些功能都是通过 I/O 接口电路中不同功能的寄存器来实现的，比如，用于存放数据需要数据寄存器，称为数据端口；发送命令需要控制寄存器，称为控制端口；查询状态需要状态寄存器，称为状态端口等。可见 I/O 接口的功能就是由一系列的 I/O 端口来实现的，I/O接口的地址本质上即是 I/O 端口的地址，这里注意和计算机网络领域的端口地址相区别。

因此，作为一个 I/O 接口通常应具有设备寻址、数据传送、命令传送和状态反馈等功能。

8.2.2.1　设备寻址功能

I/O 接口的设备寻址功能是指 I/O 接口能够识别并定位到具体的外部设备，以便 CPU 能够与之进行数据传输和控制。在 I/O 接口中，每个外部设备或设备的某个部分(如寄存器、端口等)都被分配了一个唯一的地址(设备码)，这个地址就是用来进行设备寻址的。设备码将送至所有设备的接口，因此，要求每个接口都必须具有选址功能，即当设备选择线上的设备码与本设备码相符时，应发出设备选中信号 SEL，这种功能可通过接口内的设备选择电路来实现。如图 8.8 所示为三个 I/O 设备接口的设备选择电路，每个接口的具体线路可以不同，它们分别能识别出自身的设备码，一旦某接口设备选择电路有输出时，它们便可控制这个设备通过命令线、状态线和数据线与主机交换信息。

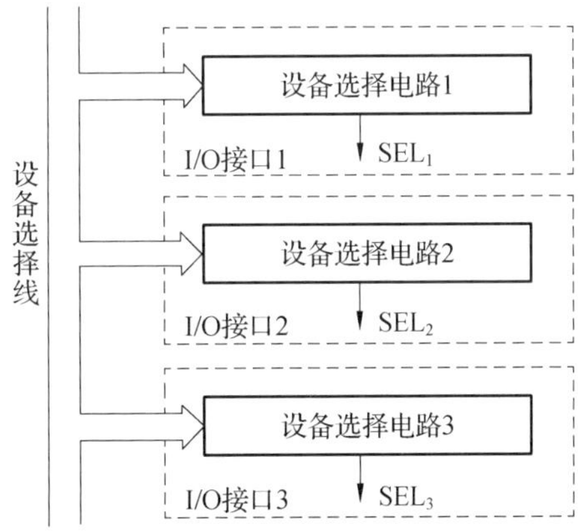

图 8.8　I/O 接口的设备选择电路框图

8.2.2.2 数据传送功能

为实现主机与I/O设备之间的通信顺畅，数据必须通过接口进行传递。为此，I/O接口被设计为一条数据通路，该通路不仅负责数据的传输任务，还需具备缓冲机制，以临时存储待传输的数据，减少因速度不匹配导致的数据丢失或冲突。基于此需求，接口内部通常集成有数据缓冲寄存器(Data Buffer Register，简称DBR)，这一关键组件直接连接到I/O总线的数据线上，其作用在于暂存那些即将在主机与I/O设备之间交换的信息。

每个接口中的数据缓冲寄存器的位数可以各不相同，这取决于各类I/O设备的不同需要。例如，键盘接口的DBR定为8位：ASCII码为7位，再加一位奇偶校验位。

8.2.2.3 命令传送功能

主机与I/O设备进行数据交换的过程中，需要CPU向I/O设备发送读、写、停止、等待等命令，也称为命令码。在I/O接口中需要设置命令寄存器实现操作命令的接收，并设置命令译码器实现命令的解析，然后I/O设备便可以根据命令的内容做出相应的操作。命令码的接收是在设备寻址过程之后才能进行的，命令码只对CPU选中的设备有效。如图8.9所示。

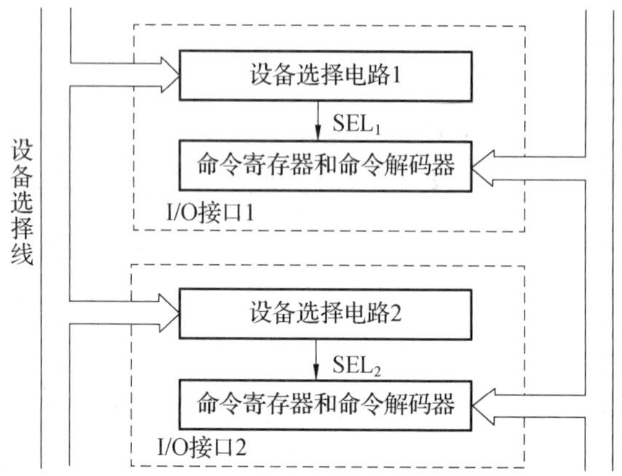

图8.9 I/O接口中的命令寄存器和命令译码器

8.2.2.4 状态反馈功能

CPU在执行程序的过程中需要随时了解当前I/O设备所处的状态，以判断是否执行某项操作。在I/O接口中设置多位触发器来反映I/O设备的工作状态。比如当I/O设备处于准备阶段时，置工作触发器B为“1”，当CPU查询触发器B状态为“1”时，判断当前I/O设备处于准备状态或称忙状态；再如当I/O设备准备工作完成时，置完成触发器D为“1”，当CPU查询触发器D状态为“1”时，判断当前I/O设备准备工作已完成，可以进行后续的数据传送过程。显然这两位触发器在某一时刻不能同时为“1”，当这两位触发器同时为“0”时，表明当前I/O设备处于停止状态。

8.2.3　I/O 接口的组成

通常将 I/O 接口的各项功能所涉及的电路模块封装在一个芯片中，称为 I/O 接口芯片，其基本组成如图 8.10 所示。图中地址线用于传送设备码，其宽度取决于 I/O 指令中设备码的位数。数据线完成 I/O 设备与主机之间的数据交换，它的宽度通常设计为与存储字长一致。对于不同的 I/O 设备，数据线方向可能不同，比如对于辅存设备来说数据线是双向的，对于键盘或打印机来说数据线就为单向的。命令线传输 CPU 发出的各类命令，其位数与 I/O 系统中命令信号的总数有关。状态线用于 I/O 设备向主机反馈各类状态信号，向主机告知其当前状态。

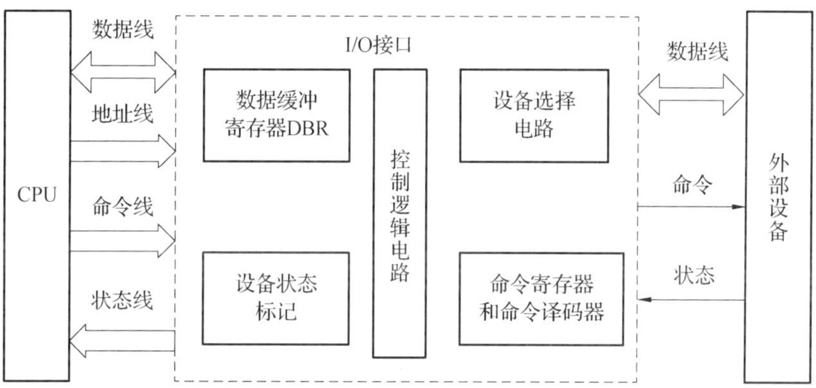

图 8.10　I/O 接口的基本组成

8.2.4　I/O 接口的类型

I/O 接口的类型可以从多个维度进行分类，以下是一些主要的分类方式及对应的接口类型。

8.2.4.1　按数据传送方式分类

1) 串行接口：数据一位一位地顺序传送，通信线路少，适用于远距离通信。常见的串行接口标准有 RS-232C、RS-422、RS-485 等。

2) 并行接口：数据以并行方式传送，即多位数据同时传送，传输速度快，但通信线路多，成本较高。常见的并行接口有 IEEE 1284 等。

8.2.4.2　按灵活性分类

1) 可编程接口：接口的功能和参数可以通过编程进行设置和修改，具有较高的灵活性。

2) 不可编程接口：接口的功能和参数是固定的，不可通过编程进行修改。

8.2.4.3　按通用性分类

1) 通用接口：适用于多种外设的接口，具有广泛的适用性。如 Intel 8255 和 Intel 8251

通用型并行接口和串行接口。

2)专用接口：专为某种特定外设设计的接口，具有特定的功能和参数。比如，Intel 8237 专门用于 DMA 过程的控制。

8.2.4.4 按 I/O 信号分类

1)数字接口：传输的是数字信号，如 TTL 电平、CMOS 电平等。

2)模拟接口：传输的是模拟信号，如音频信号、视频信号等。

8.2.4.5 按应用分类

1)运行辅助接口：用于系统运行过程中的辅助控制，如电源管理、风扇控制等。

2)用户交互接口：用于用户与计算机之间的交互，如键盘、鼠标、显示器等。

3)传感接口：用于连接传感器，获取外部环境的物理量信息，如温度传感器、压力传感器等。

4)控制接口：用于控制外部设备，如打印机、扫描仪等。

8.3 程序查询方式

在 8.1 节中已经对程序查询方式的基本工作原理进行了简要介绍，在本节中继续详细讲述该接口控制方式的相关工作流程及接口组成。

8.3.1 程序查询方式的工作流程与程序流程

8.3.1.1 程序查询方式的工作流程

采用程序查询方式时，CPU 直接利用 I/O 指令编程实现与 I/O 设备之间的数据输入及输出，其工作原理即通过对相关状态位的查询判断 I/O 设备是否准备就绪，进而实现数据交换。工作流程如图 8.11 所示是单个 I/O 设备的查询流程。

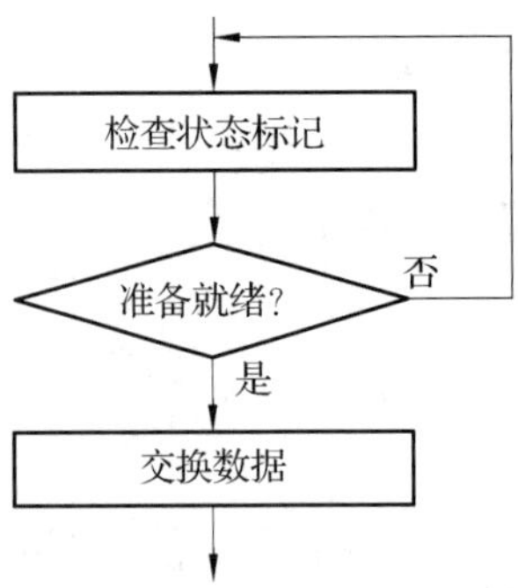

图 8.11 程序查询方式工作流程

当 I/O 设备较多时，CPU 需按各个 I/O 设备在系统中的优先级别进行逐级查询，其工作流程如图 8.12 所示。图中设备的优先顺序按 1 至 N 降序排列。

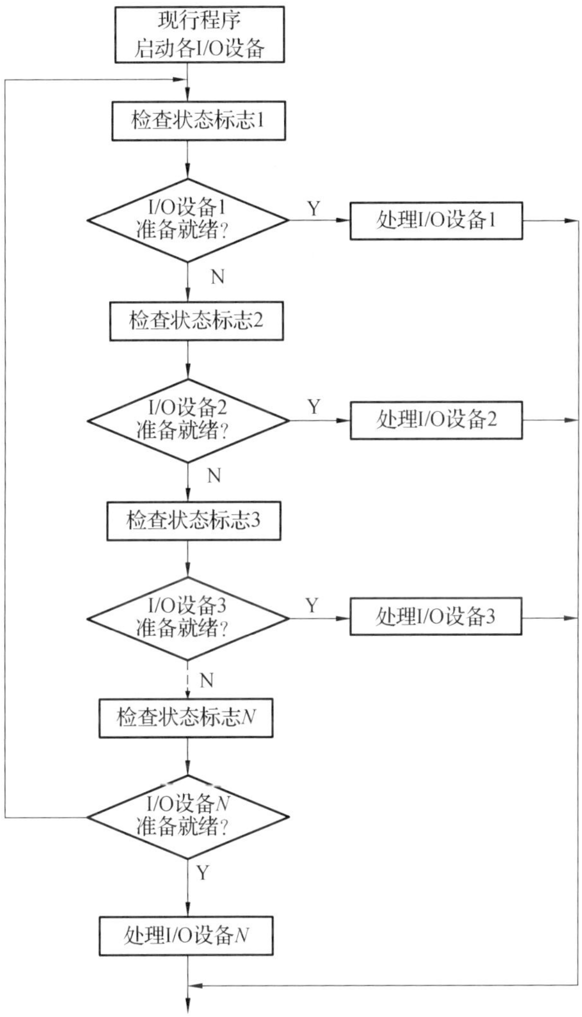

图 8.12　多个 I/O 设备程序查询方式工作流程

程序查询过程中，用测试指令(如位操作指令、条件跳转指令等)检测 I/O 设备相关状态的值以判断当前 I/O 设备是否处于就绪状态，使用数据传送指令(如 IN、OUT 指令及 MOV 指令)完成数据交换，用跳转指令或条件跳转指令实现当 I/O 设备准备未就绪时跳转到检测状态部分继续查询。

8.3.1.2　程序查询方式的程序流程

程序查询方式的工作过程中，CPU 暂停下原来的工作而百分之百地转入到 I/O 的状态查询和数据交换过程中，其流程图如图 8.13 所示。在开始查询工作之前 CPU 需要保存当前 CPU 内部寄存器的内容，使得在为 I/O 设备服务的过程中不对 CPU 原有状态产生破坏，在结束了与 I/O 设备的数据交换后能正常地继续执行 CPU 主程序。因为待交换的数据往往是一批数据，因此在开始实际的数据交换之前要先准备好需要交换数据的数量(设置相关计数器)及数据在内容中的首地址。查询过程中，CPU 通过测试指令查询 I/O 设备的相关状态位(比如发送缓冲区空标志位、接收缓冲区满标志位等)，若未得到预期状态则等待并再次查询，直到 I/O 设备准备好接收或发送数据，CPU 通过数据传送指令实现数据交换。依次完成数据交换后要将 I/O 接口中的状态位复位，以便进行下一次查询过程。为完成所有数据的传输并使得本次数据交换过程能够结束，在完成了一次数据交换后还要修改待交换数据数量及待交换的内存数据指针。最终通过判断待交换数据计数器值是否为 0 来决定本次查询方式的数据交换过程是否全部结束。

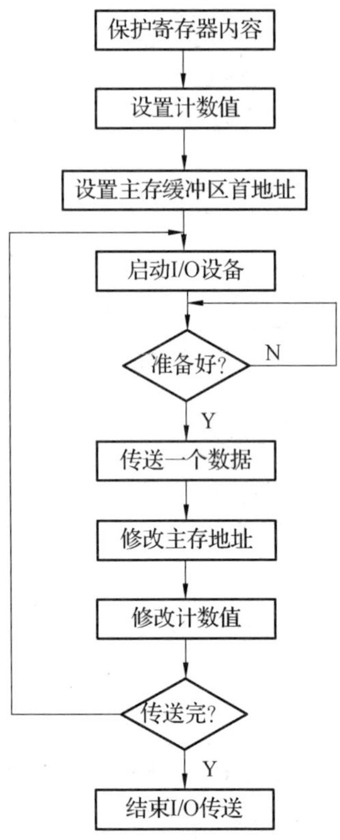

图 8.13　程序查询方式的程序流程

8.3.2　程序查询方式的接口电路

根据程序查询的流程逻辑及接口的功能与结构特性，得到如图 8.14 所示程序查询方式接口电路的基本组成。

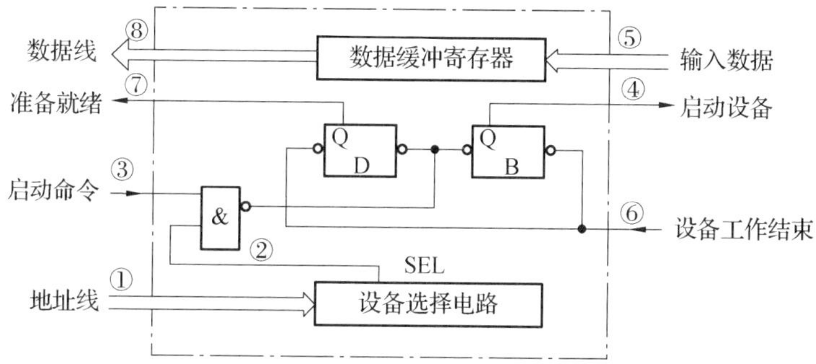

图 8.14　程序查询方式接口电路(输入)的基本组成

图中设备选择电路用以识别本设备地址，当地址线上的设备号与本设备号相符时，SEL 有效，可以接收命令；数据缓冲寄存器用于存放欲传送的数据；D 是完成触发器，B 是工作触发器(这两个寄存器的功能在 8.2.2 节中已叙述)。

以输入设备为例，该接口的工作过程如下：

1)当 CPU 通过 I/O 指令启动输入设备时，指令的设备码字段通过地址线送至设备选择电路。

2)若该接口的设备码与地址线上的代码吻合，其输出 SEL 有效。

3)I/O 指令的启动命令经过“与非”门将工作触发器 B 置“1”，将完成触发器 D 置“0”。

4)由 B 触发器启动设备工作。

5)输入设备将数据送至数据缓冲寄存器。

6)由设备发设备工作结束信号，将 D 置“1”，B 置“0”，表示外设准备就绪。

7)D 触发器以“准备就绪”状态通知 CPU，表示“数据缓冲满”的状态。

8)CPU 执行输入指令，将数据缓冲寄存器中的数据送至 CPU 的通用寄存器，再存入主存相关单元。

【例 8.1】程序查询方式的输入/输出系统中，假设不考虑处理时间，每一次查询操作需要 100 个时钟周期，CPU 的时钟频率为 50 MHz。现有鼠标和硬盘两个设备，而且 CPU 必须每秒对鼠标进行 30 次查询，硬盘以 32 位字长为单位传输数据，即每 32 位被 CPU 查询一次，传输率为 2 MBps。求 CPU 对这两个设备查询所花费的时间比率，由此可得出什么结论？

解：①CPU 每秒对鼠标进行 30 次查询，所需的时钟周期数为：

$$100\times30=3000$$

根据 CPU 的时钟频率为 50 MHz，即每秒 50×10^6 个时钟周期，故对鼠标的查询占用 CPU 的时间比率为：

$$[3000/(50\times10^6)]\times100\%=0.006\%$$

可见，对鼠标的查询基本不影响 CPU 的性能。

②对于硬盘，每 32 位被 CPU 查询一次，故每秒查询

$$2MB/4B = 512K\text{次}$$

则每秒查询的时钟周期数为

$$100\times512\times1024 = 52.4\times10^6$$

故对磁盘的查询占用 CPU 的时间比率为：

$$[(52.4\times10^6)/(50\times10^6)]\times100\% = 105\%$$

可见，即使 CPU 将全部时间都用于对硬盘的查询也不能满足磁盘传输的要求，因此 CPU 一般不采用程序查询方式与磁盘交换信息。

8.4 程序中断方式

8.4.1 中断的概念

在计算机运行程序时，如果遇到异常情况或特殊请求，它会暂停当前程序的执行，转而处理这些异常或请求。处理完毕后，计算机会返回原来程序暂停的地方，继续执行未完成的程序。这个过程被称为“中断”。中断是现代计算机能够高效、合理地运行的重要功能之一。通常，我们将实现这一功能所需的硬件和软件技术合称为中断技术。

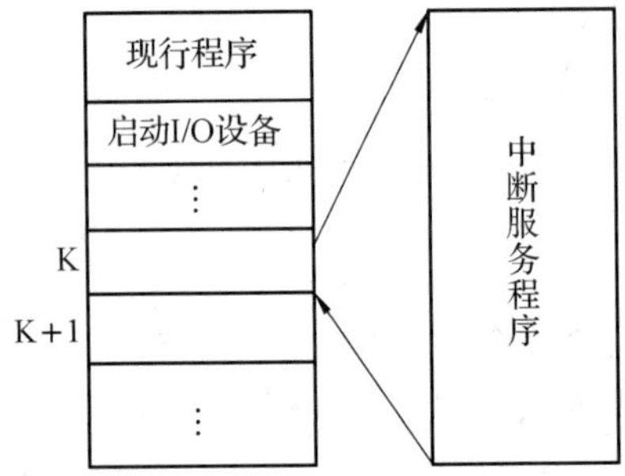

图 8.15 程序中断示意图

8.4.2 I/O 中断的产生

当 I/O 设备与主机之间交换信息时，因为设备自身的机械和电子特性，其运行速度较慢，无法与 CPU 的速度相匹配。所以，CPU 启动设备之后，通常需要等待一段时间，才能完成与 I/O 设备的信息交换。为了提高效率，如果设备在准备过程中，CPU 不必空等，

而是继续执行当前的程序。只有当 I/O 设备准备好并向 CPU 发出请求时，CPU 才会暂时中断当前程序，转而执行 I/O 服务程序。这就是 I/O 中断的产生原理。

例如当用电脑(主机)和一个外部设备(比如打印机，这就是 I/O 设备)交换数据时，因为打印机工作比较慢，电脑(CPU)发完指令后不能立刻得到回应，需要等一等。但为了让电脑不白白浪费时间，我们可以这样安排：电脑发完指令后，就继续去做别的任务。等打印机准备好了，它会“告诉”电脑：“嘿，我准备好了!”这时，电脑才会暂时停下手中的活，去处理打印机的事情。这个“告诉”并且让电脑停下手头工作去处理的过程，就叫作 I/O 中断。

图 8.16 所示为由打印机引起的 I/O 中断时，CPU 与打印机并行工作的时间示意图。

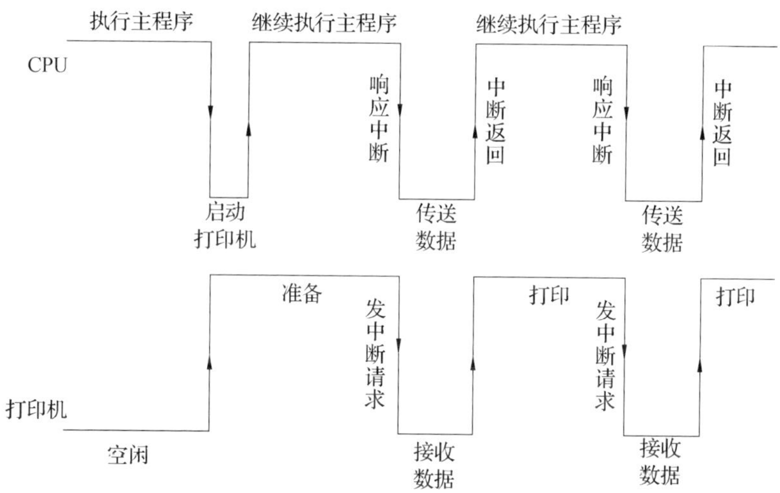

图 8.16　CPU 与打印机并行工作的时间示意图

中断技术不仅显著提高了计算机的整体效率，使系统能够更加灵活地处理各种任务，而且还为应对突发事件提供了有效的解决方案，同时满足了实时控制系统的严格要求。为了实现这些功能，计算机系统中必须集成有高效、可靠的中断系统或中断机构，它们负责监测中断请求、保存当前状态、执行中断服务程序，并在处理完毕后恢复原来的执行环境，确保系统的稳定运行。

8.4.3　程序中断方式的接口电路

为处理 I/O 中断，在 I/O 接口电路中必须配置相关的硬件线路。通常此类 I/O 接口电路中主要包括中断请求触发器、中断屏蔽触发器、排队器，以及中断向量地址形成部件几个部分。

8.4.3.1　中断请求触发器和中断屏蔽触发器

每个外部设备都需要装配一个中断请求触发器 INTR，当其设定为“1”的状态时，意味着此设备正在向 CPU 发送中断请求。然而，设备在发起中断请求之前，必须确保自身已经就绪，也就是说，设备接口内部的完成触发器 D 的状态也需要是“1”。

随着计算机应用领域的拓宽，中断请求源愈发多样，涵盖 I/O 设备及多种突发事件，统称为中断源。面对多个中断请求，CPU 原则上每次仅处理一个，故系统需对中断请求进行排序，优先响应最高级别中断，阻止低级别中断打断正在处理的中断服务。为此，I/O 接口配备屏蔽触发器 MASK，其置“1”时，可屏蔽对应中断源请求。因此，中断请求与屏蔽触发器在 I/O 接口中成对配置。

此外，CPU 总是每条指令执行阶段的最后时刻，查询所有的设备是否有中断请求。

综合上述各因素，可得出接口电路中的完成触发器 D、中断请求触发器 INTR 、中断屏蔽触发器 MASK 和中断查询信号的关系如图 8. 17 所示。可见，仅当设备准备就绪(D=1)，且该设备未被屏蔽(MASK=0)时，CPU 的中断查询信号可将中断请求触发器置“1”(INTR=1)。

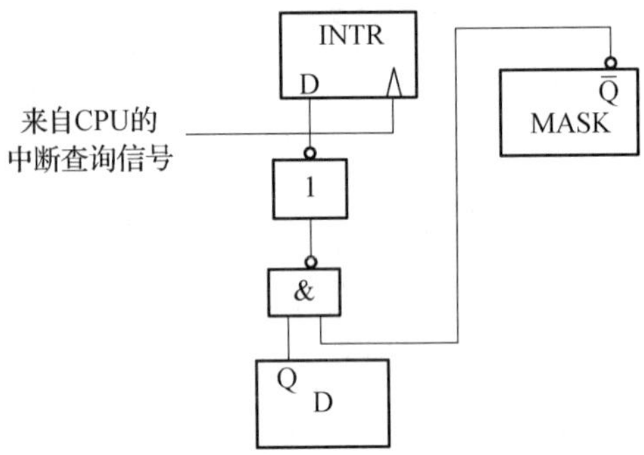

图 8. 17　接口电路中 D、INTR、MASK 和中断查询信号的关系

8. 4. 3. 2　排队器

在面对这些同时发生的中断请求时，CPU 必须根据中断源的性质对它们进行优先级排序，并按照优先等级逐一响应。特别是在处理 I/O 中断时，由于高速 I/O 设备的数据传输速度快，若 CPU 未能及时响应其请求，数据可能会瞬间丢失，因此这类设备通常被赋予更高的优先级。

设备优先权处理可通过硬件或软件实现。硬件排队器实现多样，可在 CPU 内设统一排队器处理所有中断，或在各接口电路设独立排队器，如图 8. 18 所示的链式排队器就是属于后者。

图 8. 18 中下面的一排门电路是链式排队器的核心。每个接口中有一个反相器和一个“与非”门，它们之间犹如链条一样串接在一起，故称为链式排队器。该电路中级别最高的中断源是最左侧的 1 号中断源，其次是 2 号、3 号、4 号。不论是哪个中断源(一个或多个)提出中断请求，排队器输出端 $INTP_i$ 只有一个高电平。

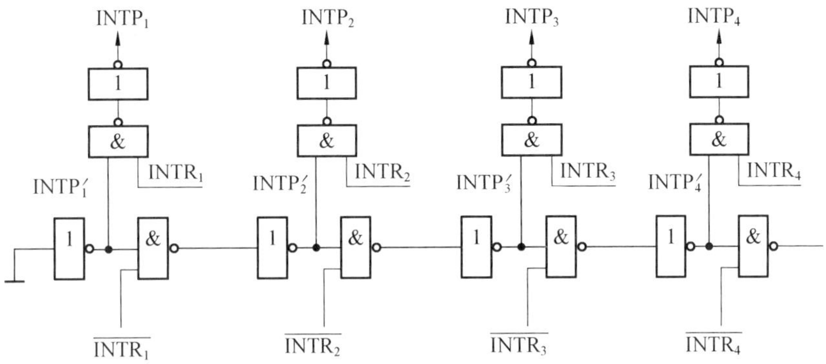

图 8.18　链式排队器

当各中断源均无中断请求时，各个$\overline{INTP_i}$为高电平，其 $INTP'_1$、$INTP'_2$、$INTP'_3$…均为高电平。一旦某个中断源提出中断请求时，就迫使比其优先级低的中断源 $INTP'_i$ 变为低电平，封锁其中断请求。例如，当 2 号和 3 号中断源同时有请求时（$\overline{INTP_2}=0$，$\overline{INTP_3}=0$），经分析可知 $INTP'_1$和 $INTP'_2$均为高电平，$INTP'_3$及往后各级的 $INTP'_i$均为低电平。各个$INTP'_i$再经图中上面一排两个输入头的“与非”门，便可保证排队器只有 $INTP_2$ 为高电平，表示 2 号中断源排队选中。

8.4.3.3　中断向量地址形成部件（设备编码器）

CPU 一旦响应了 I/O 中断，就要暂停现行程序，转去执行该设备的中断服务程序。不同的设备有不同的中断服务程序，这些中断服务程序都被存放在主存储器中，因此每个服务程序都有一个入口地址，CPU 必须找到这个入口地址才能取出对应中断服务程序指令逐条执行。

入口地址的寻找也可用硬件或软件的方法来完成，这里只介绍硬件向量法。所谓硬件向量法，就是通过向量地址来寻找设备的中断服务程序入口地址，而且向量地址是由硬件电路产生的，如图 8.19 所示。

中断向量地址形成部件的输入是来自排队器的输出 $INTP_1$，$INTP_2$，…，$INTP_n$，它的输出是中断向量（二进制代码表示），其位数与计算机可以处理中断源的个数有关，即一个中断源对应一个向量地址。可见，该部件实质上是一个编码器。在 I/O 接口中的编码器又称为设备编码器。

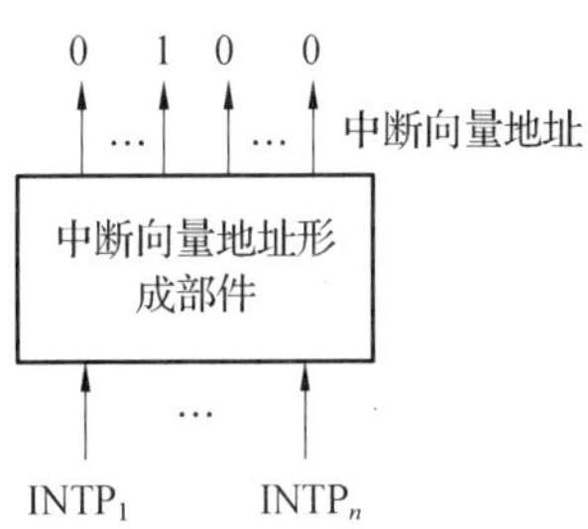

图 8.19　中断向量地址形成部件框图

这里必须分清向量地址和中断服务程序的入口地址是两个不同的概念，图 8.20 是通过向量地址寻找入口地址的一种方案。其中 12H、13H、14H 是向量地址，200、300 分别是打印机服务程序和显示器服务程序的入口地址。

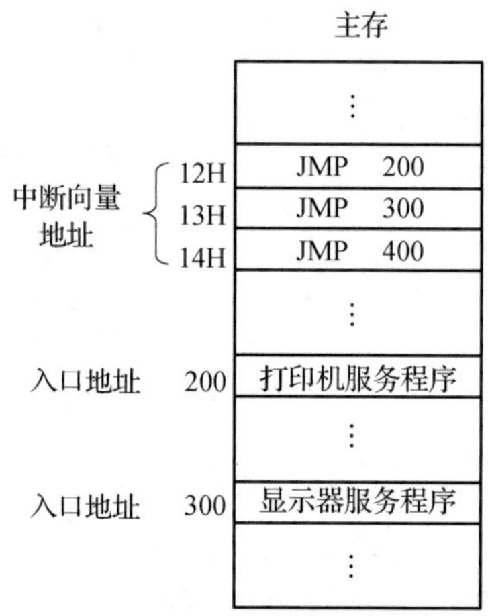

图 8.20 通过向量地址寻找入口地址

8.4.3.4 程序中断方式接口电路的基本组成

以输入设备为例，程序中断方式接口电路的基本组成如图 8.21 所示。

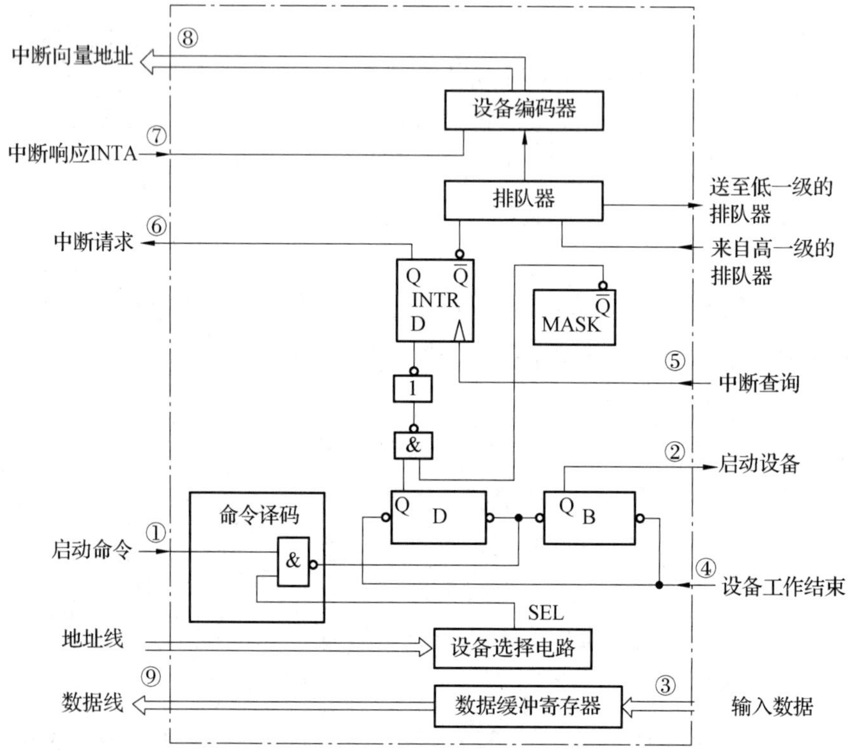

图 8.21 程序中断方式接口电路的基本组成

【例 8.2】有 3 个设备 A、B、C，它们的优先级按降序排列。此 3 个设备的向量地址分别是 001010、001011、001100。设计一个链式排队线路和产生 3 个向量地址的设备编码器。

解：链式排队线路和设备编码器如图 8.22 所示。图中 $INTR_i$(i=A，B，C)为中断请求信号，有请求时 $INTR_i=1$(即$\overline{INTR_i}=0$)，$INTR_i$(i=A，B，C)为排队器输出，INTA 为中断响应信号。点画线框内为设备编码器。当中断响应信号 INTA 有效时，被选中的排队信号 $INTR_i$ 通过设备编码器形成的向量地址可通过数据总线送至 CPU。

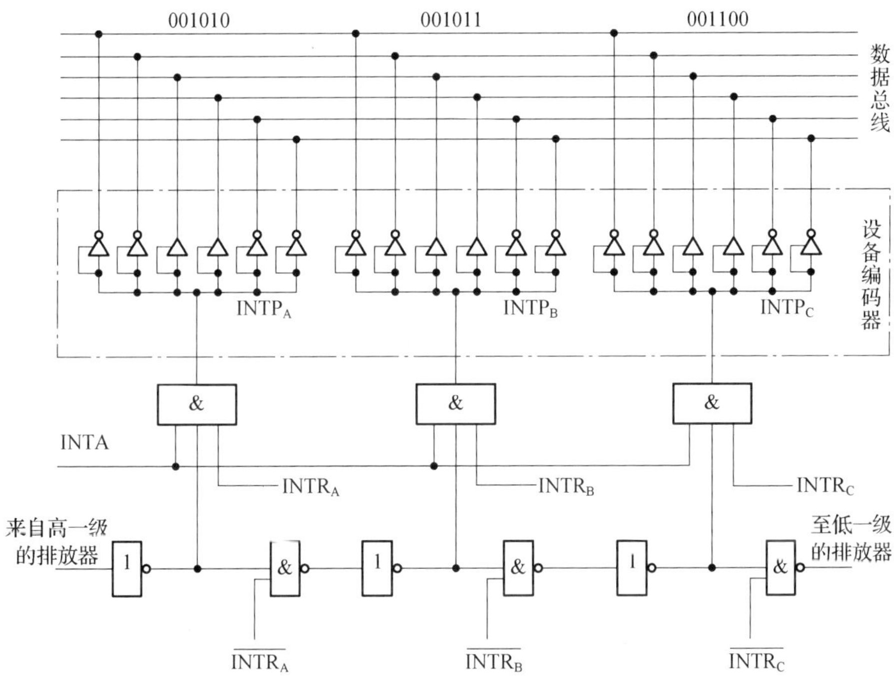

图 8.22　例 8.2 电路图

8.4.4　I/O 中断处理过程

8.4.4.1　CPU 响应中断的条件和时间

CPU 响应 I/O 设备提出中断请求的条件是必须满足 CPU 中的允许中断触发器 EINT 为“1”。该触发器可用开中断指令置位(称为开中断)；也可用关中断指令或硬件自动使其复位(称为关中断)。

图 8.17 分析可知，I/O 设备准备就绪的时间(即 D=1)是随机的，而 CPU 是在统一的时刻(每条指令执行阶段结束前)向接口发中断查询信号，以获取 I/O 的中断请求。因此，CPU 响应中断的时间一定是在每条指令执行阶段的结束时刻。

8.4.4.2　I/O 中断处理过程

以输入设备为例，结合图 8.21，说明 I/O 中断处理的全过程。当 CPU 通过 I/O 指令的址码选中某设备后，则：

1）由 CPU 发启动 I/O 设备命令，将接口中的 B 置“1”，D 置“0”。

2）接口启动输入设备开始。

3）输入设备将数据送入数据缓冲寄存器。

4）输入设备向接口发出“设备工作结束”信号，将 D 置“1”，B 置“0”，标志设备准备就绪。

5）设备准备就绪（D=1），且本设备未被屏蔽（MASK=0）时，在指令执行阶段的结束时刻，由 CPU 发出中断查询信号。

6）设备中断请求触发器 INTR 被置“1”，标志设备向 CPU 提出中断请求。与此同时，INTR 送至排队器，进行中断判优。

7）若 CPU 允许中断（EINT=1），设备又被排队选中，即进入中断响应阶段，由中断响应信号 INTA 将排队器输出送至编码器形成向量地址。

8）向量地址送至 PC，作为下一条指令的地址。

9）于向量地址中存放的是一条无条件转移指令（参见图 8.20），故这条指令执行结束后，即无条件转至该设备的服务程序入口地址，开始执行中断服务程序，进入中断服务阶段，通过输入指令将数据缓冲寄存器的输入数据送至 CPU 的通用寄存器，再存入主存相关单元。

10）中断服务程序的最后一条指令是中断返回指令，当其执行结束时，即中断返回至原程序的断点处。至此，一个完整的程序中断处理过程即告结束。

综上所述，可将一次中断处理过程简单地归纳为中断请求、中断判优、中断响应、中断服务和中断返回 5 个阶段。

8.4.5 中断服务程序的流程

不同设备的服务程序是不相同的，可它们的程序流程又是类似的，一般中断服务程序的流程分四大部分：保护现场、中断服务、恢复现场和中断返回。

8.4.5.1 保护现场

保护现场有两个含义，其一是保存程序的断点；其二是保存通用寄存器和状态寄存器的内容。前者由中断隐指令完成，后者由中断服务程序完成。具体而言，可在中断服务程序的起始部分安排若干条存数指令，将寄存器的内容存至存储器中保存，或用进栈指令（PUSH）将各寄存器的内容推入堆栈保存，即将程序中断时的“现场”保存起来。

8.4.5.2 中断服务

这是中断服务程序的主体部分，对于不同的中断请求源，其中断服务操作内容是不同的，例如，打印机要求 CPU 将需打印的一行字符代码，通过接口送入打印机的缓冲存储器中以供打印机打印。又如，显示设备要求 CPU 将需显示的一屏字符代码通过接口送入显示器的显示存储器中。

8.4.5.3　恢复现场

这是中断服务程序的结尾部分，要求在退出服务程序前，将原程序中断时的“现场”恢复到原来的寄存器中。通常可用取数指令或出栈指令(POP)，将保存在存储器(或堆栈)中的信息送回到原来的寄存器中。

8.4.5.4　中断返回

中断服务程序的最后一条指令通常是一条中断返回指令，使其返回到原程序的断点处，以便继续执行原程序。

计算机在处理中断的过程中，有可能出现新的中断请求，此时如果 CPU 暂停现行的中断服务程序，转去处理新的中断请求，这种现象称为中断嵌套，或多重中断。倘若 CPU 在执行中断服务程序时，对新的中断请求不予理睬，这种中断称为单重中断。这两种处理方式的中断服务程序略有区别。图 8.23(a) 和图 8.23(b)分别为单重中断和多重中断服务程序流程。比较图 8.23(a)和图 8.23(b) 可以发现，其区别在于“开中断”的设置时间不同。

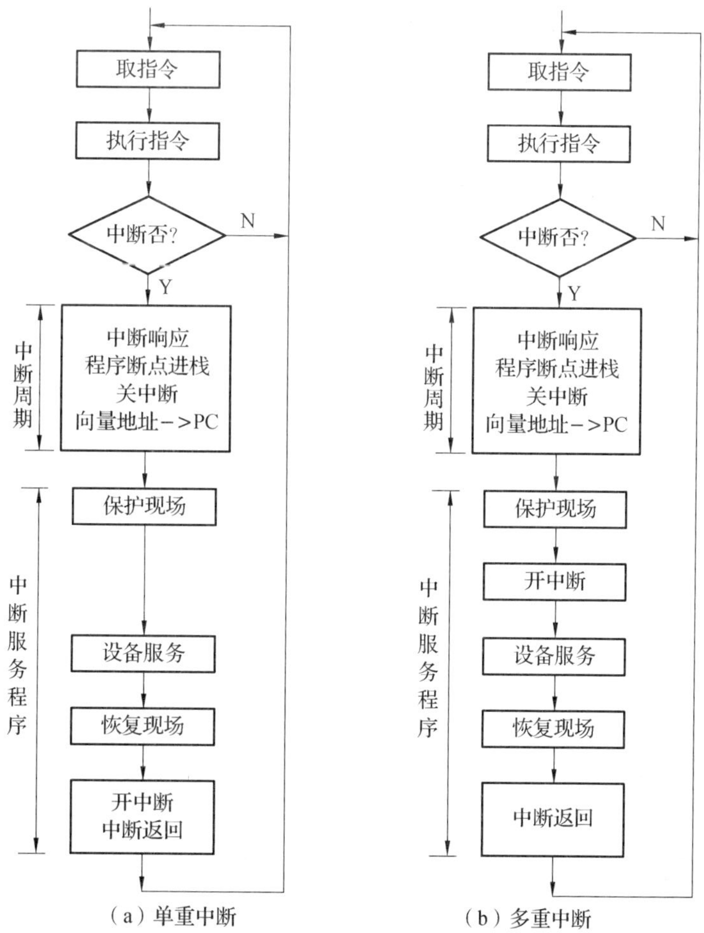

图 8.23　单重中断和多重中断服务程序流程

CPU 一旦响应了某中断源的中断请求后，便由硬件线路自动关中断，即中断允许触发器 EINT 被置“0”，以确保该中断服务程序的顺利执行。因此如果不用“开中断”指令将 EINT 置“1”，则意味着 CPU 不能再响应其他任何一个中断源的中断请求。对于单重中断，开中断指令设置在最后“中断返回”之前，意味着在整个中断服务处理过程中，不能再响应其他中断源的请求。对于多重中断，开中断指令提前至“保护现场”之后，意味着在保护现场后，若有级别更高的中断源提出请求(这是实现多重中断的必要条件)，CPU 也可以响应，即再次中断现行的服务程序，转至新的中断服务程序，这是单重中断与多重中断的主要区别。

综上所述，从宏观上分析，程序中断方式克服了程序查询方式中的 CPU“踏步”现象，实现了 CPU 与 I/O 的并行工作，提高了 CPU 的资源利用率。但从微观操作分析，发现 CPU 在处理中断服务程序时仍需暂停原程序的正常运行，尤其是当高速 I/O 设备或辅助存储器频繁地、成批地与主存交换信息时，需不断地打断 CPU 执行主程序而执行中断服务程序。

8.5 DMA 方式

DMA 方式，即 Direct Memory Access，也被称为直接存储器存取方式或直接内存操作。这是一种完全由硬件进行成组信息传送的控制方式，

8.5.1 DMA 方式的特点

如图 8.24 所示为 DMA 方式与程序中断方式的数据通路。

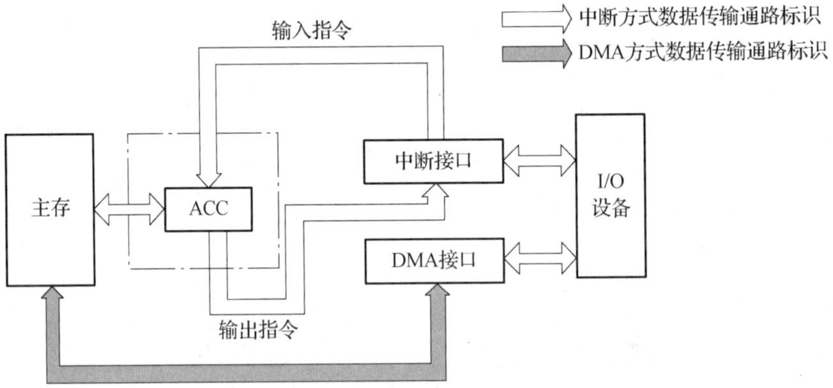

图 8.24 DMA 和程序中断两种方式的数据通路

由图中可见，由于主存和 DMA 接口之间有一条数据通路，因此主存和设备交换信息时，不通过 CPU，也不需要 CPU 暂停现行程序为设备服务，省去了保护现场和恢复现场，因此工作速度比程序中断方式的工作速度高。这一特点特别适合于高速 I/O 或辅存与主存

之间的信息交换，因为高速 I/O 设备若每次申请与主机交换信息时，都要等待 CPU 做出中断响应后再进行，很可能因此使数据丢失。

值得注意的是，若出现高速 I/O(通过 DMA 接口)和 CPU 同时访问主存，CPU 必须将总线(如地址线、数据线)占有权让给 DMA 接口使用，即 DMA 采用周期窃取的方式占用一个存取周期。

在 DMA 方式中，由于 DMA 接口与 CPU 共享主存，这就有可能出现两者争用主存的冲突。为了有效地分时使用主存，通常 DMA 与主存交换数据时采用如下 3 种方法。

8.5.1.1　停止 CPU 访问主存

当外设要求传送一批数据时，由 DMA 接口向 CPU 发一个停止信号，要求 CPU 放弃地址线、数据线和有关控制线的使用权。DMA 接口获得总线控制权后，开始进行数据传送，在数据传送结束后，DMA 接口通知 CPU 可以使用主存，并把总线控制权交回给 CPU，图 8.25 是该方式的时间示意图。

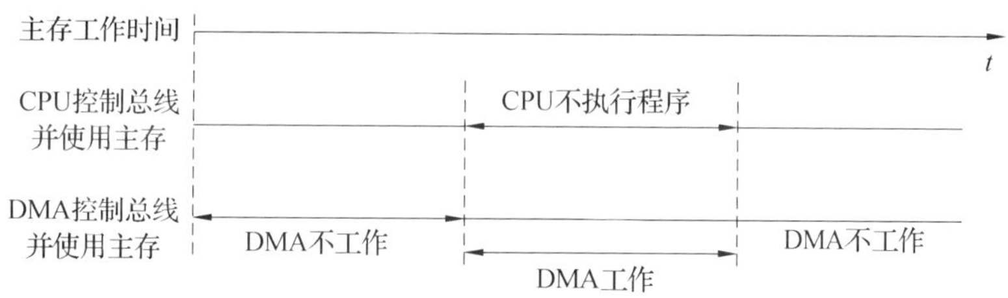

图 8.25　停止 CPU 访问主存示意图

这种方式的优点是控制简单，适用于数据传输率很高的 I/O 设备实现成组数据的传送。缺点是 DMA 接口在访问主存时，CPU 基本上处于不工作状态或保持原状态。而且即使 I/O 设备高速运行，两个数据之间的准备时间间隔也总大于一个存取周期，因此，CPU 对主存的利用率并没得到充分的发挥。如软盘读一个 8 位二进制数大约需要 32 μs，而半导体存储器的存取周期远小于 1 μs，可见在软盘准备数据的时间内，主存处于空闲状态，而 CPU 又暂停访问主存。为此在 DMA 接口中，一般设有一个小容量存储器(这种存储器是用半导体芯片制作的)，使 I/O 设备首先与小容量存储器交换数据，然后由小容量存储器与主存交换数据，这便可减少 DMA 传送数据时占用总线的时间，即可减少 CPU 的暂停工作时间。

8.5.1.2　周期挪用(或周期窃取)

在这种方法中，每当 I/O 设备发出 DMA 请求时，I/O 设备便挪用或窃取总线占用权一个或几个主存周期，而 DMA 不请求时，CPU 仍继续访问主存。I/O 设备请求 DMA 传送会遇到三种情况。一种是 CPU 此时不需要访问主存(如 CPU 正在执行乘法指令，由于乘法指令执行时间较长，此时 CPU 不需要访问主存)，故 I/O 设备与 CPU 不发生冲突。第二种情况是 I/O 设备请求 DMA 传送时，CPU 正在访问主存，此时必须待存取周期结束，

CPU 才能将总线占有权让出。第三种情况是 I/O 设备要求访问主存时，CPU 也要求访问主存，这就出现了访问冲突。此刻，I/O 访存优先于 CPU 访问主存，因为 I/O 不立即访问主存就可能丢失数据，这时 I/O 要窃取一两个存取周期，意味着 CPU 在执行访问主存指令过程中插入了 DMA 请求，并挪用了一两个存取周期，使 CPU 延缓了一两个存取周期再访问主存。图 8.26 示意了 DMA 周期挪用时间对应关系。

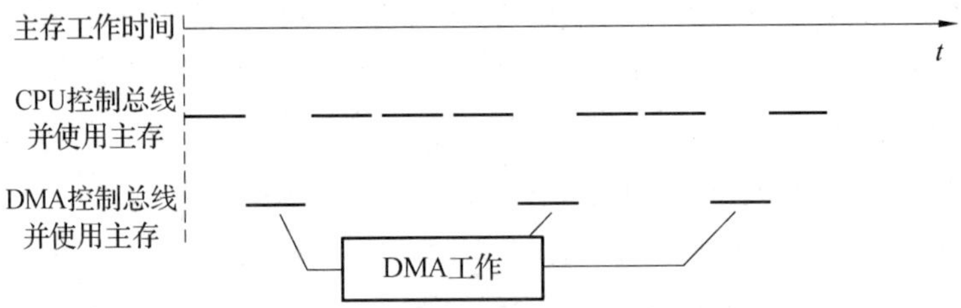

图 8.26　周期挪用时间对应关系

与 CPU 暂停访存的方式相比，这种方式既实现了 I/O 传送，又较好地发挥了主存与 CPU 的效率，是一种广泛采用的方法。

应该指出，I/O 设备每挪用一个主存周期都要申请总线控制权、建立总线控制权和归还总线控制权。因此，尽管传送一个字对主存而言只占用一个主存周期，但对 DMA 接口而言，实质上要占 2~5 个主存周期(由逻辑线路的延迟特性而定)。因此，周期挪用的方法比较适合于 I/O 设备的读/写周期大于主存周期的情况。

8.5.1.3　DMA 与 CPU 交替访问

这种方法适合于 CPU 的工作周期比主存存取周期长的情况。例如，CPU 的工作周期为 1.2 μs，主存的存取周期小于 0.6 μs，那么可将一个 CPU 周期分为 C_1 和 C_2 两个分周期，其中 C_1 专供 DMA 访存，C_2 专供 CPU 访存，如图 8.27 所示。

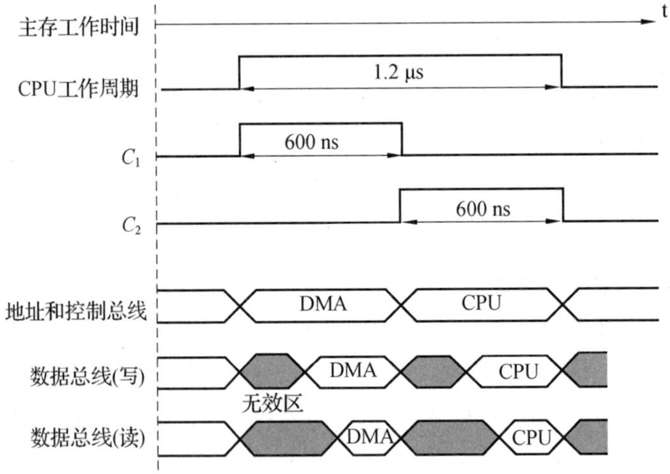

图 8.27　DMA 与 CPU 交替访问

这种方式不需要总线使用权的申请、建立和归还过程，总线使用权是通过 C_1 和 C_2 分别控制的。CPU 与 DMA 接口各自有独立的访存地址寄存器、数据寄存器和读/写信号。实际上总线变成了在 C_1 和 C_2 控制下的多路转换器，其总线控制权的转移几乎不需要什么时间，具有很高的 DMA 传送速率。在这种工作方式下，CPU 既不停止主程序的运行也不进入等待状态，即完成了 DMA 的数据传送。当然其相应的硬件逻辑变得更为复杂。

8.5.2 DMA 接口的功能和组成

8.5.2.1 DMA 接口的功能

利用 DMA 方式传送数据时，数据的传输过程完全由 DMA 接口电路控制，故 DMA 接口又有 DMA 控制器之称。DMA 接口应具有如下几个功能：CPU 申请 DMA 传送；在 CPU 允许 DMA 工作时，处理总线控制权的转交，避免因进入 DMA 工作而影响 CPU 正常活动或引起总线竞争；在 DMA 期间管理系统总线，控制数据传送；确定数据传送的起始地址和数据长度，修正数据传送过程中的数据地址和数据长度；在数据块传送结束时，给出 DMA 操作完成的信号。

8.5.2.2 DMA 接口基本组成

最简单的 DMA 接口组成原理如图 8.28 所示，它由以下几个逻辑部件组成。

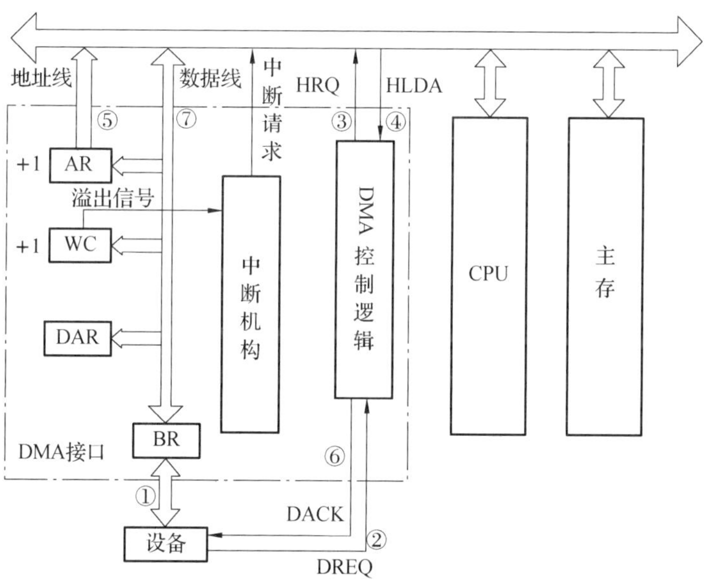

图 8.28 DMA 接口组成原理图

1) 主存地址寄存器(AR)。

AR 用于存放主存中需要交换数据的地址。在 DMA 传送数据前，必须通过程序将数据在主存中的首地址送到主存地址寄存器。在 DMA 传送过程中，每交换一次数据，将地址寄存器内容加 1，直到一批数据传送完毕为止。

2)字计数器(WC)。

WC 用于记录传送数据的总字数，通常以交换字数的补码值预置。在 DMA 传送过程中，每传送一个字，字计数器加 1，直到计数器为 0，即最高位产生进位时，表示该批数据传送完毕(若交换字数以原码值预置，则每传送一个字，字计数器减 1，直到计数器为 0 时，表示该批数据传送结束)。于是 DMA 接口向 CPU 发中断请求信号。

3)数据缓冲寄存器(BR)。

BR 用于暂存每次传送的数据。通常 DMA 接口与主存之间采用字传送，而 DMA 与设备之间可能是字节或位传送。因此，DMA 接口中还可能包括有装配或拆卸字信息的硬件逻辑，如数据移位缓冲寄存器、字节计数器等。

4)DMA 控制逻辑。

DMA 控制逻辑负责管理 DMA 的传送过程，由控制电路、时序电路及命令状态控制寄存器等组成。每当设备准备好一个数据字(或一个字传送结束)，就向 DMA 接口提出申请(DREQ)，DMA 控制逻辑便向 CPU 请求 DMA 服务，发出总线使用权的请求信号(HRQ)。待收到 CPU 发出的响应信号 HLDA 后，DMA 控制逻辑便开始负责管理 DMA 传送的全过程，包括对主存地址寄存器和字计数器的修改、识别总线地址、指定传送类型(输入或输出)及通知设备已经被授予一个 DMA 周期(DACK)等。

5)中断机构。

当字计数器溢出(全“0”)时，表示一批数据交换完毕，由“溢出信号”通过中断机构向 CPU 提出中断请求，请求 CPU 作 DMA 操作的后处理。必须注意，这里的中断与上述介绍的 I/O 中断的技术相同，但中断的目的不同，前面是为了数据的输入或输出，而这里是为了报告一批数据传送结束。它们是 I/O 系统中不同的中断事件。

6)设备地址寄存器(DAR)。

DAR 存放 I/O 设备的设备码或表示设备信息存储区的寻址信息，如磁盘数据所在的区号、盘面号和柱面号。具体内容取决于设备的数据格式和地址的编址方式。

8.5.3 DMA 的工作过程

8.5.3.1 DMA 的数据传送

DMA 的数据传送过程主要分为预处理、数据传送、后处理 3 个阶段。

1)预处理。

DMA 接口开始工作之前，CPU 必须给它预置如下信息。

①给 DMA 控制逻辑指明数据传送方向是输入(写主存)还是输出(读主存)。

②向 DMA 设备地址寄存器送入设备号，并启动设备。

③向 DMA 主存地址寄存器送入交换数据的主存起始地址。

④对字计数器赋予交换数据的个数。

上述工作由 CPU 执行几条输入/输出指令完成，即程序的初始化阶段。这些工作完成后，CPU 继续执行原来的程序。

当 I/O 设备准备好发送的数据(输入)或上次接收的数据已经处理完毕(输出)时，它便通过 DMA 接口向 CPU 提出占用总线的申请，若有多个 DMA 同时申请，则按轻重缓急由硬件排队判优逻辑决定优先等。待 I/O 设备得到主存总线的控制权后，数据的传送便由该 DMA 接口进行管理。

2)数据传送。

DMA 方式是以数据块为单位传送的，以周期挪用的 DMA 方式为例，结合图 8.28，以数据输入为例，具体操作如下。

①当设备准备好一个字时，发出选通信号，将该字读到 DMA 的数据缓冲寄存器(BR)中，表示数据缓冲寄存器“满”(如果 I/O 设备是面向字符的，则一次读入一个字节，组装成一个字)。

②与此同时设备向 DMA 接口发请求(DREQ)。

③DMA 接口向 CPU 申请总线控制权(HRQ)。

④CPU 发回 HLDA 信号，表示允许将总线控制权交给 DMA 接口。

⑤将 DMA 主存地址寄存器中的主存地址送地址总线，并命令存储器写。

⑥通知设备已被授予一个 DMA 周期(DACK)，并为交换下一个字做准备。

⑦将 DMA 数据缓冲寄存器的内容送数据总线。

⑧主存将数据总线上的信息写至地址总线指定的存储单元中。

⑨修改主存地址和字计数值。

⑩判断数据块是否传送结束，若未结束，则继续传送；若已结束，(字计数器溢出)，则向 CPU 申请程序中断，标志数据块传送结束。

若为输出数据，则应完成以下操作。

①当 DMA 数据缓冲寄存器已将输出数据送至 I/O 设备后，表示数据缓冲寄存器已“空”。

②设备向 DMA 接口发请求(DREQ)。

③DMA 接口向 CPU 申请总线控制权(HRQ)。

④CPU 发回 HLDA 信号，表示允许将总线控制权交给 DMA 接口使用。

⑤将 DMA 主存地址寄存器中的主存地址送地址总线，并命令存储器读。

⑥通知设备已被授予一个 DMA 周期(DACK)，并为交换下一个字做准备。

⑦主存将相应地址单元的内容通过数据总线读入 DMA 的数据缓冲寄存器中。

⑧将 DMA 数据缓冲寄存器的内容送到输出设备，若为字符设备，则需将其拆成字符输出。

⑨修改主存地址和字计数值。

⑩判断数据块是否已传送完毕，若未完毕，继续传送；若已传送完毕，则向 CPU 申请程序中断。

3)后处理。

当 DMA 的中断请求得到响应后，CPU 停止原程序的执行，转去执行中断服务程序，做一些 DMA 的结束工作。这包括校验送入主存的数据是否正确；决定是否继续用 DMA 传送其他数据块，若继续传送，则又要对 DMA 接口进行初始化，若不需要传送，则停止外设；测试在传送过程中是否发生错误，若出错，则转到错误诊断及处理错误程序。

DMA 传送过程示意图如图 8.29 所示。

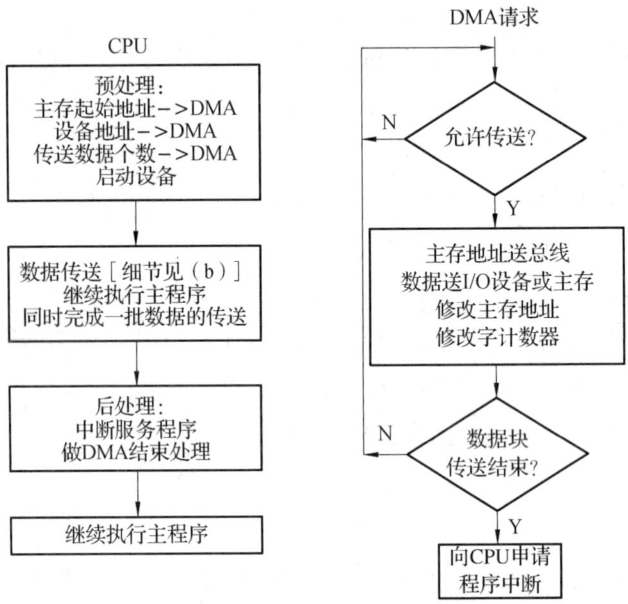

（a）DMA传送过程　　（b）数据传送阶段的细化

图 8.29　DMA 传送过程示意图

8.5.3.2　DMA 接口与系统的连接方式

DMA 接口与系统的连接方式有两种，如图 8.30 所示。

图 8.30(a)为具有公共请求线的 DMA 请求方式，若干个 DMA 接口通过一条公用的 DMA 请求线向 CPU 申请总线控制权。CPU 发出响应信号，用链式查询方式通过 DMA 接口，首先选中的设备获得总线控制权，即可占用总线与主存传送信息。

图 8.30(b)是独立的 DMA 请求方式，每一个 DMA 接口各有一对独立的 DMA 请求线和 DMA 响应线，它由 CPU 的优先级判别机构裁决首先响应哪个请求，并在响应线上发出响应信号，被获得响应信号的 DMA 接口便可控制总线与主存传送数据。

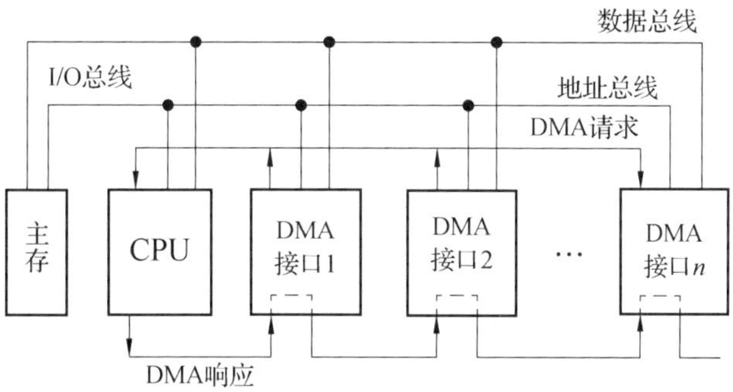

（a）具有公共请求线的DMA请求

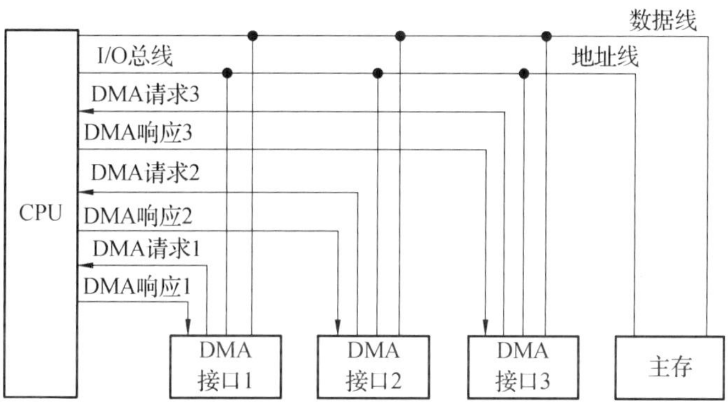

（b）独立的DMA请求

图 8.30　DMA 接口与系统的连接方式

8.5.4　DMA 接口的类型

8.5.4.1　选择型 DMA 接口

这种类型的 DMA 接口的基本组成如图 8.28 所示，它的主要特点是在物理上可连接多个设备，在逻辑上只允许连接一个设备，即在某一段时间内，DMA 接口只能为一个设备服务，关键是在预处理时将所选设备的设备号送入设备地址寄存器。图 8.31 是选择型 DMA 接口的逻辑框图。选择型 DMA 接口特别适用于数据传输率很高的设备。

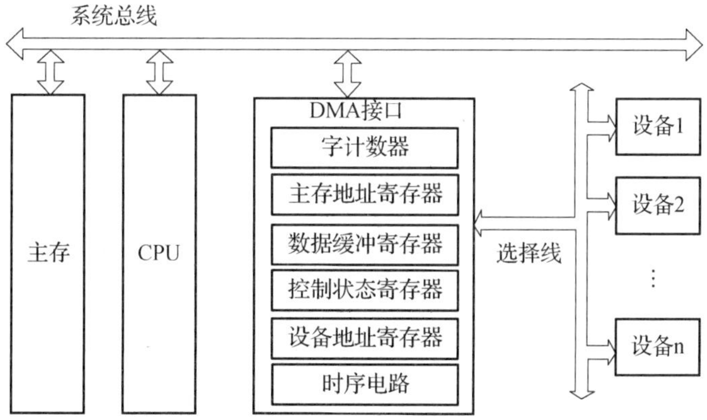

图 8.31　选择型 DMA 接口的逻辑框图

8.5.4.2 多路型 DMA 接口

多路型 DMA 接口不仅在物理上可以连接多个设备，而且在逻辑上也允许多个设备同时工作，各个设备采用字节交叉的方式通过 DMA 接口进行数据传送。在多路型 DMA 接口中，为每个与它连接的设备都设置了一套寄存器，分别存放各自的传送参数。图 8.32(a)和(b)分别是链式多路型 DMA 接口和独立请求多路型 DMA 接口的逻辑框图。这类接口特别适合于同时为多个数据传输率不很高的设备服务。

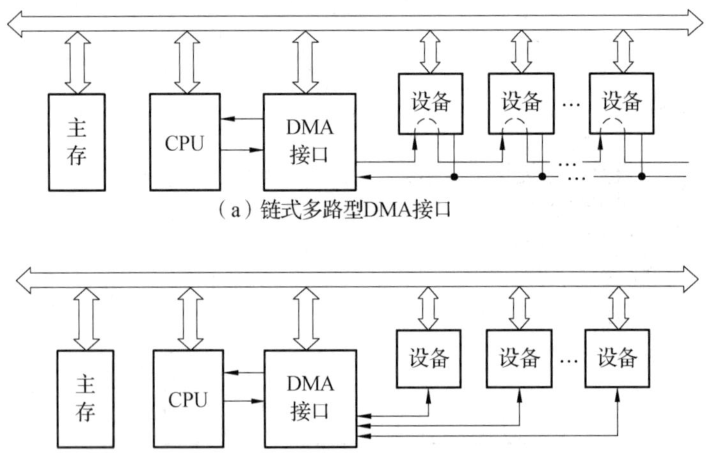

（a）链式多路型DMA接口

（b）独立请求多路型DMA接口

图 8.32 多路型 DMA 接口的逻辑框图

本章小结

本章全面介绍了计算机输入/输出(I/O)系统的基本概念、功能、组成、工作原理以及与主机的交互方式。I/O 系统作为计算机与外界交互的桥梁，负责实现计算机主机与外部设备之间的数据交换和通信，是计算机系统中不可或缺的重要组成部分。

首先，本章概述了 I/O 系统的发展过程，从早期的简单 I/O 设备到现代的多样化、高速化 I/O 系统，反映了计算机技术的不断进步和用户需求的变化。同时，本章还介绍了 I/O 系统的功能和组成，包括 I/O 硬件(如 I/O 设备、接口模块、设备控制器等)和 I/O 软件(如通用型 I/O 指令、专用型 I/O 指令等)。

在 I/O 设备与主机的联系方式部分，本章详细讨论了 I/O 设备的编址与寻址、信息传送方式(并行传送和串行传送)、主机与 I/O 设备的联络方式以及连接方式(辐射式和总线式)。这些联系方式确保了 I/O 设备与主机之间能够准确、高效地进行数据交换和通信。

接下来，本章介绍了I/O设备与主机传递消息的控制方式，包括程序查询方式、程序中断方式、直接存储器存取方式(DMA)、I/O通道方式和I/O处理机方式。这些控制方式各有优缺点，适用于不同的应用场景和需求。程序查询方式简单但CPU利用效率低，程序中断方式提高了CPU利用效率但增加了中断处理的复杂性，DMA方式实现了高速数据交换但增加了硬件复杂性，I/O通道方式和I/O处理机方式则进一步提高了系统的并行性和吞吐量。

此外，本章还详细介绍了常见的I/O设备，如键盘、鼠标、显示器和打印机等的工作原理和特点。这些设备作为计算机系统的基本输入/输出工具，对于用户与计算机之间的交互至关重要。

在I/O接口部分，本章讨论了接口及I/O接口的概念、功能、组成和类型。I/O接口作为计算机与外部设备之间的桥梁，负责实现数据的传输和控制命令的发送。不同类型的I/O接口适用于不同的外部设备和通信方式。

最后，本章通过具体实例和流程图详细解释了程序查询方式、程序中断方式和DMA方式的工作原理和流程。这些实例和流程图有助于读者更好地理解I/O系统的工作原理和实际应用。

通过本章的学习，读者可以全面掌握计算机输入/输出系统的基本概念、工作原理和应用场景，为后续深入学习计算机体系结构、操作系统等课程打下坚实基础。

习　题

一、选择题

1. 计算机的输入/输出系统主要负责什么功能？(　　)

A. 数据处理　　B. 数据存储

C. 数据传输与交互　　D. 程序编译

2. 下列哪项不属于计算机输入设备的范畴？(　　)

A. 键盘　　B. 鼠标

C. 显示器　　D. 扫描仪

3. 输出设备的作用是将计算机处理后的信息以什么形式展现给用户？(　　)

A. 二进制代码　　B. 机器语言

C. 人类可读/可视形式　　D. 汇编语言

4. 下列哪种接口常用于连接打印机？(　　)

A. USB　　B. HDMI

C. VGA　　D. Ethernet

5. 输入/输出系统中的"缓冲区"主要作用是(　　)。

A. 加快数据处理速度　　B. 临时存储数据

C. 增加内存容量　　D. 提高 CPU 频率

6. 串行接口与并行接口的主要区别在于(　　)。

A. 数据传输速率　　B. 数据传输方式

C. 连接设备数量　　D. 接口尺寸

7. USB 接口支持的设备连接方式是(　　)。

A. 串行　　B. 并行

C. 既串行又并行　　D. 无线

8. SATA 接口主要用于连接哪种设备? (　　)

A. 打印机　　B. 硬盘

C. 键盘　　D. 显示器

9. 在 I/O 接口控制中，哪种方式可以实现 CPU 与外设的并行工作? (　　)

A. 程序查询方式　　B. 中断控制方式

C. DMA 方式　　D. 通道控制方式

10. 下列哪一项不是 I/O 接口的基本功能? (　　)

A. 数据缓冲　　B. 数据转换

C. 设备选择　　D. 指令执行

11. 中断向量表的作用是(　　)。

A. 保存中断类型码　　B. 存放中断处理程序入口地址

C. 记录中断发生次数　　D. 控制中断优先级

12. DMA 控制器在数据传输过程中，需要 CPU 介入的次数是(　　)。

A. 每次传输都需要　　B. 传输开始时和结束时各需要一次

C. 仅在传输开始时需要　　D. 不需要 CPU 介入

13. 下列哪种 I/O 控制方式的数据传输速率最高? (　　)

A. 程序查询方式　　B. 中断控制方式

C. DMA 方式　　D. 通道控制方式

14. I/O 接口中的状态寄存器用于(　　)。

A. 保存外设送来的数据　　B. 保存 CPU 向外设发出的数据

C. 反映外设当前的工作状态　　D. 控制外设的工作方式

15. 在中断控制方式中，中断请求信号是由谁发出的? (　　)

A. CPU　　B. 外设

C. DMA 控制器　　D. 中断控制器

16. DMA 方式下，数据传输的基本单位是(　　)。

A. 字节　　B. 字

C. 数据块　　D. 扇区

17. 下列哪项不是 I/O 接口电路中包含的部分？(　　)

A. 数据寄存器　　B. 状态寄存器

C. 控制寄存器　　D. 指令寄存器

18. 在通道控制方式中，通道是一种？(　　)

A. 特殊的处理器　　B. 外设

C. 存储设备　　D. 数据传输线路

二、填空题

1. 计算机的输入/输出系统是实现计算机与外部世界________的重要桥梁。

2. 在输入/输出系统中，________技术允许设备直接与内存交换数据，无须 CPU 干预。

3. 在数据传输中，________接口传输数据是一位一位地进行的，而并行接口则是多位同时传输。

4. HDMI 接口的全称是________。

5. SCSI 接口是一种________接口，常用于连接高性能外部存储设备。

6. 在程序查询方式中，CPU 需要不断________外设的状态，以判断是否可以进行数据传输。

7. 中断控制方式中，当外设准备好数据时，会向 CPU 发出________信号。

8. DMA 控制器可以直接访问________进行数据传输，而无需 CPU 介入。

9. I/O 接口中的________寄存器用于保存 CPU 向外设发出的控制命令或参数。

10. I/O 接口的基本功能包括数据缓冲、数据转换、设备选择和________。

三、综合分析题

1. 请简述 I/O 接口的基本功能及其在计算机系统中的作用。

2. 对比程序查询方式、中断控制方式和 DMA 方式在数据传输效率上的优劣，并说明各自适用的场景。

3. 请描述中断处理过程的基本步骤，并解释中断向量表的作用。

4. 分析 DMA 控制器的工作原理，并说明其与 CPU 之间的协作关系。

5. 请解释 I/O 接口中的状态寄存器、数据寄存器和控制寄存器的作用，并举例说明它们如何协同工作。

6. 在通道控制方式中，通道与 DMA 控制器有何异同？请举例说明。

7. 一个简单的 I/O 接口电路，包括数据寄存器、状态寄存器和控制寄存器，请说明 I/O 接口电路的工作原理。

8. 请分析中断嵌套和中断优先级的关系，并说明如何设置中断优先级以解决中断冲突问题。

9. 讨论在 I/O 接口控制中，如何实现 CPU 与外设之间的并行工作，以提高系统效率。

10. 针对某种具体的 I/O 设备(如磁盘驱动器)，请分析其数据传输过程及所需的 I/O 接口控制方式，并说明该方式的优势和不足。

11. 查阅资料，回答在操作系统中，如何管理多个 I/O 请求以提高系统效率。

参考文献

[1] 唐朔飞. 计算机组成原理[M]. 3 版. 北京：高等教育出版社，2020.

[2] 白中英，戴志涛. 计算机组成原理[M]. 6 版. 北京：科学出版社，2019.

[3] 陈赪璺，马桂英，尹廷均. 计算机组成原理[M]. 成都：电子科技大学出版社，2019.

[4] 沈美娥，崔世泉，王铁峰，等. 计算机组成原理[M]. 北京：北京理工大学出版社，2018.

[5] 潘雪峰，刘智珺，周方，等. 计算机组成原理[M]. 北京：北京理工大学出版社，2016.